作用素環入門 II

作用素環入門 II

C^*環とK理論

生西明夫
Akio Ikunishi

中神祥臣
Yoshiomi Nakagami

岩波書店

はじめに

本書は『作用素環入門I——関数解析とフォン・ノイマン環』の続きとして，C^*環を一般論としてではなく個々の具体例を，それぞれに固有の道具立てを通じて紹介することを目標としており，C^*環のいわゆる入門書とは目的が少し違っている．したがって，C^*環の基本的結果であっても初心者向きでないと思われるもの（例えば，Kadisonによる推移性定理の結果として示される C^*環の既約表現は代数的にも既約であるということなど）は省かれており，Hilbert空間の取り扱いに慣れている人には問題がなくても，不慣れな人にはいささか不親切である．しかし，C^*環の雰囲気は汲み取っていただけるものと思う．そこで，本書を第I巻とも独立に読めるように，C^*環に関する基本事項の復習をしておく．

まず，C^*環の親しみやすい説明から始めよう．複素Hilbert空間 $\mathscr{H}$ 上の有界線形作用素全体のなす集合を $\mathscr{L}(\mathscr{H})$ とする．この集合は通常の和，定数倍，積

$$x+y, \quad \lambda x \ (\lambda \in \mathbb{C}), \quad xy$$

の演算に関して（結合的）多元環になり，さらに内積から導かれる随伴の演算 $x \mapsto x^*$ に関して*多元環になる．$\mathscr{L}(\mathscr{H})$ の部分*多元環で作用素ノルムから導かれる位相に関して閉じたものを **Hilbert空間 $\mathscr{H}$ 上の C^*環** という．もちろん，$\mathscr{L}(\mathscr{H})$ 自身も $\mathscr{H}$ 上の C^*環である．

ここで，ちょっと歴史を振り返ってみる．J. von Neumannが現在von Neumann環と呼ばれている「Rings of Operators」の研究を始めた時期とS. BanachがBanach空間の教科書を出版した時期はそれほど離れていないが，I. M. GelfandとM. A. Naimarkが1943年に C^*環の抽象的特徴づけを研究し始

めるまでには十数年の隔たりがあった[1]．その間には南雲道夫や Gelfand らにより始められた Banach 環やノルム環の研究があり，Gelfand-Naimark の問題意識の背景には，当時盛んに研究されていた調和解析や発展途上にあった Lie 群の無限次元表現論の存在が見逃せない．Banach*環の研究は少し遅れて 1946 年に C. Rickard から始まるが，その後の発展の歴史を見てみると，最初から C^*環は Banach 環や Banach*環の表現に現れる*多元環として捉えられていたにもかかわらず，研究の主流はこれらノルム環の研究とは独立に進められていることが多く，むしろ一般の Banach 空間論との直接的な結びつきのほうがはるかに強く見受けられる．

ところで，上に述べた Gelfand-Naimark が与えた C^*環の特徴づけは，その後，深宮政範-J. A. Schatz らにより不必要な条件が取り除かれ，現在では次のように記述されるのが一般的である．

定義 複素 Banach 空間 A に結合的な積 xy と対合 x^* の演算が与えられ，任意の $x, y, z \in A$ と $\lambda \in \mathbb{C}$ に対して，分配法則と対合の演算とノルムが

$$x(y+z) = xy + xz, \quad (x+y)z = xz + yz, \quad \lambda(xy) = (\lambda x)y = x(\lambda y)$$

$$(x+y)^* = x^* + y^*, \quad (\lambda x)^* = \overline{\lambda}x^*, \quad (xy)^* = y^*x^*, \quad (x^*)^* = x$$

$$\|xy\| \leq \|x\|\|y\|, \quad \|x^*x\| = \|x\|^2$$

を満たしているとき，A を $\boldsymbol{C^*}$**環**という． □

このとき，$\|x^*\|=\|x\|$ も成り立つ．とくにノルムの2番目の条件は重要で，これを C^*ノルムの条件という．C^*環は抽象的に定義された Banach*環（C^*環の定義から C^*ノルムの条件をより弱い $\|x^*\|=\|x\|$ に代えたもの）の一例ではあるが，この条件により，有界な正規作用素のノルムはそのスペクトル半径と一致することがわかり，つぎに述べる可換 C^*環の Gelfand 表現や，上で述べた一般の C^*環がある複素 Hilbert 空間上の有界線形作用素のなす（作用素ノルムに関する）Banach*環として実現されることなどを導くことができ，C^*環の議論の中に豊かな構造を生み出す源泉になっている．

---

[1] On the imbedding of normed rings into the ring of operators in Hilbert space, *Math. Sbornik*, **12**(1943), 197-213.

このような C^* 環の例として,まず,可換な場合を考えてみよう.局所コンパクト Hausdorff 空間 Ω(第 I 巻では Hausdorff を省いて単に局所コンパクト空間と呼んでいる)上の連続関数で無限遠で 0 になるもの全体のなす集合を $C_\infty(\Omega)$ とする.この集合はその元に対して,各点ごとの和,積,複素共役を考えることにより *多元環になる.さらに,ノルム $\|f\| = \sup_{\omega\in\Omega}|f(\omega)|$ により可換 C^* 環になる.Gelfand と Naimark はこの逆,つまり可換 C^* 環はいつもこのように局所コンパクト Hausdorff 空間上の連続関数環として実現されることを示した.これは Fourier 級数論の骨格を,双対性という枠組みとして取り出した L. S. Pontrjagin の考え方を,さらに代数的に推し進めたものと考えることができる.この結果により,可換な C^* 環のカテゴリーは,**Gelfand 表現**と呼ばれる表現を通じて,局所コンパクト Hausdorff 空間のカテゴリーと反変同値になり,代数的記述が幾何学的記述へと書き換えられるようになった.この事実は,1 つの数学的対象に 2 つの違った見方が存在し,両者は互いに不可分な関係にあることを示しており,力学では古くから知られていた時空の現象がエネルギーと運動量により記述される事実とも対応している.このように,Gelfand 表現は従来の数学から非可換論(量子化)への橋渡しをする考え方を提示したわけで,今では,この思想は代数幾何をはじめとするいくつかの数学にも取り入れられ,数学の基本的な考え方のひとつとして定着してきている.

つぎに,C^* 環の特別なクラスである von Neumann 環との違いについて見ておこう.作用素環論を論ずる際には,無限を制御する道具として,位相の果たす役割は本質的である.第 I 巻で述べたように Hilbert 空間 $\mathscr{H}$ 上の単位的 C^* 環の中で**強位相**(すべての写像 $x \mapsto \|x\xi\|$ ($\xi\in\mathscr{H}$)が連続になる位相のうち最弱な位相)で閉じたものを von Neumann 環という.この位相は各点収束の位相であるのに対し,ノルム位相は単位球のような有界集合上での一様収束の位相である.これらの位相の違いは大きく,問題の設定やその解析の仕方に大きな違いが現れる.例えば,von Neumann 環には十分に多くの射影が存在することがわかり,正規な元はどれも,強位相に関して,射影の 1 次結合で近似され,積分論と類似な議論を展開することができるのに対し,C^* 環の場合にはノルム位相を用いているので,そのようなことは期待できず,C^* 環に

対する可分性の仮定や，近似操作などに対するある種の一様性が要求され，対処の仕方に大きな違いが現れてくる．例えば，力学系を微分可能な多様体，位相空間，測度空間のいずれで考えるかにより，問題の設定や研究方法，場合によっては研究者集団までもが違ってくることと対応している．また，C^*環 A に 2 つの表現 $\pi_i (i=1,2)$ があり，表現された C^*環は同型であっても，同型写像がそれらの生成する von Neumann 環 $\pi_i(A)''$ にまで拡張できるとは限らない．拡張できるときには，それらの表現は**準同値**であるという．場の量子論を記述する際に表現の選び方に関する問題が現れるが，この準同値は物理的に同じ内容を表しているものと解釈されている．古くから，位相群や作用素環の表現では**ユニタリ同値**と呼ばれる表現の作用する空間まで込めたさらに強い同型が使われることが多いが，準同値は重複度を除いたユニタリ同値になっている．

つぎに，一般の非可換な C^*環で使われる用語の説明に入る．無限次元 Hilbert 空間 $\mathscr{H}$ において，線形作用素 $\zeta \mapsto (\zeta|\eta)\xi$ を $\theta_{\xi,\eta}$ で表す．このような作用素の 1 次結合のなす有限階の作用素によりノルム近似される作用素をコンパクト作用素というが，このような作用素全体の集合 $\mathscr{K}(\mathscr{H})$ は**コンパクト作用素環**と呼ばれる C^*環である．これは単位元のない非可換 C^*環の一番簡単な例であり，$\mathscr{L}(\mathscr{H})$ の閉両側イデアルになっている．とくに $\mathscr{H}$ が可分な場合の商 C^*環 $Q(\mathscr{H})$ は Calkin 環と呼ばれ，K 理論や K ホモロジー論などにおいて活用されている．一般の C^*環の元はこのように有限階の作用素で近似できる保証はないので，行列の議論とは異なる，C^*環に固有な無限次元解析の議論を工夫しなければならない．

一般に，C^*環 A の部分集合

$$\{x \in A | x \geqq 0\}$$

を A の**正錐**といい A_+ で表す．この正錐の元を正元という．C^*環はこの正錐により順序ベクトル空間になる．また，C^*環 A に単位元の存在は仮定されていないが，存在しない場合でも，単位球 $\{x \in A | \|x\| \leqq 1\}$ の中に，条件

$$\forall x \in A : \|e_i x - x\| \to 0$$

を満たす正元のなす有向系 $\{e_i\}_{i\in I}$ を選ぶことができる．これは**近似単位元**と呼ばれ，単位元に準ずる役割を果たしている．また，必要があれば A に単位元を付加して新たな C^* 環 $\widetilde{A}$ を作り，もとの C^* 環がその極大イデアルであるようにすることができる．これは，可換 C^* 環の場合には，スペクトルの1点コンパクト化に相当し，単位元の存否は局所コンパクト Hausdorff 空間がコンパクトかどうかに対応していて，従来からの数学の枠組みで考えるとその違いは大きく，取り扱いに苦慮させられることが多いが，第 3.8 節の C^* 環の K 理論の取り扱いにおいて見て取れるように，作用素環を使うと議論しやすくなることがある．

さて，A の実部 $A_h = \{x \in A | x^* = x\}$ は正錐の差 $A_+ - A_+$ として表せる．C^* 環 A 上の線形汎関数 φ が正錐上で非負の値をとるときには，正線形汎関数という．C^* 環上の正線形汎関数は自動的に有界である．とくに，規格化された正線形汎関数を**状態**という．C^* 環が可換な場合の状態は，Riesz-Markov-角谷の定理により，スペクトル上の確率 Radon 測度と同一視することができる．正線形汎関数全体の集合 A_+^* は双対空間 A^* における正錐で，A_+ の双対錐になっている．C^* 環上の自己随伴な線形汎関数 φ は

$$\varphi = \varphi_+ - \varphi_-, \quad \|\varphi\| = \|\varphi_+\| + \|\varphi_-\|$$

と2つの正線形汎関数 $\varphi_\pm$ を用いて **Jordan 分解**され，A^* の実部

$$A_h^* = \{\varphi \in A^* | \varphi(x^*) = \overline{\varphi(x)} \ (x \in A)\}$$

も正錐の差 $A_+^* - A_+^*$ として表せる．また，正線形汎関数 φ が

$$\forall x \in A_+ : \varphi(x) = 0 \Rightarrow x = 0$$

を満たすときには，忠実であるという．忠実な正線形汎関数が存在するかどうかは C^* 環の元の多少と関係してくる．

一般に，C^* 環 A に正線形汎関数 φ があると，それを用いて半双線形汎関数 $(a,b) \in A \times A \mapsto \varphi(b^*a) \in \mathbb{C}$ を考えることができる．そこで，次の条件を満たす A の表現 $\pi_\varphi : A \to \mathscr{L}(\mathscr{H}_\varphi)$ と線形写像 $\eta_\varphi : A \to \mathscr{H}_\varphi$ で

$$\bigl(\eta_\varphi(a)\big|\eta_\varphi(b)\bigr) = \varphi(b^*a), \quad \pi_\varphi(a)\eta_\varphi(b) = \eta_\varphi(ab), \quad \overline{\eta_\varphi(A)} = \mathscr{H}_\varphi$$

を満たすものが存在し，これを**巡回表現**あるいは GNS（Gelfand-Naimark, I. E. Segal）構成法といい $\{\pi_\varphi, \mathscr{H}_\varphi, \eta_\varphi\}$ で表す．ただし，$\mathscr{H}_\varphi$ は上の半双線形汎関数から導かれる内積をもつ Hilbert 空間である．φ が忠実な場合の，この表現の特徴は，表現の生成する von Neumann 環 $\pi_\varphi(A)''$ とその可換子環 $\pi_\varphi(A)'$ が対称に同じ大きさで作られていることである．例えば，C^* 環が行列環 $M(n, \mathbb{C})$ のとき，その上の忠実な正線形汎関数による巡回表現は $M(n, \mathbb{C}) \otimes \mathbb{C} 1_n$ と同型になる．ただし，1_n は $M(n, \mathbb{C})$ の単位行列である．

C^* 環 A, B から代数的テンソル積 $A \otimes B$ を作ることができる．この上で条件 $\|x \otimes y\| = \|x\| \|y\|$ を満たす C^* ノルムを考えて $A \otimes B$ を完備化すれば，新たな C^* 環が得られる．このとき，このような C^* ノルムの一意性は必ずしも保証されず，無数に異なる C^* ノルムが存在する例が知られている．このことは，作用素環の研究には，代数的テンソル積の枠組みを越えた議論が必要なことを示している．A, B をそれぞれ Hilbert 空間 $\mathscr{H}, \mathscr{H}'$ で実現し，$A \otimes B$ を $\mathscr{H} \otimes \mathscr{H}'$ 上で表現したときの作用素ノルムは，上のノルムの中でも最小であることがわかるので，これから得られる C^* 環を**極小テンソル積**といい $A \otimes_{\min} B$ で表す．また，どんな C^* 環 B に対しても $A \otimes B$ 上の C^* ノルムが一意的に決まるときには，A を**核型**という．第 I 巻によると，可換 C^* 環はこのクラスに属している．

最後に，本文に関しては，第 3.8 節を除き，どの節もほぼ独立に読めるようになっているが，順を追って簡単に内容を紹介しておこう．第 3.1 節では新たな C^* 環の構成法として基本的なものをいくつか紹介する．第 3.2 節では C^* 環の中でも，もっとも素朴な，行列環の帰納極限として記述される C^* 環を取り上げ，その性質を調べる．これは AF 環と呼ばれるが，量子統計力学のモデルはこのクラスに属する C^* 環であることが多い．また AF 環の分類に使われる次元群は，最後の第 3.8 節で，K_0 群の議論の中で再度扱われる．

第 3.3 節では Fock 空間に関する話題を，第 3.4 節では反交換関係（CAR）を満たす元により生成される（自己双対）CAR 環と呼ばれる C^* 環を取り上げる．この C^* 環は，標準的な話題とくらべると少し特殊であるから，入門的話題

だけに関心がある場合には，ここを跳ばして先へ進むことをお奨めする．しかし，C^*環上の自己同型群の性質やC^*環の例を構成するときにFock表現やCAR環が利用されることは少なくないので，いずれこの種の話題にも親しんでおくことは必要である．

　第3.5節では純無限なC^*環の代表例として，1つの等長作用素により生成されるToeplitz環と，複数の等長作用素でそれらの値域の和が単位元になるものにより生成されるCuntz環の紹介をする．前者はBDF(L. G. Brown, R. G. Douglas, P. A. Fillmore)理論の中で重要な位置を占め，先へ進んでから非可換幾何の一部に組み込まれてゆく．また，後者は可分，純無限，単純かつ単位的であり，場の量子論のモデルなどに自然に現れるC^*環としても知られている．第3.6節では非可換トーラスを紹介する．C^*環論の中では無理数回転環として古くから関心をもたれていたC^*環であるが，非可換幾何の格好のモデルとして脚光を浴びただけでなく，超弦理論の中でも道具のひとつとして使われる．ここでは後のK理論や非可換幾何との関係を念頭に，強森田同値に関する議論にも立ち入っている．

　ここまでは典型的なC^*環の具体例を紹介してきたが，続く第3.7節では，これまでのC^*環をすべて含む核型C^*環という，より一般的なクラスに属するC^*環の話をする．このC^*環は有限次元的なものとのつながりをもち，従順な構造をもつC^*環と考えられているが，その一般的な取り扱いは必ずしも平易ではない．とくに，この節の第3項と第4項の内容は少し専門的であるから，初めての読者は結果だけを読んで先に進み，全体の流れをつかんでから改めて読みなおすほうがよいだろう．

　最後の第3.8節ではC^*環のK理論の基礎部分の簡単な紹介をし，これまでにでてきたC^*環のK群の計算をしてみせる．ここでの議論に親しめば，C^*環を用いた非可換複素ベクトル束の記述が自然な数学的対象であることがわかるだろう．

　付録では，第3.4節で使われるWeyl-von Neumannの定理と，第3.5節でC^*環の拡大を分類するときに必要になるそのC^*環版を説明した．

　最終ページに，洋書の作用素環の入門書をいくつか挙げてある．作用素環の指導的研究者によるものが多いので，実物を手にしてみると著者ごとにそれぞ

れ個性的な顔をしていることがわかる．なお，本文で引用されているテキストの番号[ ]は第Ⅰ巻巻末のものであって，本書の巻末に挙げられているテキストとは無関係である．

　作用素環は20世紀数学の特徴である「Zornの補題を仮定したZermelo-Fraenkel（またはBernays-Gödel）の集合論」と「G. Cantorの発見した無限の構造」およびその限界をかいくぐって，手探りしながら発展してきた数学という側面ももっている．そのために永年の懸案が，連続体仮説の狭間に潜む，思い掛けない論理のクレバスに落ち込んだ例も少なくない．例えば，最近C. Akmann-N. Weaverが解決した，C^*環 A の既約表現がどれもユニタリ同値ならば，A はある Hilbert 空間上のコンパクト作用素環と同型かという Naimark の問題や，I. Farah や N.C. Phillips-Weaver が解決した，Calkin 環は外部自己同型をもつかといった問題はその典型例である[2]．この種の無限を対象とする数学では，その対象の重要性だけでなくこのような事実を心の片隅に留めておくことも必要である．

　　平成18年10月1日

　　　　　　　　　　　　　　　　　　　　　　　　　　生西明夫
　　　　　　　　　　　　　　　　　　　　　　　　　　中神祥臣

---

[2] 境正一郎：作用素環における可分性・非可分性とダイヤモンド原理，数学，掲載予定（第45回実函数論・函数解析学合同シンポジウム講演集，東海大学，51-65, 2006）．

目　次

はじめに

3　C^*環の各論 ····· 271

3.1　準備 ····· 273
3.1.1　C^*環の帰納極限　273
3.1.2　包絡 C^*環(II)　275
3.1.3　C^*接合積　276

3.2　AF環 ····· 280
3.2.1　有限次元 C^*環とトレイス　280
3.2.2　C^*環の次元域　283
3.2.3　有限次元 C^*環の増大列　285
3.2.4　AF環の特徴づけ　291
3.2.5　AF環のイデアル　295
3.2.6　次元群　296
3.2.7　UHF環　298
3.2.8　I型 C^*環　299

3.3　Fock空間 ····· 302
3.3.1　Fock空間　302
3.3.2　分布関数の再発見　322

3.4　自己双対CAR環 ····· 328
3.4.1　CAR環　328
3.4.2　自己双対CAR環　330
3.4.3　準自由状態の物理的同値関係による完全分類　356

3.5 Toeplitz 環と Cuntz 環 ································· *366*

    3.5.1 Toeplitz 環 *366*

    3.5.2 C^* 環の拡大 *369*

    3.5.3 Cuntz 環 *376*

    3.5.4 遺伝的部分 C^* 環 *380*

    3.5.5 無限 C^* 環 *383*

    3.5.6 Cuntz-Krieger 環 *387*

3.6 無理数回転環 ··· *398*

    3.6.1 非可換トーラスの基本的性質 *398*

    3.6.2 Kronecker の流れの C^* 接合積 *403*

    3.6.3 Hilbert C^* 加群と乗法子環 *407*

    3.6.4 安定同型と強森田同値 *415*

    3.6.5 無理数回転環の同型と安定同型 *428*

    3.6.6 Generic な数 *430*

    3.6.7 ランダムポテンシャル *431*

    3.6.8 非可換 3 次元球面 *433*

3.7 核型 C^* 環 ·· *434*

    3.7.1 C^* 環上の完全正写像 *434*

    3.7.2 核型 C^* 環の定義 *442*

    3.7.3 核型 C^* 環の解析的特徴づけ *453*

    3.7.4 核型 C^* 環の幾何学的特徴づけ *460*

    3.7.5 核型 C^* 群環 *473*

    3.7.6 $\mathcal{O}_2$ の部分 C^* 環 *476*

    3.7.7 完全 C^* 環 *478*

3.8 C^* 環の K 理論 ··· *480*

    3.8.1 K 群の定義 *480*

    3.8.2 K 群の基本性質 *488*

    3.8.3 離散 C^* 接合積の 6 項完全系列 *505*

    3.8.4 無理数回転環の K 理論 *506*

    3.8.5 Cuntz 環の K 理論 *509*

3.8.6 K ホモロジー　*510*

3.8.7 非可換微分構造　*511*

3.8.8 非可換トーラスの微分構造　*513*

付録 A ··· *515*

A.2 Weyl-von Neumann の定理 ··· *515*

A.2.1 作用素の場合　*515*

A.2.2 C^*環の場合　*517*

参考文献　*523*

索　引　*525*

作用素環入門 I／目次

1 関数解析からの準備

1.1 ベクトル空間上の位相
局所凸空間,有向系と無限和,直和

1.2 線形作用素
線形写像,線形汎関数,Banach 環,スペクトル

1.3 Hahn-Banach の定理

1.4 弱*位相と Mackey 位相
弱位相と弱*位相,線形写像の列,Mackey 位相

1.5 一様有界性定理と開写像定理

1.6 Hilbert 空間
Hilbert 空間の定義,Riesz の定理

1.7 Hilbert 空間上の有界線形作用素
半双線形汎関数の極分解,随伴作用素

1.8 C^* 環の定義
Banach*環と C^* 環,イデアルと準同型と表現,コンパクト作用素環,Calkin 環

1.9 Banach 環におけるスペクトル

1.10 可換 Banach 環の Gelfand 表現

1.11 可換 C^* 環の Gelfand 表現

1.12 コンパクト凸集合
Kreĭn-Milman の定理,閉凸包の性質

1.13 C^* 環の正錐

1.14 正線形汎関数と巡回表現
Banach*環上の正線形汎関数,多元環の表現と GNS 構成法,包絡 C^* 環と群 C^* 環,Gelfand-Naimark の定理

1.15 既約表現と純粋状態

2 von Neumann 環

2.1 von Neumann 環の定義
$\mathscr{L}(\mathscr{H})$ 上の弱位相と定義, $\mathscr{L}(\mathscr{H})$ 上の局所凸位相, $\mathscr{L}(\mathscr{H})$ と $\mathscr{L}(\mathscr{H})_*$ の双対ペア, von Neumann 環の特徴づけ, Kaplansky の稠密性定理

2.2 スペクトル分解とトレイス類
スペクトル分解, σ 弱閉イデアルと加群と因子環, 巡回ベクトルと分離ベクトル, トレイス類, Schmidt 類

2.3 正線形汎関数と W^* 環
正規正線形汎関数, 線形汎関数の極分解, 普遍包絡 von Neumann 環, W^* 環, 表現の準同値

2.4 可換 von Neumann 環

2.5 von Neumann 環と C^* 環のテンソル積
von Neumann 環のテンソル積, Banach 空間のテンソル積, C^* 環のテンソル積, von Neumann 環のテンソル積の一意性, 可換子環定理

2.6 von Neumann 環の分類
射影と von Neumann 環の分類, I 型 von Neumann 環, 自己同型群, 有限 von Neumann 環とトレイス, 半有限 von Neumann 環, テンソル積の型

2.7 因子環の例
群の表現の生成する因子環, 接合積による因子環, von Neumann 環の無限テンソル積, AFD 因子環, 充足的 von Neumann 環

2.8 直積分分解の理論
Hilbert 空間の直積分, von Neumann 環の直積分, 直積分の性質, von Neumann 環の直積分分解

2.9 III 型 von Neumann 環の分類
Banach 空間上の表現とスペクトル, 荷重, 冨田-竹崎理論, III 型因子環の分類

付録 A
    A.1　Kreĭn の定理と Ryll-Nardzewski の定理

参考文献
索引

3 C^*環の各論

「はじめに」でも述べたように，C^*環の研究は von Neumann 環の研究よりも遅れて 1943 年に Gelfand と Naimark により始められたが，それは一般的枠組みでの研究が始められたということであって，J. R. Calkin による Calkin 環の研究はそれより 2 年前に既に成されている．その後しばらく，この結果が利用されることは少なかったが，現在のように K 理論などで広く利用されるようになっていることを思えば，その先見性は高く評価されよう．ところで，上に述べた Gelfand-Naimark の結果を現代的にいいなおせば，抽象的に定義された C^* 環はいつ Hilbert 空間上の C^* 環として実現できるかという問題であって，その解答は第 I 巻の定理 1.14.19 に与えてある．その後しばらく，C^* 環の研究は具体例の研究よりも，その基礎固めとなる専門家好みの一般的かつ基本的なものが中心的に取り上げられ，通常の数学に見られるような，初心者でも簡単に扱える具体例の研究はあまりなされていなかった．このことはそのような例がなかったわけではなく，扱いやすい例がどれかがわかりにくく，そのような例に辿り着くのに少し手間取った結果と思われる．このことは非可換論の宿命とも考えられ，量子力学の発見が古典力学の発見よりもだいぶ遅れている事実とも符合する．

その後 J. Glimm, O. Bratteli, J. Cuntz らをはじめ数理物理学者の参加もあって，C^* 環の新たな扱いやすい具体例も多数発見され，研究対象も豊かになり，状況は著しく改善されてきた．その結果，ここでは AF 環の分類しか取り挙げられないが，このほかにも G. A. Elliott らによる AT 環，AH 環の分類，E. Kirchberg, N. C. Phillips らによる普遍係数理の条件を満たす単位的，可分，純無限，単純，核型 C^* 環の分類など，興味ある分類もできるようになっ

てきているし，永年の懸案も次々と解決されるようになった．

そこで，ここでは，題材を基礎理論の紹介よりも，C^*環に親しんで貰えることを念頭に，代表的な C^*環の具体例を選んで，その解説をしながら，個々の例に付随する固有かつ普遍的と思われる性質を紹介していくことにする．これにより，C^*環に現れる数学的構造の一端を覗き見ることができるはずである．

3.1 準備

C^*環の基本的構成法として代表的な，帰納極限，表現の包絡環，接合積を用いるものの3つを述べておく．この節は跳ばして，次節以降の具体例に触れてから，必要に応じてこの節に戻るのも一法である．

3.1.1 C^*環の帰納極限

まず定義からはじめよう．

定義 3.1.1 (i) C^*環の有向系 $\{A_i\}_{i\in I}$ に対して，条件

$$\pi_{ii} = \mathrm{id}_{A_i}, \quad \pi_{kj} \circ \pi_{ji} = \pi_{ki} \quad (i \leqq j \leqq k)$$

を満たす準同型写像 $\pi_{ji}: A_i \to A_j \, (i \leqq j)$ の集合 $\{\pi_{ji} | i, j \in I, \, i \leqq j\}$ が与えられたものを，**C^*環の帰納系**といい，$(\{A_i\}_{i\in I}, \{\pi_{ji} | i \leqq j\})$ で表す．

(ii) C^*環 A と準同型写像 $\pi_i: A_i \to A$ の有向系 $\{\pi_i\}_{i \in I}$ で

$$\pi_j \circ \pi_{ji} = \pi_i \quad (i \leqq j), \quad \overline{\bigcup_{i \in I} \pi_i(A_i)} = A$$

を満たすものの組 $(A, \{\pi_i\}_{i\in I})$ が普遍性の条件

　同じ条件を満たす他の組 $(A', \{\pi'_i\}_{i \in I})$ に対し，$\pi \circ \pi_i = \pi'_i$ を満たす準同型写像 $\pi: A \to A'$ が存在する

を満たすとき，$(A, \{\pi_i\}_{i \in I})$ を帰納系 $(\{A_i\}_{i\in I}, \{\pi_{ji} | i \leqq j\})$ の (C^*環の) **帰納極限** という． □

普遍性の条件により，帰納極限は全単射を除き一意的に定まる．集合や局所可換群[1]に関する帰納極限も同じように定義することができる．これらについては次節で使うことにする．

C^*環の帰納系に関しては，代数的な帰納極限はいつでも存在するが，C^*環としての帰納極限は必ずしも存在するとは限らない．しかし準同型写像 π_{ji} が

---

[1] 可換群と似ているが和の演算が一部の対にしか定義されていないもの．

どれも単射のときには，それを埋蔵と見なすことにより，存在が保証される．以下では，よく使われる形でその様子を説明しよう．添字の有向集合が $\mathbb{N}$ の場合を考える．各準同型写像 π_{mn} が単射のときには，代数的帰納極限への準同型写像 $\pi_n : A_n \mapsto A_\infty$ も単射になるので，ノルムが保存され，

$$\pi_1(A_1) \subset \pi_2(A_2) \subset \cdots \subset A_\infty, \quad A_\infty = \bigcup_{n=1}^\infty \pi_n(A_n)$$

が成り立つ．A_∞ 上には各 A_n から導かれる C^* ノルムが一意的に定まるので，これで A_∞ を完備化して得られる C^* 環を A とすれば，C^* 環の帰納極限 $(A, \{\pi_n\}_{n\in\mathbb{N}})$ が得られる．

場の量子論や量子統計力学に現れるモデルの記述にも，このような C^* 環が使われるが，添字は自然数よりも一般な有向集合で，モデルを考えている空間の有界部分集合族に集合の包含関係により順序を入れたものを使うことが多い．また，各写像 π_{mn} が単射で，各 A_n が有限次元のときに得られる C^* 環 A が，次節で詳しく述べる AF 環である．

例 3.1.2 (i) 単位的 C^* 環の列 $\{B_k\}_{k\in\mathbb{N}}$ に対して，C^* 環のテンソル積

$$A_n = B_1 \otimes_{\min} B_2 \otimes_{\min} \cdots \otimes_{\min} B_n \quad (n\in\mathbb{N})$$

を考える．C^* 環のテンソル積の定義は第 2.5 節で与えた．このとき，自然な同型写像

$$\pi_{mn} : a \in A_n \mapsto a \otimes 1_{B_{n+1}} \otimes \cdots \otimes 1_{B_m} \in A_m \quad (n<m)$$

を用いて得られる C^* 環の帰納系 $(\{A_n\}_{n\in\mathbb{N}}, \{\pi_{mn} | n \leqq m\})$ の帰納極限を C^* 環 $B_k (k\in\mathbb{N})$ の**無限テンソル積**といい，$\bigotimes_{k=1}^\infty B_k$ で表す．

(ii) $A_n = M(n, \mathbb{C})$ とし，準同型写像を，要素がすべて 0 の $j \times k$ 行列 $0_{j \times k}$ を用いて，

$$\pi_{n+1,n} : a \in A_n \mapsto \begin{pmatrix} a & 0_{n\times 1} \\ 0_{1\times n} & 0 \end{pmatrix} \in A_{n+1}$$

$$\pi_{mn} = \pi_{m,m-1} \circ \cdots \circ \pi_{n+2,n+1} \circ \pi_{n+1,n}$$

で定義すれば，その帰納極限は無限次元の可分 Hilbert 空間 $\mathscr{H}$ 上のコン

パクト作用素環 $\mathcal{K}(\mathcal{H})$ と同型になる．実際，$\mathcal{H}$ の規格直交基底 $\{\varepsilon_n | n \in \mathbb{N}\}$ を用いて得られる*多元環 $\sum_{i,j=1}^{n} \mathbb{C}\theta_{\varepsilon_i, \varepsilon_j}$ は $M(n, \mathbb{C})$ と同一視することができ，上の準同型の関係も保存している．ゆえに，$\bigcup_{n=1}^{\infty} M(n, \mathbb{C}) \subset \mathcal{K}(\mathcal{H})$．他方，$\xi, \eta \in \mathcal{H}$ に対して，$\xi_n = \sum_{i=1}^{n}(\xi | \varepsilon_i)\varepsilon_i$ かつ $\eta_n = \sum_{i=1}^{n}(\eta | \varepsilon_i)\varepsilon_i$ とすれば，$\theta_{\xi_n, \eta_n} \in M(n, \mathbb{C})$ かつ

$$\theta_{\xi_n, \eta_n} - \theta_{\xi, \eta} = \theta_{\xi_n - \xi, \eta_n - \eta} + \theta_{\xi, \eta_n - \eta} + \theta_{\xi_n - \xi, \eta}.$$

ここで，$\|\theta_{\zeta_1, \zeta_2}\| \leq \|\zeta_1\| \|\zeta_2\|$ を用いれば，$\mathcal{K}(\mathcal{H})$ は $\bigcup_{n=1}^{\infty} M(n, \mathbb{C})$ のノルム閉包に含まれることがわかる． □

3.1.2 包絡 C^* 環 (II)

*多元環が有限次元の場合には，その元 x の C^* ノルムとしては，x^*x の最大固有値の平方根をとれば，一意的に定まる．しかし，無限次元の場合には，C^* ノルムの条件を満たすノルムが存在するかどうかも，また存在したとしても一意的かどうかもわからない．

*多元環 B のすべての表現の集まりを $\mathrm{Rep}(B)$ とする．B のすべての元 b に対して，

$$\sup\{\|\pi(b)\| \,|\, \pi \in \mathrm{Rep}(B)\} < \infty$$

が成り立つとは限らないが，成り立つ場合には，この値を $p(b)$ とすれば，p は C^* ノルムの条件を満たす B 上の半ノルムになる．

定義 3.1.3 *多元環 B において，上のような半ノルム p が存在するとき，その核を J とする．そのとき，商*多元環 B/J を p から導かれるノルムにより完備化して得られる C^* 環を B の**包絡 C^* 環**という． □

注 (i) *多元環 B が生成元 $\{b_i | i \in I\}$ をもち，表現 π の選び方によらず，各 $\pi(b_i)$ のノルムの値が 1 以下であるならば，半ノルム p が存在する．

(ii) 命題 1.14.13 で述べたように，Banach*環（対合ノルム環）の表現は自動的に連続になるので，半ノルムがいつでも存在する． □

3.1.3　C^*接合積

局所コンパクト群 G の C^* 環 A 上への**作用** α とは，G から A の自己同型写像群 $\mathrm{Aut}(A)$ への連続な群準同型写像のことであり，このように，作用をもつ系 (A, G, α) を $\boldsymbol{C^*}$**力学系**という．定義 2.7.7 で述べたように，$\mathrm{Aut}(A)$ における位相としては，各点収束の位相を用いる．A の表現 π と G の連続なユニタリ表現 u とが同じ Hilbert 空間 $\mathscr{H}$ に作用し，

$$\pi(\alpha_t(a)) = u(t)\pi(a)u(t)^* \quad (a \in A,\ t \in G)$$

を満たすとき，表現 $\{\pi, u, \mathscr{H}\}$ を C^* 力学系の**共変表現**という．これから述べる C^* 力学系の接合積には，G の普遍表現を用いるものと，正則表現を用いるものの 2 つがある．

局所コンパクト群 G 上の左 Haar 測度を μ とする．G 上で定義され C^* 環 A に値をとる可積分関数全体の中で，ほとんどいたるところで一致している関数を同一視して得られる関数空間を $L^1(G, A)$ とする．これは自然な加法と定数倍でベクトル空間になり，さらに，ノルム

$$\|f\|_1 = \int_G \|f(t)\| d\mu(t) \quad (f \in L^1(G, A))$$

により，Banach 空間になる．つぎに，群 G の C^* 環 A 上への作用 α が与えられているとする．コンパクトな台をもち A に値をもつ G 上の連続関数全体からなる集合 $\mathscr{K}(G, A)$ を $L^1(G, A)$ の部分空間とみなし，積と対合を

$$(f * g)(s) = \int_G f(t)\alpha_t(g(t^{-1}s))d\mu(t)$$
$$f^*(t) = \Delta(t^{-1})\alpha_t(f(t^{-1})^*)$$

で定義すると，これは対合ノルム環になる．しかし，$L^1(G, A)$ 自身は必ずしも対合の演算では閉じていない．

C^* 環 A を実現する Hilbert 空間を $\mathscr{H}$ とし，局所コンパクト群 G の左正則表現を Hilbert 空間 $L^2(G, \mathscr{H})$ にまで自然に拡張したものを u とする．つまり，$\xi \in L^2(G, \mathscr{H})$ に対し，$(u(t)\xi)(s) = \xi(t^{-1}s)$ となる．さらに，C^* 環 A の Hilbert 空間 $L^2(G, \mathscr{H})$ 上での表現 π_α を

$$(\pi_\alpha(a)\xi)(t) = \alpha_t^{-1}(a)\xi(t) \quad (\xi \in L^2(G, \mathscr{H}))$$

とする．これを用いて，対合ノルム環 $\mathscr{K}(G, A)$ の元 f に対して，

$$\int_G \pi_\alpha(f(t))u(t)d\mu(t)$$

とおけば，この積分は Hilbert 空間 $L^2(G, \mathscr{H})$ 上の有界線形作用素として確定し，対合ノルム環 $\mathscr{K}(G, A)$ の $L^2(G, \mathscr{H})$ 上での表現が得られる．

定義 3.1.4 C^* 環 A と局所コンパクト群 G に対して，対合ノルム環 $\mathscr{K}(G, A)$ の包絡 C^* 環を A と G の **C^*接合積**または単に接合積といい，$A \rtimes_\alpha G$ で表す．また，上で得られた Hilbert 空間 $L^2(G, \mathscr{H})$ 上の表現の生成する C^* 環を**被約 C^* 接合積**または単に被約接合積といい，$(A \rtimes_\alpha G)_r$ で表す．とくに，G が離散群のときには，離散 C^* 接合積ともいう． □

注 (i) 接合積の定義において，C^* 環が自明な $\mathbb{C}$ の場合には，例 1.14.16 で与えられた C^* 群環 $C^*(G)$ が得られる．また，被約接合積の場合に得られる C^* 環を**被約 C^* 群環**といい，$C_r^*(G)$ で表す．

(ii) 作用が自明で，すべての $t \in G$ に対して，$\alpha_t = \mathrm{id}$ の場合に，接合積は第 2.5 節第 3 項で説明した C^* 環のテンソル積 $A \otimes_{\max} C^*(G)$ と一致し，被約接合積はテンソル積 $A \otimes_{\min} C_r^*(G)$ と一致する． □

例 3.1.5 n 点からなる集合 $\{\omega_1, \cdots, \omega_n\}$ を Ω とする．Ω 上の関数 f により定まる対角行列と推移変換 $\omega_j \mapsto \omega_{j+1}$ $(j=1, \cdots, n-1)$，$\omega_n \mapsto \omega_1$ から導かれるユニタリ行列

$$\begin{pmatrix} f(\omega_1) & 0 & \cdots & 0 & 0 \\ 0 & f(\omega_2) & \cdots & 0 & 0 \\ \vdots & \vdots & \ddots & \vdots & \vdots \\ 0 & 0 & \cdots & f(\omega_{n-1}) & 0 \\ 0 & 0 & \cdots & 0 & f(\omega_n) \end{pmatrix}, \quad \begin{pmatrix} 0 & 0 & \cdots & 0 & 1 \\ 1 & 0 & \cdots & 0 & 0 \\ 0 & 1 & \cdots & 0 & 0 \\ \vdots & \vdots & \ddots & \vdots & \vdots \\ 0 & 0 & \cdots & 1 & 0 \end{pmatrix}$$

をそれぞれ，$\pi(f), V$ とする．このとき，$\{\pi(f) | f \in C(\Omega)\}$ と V の生成する C^* 環は C^* 接合積 $C(\Omega) \rtimes \mathbb{Z}_n$ と同型である．ただし，$\mathbb{Z}_n$ は巡回群 $\mathbb{Z}/n\mathbb{Z}$ である．いま，$l^2(\Omega)$ と $\mathbb{C}^n$ を同一視して，表現空間 $\mathbb{C}^n \otimes \mathbb{C}^n$ からその部分空間

$\sum_{k=1}^{n} \mathbb{C}\varepsilon_k \otimes \varepsilon_k$ への射影を e とすれば，$e \in A'$ かつ $A \simeq A_e = M(n, \mathbb{C})$ となる．ただし，$\{\varepsilon_1, \cdots, \varepsilon_n\}$ は標準基底である．したがって，接合積上のトレイスと $\mathscr{L}(\mathbb{C}^n \otimes \mathbb{C}^n)$ 上のトレイスは重複度のぶんだけ食い違いがある． □

例 3.1.6 局所コンパクト空間 Ω とそこへ連続に作用する局所コンパクト群 G からなる力学系 (Ω, G, T) が与えられると，G 上の可換 C^* 環 $A = C_\infty(\Omega)$ 上への連続作用

$$(\alpha_t(f))(\omega) = f(T_t^{-1}\omega) \quad (t \in G, \, \omega \in \Omega, \, f \in A)$$

が定まり，C^* 環の接合積 $A \rtimes_\alpha G$ を考えることができる．このとき，$\mathscr{K}(\Omega \times G)$ は積と対合

$$(g*h)(\omega, t) = \int_G g(\omega, r) h(T_r^{-1}\omega, r^{-1}t) dr$$
$$g^*(\omega, t) = \Delta(t)^{-1} \overline{g(T_t^{-1}\omega, t^{-1})}$$

により，この接合積の稠密部分*多元環である．

とくに，$\Omega = G$ であって，$T_t\omega = t\omega$ の場合に，被約 C^* 接合積 $(A \rtimes_\alpha G)_r$ は $\mathscr{K}(L^2(G))$ と同型である．実際，$h \in \mathscr{K}(G \times G)$ と $\xi \in L^2(G \times G)$ に対して，

$$(\pi(h)\xi)(\omega, t) = \int_G h(t\omega, r) \xi(\omega, r^{-1}t) dr$$

となる．ここで，Kac-竹崎作用素と呼ばれる[2])ユニタリ作用素 $(W\xi)(\omega, t) = \xi(\omega, t\omega)$ を用いれば，

$$(W^*\pi(h)W\xi)(\omega, t) = \int_G h(t, r) \xi(\omega, r^{-1}t) dr \, .$$

ここで，$f, g \in \mathscr{K}(G)$ を用いて，

(3.1) $\qquad h(t, r) = f(t) g^\sharp(t^{-1}r) \, , \quad g^\sharp(s) = \Delta(s^{-1}) \overline{g(s^{-1})}$

とすれば，

---

2) 辰馬伸彦：位相群の双対定理，紀伊國屋数学叢書，**32**，紀伊國屋書店 (1994) pp.viii+276.

$$(W^*\pi(h)W\xi)(\omega,t) = \int_G f(t)\overline{g(r)}\xi(\omega,r)dr$$
$$= ((1\otimes\theta_{f,g})\xi)(\omega,t) \ .$$

ゆえに，(3.1) の形をした連続関数の全体は $\mathscr{K}(G\times G)$ において線形稠密であり，$\theta_{f,g}$ の形をした作用素の全体も $\mathscr{K}(L^2(G))$ において線形稠密であるから，$W^*(A\rtimes_\alpha G)_r W = \mathbb{C}1\otimes\mathscr{K}(L^2(G))$ となる． □

3.2 AF 環

自明でない C^* 環のうちで,最も素朴な形をした,行列環の増加列の帰納極限として得られる C^* 環を考えよう.歴史的には Glimm がこのクラスの中でも UHF 環と呼ばれる単純行列環の増加列の帰納極限として得られる C^* 環を初めて研究し,同型類の分類をおこなった[3].その後,Bratteli はこの概念を一般の行列環の増加列の帰納極限として得られる C^* 環にまで拡張し,AF 環と名付けて,同型類の分類をおこなった[4].

AF 環が可換な場合には指標空間が全不連結になるので,非可換な AF 環を非可換位相空間と解釈すると,多様体的な性格よりも,測度空間的な性格を強く帯びている.

3.2.1 有限次元 C^* 環とトレイス

有限次元 C^* 環は多元環論における Wedderburn の定理により半単純である.ここでは,これを詳しく説明することにする.

A を Hilbert 空間 $\mathscr{H}$ に作用する有限次元 C^* 環, Z をその中心とする. Z は可換であるから, $Z\cong C(\{\omega_1,\cdots,\omega_n\})$. ここで, 1 点集合 $\{\omega_j\}$ の特性関数に対応する Z の射影元を e_j とすれば, $Z=\sum_{j=1}^{n}\mathbb{C}e_j$ と表せる.ゆえに,

$$A = \sum_{j=1}^{n} Ae_j \cong \sum_{j=1}^{n}{}^{\oplus} A_j .$$

ただし, A_j は A を閉部分空間 $e_j\mathscr{H}$ へ制限して得られる C^* 環である.このとき,各 A_j は単純である.実際, A_j の $\{0\}$ でない両側イデアルを J とする. J の元は J に含まれる射影元の 1 次結合で表される. J は有限次元であるから, J には極大射影元 e が存在する.もしこの e が J の単位元でないとすれば, $(1-e)A_j(1-e)$ は 0 でない射影をもつ.これは e の極大性と矛盾する.ゆ

---

[3] On a certain class of operator algebras, *Trans Amer. Math. Soc.*, **95**(1960), 318-340.
[4] Inductive limits of finite dimensional C^*-algebras, *Trans Amer. Math. Soc.*, **171**(1972), 195-234.

えに，e は J の単位元であり，任意の $a \in A$ に対して，$ea = eae = ae$ を満たす．したがって，e は Z の元であり，$e = e_j$．よって，$A_j = J$．

つぎに，A を有限次元の単純 C^* 環とする．上の議論により，A は単位元をもつ．A の射影元が極小とは，それより小さい A の 0 でない射影元は自分自身以外にないことである．A は有限次元であるから，0 でない射影 p に対して $q \leq p$ を満たす極小な射影 q が存在する．したがって，$\{p_1, \cdots, p_m\}$ を互いに直交する極小な射影の集合で，包含関係に関して極大なものとすれば，明らかに $p_1 + \cdots + p_m = 1$ である．また，$p_i A p_i$ の元は $p_i A p_i$ の射影の 1 次結合であるが，p_i の極小性により，$p_i A p_i$ の射影は p_i と 0 しかない．ゆえに $p_i A p_i = \mathbb{C} p_i$．$(p_i A p_1)^* (p_i A p_1) \subset p_1 A p_1$ であるから，$(p_i x p_1)^* (p_i x p_1) = p_1$ を満たす $x \in A$ が存在する．$u_i = p_i x p_1$ とすれば，u_i は半等長であり，$u_i u_i^* = p_i$ となる．y を A の任意の元とする．$u_i^* y u_j \in p_1 A p_1$ であるから，$u_i^* y u_j = \lambda_{ij} p_1$ なる複素数 λ_{ij} がある．ゆえに，$p_i y p_j = \lambda_{ij} u_i u_j^*$ である．ここで，$w_{ij} = u_i u_j^*$ とすれば，$\{w_{ij} | i, j = 1, \cdots, m\}$ は A の行列単位の集合であり，$y = \sum_{i,j=1}^{m} \lambda_{ij} w_{ij}$ と表せる．ゆえに，$A \cong M(m, \mathbb{C})$．

以上を要約すると，次の定理を得る．

定理 3.2.1 (i) 有限次元単純 C^* 環 A は行列環 $M(m, \mathbb{C})$ と同型である．したがって，$A = M(m, \mathbb{C}) \otimes \mathbb{C} 1_{\mathcal{H}}$ と表せる．ただし，$1_{\mathcal{H}}$ は Hilbert 空間 $\mathcal{H}$ 上の恒等作用素である．

(ii) 有限次元 C^* 環 A は単純行列環の直和 $\sum_{j=1}^{n \oplus} M(m_j, \mathbb{C})$ と同型である．したがって，$A = \sum_{j=1}^{n \oplus} M(m_j, \mathbb{C}) \otimes \mathbb{C} 1_{\mathcal{H}_j}$ と表せる． □

定理の主張 (i) に現れる Hilbert 空間の次元は $M(m, \mathbb{C})$ が A の中に重複して現れる回数を表しているので，このような数を**重複度**といい，A を重複度 n を用いて，$nM(m, \mathbb{C})$ のように表すことがある．

この定理により，有限次元 C^* 環はいつでも単位的である．

さて，A を有限次元 C^* 環，B を単位元を共有する部分 C^* 環とする．これらを

$$A = \sum_{i=1}^{m \oplus} A_i, \quad B = \sum_{j=1}^{n \oplus} B_j$$

と単純 C^* 環の直和に分解し，B が A の部分 C^* 環であることを，分解成分を

用いて記述しよう．そこで，A_i に B_j が含まれるときの重複度を λ_{ij} とすれば，$\sum_{j=1}^{n}{}^{\oplus}\lambda_{ij}B_j\subset A_i$ と書ける．したがって，A の表現 $\pi_i^A: A\to A_i$ を部分 C^* 環 B へ制限して得られる表現 $\pi_i^A|_B$ は，B の表現 $\pi_j^B: B\to B_j$ を用いて，$\sum_{j=1}^{n}{}^{\oplus}\lambda_{ij}\pi_j^B$ と表せる．逆に，B の表現 π_j^B は A の表現 $\sum_{i=1}^{m}{}^{\oplus}\lambda_{ij}\pi_i^A$ を B へ制限したものになっている．この様子を図式化したのが **Bratteli 図式** である．このとき，$m\times n$ 行列 $\Lambda=(\lambda_{ij})$ を**隣接行列**という．

例 3.2.2 C^* 環 A と単位元を共有する部分 C^* 環 B が次のように表せたとする．

$$A = A_1\oplus A_2\oplus A_3 \cong M(4,\mathbb{C})\oplus M(5,\mathbb{C})\oplus M(3,\mathbb{C})$$
$$B = B_1\oplus B_2 \cong M(2,\mathbb{C})\oplus M(3,\mathbb{C})$$

この包含関係では重複度は $\lambda_{11}=2$ で残りの λ_{ij} は 0 または 1 であって，

$$\begin{pmatrix}4\\5\\3\end{pmatrix} = \begin{pmatrix}2 & 0\\1 & 1\\0 & 1\end{pmatrix}\begin{pmatrix}2\\3\end{pmatrix}$$

を満たしており，図式は次の図 3.1 のようになる． □

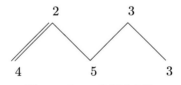

図 3.1 Bratteli 図式の例．

C^* 環 A 上の正線形汎関数 τ で，すべての $x\in A$ に対して，条件

$$\tau(x^*x) = \tau(xx^*)$$

を満たすものを，**トレイス**という．$A=M(n,\mathbb{C})$ の場合には，ある正の定数 λ が存在して，$\tau=\lambda\mathrm{Tr}$ と表せる．ただし，Tr は行列の対角和で与えられる通常のトレイスである．また，状態がこの条件を満たすとき，その状態を**規格トレイス**または**トレイス的状態**という．

C^* 環 A,B が上のように直和分解されているときには，それらの上のトレイス τ_{A_i},τ_{B_j} は各単純 C^* 環 A_i,B_j 上のトレイス τ_{A_i} と τ_{B_j} を用いて，$\sum_{i=1}^{m}{}^{\oplus}\tau_{A_i}$,

$\sum_{j=1}^{n} {}^{\oplus} \tau_{B_j}$ と直和分解される.このとき,各 A_i, B_j に含まれる極小射影元 p_i, q_j に対して,

$$\tau_{A_i}(1_{A_i}) = \tau_{A_i}(p_i)\sqrt{\dim A_i} \;, \quad \tau_{B_j}(1_{B_j}) = \tau_{B_j}(q_j)\sqrt{\dim B_j}$$

が成り立つので,τ_A を B へ制限したものが τ_B と一致するための必要十分条件は,

$$\tau_{B_j}(q_j) = \sum_{i=1}^{m} \lambda_{ij} \tau_{A_i}(p_i)$$

が成り立つことである.

3.2.2　C^*環の次元域

ここでは Bratteli 図式を代数的に定式化して次元域という概念を導入する.これにより,直観的に使いやすい図式に対して,数学的な裏付けを与えることができる.

C^*環 A の射影元全体の集合を Proj(A) で表す.von Neumann 環の場合と同じように,$e, f \in \text{Proj}(A)$ に対し,$e = u^*u$, $f = uu^*$ を満たす A の半等長元 u が存在するとき,e と f は (Murray-von Neumann の意味で) **同値**であるといい,$e \sim f$ で表す.この関係は同値関係である.各射影元 e の同値類 $[e]$(必要があれば,$[e]_A$ で表す)からなる集合 $D(A) = \text{Proj}(A)/\sim$ を **次元域**という.次元域は

$$\exists f' : ef' = 0,\; f \sim f' \quad \text{のとき}, \quad [e] + [f] = [e + f']$$

と置いて得られる局所和[5] により,可換局所半群になる.

C^*環 A が $M(n, \mathbb{C})$ の場合には,$[e]$ を $\dim e\mathcal{H}$ に対応させることにより,次元域 $D(A)$ を集合 $\{0, 1, \cdots, n\}$ と同一視することができる.この場合の局所和は,通常の和のうち,その値が n 以下の場合だけ定義されたものである.A が一般の有限次元 C^*環の場合には,

---

5)　和の演算が一部の対にしか定義されていない.

$$A \cong M(n_1, \mathbb{C}) \oplus \cdots \oplus M(n_k, \mathbb{C})$$

と表せるので，次元域 $D(A)$ は $\{0, 1, \cdots, n_j\}$ ($j=1, \cdots, k$) の直積集合

$$\{(j_1, \cdots, j_k) \in \mathbb{Z}^k \mid 0 \leq j_1 \leq n_1, \cdots, 0 \leq j_k \leq n_k\}$$

と同一視することができる．明らかに，これは有限次元 C^* 環 A の同型類に対する完全不変量である．

有限次元の C^* 環 A に C^* 環 B が単位元を共有するように部分 C^* 環として含まれる様子は，同型類を除き，隣接行列と次元域 $D(A), D(B)$ により決まる．例 3.2.2 の場合には，重複度を除き $A = A_1 \oplus A_2 \oplus A_3$, $B = B_1 \oplus B_2$ と仮定できるので，

$$A = \left\{ \begin{pmatrix} a_1 & 0 & 0 \\ 0 & a_2 & 0 \\ 0 & 0 & a_3 \end{pmatrix} \middle| a_i \in A_i \right\}, \quad B = \left\{ \begin{pmatrix} b_1 & 0 \\ 0 & b_2 \end{pmatrix} \middle| b_i \in B_i \right\}$$

と表せる．ただし，

$$A_1 = M(4, \mathbb{C}), \quad A_2 = M(5, \mathbb{C}), \quad A_3 = M(3, \mathbb{C})$$
$$B_1 = M(2, \mathbb{C}), \quad B_2 = M(3, \mathbb{C}).$$

したがって，B が A に含まれる様子は，B から A への同型写像 π を用いて，

$$\pi \left(\begin{pmatrix} b_1 & 0 \\ 0 & b_2 \end{pmatrix} \right) = \begin{pmatrix} b_1 & 0 & 0 & 0 & 0 \\ 0 & b_1 & 0 & 0 & 0 \\ 0 & 0 & b_1 & 0 & 0 \\ 0 & 0 & 0 & b_2 & 0 \\ 0 & 0 & 0 & 0 & b_2 \end{pmatrix}$$

で与えられる．これを一般的な状況のもとで記述すると次のようになる．

まず，次元域は $D(A) = \prod_{i=1}^{k} \{0, \cdots, m_i\}$, $D(B) = \prod_{j=1}^{\ell} \{0, \cdots, n_j\}$ で与えられ，隣接行列は $k \times \ell$ の行列 $\Lambda = (\lambda_{ij})$ とする．この次元域の形から，A, B の既約分解 $\sum_{i=1}^{k} {}^{\oplus} A_i$, $\sum_{j=1}^{\ell} {}^{\oplus} B_j$ に対し，それぞれ次のような行列単位が存在する．

$$\bigcup_{i=1}^{k} \{e_{\alpha' \beta'}^{(i)} \mid \alpha', \beta' = 1, \cdots, m_i\}, \quad \bigcup_{j=1}^{\ell} \{f_{\alpha \beta}^{(j)} \mid \alpha, \beta = 1, \cdots, n_j\}$$

そこで、B が A に含まれる様子 $\pi(B)$ を見るために、各 B_j の行列単位 $f_{\alpha\beta}^{(j)}$ が A に含まれたとき、A の行列単位によりどのように表されるかを考えてみる。そのために、A_i 部分に着目すると、上の例のように、ここでは $n_1 \times n_1$ 行列 B_1 を λ_{i1} 個、$\cdots$、$n_j \times n_j$ 行列 B_j を λ_{ij} 個、$\cdots$、$n_\ell \times n_\ell$ 行列 B_ℓ を $\lambda_{i\ell}$ 個、この順に対角上へ並べた形になっている。つまり、$\sum_{j=1}^{\ell \oplus} \lambda_{ij} B_j \subset A_i$ かつ $\sum_{j=1}^{\ell} \lambda_{ij} n_j = m_i$. このとき、$B_1$ のブロックから B_{j-1} までのブロックを併せた部分の大きさは $\mu(j) = \sum_{\gamma=1}^{j-1} \lambda_{i\gamma} n_\gamma$ であるから、B_j ブロックは $(\mu(j)+1, \mu(j)+1)$ 要素からすぐ右下に並んでいる。$\pi(f_{\alpha\beta}^{(j)})$ の A_i における成分 $e(\lambda_{ij})_{\alpha\beta}^{(i)}$ は B_j ブロックに現れるので、A_i の行列単位 $\{e_{\alpha'\beta'}^{(i)}|\alpha',\beta'=1,\cdots,m_i\}$ を用いて、

$$\sum_{\lambda=0}^{\lambda_{ij}-1} e_{\mu(j)+\lambda n_j+\alpha, \mu(j)+\lambda n_j+\beta}^{(i)}$$

で与えられる。これを用いると、B が A に含まれている様子は A における内部自己同型を除き

(3.2) $\qquad \pi(f_{\alpha\beta}^{(j)}) = \sum_{i=1}^{k} e(\lambda_{ij})_{\alpha\beta}^{(i)} \quad (\alpha,\beta=1,\cdots,n_j)$

と表せる。

一般に、隣接行列 Λ は $D(B)$ から $D(A)$ への局所和を保存する準同型であるが、その値域は必ずしも次元域にはならない。

3.2.3 有限次元 C^* 環の増大列

有限次元 C^* 環の増加列の(帰納)極限として得られる C^* 環を考えてみよう。このクラスに属するものとして、UHF 環、CAR 環、量子統計力学に現れる C^* 環などがある。

定義 3.2.3(Glimm, Bratteli) C^* 環 A が、有限次元部分 C^* 環の増加列 $\{A_n\}_{n\in\mathbb{N}}$ の和集合 A_∞ を稠密部分*多元環としてもつとき、A を **AF 環** といい、$\overline{A_\infty}$ で表す。A が単位元 1 をもつときは、$1 \in A_1$ としておく。とくに、各 A_n が単純な場合の単位的 AF 環を **UHF 環** という。 □

定義により、AF 環は可分である。

A を単位的 AF 環とする。A は単位元を共有する有限次元 C^* 環の増加列 $\{A_n\}_{n\in\mathbb{N}}$ の和集合 A_∞ の閉包として表される。A の射影元 e が部分 C^* 環 A_n

に属しているときには，A_n に関する同値類も考えられるので，これを $[e]_{A_n}$ で表す．同様に，部分*多元環 A_∞ に関する同値類を $[e]_{A_\infty}$ で表す．ただし，A_∞ における同値関係は C^*環の場合と同様に定める．このようにして得られる写像

$$j_{mn} : [e]_{A_n} \in D(A_n) \mapsto [e]_{A_m} \in D(A_m) \quad (n \leqq m)$$

$$j_n : [e]_{A_n} \in D(A_n) \mapsto [e]_{A_\infty} \in D(A_\infty)$$

は局所和を保存する準同型写像であるだけでなく，

$$(\{D(A_n)\}_{n \in \mathbb{N}}, \{j_{mn} | n \leqq m\})$$

は帰納系で，その**帰納極限**は $(D(A_\infty), \{j_n | n \in \mathbb{N}\})$ である．実際，$j_n([e]_{A_n}) = j_m([f]_{A_m})(n \leqq m)$ ならば，$j_{\ell n}([e]_{A_n}) = j_{\ell m}([f]_{A_m})$ を満たす $\ell(\geqq m)$ が存在する．

つぎに，次元域 $D(A_\infty)$ と $D(A)$ の関係を調べよう．A_∞ の射影元 e に対しては，同値類を集合として見ると，$[e]_{A_\infty} \subset [e]_A$ であるから，写像

$$\pi : [e]_{A_\infty} \in D(A_\infty) \mapsto [e]_A \in D(A)$$

が定義でき，局所和を保存している．この対応は，後の命題 3.2.6 で示すように，全単射になる．

ここでは，単位的 AF 環に対しては，次元域が同型類に対する完全不変量であることを示す．

定理 3.2.4(Bratteli-Elliott)　単位的 AF 環 A, B に対して，次の 3 条件は同値である．

(i)　A と B は同型である．

(ii)　A_∞ と B_∞ は同型である．

(iii)　$D(A)$ と $D(B)$ は可換局所半群として同型である．　　□

この定理を証明するために，2つの補題と1つの命題を用意する．

補題 3.2.5　(i)　C^*環 A の射影元 e, f に対して，$\|e-f\| < 1$ ならば，e と f は同値である．同値性は fe を極分解したときの半等長元により与えられる．

(ii) A の元 b に対して，ある半等長元 $u \in A$ が $\|b-u\| < \varepsilon (<1/3)$ を満たせば，b を極分解したときの半等長元 v は u と同じ始射影と終射影をもち，$\|v-u\| < 4\varepsilon$ を満たす．ただし，A が Hilbert 空間 $\mathscr{H}$ 上の C^* 環の場合には，u は $\mathscr{L}(\mathscr{H})$ の元でもよい． □

[証明] (i) $a=fe$ の極分解を $a=u|a|$ とする．仮定により，$\|e-efe\|<1$ であるから，$|a|^2 = efe$ は，命題 1.9.1 により，単位元 e をもつ C^* 環 eAe において可逆である．したがって，$|a|$ の eAe における逆元と e とを合成して得られる A_+ の元を b とすれば，$|a|b=b|a|=e$．したがって，$u=ab \in A$ かつ

$$u^*u = eu^*ue = b|a|u^*u|a|b = b|a|^2b = e.$$

また，$ef = a^* = u^*|a^*|$ であるから，e と f を入れ換えて，$uu^* = f$ を得る．

(ii) 元 u の始射影，終射影をそれぞれ e, f とする．$b = fbe$ と仮定できる．$\|b^*b - e\| < 3\varepsilon$ であるから，$|b|^2 = b^*b$ は eAe において可逆である．したがって，b の極分解を $v|b|$ とすれば，$v^*v = e$．同様のことを，b の代わりに b^* について考えれば，$vv^* = f$ を得る．また，$\||b|-e\| \leq \||b|-e|(|b|+e)\| = \|b^*b-e\| < 3\varepsilon$ であるから，

$$\|v-u\| \leq \|v-b\| + \|b-u\| < 4\varepsilon.$$ ■

これを用いて，次の命題を示す．

命題 3.2.6 $A = \overline{A_\infty} \; (A_\infty = \bigcup_{n=1}^{\infty} A_n)$ を AF 環とする．

(i) (a) $e \in \mathrm{Proj}(A)$ に対しては，$[e]_A = [f]_A$ となる $\mathrm{Proj}(A_\infty)$ の元 f が存在する．

(b) $e, f \in \mathrm{Proj}(A_n)$ が $[e]_A = [f]_A$ ならば，$[e]_{A_\infty} = [f]_{A_\infty}$ となる．

(ii) $D(A_\infty) \cong D(A)$. □

[証明] (i) (a) $\varepsilon \in (0, 1/2)$ とする．e に対して，$\|e-a\| \leq (\varepsilon - \varepsilon^2)/4$ を満たす A_∞ の自己随伴元 a が存在する．この元は

$$\|a^2 - a\| \leq \frac{1}{2}(\|(a-e)(a+e)\| + \|(a+e)(a-e)\|) + \|e-a\|$$

$$\leq 4\|e-a\|$$

を満たす．したがって，a のスペクトルは集合 $[-\varepsilon, \varepsilon] \cup [1-\varepsilon, 1+\varepsilon]$ に含まれる．

そこで，区間 $[1-\varepsilon, 1+\varepsilon]$ に対応する a のスペクトル射影を f とすれば，f は A_∞ の元であり，$\|a-f\| \leqq \varepsilon$ を満たす．ゆえに，$\|e-f\| < 2\varepsilon < 1$．よって，補題 3.2.5 により $[e]_A = [f]_A$．

(b) $[e]_A = [f]_A$ ならば，$u^*u = e, uu^* = f$ を満たす A の半等長元 u が存在する．任意の $\varepsilon > 0$ に対して，$\|b-u\| < \varepsilon$ を満たす A_∞ の元 b が存在する．補題 3.2.5 により，b を極分解したときの半等長元 v は u と同じ始射影，終射影をもつ．v は A_∞ の元であるから，$[e]_{A_\infty} = [f]_{A_\infty}$ を得る．

(ii) 主張(i)の(a)より写像 $[e]_{A_\infty} \mapsto [e]_A$ の全射性が，(b)より単射性が導かれる． ∎

有限次元 C^* 環 B は $M(n_1, \mathbb{C}) \oplus \cdots \oplus M(n_k, \mathbb{C})$ なる形の C^* 環と同型になる．したがって，B には

$$w_{ij}^{(m)*} = w_{ji}^{(m)}, \quad w_{ij}^{(m)} w_{k\ell}^{(m')} = \delta_{mm'} \delta_{jk} w_{i\ell}^{(m)}, \quad \sum_{m=1}^{k} \sum_{i=1}^{n_m} w_{ii}^{(m)} = 1$$

を満たす行列単位 $w_{ij}^{(m)}$ $(i, j = 1, \cdots, n_m; m = 1, \cdots, k)$ がある．以後，このような行列単位を単に C^* 環 B の行列単位という．

補題 3.2.7 (i) 単位的 AF 環 $A = \overline{A_\infty}$ $(A_\infty = \bigcup_{n=1}^{\infty} A_n)$ の単位元を共有する有限次元部分 C^* 環 B, C に対し，B から C の中への同型写像 π が，すべての $e \in \mathrm{Proj}(B)$ に対して，$[e]_A = [\pi(e)]_A$ を満たせば，A の内部自己同型写像 π_A で $\pi_A | B = \pi$ を満たすものがある．とくに，$B = A_n$, $C = A_m$ $(m \geqq n)$ のときには，π_A を導くユニタリは A_∞ の元に選べる．

(ii) A, B を単位的 C^* 環とし，A_0 を A の単位元を共有する有限次元部分 C^* 環とする．局所半群 $\{[e]_A | e \in \mathrm{Proj}(A_0)\}$ から局所半群 $D(B)$ の中への同型写像 j に対して，$j([e]_A) = [\pi(e)]_B$ $(e \in \mathrm{Proj}(A_0))$ を満たす A_0 から B の中への同型写像 π が存在する．とくに，B が AF 環 $\overline{B_\infty}$ $(B_\infty = \bigcup_{n=1}^{\infty} B_n)$ の場合には，π を A_0 から B_∞ への同型写像に選べる． ∎

[証明] (i) 有限次元 C^* 環 B の行列単位を $w_{ij}^{(m)}$ $(i, j = 1, \cdots, n_m; m = 1, \cdots, k)$ とする．仮定により，$[w_{ii}^{(m)}]_A = [\pi(w_{ii}^{(m)})]_A$ であるから，$w_{11}^{(m)}$ を始射影に，$\pi(w_{11}^{(m)})$ を終射影にもつ半等長元 $u_1^{(m)} \in A$ が存在する．これを用いて，

$$u_i^{(m)} = \pi(w_{1i}^{(m)})^* u_1^{(m)} w_{1i}^{(m)} \quad (i = 2, \cdots, n_m; m = 1, \cdots, k)$$

とすれば, $u_i^{(m)}$ は $w_{ii}^{(m)}$ を始射影に, $\pi(w_{ii}^{(m)})$ を終射影にもつ半等長元である. したがって, $u=\sum_{m=1}^{k}\sum_{i=1}^{n_m}u_i^{(m)}$ は A のユニタリ元であり, これから導かれる A の内部自己同型写像 $\pi_A: a \mapsto uau^*$ は求める性質 $\pi_A(b)=\pi(b)$ $(b \in B)$ を満たしている.

$B=A_n$, $C=A_m$ の場合には, 前の命題 3.2.6 により, 半等長元 $u_1^{(m)}$ を A_∞ の元に選べるから, $u \in A_\infty$ となる.

(ii) 有限次元 C^* 環 A_0 の行列単位を $w_{ij}^{(m)}$ $(i,j=1,\cdots,n_m; m=1,\cdots,k)$ とする. 仮定により, 対角要素のなす集合

$$\{w_{ii}^{(m)} | i=1,\cdots,n_m; m=1,\cdots,k\}$$

に対して, B の互いに直交する射影の集合

$$\{f_{ii}^{(m)} | i=1,\cdots,n_m; m=1,\cdots,k\}$$

で $[f_{ii}^{(m)}]_B = j([w_{ii}^{(m)}]_A)$ を満たすものがある. 各 m に対して, $[w_{11}^{(m)}]_A = [w_{ii}^{(m)}]_A$ であるから, $[f_{11}^{(m)}]_B = [f_{ii}^{(m)}]_B$ つまり B において $f_{11}^{(m)} \sim f_{ii}^{(m)}$ となる. したがって, $f_{11}^{(m)}$ を始射影, $f_{ii}^{(m)}$ を終射影とする B の半等長元 $f_{i1}^{(m)}$ が存在する. これを用いて, $f_{ij}^{(m)} = f_{i1}^{(m)} f_{j1}^{(m)*}$ と定義すれば, $f_{ij}^{(m)}$ $(i,j=1,\cdots,n_m)$ は $\sum_{i=1}^{n_m} f_{ii}^{(m)}$ を単位元とする行列単位である. ここでこれらの生成する B の部分 C^* 環を $B^{(m)}$ とすれば, A_0 から B の部分 C^* 環 $\sum_{m=1}^{k} B^{(m)}$ への全射同型写像 π で, $\pi(w_{ij}^{(m)}) = f_{ij}^{(m)}$ $(i,j=1,\cdots,n_m; m=1,\cdots,k)$ を満たすものが存在する. したがって, $e \in \mathrm{Proj}(A_0)$ に対して, $j([e]_A) = [\pi(e)]_B$ が成り立つ. ∎

これで, 定理 3.2.4 を証明する準備ができた.

[定理 3.2.4 の証明] (ii)⇒(i)⇒(iii) は自明である. (iii)⇒(ii) を示す. まず,

$$A_\infty = \bigcup_{n=1}^{\infty} A_n, \quad B_\infty = \bigcup_{m=1}^{\infty} B_m$$

を用いて, $A = \overline{A_\infty}$, $B = \overline{B_\infty}$ とする. それぞれの部分列 $\{A_{n_i}\}_{i \in \mathbb{N}}$, $\{B_{m_i}\}_{i \in \mathbb{N}}$ と各 A_{n_i} から B への同型写像 π_i を適当に選んで, 包含関係

$$\begin{cases} \pi_i(A_{n_i}) \subset B_{m_i} \subset \pi_{i+1}(A_{n_{i+1}}) \subset B_{m_{i+1}} \\ \pi_{i+1}(a) = \pi_i(a) \quad (a \in A_{n_i}) \end{cases}$$

が成り立つようにできれば，A_∞ から B_∞ への全射同型写像 π が $\pi(a)=\pi_i(a)$ ($a \in A_{n_i}$) により定まる．この π を自然に A にまで拡張したものが求める同型写像である．

そこで，この包含関係を示すことにする．まず，$n_1=1$ とする．条件(iii)により，局所半群としての同型写像 $j_1: \{[e]_A | e \in \text{Proj}(A_1)\} \mapsto D(B)$ がある．ゆえに，補題 3.2.7(ii) により，A_1 から B_∞ の中への同型写像 π_1 で，$\text{Proj}(A_1)$ 上では $j_1([e]_A)=[\pi_1(e)]_B$ となるものがある．A_1 は有限次元であるから，ある自然数 m_1 が存在して $\pi_1(A_1) \subset B_{m_1}$ となる．

再び条件(iii)を用いると，同型写像 $k_1: \{[e]_B | e \in \text{Proj}(B_{m_1})\} \mapsto D(A)$ に対し，自然数 n_2 と B_{m_1} から A_{n_2} の中への同型写像 ρ_1 が存在し，$\text{Proj}(B_{m_1})$ 上では $[\rho_1(e)]_A=k_1([e]_B)$ となる．写像 $\rho_1 \circ \pi_1$ は A_1 から A_{n_2} の中への $\text{Proj}(A)$ の同値類を保存する同型写像である．したがって，補題 3.2.7 の主張(i)により，$\rho_1 \circ \pi_1$ は A の同値類を保存する内部自己同型写像 ρ' へ拡張することができ，しかも，ρ' は A_∞ のユニタリにより導かれる．したがって，n_2 を十分に大きく選んでおけば，ρ' は A_{n_2} のユニタリにより導かれていると考えてよい．そこで，$\rho'^{-1} \circ \rho_1$ を改めて ρ_1 とすれば，ρ_1 は B_{m_1} から A_{n_2} への同型写像であり，$\rho_1 \circ \pi_1 = \text{id}_{A_1}$ が成り立つ．

この B_{m_1} に対する上の議論を，A_{n_2} に対して適用すると，ある自然数 m_2 と A_{n_2} から B_{m_2} への同型写像 π_2 が存在し，$\pi_2 \circ \rho_1 = \text{id}_{B_{m_1}}$ となる．したがって，$\pi_1(A_1) \subset B_{m_1} \subset \pi_2(A_{n_2})$ かつ $\pi_2|_{A_1} = \pi_1$ が成り立つ．

以下，この議論を順次繰り返せば条件(ii)を得る． ∎

例 3.2.8 下の 3 つの Bratteli 図式 (図 3.2) から決まる C^* 環は互いに同型である． □

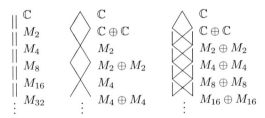

図 3.2 2^∞ 型 UHF 環の Bratteli 図式の例．ただし，$M_n = M(n, \mathbb{C})$.

3.2.4 AF 環の特徴づけ

第I巻の定理 2.7.23 で与えた,von Neumann による II_1 型 AFD 因子環の特徴づけと同じように,AF 環の特徴づけも知られている.それを示すために,まず,補題 3.2.5 の主張(i)の拡張から始める.以後,C^* 環 A の元 a と部分 C^* 環 B の距離 $\inf\{\|a-b\| \mid b \in B\}$ を $d(a, B)$ で表す.

補題 3.2.9 A を C^* 環,B をその部分 C^* 環とする.

(i) 任意の $\varepsilon \in (0, 1/4)$ と任意の自然数 n に対して,次の条件を満たす $\delta > 0$ が存在する.A の互いに直交する射影の集合 $\{e_1, \cdots, e_n\}$ が $d(e_j, B) < \delta$ $(j=1, \cdots, n)$ を満たせば,B の互いに直交する射影の集合 $\{f_1, \cdots, f_n\}$ で,

$$\|e_j - f_j\| < \varepsilon \quad (j = 1, \cdots, n)$$

を満たすものがある.$\sum_{j=1}^n e_j = 1$ の場合には,$\sum_{j=1}^n f_j = 1$ となる.

(ii) (i)において,集合 $\{e_1, \cdots, e_n\}$ と B の生成する C^* 環のユニタリ元 u で $ue_ju^* = f_j$ $(j=1, \cdots, n)$ および $\|u-1\| < (n+1)\varepsilon$ を満たすものがある. □

[証明] (i) $h = \sum_{j=1}^n je_j$ とする.任意の $\varepsilon \in (0, 1/4)$,$\delta \in (0, 2\varepsilon^3/\{n(n+1)\})$ に対して,主張(i)の条件が成り立つことを示す.B の自己随伴元 a で $\|a-h\| < \varepsilon^3$ を満たすものが存在する.したがって,a のスペクトルは

$$\mathrm{Sp}(a) \subset \bigcup_{j=1}^n [j-\varepsilon, j+\varepsilon].$$

実際,λ が右辺の補集合の元ならば,$h-\lambda$ は可逆であり,$\|(h-\lambda)^{-1}\| \leqq \varepsilon^{-1}$ となる.このとき,$\|(a-h)(h-\lambda)^{-1}\| < 1$ が成り立つので,$a-\lambda$ は可逆である.したがって,λ は a のレゾルベント集合(スペクトルの補集合)の元である.各 $j=1, \cdots, n$ に対して,$f_j = \chi_{[j-\varepsilon, j+\varepsilon]}(a)$ とする.f_j は B の射影元であり,集合 $\{f_1, \cdots, f_n\}$ は互いに直交している.閉曲線 C_j を $\{z \in \mathbb{C} \mid |z-j| = 2\varepsilon\}$ とすれば,解析的汎関数算法により,

$$e_j - f_j = \frac{1}{2\pi i} \int_{C_j} (\zeta-h)^{-1}(h-a)(\zeta-a)^{-1} d\zeta$$

となる.このとき,$\zeta \in C_j$ ならば,$\|(\zeta-a)^{-1}\| < 1/\varepsilon$ と $\|(\zeta-h)^{-1}\| < 1/\varepsilon$ とな

るので，$\|e_j - f_j\| < \varepsilon$.

$\sum_{j=1}^{n} e_j = 1$ の場合には，h が可逆であるから，a も可逆であり，$\sum_{j=1}^{n} f_j = 1$ となる．

(ii) $\sum_{j=1}^{n} e_j = 1$ の場合を考えれば十分である．$a = \sum_{j=1}^{n} f_j e_j$ と置き，その極分解を $u|a|$ とする．a は可逆であるから，u は $\{e_1, \cdots, e_n\}$ と B の生成する C^* 環のユニタリである．

$$\|1 - a^* a\| = \max\{\|e_j - e_j f_j e_j\| | j = 1, \cdots, n\} < \varepsilon$$

かつ $\|a\| \leqq 1$ であるから，$\|u - a\| = \|1 - |a|\| < \varepsilon$．また，

$$\|a - 1\| \leqq \sum_{j=1}^{n} \|(f_j - e_j) e_j\| < n\varepsilon$$

であるから，$\|u - 1\| < (n+1)\varepsilon$ を得る． ∎

補題 3.2.10 (i) A を単位的 C^* 環とする．任意の $\varepsilon > 0$ と自然数 n に対して，次の条件を満たす $\delta > 0$ が存在する．

n 以下の次元をもつ単位的部分 C^* 環 B の行列単位

$$\{w_{ij}^{(m)} | i, j = 1, \cdots, n_m; m = 1, \cdots, k\}$$

と部分 C^* 環 C が $d(w_{ij}^{(m)}, C) < \delta$ $(i, j = 1, \cdots, n_m; m = 1, \cdots, k)$ を満たすならば，B と C の生成する C^* 環に

$$uBu^* \subset C, \quad \|u - 1\| < \varepsilon$$

を満たすユニタリ元 u が存在する．

(ii) (i)において，$\varepsilon < (2(n+1))^{-1}$ ならば，部分 C^* 環 B, C が共通の部分 C^* 環 D をもつ場合には，$uau^* = a (a \in D)$ とできる． □

[証明] (i) n 次元 C^* 環 B の行列単位の対角要素 $w_{ii}^{(m)}$ ($i = 1, \cdots, n_m; m = 1, \cdots, k$)に対して，前の補題 3.2.9 を適用すると，$C$ における互いに直交する射影元の集合 $f_{ii}^{(m)}$ ($i = 1, \cdots, n_m; m = 1, \cdots, k$)と，$B, C$ の生成する C^* 環のユニタリ v が存在し，$v w_{ii}^{(m)} v^* = f_{ii}^{(m)}$ と $\|v - 1\| < \varepsilon/(10n)$ を満たしている．非対角要素に対しては $f_{i1}^{\prime(m)} = v w_{i1}^{(m)} v^*$ と置く．また δ を $\delta < \varepsilon/(40n)$ が成り立つように選ぶことにする．任意の $c \in C$ に対し

$$\|f'^{(m)}_{i1}-c\| \leqq \|f'^{(m)}_{i1}-w^{(m)}_{i1}\| + \|w^{(m)}_{i1}-c\| < \frac{\varepsilon}{5n} + \|w^{(m)}_{i1}-c\| < \frac{9\varepsilon}{40n}$$

が成り立つので，補題 3.2.5 により，半等長元 $f'^{(m)}_{i1}$ と同じ始射影 $f^{(m)}_{11}$ と終射影 $f^{(m)}_{ii}$ をもつ C の半等長元 $f^{(m)}_{i1}$ が存在し，$\|f'^{(m)}_{i1}-f^{(m)}_{i1}\|<9\varepsilon/(10n)$ となる．これを用いて，

$$u^{(m)}_i = f^{(m)}_{i1} v w^{(m)}_{1i}$$

と置く．$u^{(m)}_i$ は $w^{(m)}_{ii}$ を始射影にもち，$f^{(m)}_{jj}$ を終射影にもつ半等長元であり，$u^{(m)}_i w^{(m)}_{ij} u^{(m)*}_j = f^{(m)}_{i1} f^{(m)*}_{j1}$ を満たす．したがって，

$$u = \sum_{m=1}^{k} \sum_{i=1}^{n_m} u^{(m)}_i$$

は B,C の生成する C^*環のユニタリで，$uBu^* \subset C$ を満たしている．また，$f'^{(m)}_{i1} v w^{(m)}_{1i} = v w^{(m)}_{ii}$ であるから，

$$\|u^{(m)}_i - w^{(m)}_{ii}\| \leqq \|u^{(m)}_i - v w^{(m)}_{ii}\| + \|v w^{(m)}_{ii} - w^{(m)}_{ii}\| < \frac{\varepsilon}{n}.$$

したがって，$\|u-1\|<\varepsilon$ となる．

(ii) D の行列単位を $p^{(\gamma)}_{\alpha\beta}$ とし，$q^{(\gamma)}_{\alpha\beta}=up^{(\gamma)}_{\alpha\beta}u^*$ とおく．これを用いて，

$$d = \sum_{\gamma}\sum_{\alpha} p^{(\gamma)}_{\alpha 1} q^{(\gamma)}_{1\alpha}$$

とすれば，$d\in C$．$\|p^{(\gamma)}_{11}-q^{(\gamma)}_{11}\|<2\varepsilon$ であるから，補題 3.2.5(i) により，d は C の可逆な元であり，$p^{(\gamma)}_{\alpha\beta}d=p^{(\gamma)}_{\alpha 1}q^{(\gamma)}_{1\beta}=dq^{(\gamma)}_{\alpha\beta}$ を満たす．したがって，$q^{(\gamma)}_{\alpha\beta}$ は d^*d と，$p^{(\gamma)}_{\alpha\beta}$ は dd^* とそれぞれ可換である．したがって，d の極分解を $w|d|$ とすれば，$|d|$ は可逆であるから，w は C のユニタリであり，$wq^{(\gamma)}_{\alpha\beta}=p^{(\gamma)}_{\alpha\beta}w$ が成り立つ．また，$d^*d=\sum_{\gamma,\alpha} q^{(\gamma)}_{\alpha 1}p^{(\gamma)}_{11}q^{(\gamma)}_{1\alpha}$ であるから，$\|d\|\leqq 1$．ゆえに，

$$\|w-d\| = \||1-|d|\|| \leqq \|1-|d|^2\| \leqq \max_{\gamma}\|q^{(\gamma)}_{11}-p^{(\gamma)}_{11}\| < 2\varepsilon$$

$$\|d-1\| = \left\|\sum_{\gamma,\alpha}(p^{(\gamma)}_{\alpha 1}-q^{(\gamma)}_{\alpha 1})q^{(\gamma)}_{1\alpha}\right\| < 2n\varepsilon$$

であるから，$\|w-1\|<2(n+1)\varepsilon$ が成り立つ．ゆえに，

$$\|wu-1\| \leqq \|w-1\|\|u\| + \|u-1\| < 2(n+2)\varepsilon$$

となる．D の行列要素 $p_{\alpha\beta}^{(\gamma)}$ に対して，
$$wup_{\alpha\beta}^{(\gamma)}u^*w^* = wq_{\alpha\beta}^{(\gamma)}w^* = p_{\alpha\beta}^{(\gamma)}$$
が成り立つので，$wuau^*w^*=a\,(a\in D)$．そこで，wu と $2(n+1)\varepsilon$ を改めて u,ε と選びなおせば，主張 (ii) が得られる． ∎

ここで，これらの補題を用いて AF 環の特徴づけを与える．

定理 3.2.11 C^* 環 A に対し，次の 2 条件は同値である．
(i) A は AF 環である．
(ii) A は可分であり，しかも，任意の $\varepsilon>0$ と任意の元 $a_1,\cdots,a_n\in A$ に対して，有限次元部分 C^* 環 B が存在して，
$$d(a_j, B) < \varepsilon \quad (j=1,\cdots,n)\ .$$
∎

［証明］ (i)⇒(ii) は明らかであるから，逆を示す．

A は可分であるから，A の単位球は稠密可算部分集合 $\{a_n\,|\,n\in\mathbb{N}\}$ を含む．これを用いて，有限次元 C^* 環の増加列 $\{A_n\}_{n\in\mathbb{N}}$ を帰納的に選んでゆく．
$\{\varepsilon_n\}_{n\in\mathbb{N}}$ を 0 に収束する正数の単調減少列とする．A_1 を，$d(a_1,A_1)<\varepsilon_1$ を満たす A の有限次元部分 C^* 環とする．つぎに，$A_1,\cdots,A_\ell$ を
$$d(a_j, A_{\ell'}) < \varepsilon_{\ell'} \quad (j=1,\cdots,\ell';\ \ell'=1,\cdots,\ell)$$
を満たす A の有限次元部分 C^* 環の増加列とする．まず，A_ℓ の行列単位を $w_{ij}^{(m)}\,(i,j=1,\cdots,n_m;\ m=1,\cdots,k)$ とする．補題 3.2.10 (i) の正数 ε と自然数 n として $\varepsilon_{\ell+1}/5$ と $\dim(A_\ell)$ を選び，対応する $\delta\in(0,\varepsilon_{\ell+1}/5)$ を 1 つ定める．条件 (ii) の仮定により，
$$d(a_j, B) < \delta \quad (j=1,\cdots,\ell+1)$$
$$d(w_{ij}^{(m)}, B) < \delta \quad (i,j=1,\cdots,n_m;\ m=1,\cdots,k)$$
を満たす有限次元部分 C^* 環 B が存在する．したがって，補題 3.2.10 により，
$$uA_\ell u^* \subset B, \quad \|u-1\| < \frac{\varepsilon_{\ell+1}}{5}$$
を満たすユニタリ $u\in A$ が存在する．そこで，$A_{\ell+1}=u^*Bu$ と置く．$A_{\ell+1}$ は

A_ℓ を含む有限次元部分 C^* 環である．また，任意の $b \in B$ に対して，

$$\|a_j - u^*bu\| \leqq \|a_j - b\| + \|b - u^*bu\|$$
$$\leqq \|a_j - b\| + 2\|u - 1\|\|b\| \quad (j = 1, \cdots, \ell+1)$$

となる．ゆえに，$d(a_j, A_{\ell+1}) < \varepsilon_{\ell+1}$ $(j=1,\cdots,\ell+1)$．上の $A_\ell(\ell \in \mathbb{N})$ の決め方により，集合 $\{a_n | n \in \mathbb{N}\}$ の線形拡大は $\overline{\bigcup_{n=1}^{\infty} A_n}$ の閉包に含まれる．したがって，A は AF 環である． ∎

3.2.5 AF 環のイデアル

ここでは，AF 環の閉両側イデアルによる商 C^* 環が再び AF 環になることと，AF 環が単純になるための条件を求めておく．

補題 3.2.12 (i) 単位的 AF 環 $A = \overline{\bigcup_{n=1}^{\infty} A_n}$ の閉両側イデアル J に対して，$J = \overline{\bigcup_{n=1}^{\infty}(A_n \cap J)}$ が成り立つ．

(ii) 単位的 AF 環の閉両側イデアルと商 C^* 環はともに AF 環である． ∎

[証明] (i) まず，$A_\infty = \bigcup_{n=1}^{\infty} A_n$ とする．このとき，$\bigcup_{n=1}^{\infty}(A_n \cap J) \subset A_\infty \cap J \subset J$ に注意する．左辺が J で稠密なことを示す．そのための準備をする．$A_n \cap J$ は A_n の閉両側イデアルであるから，$A_n/(A_n \cap J)$ は命題 1.13.10 または命題 2.2.6 により C^* 環である．また，写像

$$a + (A_n \cap J) \in A_n/(A_n \cap J) \mapsto a + J \in (A_n + J)/J$$

は全射同型写像である．ここで，$(A_n + J)/J$ は C^* 環 A/J の部分*多元環と見なせるから，系 1.14.18 により，この同型写像はノルムを保存する．

さて，$x \in J$ とする．任意の $\varepsilon > 0$ に対して，$n \in \mathbb{N}$ と $y \in A_n$ が存在して，$\|x - y\| < \varepsilon$ となる．ところで，$x - y \in A_n + J$ であるから，

$$\|y + (A_n \cap J)\| = \|x - y + J\| \leqq \|x - y\| < \varepsilon.$$

ゆえに，$\|y - z\| < \varepsilon$ を満たす $A_n \cap J$ の元 z が存在する．$\|x - z\| < 2\varepsilon$ となるので，補題の証明を得る．

(ii) イデアルに対しては(i)よりわかる．商ノルムの連続性により，商 C^* 環に対しては，

$$A/J = \overline{\{a+J|a\in A_\infty\}} = \overline{\bigcup_{n=1}^{\infty}\{a+J|a\in A_n\}}.$$

これは $\{(A_n+J)/J\}_n$ の帰納極限であるから，AF 環である． ∎

単位的 AF 環 $A=\overline{\bigcup_{n=1}^{\infty} A_n}$ の各部分 C^* 環 A_n は単純*多元環の直和 $\sum_{j=1}^{k(n)\oplus} A_{nj}$ ($A_{nj}\cong M(d_{nj},\mathbb{C})$)に表せる．

命題 3.2.13 各 A_n が上のように表されている単位的 AF 環 $A=\overline{\bigcup_{n=1}^{\infty} A_n}$ に対して，次の 2 条件は同値である．

(i)　A は単純である．

(ii)　任意の $n\in\mathbb{N}$ と $j\in\{1,2,\cdots,k(n)\}$ に対して，隣接行列 $\Lambda_{mn}:D(A_n)\to D(A_m)$ の第 j 列目の要素がどれも 0 でないような $m(\geqq n)$ が存在する． □

[証明]　(i)⇒(ii) n,j を条件(ii)のように選ぶ．$A_\infty=\bigcup_{n=1}^{\infty} A_n$ とする．A_n の既約分解を $\sum_{j=1}^{k(n)\oplus} A_{nj}$ とする．A の単純性により，和集合 $\bigcup_{b,c\in A_\infty} bA_{nj}c$ の線形拡大は A のイデアルであり，したがって，A において稠密である．したがって，m を十分大きく選べば，$\|\sum_{k=1}^{k(m)} b_k a_k c_k-1\|<1$ となる元 $a_k\in A_{nj}$, $b_k, c_k\in A_{mk}$ ($k=1,\cdots,k(m)$) が存在する．ゆえに，条件(ii)が成り立つ．

(ii)⇒(i) J を A の $\{0\}$ でない閉両側イデアルとする．A は単位的 AF 環であるから，十分大きな n に対し，$A_n\cap J$ は A_n の $\{0\}$ でない両側イデアルである．ゆえに，その極大射影元は A_n の中心元である．したがって，次元域 $D(A_n\cap J)$ は次元域 $D(A_n)$ の部分集合である．条件(ii)により，$A_n\cap J$ の生成する A_m の両側イデアルは A_m と一致する．ところが，$A_n\cap J\subset A_m\cap J$ であるから，補題 3.2.12 により，J は A の単位元を含み，したがって，$J=A$ となる． ∎

3.2.6　次元群

次元域は AF 環の同型類に対する完全不変量であったが，それを少し一般化することにより，より扱いやすい次元群という概念に到達する．

加法群 G の部分集合 G_+ が条件

$$G_+ + G_+ \subset G_+, \quad G_+ - G_+ = G, \quad G_+ \cap (-G_+) = \{0\}$$

を満たすとき，G_+ を G の**正錐**という．G に正錐があるときには関係

$$x \leqq y \iff y-x \in G_+$$

により，G は**順序加法群**になる．これを (G, G_+) で表す．

定義 3.2.14(Elliott)　k を $\mathbb{N}$ から $\mathbb{N}$ への写像とする．この k を用いて得られる順序加法群の帰納系 $(\{(\mathbb{Z}^{k(n)}, (\mathbb{Z}^{k(n)})_+)\}_{n \in \mathbb{N}}, \{j_{mn} | n \leqq m\})$ の帰納極限

$$((G, G_+), \{j_n | n \in \mathbb{N}\})$$

を**次元群**という．ただし，正錐 $(\mathbb{Z}^m)_+$ は $\mathbb{Z}^m$ の第 1 象限 $(\mathbb{Z}_+)^m$ である．　□

ここで，AF 環 $A = \overline{\bigcup_{n=1}^\infty A_n}$ の場合を思い起こそう．この場合，$D(A)$ は帰納系 $(\{D(A_n)\}_{n \in \mathbb{N}}, \{j_{mn} | n \leqq m\})$ の帰納極限であった．$A_n \cong M(n_1, \mathbb{C}) \oplus \cdots \oplus M(n_{k(n)})$ と表せるから，中への同型写像 j_{mn} には $\mathbb{Z}^{k(n)}$ から $\mathbb{Z}^{k(m)}$ への $k(m) \times k(n)$ の $\mathbb{Z}_+$ 行列 Λ_{mn} で

$$\begin{pmatrix} m'_1 \\ m'_2 \\ \vdots \\ m'_{k(m)} \end{pmatrix} = \Lambda_{mn} \begin{pmatrix} n_1 \\ n_2 \\ \vdots \\ n_{k(n)} \end{pmatrix}, \quad \begin{matrix} m'_1 \leqq m_1 \\ m'_2 \leqq m_2 \\ \vdots \\ m'_{k(m)} \leqq m_{k(m)} \end{matrix}$$

を満たすものが対応している．Λ_{mn} の行列要素は非負の整数であるから，Λ_{mn} が正錐を保存することは明らかである．このような状況で得られる次元群を AF 環 A の**次元群**という．例えば，$\mathscr{K}(\mathscr{H})$ の次元群は，例 3.1.2 により，順序加法群 $\{\mathbb{Z}, \leqq\}$ と同型である．この概念は，後に述べる K_0 群に順序構造を与えたものになっているので，詳細はそちらへ譲ることにして，基本的な結果を少し述べておく．

定義 3.2.15　A, B を C^* 環，$\mathscr{H}$ を無限次元可分 Hilbert 空間とする．C^* 環のテンソル積 $A \otimes_{\min} \mathscr{K}(\mathscr{H})$ と $B \otimes_{\min} \mathscr{K}(\mathscr{H})$ が同型のとき，A と B は**安定同型**であるという．また，A と $A \otimes_{\min} \mathscr{K}(\mathscr{H})$ が同型のとき，A は**安定**であるという．　□

この関係は同値関係である．

定理 3.2.16(Elliott)　単位的 AF 環 A, B に対して，次の 2 条件は同値であ

る.

(i) A と B は安定同型である.

(ii) A の次元群と B の次元群は同型である. □

最後に,次元群の特徴づけを述べるために,言葉の準備をしよう.

定義 3.2.17(L. Fucks) 順序加法群 (G, G_+) が次の 2 条件を満たすとき,**Riesz 群**という.

(i)(Unperforated) G の元 g の,ある自然数倍が G_+ の元ならば,g も G_+ の元である.

(ii)(補間性) G の元 g_1, g_2, h_1, h_2 がすべての i, j について $g_i \leqq h_j$ を満たせば,$g_i \leqq g \leqq h_j$ $(i, j = 1, 2)$ となる G の元 g が存在する. □

AF 環の研究の過程で発見された次元群が,実は古くから研究されていた Riesz 群と同じものであることがわかる.その結果だけを述べておく.

定理 3.2.18(E. G. Effros-D. Handelman-C. L. Shen) 可分な順序加法群 (G, G_+) に対して,次の 2 条件は同値である.

(i) (G, G_+) は次元群である.

(ii) (G, G_+) は Riesz 群である. □

3.2.7 UHF 環

UHF 環は,von Neumann による AFD 因子環の C^* 環版として,AF 環に先だって Glimm により導入された概念であった.後に,I 型 C^* 環,核型 C^* 環などの解析において基本的な役割を果たす.また統計力学で相転移を説明する際に使われる格子模型などに現れる典型的 C^* 環のひとつでもある.

UHF 環 A を近似する有限次元単純 C^* 環の増加列を $\{A_i\}_{i \in \mathbb{N}}$ とする.各 $i \in \mathbb{N}$ に対して,$A_i \cong M(n_i, \mathbb{C})$ とすれば,A_i が A_{i+1} に含まれるときの隣接行列は 1×1 行列であるから,非負整数になり,n_i は n_{i+1} の約数である.各 n_i を素因数分解すると,

$$n_i = 2^{k_{2i}} 3^{k_{3i}} 5^{k_{5i}} 7^{k_{7i}} 11^{k_{11i}} \cdots$$

と表される.各素数 p に対し,指数の列 $\{k_{pi}\}_{i \in \mathbb{N}}$ は i とともに増加するので,その極限を k_p とする.発散することもあるので,その場合には,$k_p = \infty$ と置

くことにより，
$$(k_2, k_3, k_5, \cdots, k_p, \cdots)$$
なる列が得られる．

定理 3.2.19(Glimm)　(i)　UHF 環は単純である．
(ii)　2つの UHF 環が同型であるための必要十分条件は，上の列が一致することである．　□

UHF 環において，$n_i (i \in \mathbb{N})$ に対して共通の素数 p が存在して $n_i = p^{k_{pi}}$ となっているとき，その UHF 環を p^∞ 型であるという．

例 3.2.20　p^∞ 型 UHF 環 A の次元域 $D(A)$ は次の次元域
$$D(A_n) \cong \left\{ \sum_{k=1}^{n} (a_k/p^n) \,\middle|\, a_k \in \{0, 1, \cdots, p-1\} \right\} \cup \{1\}$$
の帰納極限であるから，区間 $[0,1]$ の p 進有理数の全体と同型である．したがって，次元群は有理 p 進体と同一視することができる．　□

この例は p^∞ 型 UHF 環は有理 p 進体の量子化と見なすことができ，C^* 環と数論との最も素朴な関係を与えている．

3.2.8　I 型 C^* 環

局所コンパクト群 G には根基と呼ばれる最大の可解連結正規部分群 N が一意的に存在し，その商群 G/N は半単純になる．また，（第 2 可算公理を満たす）局所コンパクト群 G が連結な場合には，閉正規部分群の減少列 $\{N_i\}_{i \in \mathbb{N}}$ で，$N_1 = G$，$\bigcap_{i \in \mathbb{N}} N_i = \{e\}$ かつ N_{i+1}/N_i は Lie 群であるようなものが存在する．これと似た観点から C^* 環の分類を最初に手掛けたのは I. Kaplansky である．C^* 環 A のどの既約表現 $\{\pi, \mathscr{H}\}$ の像も $\mathscr{K}(\mathscr{H})$ に含まれるとき，A を **CCR** という．また，A の自明でないどんな商 C^* 環も自明でない CCR 閉両側イデアルをもつとき，A を **GCR**，自明でない CCR 閉両側イデアルをもたないとき，**NGCR** という．今では次の特徴づけが知られている．

定理 3.2.21(Glimm, 境)　C^* 環 A に対して，次の 3 条件は同値である．
(i)　A は GCR である．
(ii)　A の表現の生成する von Neumann 環はどれも I 型である．

(iii) A の 0 でないどんな既約表現 $\{\pi, \mathscr{H}\}$ に対しても $\mathscr{K}(\mathscr{H}) \subset \pi(A)$.

さらに,上のいずれかが成り立てば,次の条件も成り立つ.また,A が可分のときには,その逆も成り立つ.

(iv) A の 2 つの既約表現の核が一致していれば,それらはユニタリ同値である. □

[証明] 前半の 3 つの条件の同等性は例えば Sakai[2] を参照してほしい.

(iii)⇒(iv) C^* 環 A の 2 つの既約表現 $\{\pi_i, \mathscr{H}_i\}$ $(i=1,2)$ が同じ核をもてば,C^* 環 $\pi_1(A)$ から C^* 環 $\pi_2(A)$ への同型写像 $\pi: \pi_1(a) \mapsto \pi_2(a)$ $(a \in A)$ が存在する.条件(iii)により,$\mathscr{K}(\mathscr{H}_1)$ は $\pi_1(A)$ の閉両側イデアルであり,π は同型写像であるから,$\pi(\mathscr{K}(\mathscr{H}_1)) = \mathscr{K}(\mathscr{H}_2)$.I 型因子環の自己同型写像が内部的であることの証明と同じようにして,π を導くユニタリ $u: \mathscr{H}_1 \to \mathscr{H}_2$ が存在する.つまり,$\pi(y) = uyu^{-1}$ $(y \in \mathscr{K}(\mathscr{H}_1))$.また,$\mathscr{K}(\mathscr{H}_1)$ の近似単位元 $\{e_i\}$ に対して,$\{\pi(e_i)\}$ は $\mathscr{K}(\mathscr{H}_2)$ の近似単位元で 1 へ強収束している.したがって,任意の $x \in \pi_1(A)$ と $\xi \in \mathscr{H}_2$ に対して,

$$\pi(x)\pi(e_i)\xi = \pi(xe_i)\xi = uxe_iu^{-1}\xi = uxu^{-1}\pi(e_i)\xi$$

となり,$\pi(x)\xi = uxu^{-1}\xi$.よって,π_1 と π_2 はユニタリ同値である.

(iv)⇒(ii) $\{\pi, \mathscr{H}_\pi\}$ を $\pi(A)''$ が因子環であるような A の表現とする.このとき $\mathscr{H}_\pi$ に可分性を仮定することができる.von Neumann 環 $\pi(A)'$ の極大可換環を $\mathscr{L} = L^\infty(\Omega, \mu)$ とすれば,表現 π は既約表現へ

$$\pi(a) = \int_\Omega^\oplus \pi(a)(\omega) d\mu(\omega) \quad (a \in A)$$

と直積分分解される.このとき,Ω 上のほとんどいたるところで $\|\pi(a)(\omega)\| \leq \|\pi(a)\|$ が成り立つ.また $\mathscr{L}$ の任意の射影 e に対して,e の中心射影は 1 であるから,$\pi(A)_e$ は $\pi(A)$ と同型である.仮定により,C^* 環 A は可分であるから,稠密加算部分集合 $\{a_n \mid n \in \mathbb{N}\}$ が存在する.そこで,各 a_n に対して

$$N_{nm} = \left\{\omega \in \Omega \,\Big|\, \|\pi(a_n)(\omega)\| \leq \|\pi(a_n)\| - \frac{1}{m}\right\} \quad (m \in \mathbb{N})$$

とすれば,N_{mn} は零集合である.したがって,$N = \bigcup_{n,m \in \mathbb{N}} N_{nm}$ も零集合である.したがって,ほとんどいたるところの ω に対して $\|\pi(\cdot)(\omega)\| = \|\pi(\cdot)\|$ と

なり，それらは共通の核をもつ．よって，条件(iv)により，それらは互いにユニタリ同値になり，どれも I 型である．よって，条件(ii)が成り立つ．

したがって，今では GCR の代わりに **I 型**ということが多い．局所コンパクト群に対しては，どのユニタリ表現も I 型になるとき，I 型という．コンパクト群，局所コンパクト可換群，実代数群，連結ベキ零 Lie 群などは I 型であることが知られている．また，Harish-Chandra は連結な半単純 Lie 群も I 型であることを示している．J. Dixmier は I 型の Lie 群でもその被覆群は必ずしも I 型でない例を与えている．

上の条件(iv)から条件(i),(ii),(iii)のいずれかを導くとき，可分性の仮定を落とせない例が Akemann-Weaver により与えられている[6]．

---

[6] Consistancy of a counter example of Naimark's problems, *Proc. Nat. Acad. Sci. USA*, **101**(2004), 7522-7525.

3.3 Fock 空間

物理学の場の量子論において,第 2 量子化された場を記述する時空上の作用素を広い意味で Fourier 展開したときの Fourier 係数を,粒子の生成,消滅を表す作用素と解釈し,真空状態にこれらの作用素を作用させて得られる Hilbert 空間を Fock 空間という.これは,与えられた Hilbert 空間から,指数関数を作るようにして,新たな Hilbert 空間を作る操作と解釈される.その辺の解説は,例えば,新井朝雄著『フォック空間と量子場』に詳しい[7].

他方,数学でも de Rham コホモロジーや重複 Wiener 積分など,まったく独立した動機にもとづいて,同様な構造をした空間が導入され,基本的な役割を果たしてきている.そこで,ここではこの種の空間の有用性の一端を駆け足で概観することと,次の第 3.4 節において,自己双対 CAR 環という 2^∞ 型 UHF 環上の準自由状態を定義するための準備として,定理 3.3.7 において,反対称 Fock 空間上の生成作用素と消滅作用素に関する期待値の計算を示す.

3.3.1 Fock 空間

Fock 空間は,場の量子論において,複数の同種の粒子の位置と運動量を記述する正準座標系 $q_j, p_j (j \in I)$ を,(真空状態に生成作用素 $a_j^\dagger = 2^{-1/2}(q_j - ip_j)$ と消滅作用素 $a_j = 2^{-1/2}(q_j + ip_j)$ を作用させて作られる) Hilbert 空間上の自己随伴作用素の族として実現する際に導入された概念であるが,数学では Cook の提唱にしたがい,初めから Hilbert 空間が天下り的に与えられたものとして,話を始めるのが一般的である.

$\mathscr{H}$ を Hilbert 空間とする.n 個の同一な Hilbert 空間のテンソル積を

$$\mathscr{H}^{\otimes n} = \underbrace{\mathscr{H} \otimes \cdots \otimes \mathscr{H}}_{n \text{ 個}}$$

で表す.ベクトルに対しても同様な記号 $\xi^{\otimes n}$ を用いる.ただし $\mathscr{H}^{\otimes 0}$ は,**真空状態**と呼ばれる単位ベクトル Ω の張る 1 次元空間 $\mathbb{C}\Omega$ であり,$\mathscr{H}^{\otimes 1} = \mathscr{H}$

---

[7]　上巻 (2000) pp.xiv+314;下巻 (2000) pp.xiv+(315-636), 日本評論社.

とする．これらを用いて無限直和
$$F(\mathcal{H}) = \sum_{n=0}^{\infty \oplus} \mathcal{H}^{\otimes n}$$
を考え，これを $\mathcal{H}$ 上の**自由 Fock 空間**という．この Hilbert 空間は積
$$\xi\eta = \sum_{n=0}^{\infty} \sum_{i+j=n} \xi_i \otimes \eta_j, \quad \xi=(\xi_n), \quad \eta=(\eta_n) \quad (\xi_n, \eta_n \in \mathcal{H}^{\otimes n})$$
により，結合的多元環になる．これを**テンソル代数**と呼ぶ．

ただし，ξ_0, η_0 は真空状態 Ω の定数倍で，$\xi_0 \otimes \eta_0 = \xi_0 \eta_0, \xi_0 \otimes \eta_1 = \xi_0 \eta_1, \xi_1 \otimes \eta_0 = \xi_1 \eta_0$ とする．自由 Fock 空間 $F(\mathcal{H})$ において，$\mathcal{H}$ の元 ξ を左側からテンソル積を用いて掛ける線形作用素を**生成作用素**といい，$\ell(\xi)$ で表す．つまり，
$$\ell(\xi)\Omega = \xi, \quad \ell(\xi)\eta = \xi \otimes \eta \quad (\eta \in F(\mathcal{H}))$$
である．また，その随伴作用素
$$\ell(\xi)^*\Omega = 0, \quad \ell(\xi)^*\xi_1 = (\xi_1|\xi)\Omega$$
$$\ell(\xi)^*\xi_1 \otimes \xi_2 \otimes \cdots \otimes \xi_n = (\xi_1|\xi)\xi_2 \otimes \cdots \otimes \xi_n \quad (\xi_k \in \mathcal{H})$$
を**消滅作用素**という．これらの作用素は次のような性質をもつ．

(i) $\ell(\eta)^*\ell(\xi) = (\xi|\eta)1$. したがって，$\|\xi\|=1$ ならば，$\ell(\xi)$ は等長作用素である．

(ii) p_Ω を $F(\mathcal{H})$ から真空の空間 $\mathbb{C}\Omega$ への 1 次元射影作用素とする．このとき，$\{\varepsilon_i\}_{i\in I}$ が Hilbert 空間 $\mathcal{H}$ の規格直交基底ならば，$\sum_{i\in I} \ell(\varepsilon_i)\ell(\varepsilon_i)^* = 1 - p_\Omega$.

Hilbert 空間 $\mathcal{H}$ が 1 次元の場合には，単位ベクトル ξ_0 を用いて $\mathcal{H}=\mathbb{C}\xi_0$ と表せる．このとき，$\mathcal{H}^{\otimes n}$ の単位ベクトル $\xi_0^{\otimes n}$ を ε_n とすれば，集合 $\{\varepsilon_n | n \in \mathbb{Z}_+\}$ は $F(\mathcal{H})$ の規格直交基底である．ただし，ε_0 は真空状態 Ω とする．このとき生成作用素 $\ell(\xi_0)$ は $\ell(\xi_0)\varepsilon_n = \varepsilon_{n+1}$ を満たす推移作用素であり，それが生成する C^* 環は第 3.5 節第 1 項で述べる Toeplitz 環である．Hilbert 空間 $\mathcal{H}$ が n 次元の場合には，$\{\ell(\xi) | \xi \in \mathcal{H}\}$ の生成する C^* 環を A とし，$1-p_\Omega$ の生成する閉両側イデアルを J とすれば，その商 C^* 環 A/J は第 3.5 節第 3 項で述べる Cuntz 環 $\mathcal{O}_n$ と同型である．$\mathcal{H}$ が無限次元の場合には，A 自身が

Cuntz 環 $\mathcal{O}_\infty$ と同型である.

つぎに,$\mathscr{H}^{\otimes n}$ の元を対称化または交代化する射影作用素 p_n^+, p_n^- をそれぞれ

$$p_n^+(\xi_1\otimes\cdots\otimes\xi_n) = \frac{1}{n!}\sum_{\sigma\in\mathbf{S}_n}\xi_{\sigma(1)}\otimes\cdots\otimes\xi_{\sigma(n)},$$

$$p_n^-(\xi_1\otimes\cdots\otimes\xi_n) = \frac{1}{n!}\sum_{\sigma\in\mathbf{S}_n}\mathrm{sgn}(\sigma)\xi_{\sigma(1)}\otimes\cdots\otimes\xi_{\sigma(n)}$$

とする.ただし,$\mathbf{S}_n$ は n 次対称群である.$p_n^+\mathscr{H}^{\otimes n}$ の元は同一の n 個の Bose 粒子の状態を記述しているものと解釈される.$p_0^\pm$ は $\mathbb{C}\Omega$ 上の恒等作用素である.$p_n^-\mathscr{H}^{\otimes n}$ も同様に,Fermi 粒子の状態を記述している.

注 古典力学での角運動量 $\boldsymbol{m}=(m_1,m_2,m_3)$ は位置 $\boldsymbol{q}=(q_1,q_2,q_3)$ と運動量 $\boldsymbol{p}=(p_1,p_2,p_3)$ の外積である.量子力学では位置と運動量に交換関係 $[q_j,p_k]=i\hbar\delta_{jk}$ および $[q_j,q_k]=[p_j,p_k]=0$ を仮定して,

$$m_1 = q_2p_3-q_3p_2, \quad m_2 = q_3p_1-q_1p_3, \quad m_3 = q_1p_2-q_2p_1$$

と置く.このとき,

$$[m_1,m_2] = i\hbar m_3, \quad [m_2,m_3] = i\hbar m_1, \quad [m_3,m_1] = i\hbar m_2$$

となるので,$(i\hbar)^{-1}m_1, (i\hbar)^{-1}m_2, (i\hbar)^{-1}m_3$ の張る実ベクトル空間は直交群 $O(3)$ あるいは特殊ユニタリ群 $SU(2)$ の Lie 環と同型である.$SU(2)$ の既約表現の同値類は,素粒子を分類するときのパラメータの 1 つとして,非負の整数または半整数が対応づけられ,それをスピンという.スピンが整数の場合はこれから述べる Bose(統計に従う)粒子が,半整数の場合は Fermi(統計に従う)粒子が対応している.例えば,中間子はスピン 0,電子はスピン 1/2,光子はスピン 1 などが知られている. □

このとき,自由 Fock 空間 $F(\mathscr{H})$ において,射影作用素 $\sum_{n=0}^{\infty\oplus}p_n^+, \sum_{n=0}^{\infty\oplus}p_n^-$ の像として定まる部分空間をそれぞれ,**対称 Fock 空間**,**反対称 Fock 空間**といい,$F_+(\mathscr{H}), F_-(\mathscr{H})$ で表す.単に Fock 空間といえば,対称 Fock 空間を指すことが多い.これらの空間の上の生成作用素と消滅作用素を,代数的直和で定まる稠密部分空間上で

$$a^\dagger(\xi) = \sum_{n=0}^\infty \sqrt{n+1}\, p_{n+1}^\pm \ell(\xi) p_n^\pm |_{F(\mathscr{H})_\pm}$$
$$a(\xi) = \sum_{n=0}^\infty \sqrt{n+1}\, p_n^\pm \ell(\xi)^* p_{n+1}^\pm |_{F(\mathscr{H})_\pm}$$

により定義する．ただちに Fock 空間 $F_\pm(\mathscr{H})$ 上では

$$a^\dagger(\xi) \subset a(\xi)^*, \quad a(\xi) \subset (a^\dagger(\xi))^*$$

となることがわかる．

補題 3.3.1 (i) 集合 $\{\xi^{\otimes n} | \xi \in \mathscr{H}, n \in \mathbb{Z}_+\}$ は対称 Fock 空間 $F_+(\mathscr{H})$ において線形稠密である．

(ii) 反対称 Fock 空間 $F_-(\mathscr{H})$ における外積 $\wedge$ を

$$\xi_1 \wedge \cdots \wedge \xi_n = \sqrt{n!}\, p_n^-(\xi_1 \otimes \cdots \otimes \xi_n)$$

で定義すれば，

$$a^\dagger(\xi)(\xi_1 \wedge \cdots \wedge \xi_n) = \xi \wedge \xi_1 \wedge \cdots \wedge \xi_n$$

$$a(\xi)(\xi_1 \wedge \cdots \wedge \xi_n) = \sum_{j=1}^n (-1)^{j-1} (\xi_j | \xi) \xi_1 \wedge \cdots \wedge \overset{j}{\check{\xi_j}} \wedge \cdots \wedge \xi_n .$$

ただし，右辺の各項は j 番目のベクトルを省いた外積である． □

[証明] (i) 次の式

$$\sum_{(\varepsilon_i) \in \{-1,1\}^n} \left\{ \left(\prod_{i=1}^n \varepsilon_i\right) \left(\sum_{i=1}^n \varepsilon_i \xi_i\right)^{\otimes n} \right\}$$

の展開を考える．$j_1 + j_2 + \cdots + j_n = n\, (j_1, \cdots, j_n \in \mathbb{Z}_+)$ とする．係数に現れる項

$$\sum_{(\varepsilon_i) \in \{-1,1\}^n} \left\{ \left(\prod_{i=1}^n \varepsilon_i\right) \left(\varepsilon_1^{j_1} \cdots \varepsilon_n^{j_n}\right) \right\}$$

は $(j_1, \cdots, j_n)$ が $(1, \cdots, 1)$ の場合には，各項が 1 であるから，それらの和は 2^n である．そうでない場合には，$j_k = 0$ となる $k \in \{1, \cdots, n\}$ が存在する．このとき各項に現れる ε_k は 1 回だけで，それは 1 または -1 の値をとるので，その総和は 0 になる．n 項の和の n 乗の展開式で，指数 $(j_1, \cdots, j_n)$ の係数は

$$\frac{n!}{j_1! \cdots j_n!}$$

であるから，$(j_1, \cdots, j_n)$ が $(1, \cdots, 1)$ となるのは $n!$ 通りである．よって，最

初の式は対称化された元 $p_n^+(\xi_1\otimes\cdots\otimes\xi_n)$ の $2^n(n!)$ 倍である.

(ii) 生成作用素に対しては,

$$\begin{aligned}a^\dagger(\xi)(\xi_1\wedge\cdots\wedge\xi_n) &= \sqrt{n+1}\,p_{n+1}^-\ell(\xi)p_n^-(\xi_1\wedge\cdots\wedge\xi_n) \\ &= \sqrt{\frac{n+1}{n!}}\,p_{n+1}^-\sum_{\sigma\in\mathbf{S}_n}\mathrm{sgn}(\sigma)\xi\otimes\xi_{\sigma(1)}\otimes\cdots\otimes\xi_{\sigma(n)} \\ &= \sqrt{(n+1)!}\,p_{n+1}^-(\xi\otimes\xi_1\otimes\cdots\otimes\xi_n) = \xi\wedge\xi_1\wedge\cdots\wedge\xi_n\,.\end{aligned}$$

ただし, 3番目の等号は

$$p_{n+1}^-(\mathrm{sgn}(\sigma)\xi\otimes\xi_{\sigma(1)}\otimes\cdots\otimes\xi_{\sigma(n)}) = p_{n+1}^-(\xi\otimes\xi_1\otimes\cdots\otimes\xi_n)$$

による.

消滅作用素に対しては,

$$\begin{aligned}a(\xi)(\xi_1\wedge\cdots\wedge\xi_n) &= \sqrt{n}\,p_{n-1}^-\ell(\xi)^*p_n^-(\xi_1\wedge\cdots\wedge\xi_n) \\ &= \sqrt{\frac{n}{n!}}\,p_{n-1}^-\ell(\xi)^*\sum_{\sigma\in\mathbf{S}_n}\mathrm{sgn}(\sigma)\xi_{\sigma(1)}\otimes\cdots\otimes\xi_{\sigma(n)} \\ &= \sqrt{\frac{n}{n!}}\,p_{n-1}^-\sum_{\sigma\in\mathbf{S}_n}\mathrm{sgn}(\sigma)(\xi_{\sigma(1)}|\xi)\xi_{\sigma(2)}\otimes\cdots\otimes\xi_{\sigma(n)} \\ &= \sqrt{\frac{n}{n!}}\,p_{n-1}^-\sum_{j=1}^n\sum_{\sigma\in\mathbf{S}_n,\sigma(1)=j}\mathrm{sgn}(\sigma)(\xi_j|\xi)\xi_{\sigma(2)}\otimes\cdots\otimes\xi_{\sigma(n)} \\ &= \sum_{j=1}^n(-1)^{j-1}(\xi_j|\xi)\xi_1\wedge\cdots\wedge\overset{j}{\check{\xi_j}}\wedge\cdots\wedge\xi_n\,.\end{aligned}$$

ただし, 最後の等号では, 集合 $\{\sigma\in\mathbf{S}_n|\sigma(1)=j\}$ が巡回置換 $(1,\cdots,j)$ の部分群 $\{\sigma\in\mathbf{S}_n|\sigma(1)=1\}$ に関する左剰余類であることと, その巡回置換の符号が $(-1)^{j-1}$ であることを使っている.

$a^\dagger(\xi)\Omega=\xi$ であるから, この補題により,

$$a^\dagger(\xi_1)a^\dagger(\xi_2)\cdots a^\dagger(\xi_n)\Omega = \xi_1\wedge\xi_2\wedge\cdots\wedge\xi_n$$

と表せる.

命題 3.3.2 上の作用素 $a,a^\dagger$ は Fock 空間 $F_\pm(\mathscr{H})$ 上でそれぞれ

$$[a(\xi), a^\dagger(\eta)]_\mp = (\eta|\xi)1 , \quad [a(\xi), a(\eta)]_\mp = [a^\dagger(\xi), a^\dagger(\eta)]_\mp = 0$$

を満たす．ただし，$[x,y]_\mp = xy \mp yx$ である． □

[証明] 対称 Fock 空間上では，補題 3.3.1 (i) により，$\xi^{\otimes n}$ への作用を考えればよい．

$$a^\dagger(\eta)\xi^{\otimes n} = \sqrt{n+1}\, p_{n+1}^+(\eta \otimes \xi^{\otimes n})$$
$$= \frac{1}{\sqrt{n+1}}(\eta \otimes \xi^{\otimes n} + \xi \otimes \eta \otimes \xi^{\otimes n-1} + \cdots + \xi^{\otimes n} \otimes \eta)$$

ここで，$i,j \geqq 0$ かつ $i+j \leqq n$ を満たす i,j に対して

$$\xi_{ij} = \xi^{\otimes i} \otimes \eta_1 \otimes \xi^{\otimes j} \otimes \eta_2 \otimes \xi^{\otimes(n-i-j)}$$
$$\xi'_{ij} = \xi^{\otimes i} \otimes \eta_2 \otimes \xi^{\otimes j} \otimes \eta_1 \otimes \xi^{\otimes(n-i-j)}$$

とすれば，

$$a^\dagger(\eta_1) a^\dagger(\eta_2) \xi^{\otimes n} = \frac{1}{\sqrt{(n+1)(n+2)}} \sum_{\substack{i,j=0 \\ i+j \leqq n}} (\xi_{ij} + \xi'_{ij})$$

と表せる．右辺は η_1 と η_2 に関して対称であるから，$[a^\dagger(\eta_1), a^\dagger(\eta_2)]_- = 0$．生成作用素の随伴は $a(\xi) \subset (a^\dagger(\xi))^*$ を満たしているので，消滅作用素に対しても，$[a(\eta_1), a(\eta_2)]_- = 0$ となることがわかる．また

$$a(\xi) a^\dagger(\eta) \zeta^{\otimes n} = \sqrt{n+1}\, a(\xi) p_{n+1}^+(\eta \otimes \zeta^{\otimes n})$$
$$= \frac{1}{\sqrt{n+1}} a(\xi)(\eta \otimes \zeta^{\otimes n} + \zeta \otimes \eta \otimes \zeta^{\otimes n-1} + \cdots + \zeta^{\otimes n} \otimes \eta)$$
$$= p_n^+ \{(\eta|\xi)\zeta^{\otimes n} + (\zeta|\xi)(\eta \otimes \zeta^{\otimes n-1} + \cdots + \zeta^{\otimes n-1} \otimes \eta)\}$$
$$= (\eta|\xi)\zeta^{\otimes n} + (\zeta|\xi)(\eta \otimes \zeta^{\otimes n-1} + \cdots + \zeta^{\otimes n-1} \otimes \eta)$$

および

$$a^\dagger(\eta) a(\xi) \zeta^{\otimes n} = a^\dagger(\eta)\sqrt{n}(\zeta|\xi)\zeta^{\otimes n-1} = n(\zeta|\xi) p_n(\eta \otimes \zeta^{\otimes n-1})$$
$$= (\zeta|\xi)(\eta \otimes \zeta^{\otimes n-1} + \cdots + \zeta^{\otimes n-1} \otimes \eta)$$

により，括弧の添字に $-$ 符号を付けた関係式が得られる．

同様に，反対称 Fock 空間上では，

$$a^\dagger(\eta_1)a^\dagger(\eta_2)(\xi_1\wedge\cdots\wedge\xi_n) = \eta_1\wedge\eta_2\wedge\xi_1\wedge\cdots\wedge\xi_n$$
$$= -\eta_2\wedge\eta_1\wedge\xi_1\wedge\cdots\wedge\xi_n$$
$$= -a^\dagger(\eta_2)a^\dagger(\eta_1)(\xi_1\wedge\cdots\wedge\xi_n) \ .$$

よって，$[a^\dagger(\eta_1), a^\dagger(\eta_2)]_+ = 0$. 交換関係の場合と同じに随伴を考えると，$[a(\eta_1), a(\eta_2)]_+ = 0$. また，

$$a(\xi)a^\dagger(\eta)(\xi_1\wedge\cdots\wedge\xi_n) = a(\xi)(\eta\wedge\xi_1\wedge\cdots\wedge\xi_n)$$
$$= (\eta|\xi)\xi_1\wedge\cdots\wedge\xi_n + \sum_{j=1}^n (-1)^j (\xi_j|\xi)\eta\wedge\xi_1\wedge\cdots\wedge\overset{j}{\check{\xi}_j}\wedge\cdots\wedge\xi_n$$

および

$$a^\dagger(\eta)a(\xi)(\xi_1\wedge\cdots\wedge\xi_n) = \sum_{j=1}^n (-1)^{j-1}(\xi_j|\xi)a^\dagger(\eta)(\xi_1\wedge\cdots\wedge\overset{j}{\check{\xi}_j}\wedge\cdots\wedge\xi_n)$$
$$= \sum_{j=1}^n (-1)^{j-1}(\xi_j|\xi)\eta\wedge\xi_1\wedge\cdots\wedge\overset{j}{\check{\xi}_j}\wedge\cdots\wedge\xi_n$$

により，括弧の添字に $+$ 符号を付けた関係式を得る． ∎

上の命題で添字に $-$ をもつ括弧積の関係式を**交換関係**，添字に $+$ をもつ括弧積の関係式を**反交換関係**という．交換関係を記述するときの括弧積の添字は省いて，$[x,y]_-$ の代わりに $[x,y]$ と書くのが一般的で，これを Lie 積という．交換関係の生成作用素と消滅作用素 $a^\dagger(\xi), a(\xi)$ はともに非有界作用素になるが，反交換関係の場合には $\|a^\dagger(\xi)\| = \|a(\xi)\| \leqq \|\xi\|$ が成り立ち，有界になるので，それらの閉包も同じ記号で表すことにする．真空状態 Ω に対しては，$a(\xi)\Omega = 0$ となる．

つぎに，交換関係の場合の生成作用素 $a(\xi)^\dagger$ の実部が自己随伴な拡張をもつことを示すための準備をする．稠密な定義域をもつ閉対称作用素 h と $\xi \in \mathscr{D}(h)$ に対して

$$\|(h\pm i1)\xi\|^2 = ((h\pm i1)\xi | (h\pm i1)\xi)$$
$$= \|h\xi\|^2 \pm (h\xi|i\xi) \pm (i\xi|h\xi) + \|\xi\|^2$$
$$= \|h\xi\|^2 + \|\xi\|^2$$

が成り立つので，$\mathscr{H}$ の部分空間 $(h\pm i1)\mathscr{D}(h)$ は閉部分空間である．このとき，

$(h+i1)\mathscr{D}(h)$ を始空間に $(h-i1)\mathscr{D}(h)$ を終空間にもつ半等長作用素 u で $u(h+i1)\xi=(h-i1)\xi$ を満たすものが存在する．これを h の **Cayley 変換** という．実際，$(h+i1)\mathscr{D}(h)=\mathscr{H}$ の場合には，

$$u=(h-i1)(h+i1)^{-1}$$

と表せるのが，その名前の由来である．$\xi\in\mathscr{D}(h)$ に対して

$$(1-u)(h+i1)\xi = (h+i1)\xi-(h-i1)\xi = 2i\xi$$

となるから，$\mathscr{D}(h)\subset(1-u)\mathscr{H}$．したがって，$\overline{(1-u)\mathscr{H}}=\mathscr{H}$．

定理 3.3.3(von Neumann)　(i)　稠密な定義域をもつ閉対称作用素 h の Cayley 変換 u に対して，

$$\{\xi\in\mathscr{H}|h^*\xi=i\xi\} = \mathrm{Ker}(u)\,,\quad \{\xi\in\mathscr{H}|h^*\xi=-i\xi\} = \mathrm{Ker}(u^*)\,.$$

(ii)　$\mathscr{D}(h^*)$ の元 ξ は $\xi_-\in\mathrm{Ker}(u^*)$, $\xi_0\in\mathscr{D}(h)$, $\xi_+\in\mathrm{Ker}(u)$ を用いて，一意的に次のように表せる．

$$\xi = \xi_- + \xi_0 + \xi_+\,,\quad h^*\xi = -i\xi_- + h\xi_0 + i\xi_+$$

(iii)　h が自己随伴であるための必要十分条件は u がユニタリになることである．　□

[証明]　(i) $\mathrm{Ker}(u)=\bigl((h+i1)\mathscr{D}(h)\bigr)^\perp$ であるから，$\eta\in\mathrm{Ker}(u)$ ならば，任意の $\xi\in\mathscr{D}(h)$ に対して，$((h+i1)\xi|\eta)=0$, すなわち $(h\xi|\eta)=(\xi|i\eta)$．したがって，$\eta\in\mathscr{D}(h^*)$ かつ $h^*\eta=i\eta$．逆に，$h^*\eta=i\eta$ ならば，$((h+i1)\xi|\eta)=0$ が任意の $\xi\in\mathscr{D}(h)$ に対して成り立つので，$\eta\in\mathrm{Ker}(u)$．

残りの式も $\mathrm{Ker}(u^*)=\bigl((h-i1)\mathscr{D}(h)\bigr)^\perp$ を用いて，同様に示すことができる．

(ii) $\mathrm{Ker}(u)=\bigl((h+i1)\mathscr{D}(h)\bigr)^\perp$ かつ $u\mathscr{H}=(h+i1)\mathscr{D}(h)$ であるから，$(h^*+i1)\xi$ は

$$(h^*+i1)\xi = (h+i1)\xi_0 + \xi' \quad (\xi_0\in\mathscr{D}(h),\,\xi'\in\mathrm{Ker}(u))$$

と直交分解される．$h^*\xi'=i\xi'$ であるから，

$$(h^*+i1)\xi = (h^*+i1)\xi_0 + (h^*+i1)\xi_+ \quad (\xi_+ = (2i)^{-1}\xi')$$

と表せる．したがって，$\xi_- = \xi - \xi_0 - \xi_+$ とすれば，(i) により，$\xi_- \in \mathrm{Ker}(u^*)$. これで(ii)の分解が得られた．つぎに，この分解の一意性を見るために，$\xi_- \in \mathrm{Ker}(u^*)$, $\xi_0 \in \mathscr{D}(h)$, $\xi_+ \in \mathrm{Ker}(u)$ に対して $\xi_- + \xi_0 + \xi_+ = 0$ とする．このとき，

$$0 = (h^*+i1)(\xi_- + \xi_0 + \xi_+) = (h+i1)\xi_0 + 2i\xi_+ .$$

$(h+i1)\xi_0$ と ξ_+ は直交しているから，$(h+i1)\xi_0 = 0$ かつ $2i\xi_+ = 0$. $h+i1$ は $(h+i1)\mathscr{H}$ の閉包上で可逆であるから，$\xi_0 = 0$. よって，$\xi_- = 0$ もわかり，分解の一意性が示された．

(iii) h が自己随伴ならば，(i)の集合はともに $\{0\}$ になるから，u はユニタリである．逆に，u がユニタリならば，(i)の集合はともに $\{0\}$ になる．したがって，主張(ii)により，$\mathscr{D}(h^*) = \mathscr{D}(h)$ となるので，h は自己随伴である．∎

この定理の(iii)により，閉対称作用素 h に対し，その Cayley 変換が第 3.5 節第 2 項で述べる Fredholm 作用素の場合には，h が自己随伴な拡張をもつことと Cayley 変換の Fredholm 指数が 0 になることが必要十分である．

自己随伴作用素 h の Cayley 変換 u はユニタリであるから，定理 2.2.3 により，左連続な単位の分解 $\{e(\theta) | \theta \in [0, 2\pi]\}$ を用いて，

$$u = \int_0^{2\pi} e^{i\theta} de(\theta)$$

とスペクトル分解される．$\overline{(1-u)\mathscr{H}} = \mathscr{H}$ であるから，$e(\lambda)$ は 0 において右連続でもある．そこで，

$$\lambda = \frac{i(1+e^{i\theta})}{1-e^{i\theta}} = -\cot\frac{\theta}{2} \quad (\theta \in (0, 2\pi))$$

を用いて，$e'(\lambda) = e(\theta)$ とすれば，$\{e'(\lambda) | \lambda \in \mathbb{R}\}$ も左連続な単位の分解である．したがって，集合

$$\left\{ \xi \in \mathscr{H} \,\Big|\, \int_{-\infty}^{\infty} |\lambda|^2 d\|e'(\lambda)\xi\|^2 \right\}$$

を定義域にもつ自己随伴作用素 h' が Lebesgue-Stieltjes 積分

$$(h'\xi|\xi) = \int_{-\infty}^{\infty} \lambda d(e'(\lambda)\xi|\xi)$$

により一意的に定まり，$h'=h$ となる．そこで，$\exp(ih)$ を

$$(\exp(ih)\xi|\eta) = \int_{-\infty}^{\infty} e^{i\lambda} d(e'(\lambda)\xi|\eta) \quad (\xi, \eta \in \mathscr{D}(h'))$$

を満たすユニタリ作用素として定義する．

命題 3.3.4 対称 Fock 空間上で

$$\phi(\xi) = a^\dagger(\xi) + a(\xi), \quad \psi(\xi) = i\{a^\dagger(\xi) - a(\xi)\}$$

の閉包は自己随伴である． □

[証明] 対称 Fock 空間 $F_+(\mathscr{H})$ において，$\overline{\phi(\xi) + i1}$ の値域と直交する元を (ζ_n) とする．対称 Fock 空間の代数的な元 (η_n) に対して

$$0 = \left((\overline{\phi(\xi) + i1})(\eta_n) \big| (\zeta_n)\right)$$
$$= \sum_{n=0}^{\infty} \left\{ (a^\dagger(\xi)\eta_n | \zeta_{n+1}) + (a(\xi)\eta_{n+1} | \zeta_n) + i(\eta_n | \zeta_n) \right\}$$
$$= \sum_{n=0}^{\infty} \left\{ \sqrt{n+1}(\xi \otimes \eta_n | \zeta_{n+1}) + \sqrt{n}(\eta_n | \xi \otimes \zeta_{n-1}) + i(\eta_n | \zeta_n) \right\}.$$

ここで (η_n) を n 番目と $n+1$ 番目の座標以外は 0 とし，n 番目と $n+1$ 番目ではそれぞれ ζ_n, ζ_{n+1} とすれば，

$$0 = \sqrt{n+1}(\xi \otimes \zeta_n | \zeta_{n+1}) + \sqrt{n+1}(\zeta_{n+1} | \xi \otimes \zeta_n) + i(\|\zeta_n\|^2 + \|\zeta_{n+1}\|^2)$$

となる．最初の 2 項の和は実数なので，$\zeta_n = \zeta_{n+1} = 0$．$n$ を変えることにより，$(\zeta_n) = 0$ となるので，$\overline{\phi(\xi) + i1}$ の値域の直交補空間は $\{0\}$ である．同様に，$\overline{\phi(\xi) - i1}$ の値域の直交補空間も $\{0\}$ である．したがって，$\overline{\phi(\xi)}$ の Cayley 変換はユニタリである．よって，定理 3.3.3 により，$\phi(\xi)$ の閉包は自己随伴である．

同様にして，$\psi(\xi)$ の閉包も自己随伴である． ■

交換関係の場合で Hilbert 空間 $\mathscr{H}$ が n 次元のときには，その規格直交基底 $\{\varepsilon_k | k=1, \cdots, n\}$ を用いて，

$$q_k = \frac{1}{\sqrt{2}}\{a^\dagger(\varepsilon_k)+a(\varepsilon_k)\}, \quad p_k = \frac{i}{\sqrt{2}}\{a^\dagger(\varepsilon_k)-a(\varepsilon_k)\}$$

とすれば，稠密な定義域の上で Heisenberg の交換関係

$$[q_j, p_k] = i\delta_{jk}, \quad [q_j, q_k] = 0, \quad [p_j, p_k] = 0$$

が成り立つ．これらの自己随伴な拡大も同じ記号で表すことにし，

$$u_k(t) = \exp(itq_k), \quad v_k(t) = \exp(itp_k)$$

と置けば，これら 1 径数ユニタリ群は Weyl-von Neumann の交換関係

$$[u_j(t), u_k(s)] = 0, \quad [v_j(t), v_k(s)] = 0, \quad [u_j(t), v_k(s)] = 0 \quad (j \neq k)$$
$$u_k(t)v_k(s) = e^{-its}v_k(s)u_k(t) \quad (t, s \in \mathbb{R})$$

を満たす．実際，線形変換 δ_q を $\delta_q(a)=[q,a]$ とすれば，共通の定義域で，$\delta_q^n(p)=0 \, (n \geq 2)$ となるから，

$$e^{itq}pe^{-itq} = \sum_{n=0}^{\infty} \frac{(it)^n}{n!}\delta_q^n(p) = p + it[q,p] = p - t1.$$

よって，$e^{itq}e^{isp}e^{-itq} = e^{-its}e^{isp}$．このとき，

命題 3.3.5(von Neumann)　Weyl-von Neumann の交換関係を満たす n 組の 1 径数ユニタリ群

$$u_k(t), v_k(t) \quad (k=1,\cdots,n; t \in \mathbb{R})$$

の既約表現はユニタリ同値を除いて一意的に決まる． □

$\mathbb{R}^n$ の 2 元 $\boldsymbol{t}=(t_1,\cdots,t_n)$ と $\boldsymbol{s}=(s_1,\cdots,s_n)$ に対して，

$$u(\boldsymbol{t}) = u_1(t_1)\cdots u_n(t_n), \quad v(\boldsymbol{s}) = v_1(s_1)\cdots v_n(s_n)$$

とすれば，u,v は交換関係

$$[u(\boldsymbol{t}), u(\boldsymbol{s})] = [v(\boldsymbol{t}), v(\boldsymbol{s})] = 0, \quad u(\boldsymbol{t})v(\boldsymbol{s}) = e^{-i(\boldsymbol{t}|\boldsymbol{s})}v(\boldsymbol{s})u(\boldsymbol{t})$$

を満たす加法群 $\mathbb{R}^n$ のユニタリ表現である．ここで，$r_k=t_k+is_k \in \mathbb{C} \, (k=1,\cdots,n)$ に対して，

$$W(\boldsymbol{r}) = e^{(i/2)(\boldsymbol{t}|\boldsymbol{s})} u(\boldsymbol{t}) v(\boldsymbol{s})$$

と置けば，W は

$$W(\boldsymbol{r})W(\boldsymbol{r}') = e^{(i/2)\mathrm{Im}(\boldsymbol{r}|\boldsymbol{r}')} W(\boldsymbol{r}+\boldsymbol{r}') , \quad W(\boldsymbol{r})^* = W(-\boldsymbol{r})$$

を満たす加法群 $\mathbb{C}^n$ の射影表現である．ただし，$\boldsymbol{r}=(r_1,\cdots,r_n)$ である．このとき，$\mathrm{Im}(\boldsymbol{r}|\boldsymbol{r}')$ は $-(\boldsymbol{t}|\boldsymbol{s}')+(\boldsymbol{s}|\boldsymbol{t}')$ $(\boldsymbol{r}=\boldsymbol{t}+i\boldsymbol{s}, \boldsymbol{r}'=\boldsymbol{t}'+i\boldsymbol{s}')$ となるから，W を $\mathbb{R}^{2n}$ の表現と見たときには，この形式はそこでのシンプレクティック形式である．

ここで上の命題の von Neumann による証明を紹介しておく．

［命題 3.3.5 の証明］ $n=1$ の場合だけを示すが，$n \geqq 2$ の場合も同様である．既約表現の空間を $\mathscr{H}$ とし，

$$p = \frac{1}{2\pi} \int_\mathbb{R} \int_\mathbb{R} W(r) e^{-|r|^2/4} dt ds \quad (r=t+is)$$

と置く．$W(r)^* = W(-r)$ であるから，$p^* = p$．また，$pW(r)p$ を計算するために，まず $W(r)p$ の計算をする．$r=t+is, r'=t'+is'$ とすれば，

$$\frac{1}{2\pi} \int_{\mathbb{R}^2} W(r)W(r') e^{-|r'|^2/4} dt' ds'$$
$$= \frac{1}{2\pi} \int_{\mathbb{R}^2} W(r+r') e^{-i(ts'-st')/2} e^{-|r'|^2/4} dt' ds'$$
$$= \frac{1}{2\pi} \int_{\mathbb{R}^2} W(r') e^{-i(ts'-st')/2} e^{-|r'-r|^2/4} dt' ds' .$$

つぎに，$pW(r)p$ を計算する．$g(r,r')=e^{-i(ts'-st')/2}e^{-|r'-r|^2/4}$ とすれば，$g(r,r')=e^{-(|r|^2+|r'|^2-2r\overline{r'})/4}$ と表せる．ここで，$r''=t''+is''$ とする．式が長くなるので，係数の $1/4\pi^2$ を省いて計算を進めると，

$$\int_{\mathbb{R}^4} W(r'')W(r') e^{-|r''|^2/4} g(r,r') dt' ds' dt'' ds''$$
$$= \int_{\mathbb{R}^4} W(r''+r') e^{-i(t''s'-s''t')/2} e^{-|r''|^2/4} g(r,r') dt' ds' dt'' ds''$$
$$= \int_{\mathbb{R}^4} W(r'') g(r'',r') g(r,r') dt' ds' dt'' ds'' .$$

ここで $z=(r+r'')/2$ とすれば，上の式の右辺は

$$\int_{\mathbb{R}^2} W(r'')e^{-(|r|^2+|r''|^2)/4}\int_{\mathbb{R}^2}e^{-\{(t'-z)^2+(s'-iz)^2\}/2}dt'ds'dt''ds''$$
$$=2\pi\int_{\mathbb{R}^2}W(r'')e^{-(|r|^2+|r''|^2)/4}dt''ds''$$
$$=2\pi e^{-|r|^2/4}\int_{\mathbb{R}^2}W(r'')e^{-|r''|^2/4}dt''ds''=4\pi^2 e^{-|r|^2/4}p\ .$$

ゆえに,$pW(r)p=e^{-|r|^2/4}p$. ここで, $r=0$ とすれば, $p^2=p$ となるので, p は射影である. さらに,

$$W(r')pW(r')^* = \frac{1}{2\pi}\int_{\mathbb{R}}W(r')W(r)W(-r')e^{|r|^2/2}dtds$$
$$= \frac{1}{2\pi}\int_{\mathbb{R}}W(r)e^{i\mathrm{Im}(r'\bar{r})}e^{|r|^2/2}dtds$$
$$= \frac{1}{2\pi}\int_{\mathbb{R}}W(r)e^{-i(t's-s't)}e^{|r|^2/2}dtds$$

が成り立つので, もし $p=0$ ならば,

$$\int_{\mathbb{R}}(W(r)\xi_0|\xi_0)e^{-i(t's-s't)}e^{|r|^2/2}dtds=0\quad (r=t+is)\ .$$

ここで, t',s' は加法群 $\mathbb{R}$ の指標であるから, その任意性により, ほとんどすべての $r\in\mathbb{C}$ に対して, $(W(r)\xi_0|\xi_0)=0$. これは左辺の値が $e^{-|r|^2/4}$ となることと矛盾する. よって $p\neq 0$.

表現の既約性により, 閉部分空間 $p\mathcal{H}$ の規格ベクトル ξ_0 に対して, 集合 $\{W(r)\xi_0|r\in\mathbb{C}\}$ は $\mathcal{H}$ において線形稠密である. もし, $p\mathcal{H}$ に ξ_0 と直交する規格ベクトル ξ_1 が存在すれば,

$$(W(r)\xi_0|W(r')\xi_1) = e^{-i\mathrm{Im}(r'\bar{r})/2}(pW(r-r')p\xi_0|\xi_1)$$
$$= e^{-i\mathrm{Im}(r'\bar{r})/2}e^{-|r-r'|^2/4}(\xi_0|\xi_1)=0$$

となり, 上の稠密性と矛盾する. ゆえに $p\mathcal{H}$ は 1 次元である.

また, 同じ計算により,

$$(W(r)\xi_0|W(r')\xi_0) = e^{-i\mathrm{Im}(r'\bar{r})/2}e^{-|r-r'|^2/4}\ .$$

別の既約表現 $\{u',v',\mathcal{H}'\}$ に対しても, 上と同じように W' を定義すれば, 上のような巡回ベクトル ξ'_0 が存在し, この最後の式を満たしている. したがって, 任意の $\lambda_i,\mu_j\in\mathbb{C}$ と $r_i,r'_j\in\mathbb{C}(i=1,\cdots,m;\ j=1,\cdots,m')$ に対して,

$$\left(\sum_{i=1}^m \lambda_i W(r_i)\xi_0 \Big| \sum_{j=1}^{m'} \mu_j W(r'_j)\xi_0\right) = \sum_{i=1}^m \sum_{j=1}^{m'} \lambda_i \overline{\mu_j}\bigl(W(r_i)\xi_0 \big| W(r'_j)\xi_0\bigr)$$
$$= \sum_{i=1}^m \sum_{j=1}^{m'} \lambda_i \overline{\mu_j}\bigl(W'(r_i)\xi'_0 \big| W'(r'_j)\xi'_0\bigr) = \left(\sum_{i=1}^m \lambda_i W'(r_i)\xi'_0 \Big| \sum_{j=1}^{m'} \mu_j W'(r'_j)\xi'_0\right)$$

が成り立つ．よって，内積の半双線形性により，$\mathscr{H}$ から $\mathscr{H}'$ へのユニタリ作用素

$$\sum_{i=1}^m \lambda_i W(r_i)\xi_0 \in \mathscr{H} \mapsto \sum_{i=1}^m \lambda_i W'(r_i)\xi'_0 \in \mathscr{H}'$$

が一意的に定まり，これは2つの既約表現を結ぶ繋絡作用素になる．∎

このように，有限自由度の場合の表現は一意的に決まるのに対して，無限自由度の場合の表現は一意性が保証されない．物理学ではこのようなモデルは van Hove の模型により初めて知られるようになった．

反交換関係の場合に $\{a^\dagger(\xi)|\xi\in\mathscr{H}\}$ の生成する C^* 環は，次の第3.4節の補題3.4.3と命題3.4.5からわかるように，Hilbert 空間 $\mathscr{H}$ が n 次元のときには，行列環 $M(2^n,\mathbb{C})$ と同型であり，無限次元のときは，2^∞ 型 UHF 環になる．さらに，そこでは，その表現に関する事柄が CAR 環または自己双対 CAR 環という名のもとに詳しく検討される．

注 (i) 互いに直交する状態ベクトル $\xi_1,\cdots,\xi_k$ にある Bose 粒子がそれぞれ $n_1,\cdots,n_k$ 個の場合を表す状態 $\xi_{n_1,\cdots,n_k}$ は

$$\frac{1}{\sqrt{n_1!\cdots n_k!}} a^\dagger(\xi_1)^{n_1}\cdots a^\dagger(\xi_k)^{n_k}\Omega$$

で与えられる．また，

$$a(\xi_i)\xi_{n_1,\cdots,n_k} = \sqrt{n_i}\,\xi_{n_1,\cdots,n_i-1,\cdots,n_k}$$
$$a^\dagger(\xi_i)\xi_{n_1,\cdots,n_k} = \sqrt{n_i+1}\,\xi_{n_1,\cdots,n_i+1,\cdots,n_k}$$

となるから，

$$a^\dagger(\xi_i)a(\xi_i)\xi_{n_1,\cdots,n_k} = n_i\xi_{n_1,\cdots,n_k}$$

が成り立つ．したがって，作用素 $a^\dagger(\xi)a(\xi)$ は状態 ξ の同一 Bose 粒子数を表すことがわかり，**個数作用素**と呼ばれている．

(ii) Hilbert 空間 $\mathscr{H}$ の規格直交基底 $\{\varepsilon_i|i\in I\}$ の各元 ε_i の状態にある各粒子のエネルギーが $\lambda_i>0$ ならば，全エネルギーは，形式的に，Hamiltonian と呼ばれる正自己随伴作用素

$$H = \sum_{i\in I} \lambda_i a(\varepsilon_i)^* a(\varepsilon_i)$$

により与えられる．この右辺の収束は保証されてはいない． □

対称テンソル代数

対称 Fock 空間 $F_+(\mathscr{H})$ のベクトル $\sum_{n=0}^{\infty}(1/\sqrt{n!})\xi^{\otimes n}$ を e^ξ で表す．$(e^\xi|e^\eta)=e^{(\xi|\eta)}$ が成り立つ．ただし，$\xi^{\otimes 0}=\Omega$ である．

$$a(\eta)\xi^{\otimes n} = \sqrt{n}\,(\xi|\eta)\xi^{\otimes n-1}, \quad a^\dagger(\xi)\xi^{\otimes n} = \sqrt{n+1}\,\xi^{\otimes n+1}$$

が成り立つので，

$$a(\eta)e^\xi = (\xi|\eta)e^\xi.$$

$\|\xi\|=1$ の場合には，$a(\xi)e^{\lambda\xi}=\lambda e^{\lambda\xi}$ となるので，例えば，次の第 3.3 節第 2 項で述べる固有値問題の解 f は $e^{\lambda\xi}$ と表すこともできる．また，e^ξ を形式的に $e^{a^\dagger(\xi)}\Omega$ と記述することもある．これらの議論からわかるように，Fock 空間上の議論から，$a^\dagger(\xi),a(\xi)$ をベクトル Ω と $\xi^{\otimes n}(n\in\mathbb{N})$ の生成する閉部分空間へ制限することにより，第 3.3 節第 2 項の (量子力学の) 議論へ戻すことができる．

補題 3.3.1 により，$p_n^+\mathscr{H}^{\otimes n}$ は集合 $\{\xi^{\otimes n}|\xi\in\mathscr{H}\}$ の閉線形拡大であるから，集合 $\{e^\xi|\xi\in\mathscr{H}\}$ は対称 Fock 空間において線形稠密である．そこで，この対称 Fock 空間を $e^\mathscr{H}$ で表すこともある．また，対称 Fock 空間は積

$$\xi\times\eta = \binom{n+m}{n}^{1/2} p_{n+m}^+(\xi\otimes\eta), \quad \xi\in p_n^+\mathscr{H}^{\otimes n}, \quad \eta\in p_m^+\mathscr{H}^{\otimes m}$$

により，結合的多元環になる．これを**対称テンソル代数**という．

Grassmann 代数

反対称 Fock 空間 $F_-(\mathscr{H})$ は外積 $\wedge$

$$\xi \wedge \eta = \binom{n+m}{n}^{1/2} p^-_{n+m}(\xi \otimes \eta) \quad (\xi \in p^-_n \mathscr{H}^{\otimes n}, \eta \in p^-_m \mathscr{H}^{\otimes m})$$

により,結合的多元環になり,これを**外積代数**,**反対称テンソル代数**または **Grassmann 代数**という.また $p^-_n \mathscr{H}^{\otimes n}$, $F_-(\mathscr{H})$ をそれぞれ

$$\bigwedge\nolimits^n \mathscr{H} = \underbrace{\mathscr{H} \wedge \cdots \wedge \mathscr{H}}_{n} , \quad \sum_{n=0}^{\infty \oplus} \bigwedge\nolimits^n \mathscr{H}$$

で表すこともある.このとき,

(i) $\mathscr{H}$ の k 個の1次独立な元 ξ_i $(i=1,\cdots,k)$ が $\mathscr{H}$ の規格直交系 $\{\varepsilon_j | j=1,\cdots,k\}$ により,$\xi_i = \sum_{j=1}^k \lambda_{ij} \varepsilon_j$ と表される場合には,行列式の定義により

$$\xi_1 \wedge \xi_2 \wedge \cdots \wedge \xi_k = \det((\lambda_{ij})) \varepsilon_1 \wedge \varepsilon_2 \wedge \cdots \wedge \varepsilon_k$$

となる.したがって,外積 $\xi_1 \wedge \cdots \wedge \xi_k$ のノルムは,行列式の値の絶対値と一致し,Grassmann 代数は行列式の母関数のような役割を果たしている.

(ii) Hilbert 空間 $\mathscr{H}$ が n 次元の場合には,

$$\dim(p^-_k \mathscr{H}^{\otimes k}) = \begin{cases} \binom{n}{k} & (0 \leqq k \leqq n) \\ 0 & (k > n) \end{cases}.$$

したがって,$\dim(F_-(\mathscr{H})) = 2^n$ である.

対称群に対してよく知られた事実を述べておこう.

補題 3.3.6 $i, j \in \{1, 2, \cdots, m\}$, $i < j$ とする.対称群 $\mathbf{S}_m$ の元のうち,i, j を不動にする元の全体からなる部分群を $\mathbf{S}_m^{(i,j)}$ とする.

(i) 対応 $\sigma' \in \mathbf{S}_{m-2} \mapsto \sigma \in \mathbf{S}_m^{(m-1,m)}$ は同型写像である.ただし,

$$\sigma = \begin{pmatrix} 1 & \cdots & m-2 & m-1 & m \\ \sigma'(1) & \cdots & \sigma'(m-2) & m-1 & m \end{pmatrix}$$

である.

(ii) $\mathbf{S}_m$ の巡回置換 $s=(i,i+1,\cdots,m-1)$, $t=(j,j+1,\cdots,m)$ により, $\mathbf{S}_m^{(i,j)}=t^{-1}s^{-1}\mathbf{S}_m^{(m-1,m)}st$ となる. □

次の定理を述べるために,

$$a^\varepsilon(\xi) = \begin{cases} a(\xi) & (\varepsilon=1) \\ a^\dagger(\xi) & (\varepsilon=-1) \end{cases}$$

なる記法を用いる.

定理 3.3.7 ε_j は 1 または -1 とする. このとき, 次の真空期待値は

(i) $\left(a^{\varepsilon_1}(\xi_1)a^{\varepsilon_2}(\xi_2)\cdots a^{\varepsilon_{2n-1}}(\xi_{2n-1})\Omega\middle|\Omega\right)=0$.

(ii) $\left(a^{\varepsilon_1}(\xi_1)a^{\varepsilon_2}(\xi_2)\cdots a^{\varepsilon_{2n}}(\xi_{2n})\Omega\middle|\Omega\right)$ は $\{\varepsilon_j|j=1,\cdots,2n\}$ が Catalan 条件[8]

$$\sum_{j=1}^k \varepsilon_j \geqq 0 \quad (k=1,2,\cdots,2n), \quad \sum_{j=1}^{2n}\varepsilon_j = 0$$

を満たさなければ 0 であるが, 満たせば

(3.3) $\qquad (-1)^{(n-1)n/2}\sum_\sigma \operatorname{sgn}(\sigma)\prod_{k=1}^n \left(a(\xi_{\sigma(k)})a^\dagger(\xi_{\sigma(n+k)})\Omega\middle|\Omega\right)$

となる. ただし, 和は $\{j|\varepsilon_j=1\}=\{\sigma(1),\cdots,\sigma(n)\}$, $\sigma(1)<\cdots<\sigma(n)$ かつ $\sigma(j)<\sigma(n+j)\,(j=1,\cdots,n)$ を満たす $\sigma\in\mathbf{S}_{2n}$ について考える. □

[証明] (i) 生成または消滅作用素の奇数個の積の真空期待値が 0 になることは, 反交換関係を用いて生成作用素は左へ, 消滅作用素は右へ移動して考えればわかる.

(ii) ε_j が Catalan 条件を満たさないときの真空期待値が 0 になることは, 生成作用素と消滅作用素の関係から容易にわかる. そこで, 以後 Catalan 条件を満たしている場合を考える.

n に関する数学的帰納法を用いる. $n=1$ の場合は明らかである. つぎに, $n-1$ の場合の (3.3) 式を仮定して, n の場合の式も成り立つことを示す. その際, 反交換関係を繰り返し用いて, 式の変形をおこなうので, 次のような略記法

---

[8] この名称は命題 3.3.9 の証明に見られる事実に由来する本書だけのものである.

$$\langle \varepsilon_{i_1}, \cdots, \varepsilon_{i_k} \rangle_k = \left(a^{\varepsilon_{i_1}}(\xi_{i_1}) \cdots a^{\varepsilon_{i_k}}(\xi_{i_k}) \Omega \big| \Omega \right)$$

を導入する．これを用いると，例えば，$\varepsilon_i = 1$, $\varepsilon_j = -1$ の場合には

$$\langle \varepsilon_i, \varepsilon_j \rangle_2 = \left(a(\xi_i) a^\dagger(\xi_j) \Omega \big| \Omega \right) = (\xi_j | \xi_i)$$

となる．

まず，Catalan 条件が満たされているときには，集合 $\{j | \varepsilon_j = 1\}$ は n 個の自然数からなるので，それらを小さい方から順に，$\sigma_1, \cdots, \sigma_n$ とし，

$$k_n = 2n - \sigma_n$$

とおく．列 $(1, 2, \cdots, 2n)$ を $(1, 2, \cdots, \sigma_n, \sigma_n+1, \cdots, \sigma_n+k_n)$ と書きなおして扱う．

さて，真空期待値 $\langle \varepsilon_1, \varepsilon_2, \cdots, \varepsilon_{2n} \rangle_{2n}$ の計算を始めよう．この式の消滅作用素 $a(\xi_{\sigma_n})$ より右側の部分だけを取り出して考える．補題 3.3.1 により，

$$a(\xi_{\sigma_n}) a^\dagger(\xi_{\sigma_n+1}) \cdots a^\dagger(\xi_{\sigma_n+k_n}) \Omega = a(\xi_{\sigma_n})(\xi_{\sigma_n+1} \wedge \cdots \wedge \xi_{\sigma_n+k_n})$$

$$= \sum_{j=1}^{k_n} (-1)^{j-1} (\xi_{\sigma_n+j} | \xi_{\sigma_n}) \xi_{\sigma_n+1} \wedge \cdots \wedge \overset{j}{\check{\xi}_{\sigma_n+j}} \wedge \cdots \wedge \xi_{\sigma_n+k_n}$$

となる．したがって，$\langle \varepsilon_1, \varepsilon_2, \cdots, \varepsilon_{2n} \rangle_{2n}$ は

$$\sum_{j=1}^{k_n} (-1)^{j-1} \langle \varepsilon_1, \cdots, \overset{\sigma_n}{\check{\varepsilon}_{\sigma_n}}, \cdots, \overset{\sigma_n+j}{\check{\varepsilon}_{\sigma_n+j}}, \cdots, \varepsilon_{\sigma_n+k_n} \rangle_{2n-2} \langle \varepsilon_{\sigma_n}, \varepsilon_{\sigma_n+j} \rangle_2$$

と表せる．この展開式の右辺に現れる式

$$\langle \varepsilon_1, \cdots, \overset{\sigma_n}{\check{\varepsilon}_{\sigma_n}}, \cdots, \overset{\sigma_n+j}{\check{\varepsilon}_{\sigma_n+j}}, \cdots, \varepsilon_{\sigma_n+k_n} \rangle_{2n-2}$$

に帰納法の仮定を適用するために，置換と関係した添字に関する事項の準備をする．

まず，(3.3) 式の和の条件を満たす置換全体の集合は

$$\mathbf{T}_{2n} = \{ \sigma \in \mathbf{S}_{2n} | \sigma(\ell) = \sigma_\ell < \sigma(n+\ell), \ell = 1, \cdots, n \}$$

と表せる．各 $j \in \{1, \cdots, k_n\}$ に対して，

$$\mathbf{T}_{2n}^{(j)} = \{\sigma \in \mathbf{T}_{2n} | \sigma(2n) = \sigma_n + j\}$$

と置けば，$\mathbf{T}_{2n} = \bigcup_{j=1}^{k_n} \mathbf{T}_{2n}^{(j)}$ となる．

ここで，$\mathbf{S}_{2n}^{(\sigma_n, \sigma_n+j)}$ を，前の補題 3.3.6 で説明したように，$\mathbf{S}_{2n}$ の元のうち，σ_n, σ_n+j を不動にする元全体からなる部分群とし，$\mathbf{T}_{2n}^{(\sigma_n, \sigma_n+j)} = \mathbf{T}_{2n} \cap \mathbf{S}_{2n}^{(\sigma_n, \sigma_n+j)}$ と置く．$\mathbf{S}_{2n}$ における巡回置換

$$s = (n, n+1, \cdots, \sigma_n), \quad t = (\sigma_n+j, \sigma_n+j+1, \cdots, 2n)$$

を用いると，$s^{-1} t \mathbf{T}_{2n}^{(\sigma_n, \sigma_n+j)} = \mathbf{T}_{2n}^{(j)}$ となる．ここで，対称群 $\mathbf{S}_{2n-2}$ から $\mathbf{S}_{2n}$ の部分群 $\mathbf{S}_{2n}^{(\sigma_n, \sigma_n+j)}$ への同型対応を $\sigma' \mapsto \sigma''$ とすれば，

$$\operatorname{sgn}(s^{-1} t \sigma'') = (-1)^{n+j} \operatorname{sgn}(\sigma'')$$

となる．実際，$\operatorname{sgn}(s) = \sigma_n - n, \operatorname{sgn}(t) = 2n - \sigma_n - j$ である．また，$\operatorname{sgn}(\sigma') = \operatorname{sgn}(\sigma'')$ でもある．したがって，帰納法の仮定により

$$\langle \varepsilon_1, \cdots, \overset{\sigma_n}{\varepsilon_{\sigma_n}}, \cdots, \overset{\sigma_n+j}{\varepsilon_{\sigma_n+j}}, \cdots, \varepsilon_{\sigma_n+k_n} \rangle_{2n-2}$$

$$= (-1)^{(n-2)(n-1)/2} \sum_{\sigma'' \in T_{2n}^{(\sigma_n, \sigma_n+j)}} \operatorname{sgn}(\sigma') \prod_{k=1}^{n-1} \langle \varepsilon_{\sigma''(k)}, \varepsilon_{\sigma''(n+k)} \rangle_2$$

$$= (-1)^{(n-2)(n-1)/2} \sum_{\sigma \in T_{2n}^{(j)}} (-1)^{n+j} \operatorname{sgn}(\sigma) \prod_{k=1}^{n-1} \langle \varepsilon_{\sigma(k)}, \varepsilon_{\sigma(n+k)} \rangle_2$$

と表せる．そこで，最初の真空期待値の式へ戻って，

$$\sum_{j=1}^{k_n} (-1)^{j-1} \langle \varepsilon_1, \cdots, \overset{\sigma_n}{\varepsilon_{\sigma_n}}, \cdots, \overset{\sigma_n+j}{\varepsilon_{\sigma_n+j}}, \cdots, \varepsilon_{\sigma_n+k_n} \rangle_{2n-2} \langle \varepsilon_{\sigma_n}, \varepsilon_{\sigma_n+j} \rangle_2$$

$$= (-1)^{(n-2)(n-1)/2} \sum_{j=1}^{k_n} \sum_{\sigma \in T_{2n}^{(j)}} (-1)^{n-1} \operatorname{sgn}(\sigma) \prod_{k=1}^{n} \langle \varepsilon_{\sigma(k)}, \varepsilon_{\sigma(n+k)} \rangle_2$$

$$= (-1)^{(n-1)n/2} \sum_{\sigma \in T_{2n}} \operatorname{sgn}(\sigma) \prod_{k=1}^{n} \langle \varepsilon_{\sigma(k)}, \varepsilon_{\sigma(n+k)} \rangle_2 \ .$$

よって，求める式 (3.3) が得られた． ∎

系 3.3.8 反交換関係の場合には，

$$(a^\dagger(\xi_1)\cdots a^\dagger(\xi_n)\Omega|a^\dagger(\eta_1)\cdots a^\dagger(\eta_m)\Omega) = \begin{cases} \det(X) & (m=n) \\ 0 & (m\neq n) \end{cases}.$$

ただし,X は (i,j) 要素が $(\xi_i|\eta_j)$ で与えられる $n\times n$ 行列である. □

[証明] $m\neq n$ のときは明らかである.$m=n$ のときの左辺は,定理 3.3.7 において $\varepsilon_1=\cdots=\varepsilon_n=1$ かつ $\varepsilon_{n+1}=\cdots=\varepsilon_{2n}=-1$ の場合になっているので,$\sigma\in \mathbf{T}_{2n}$ は $\sigma(k)=k$ $(k=1,\cdots,n)$ を満たしている.したがって,$\mathbf{T}_{2n}$ の部分集合 $\{\sigma\in\mathbf{T}_{2n}|\sigma(k)=k\}$ $(k=1,\cdots,n)$ は $\mathbf{S}_n$ と同型な $\mathbf{S}_{2n}$ の部分群である.ゆえに,

$$(a(\eta_n)\cdots a(\eta_1)a^\dagger(\xi_1)\cdots a^\dagger(\xi_n)\Omega|\Omega)$$
$$= (-1)^{(n-1)n/2}(a(\eta_1)\cdots a(\eta_n)a^\dagger(\xi_1)\cdots a^\dagger(\xi_n)\Omega|\Omega)$$
$$= \sum_{\sigma\in\mathbf{S}_n}\mathrm{sgn}(\sigma)\prod_{k=1}^n(\xi_{\sigma(k)}|\eta_k) = \det(X).$$ ■

この系を,行列の定義に戻って直接証明することも容易である.

この系からわかるように,Fermi 粒子の場合には,$\xi_1,\cdots,\xi_n$ が 1 次従属のときは $a^\dagger(\xi_1)\cdots a^\dagger(\xi_n)\Omega=0$ となってしまい,1 つの状態に 2 個以上の粒子は共存し得ないことがわかる.

注 f を実 Hilbert 空間 $\mathscr{H}$ 上の対称双線形汎関数とする.テンソル代数 $F(\mathscr{H})$ を集合 $\{\xi\otimes\xi-f(\xi,\xi)\Omega|\xi\in\mathscr{H}\}$ の生成する両側イデアルで割って得られる商多元環を **Clifford 環**という.Hilbert 空間と f を複素化し,$f(\xi,\eta)=(\xi|\eta)$ と置いたものが次の第 3.4 節で述べる CAR 環であり,$f=0$ と置いたものが,上の外積代数である. □

Hilbert 空間 $\mathscr{H}$ 上の有界線形作用素 x に対して,Fock 空間 $F_\pm(\mathscr{H})$ を定義する代数的直和上の作用素 $T(x)$ を

$$T(x)\Omega = \Omega, \quad T(x)p_n^\pm(\xi_1\otimes\cdots\otimes\xi_n) = p_n^\pm(x\xi_1\otimes\cdots\otimes x\xi_n)$$

で定義すれば,

$$T(xy) = T(x)T(y), \quad T(x^*)\subset T(x)^*, \quad T(1)=1$$

が成り立つ.$\|x\|\leqq 1$ の場合には,$T(x)$ も有界であるから,その Fock 空間上への拡張も同じ記号で表すことにする.とくに,u がユニタリの場合には

$T(u)$ もユニタリであって，共変性

$$T(u)a^\dagger(\xi)T(u)^* = a^\dagger(u\xi)\,, \quad T(u)a(\xi)T(u)^* = a(u\xi)$$

が成り立つ．

3.3.2 分布関数の再発見

Fock 空間の構造はさまざまな数学に現れる．ここでは Fock 空間との関係で再発見された，正規分布と半円分布についての話をする．これらを通じて，Fock 空間の背後には豊かな数学が横たわっていることが汲み取れるだろう．

Heisenberg の交換関係から正規分布へ

Heisenberg の交換関係 $qp-pq=i\hbar$ は量子力学の出発点である．この q,p を複素 Hilbert 空間 $L^2(\mathbb{R})$ 上の自己随伴作用素

$$(q\xi)(t) = t\xi(t)\,, \quad (p\xi)(t) = \frac{\hbar}{i}\xi'(t) \quad (\xi \in \mathscr{S}(\mathbb{R}))$$

として実現することにより，量子力学が始まった．ただし，$\mathscr{S}(\mathbb{R})$ は $\mathbb{R}$ 上の急減少関数の全体である．ここでは，この交換関係を用いて，例 1.6.5 の後で定義された Hermite 多項式と正規分布に対する新たな見方を示す．まず，

$$(3.4) \qquad a^\dagger = \frac{1}{\sqrt{2}}(q-ip)\,, \quad a = \frac{1}{\sqrt{2}}(q+ip)$$

と置く．これらの作用素は

$$(aa^\dagger - a^\dagger a)\xi = \hbar\xi \quad (\xi \in \mathscr{S}(\mathbb{R}))$$

を満たす．以後，記述を簡単にするために，$\hbar=1$ とする．

つぎに，固有値問題 $af=\lambda f (f\in\mathscr{S}(\mathbb{R}))$ を考えよう．これを書きなおすと，微分方程式 $f'(t)=-(t-\sqrt{2}\lambda)f(t)$ が得られる．一般解は定数 c を用いて，$f(t)=ce^{-(t-\sqrt{2}\lambda)^2/2}$ と表せる．$\lambda=0$ の場合の（真空状態を表す）解を $L^2(\mathbb{R})$ において規格化したものを ξ_0 とすれば，

$$\xi_0(t) = \pi^{-1/4}e^{-t^2/2}\,.$$

ここで，$\xi_n=(1/\sqrt{n!})(a^\dagger)^n\xi_0\,(n\in\mathbb{N})$ とすれば，ξ_n は第 1.6 節で与えた n 次の Hermite 多項式 H_n を用いて $(1/\sqrt{2^n n!})H_n(t)\xi_0$ と表される．実際，このことは n に関する帰納法によりわかる．$n=1$ のときは，

$$\xi_1(t) = \frac{1}{\sqrt{2}}(q-ip)\xi_0(t) = \frac{1}{\sqrt{2}}(2t)\xi_0(t) = \frac{1}{\sqrt{2}}H_1(t)\xi_0(t).$$

つぎに，$\xi_n(t)=(1/\sqrt{2^n n!})H_n(t)\xi_0$ とする．

$$\begin{aligned}\xi_{n+1}(t) &= \frac{1}{\sqrt{n+1}}a^\dagger \xi_n(t) = \frac{1}{\sqrt{2^{n+1}(n+1)!}}(q-ip)H_n(t)\xi_0 \\ &= \frac{1}{\sqrt{2^{n+1}(n+1)!}}(2tH_n(t)-H_n'(t))\xi_0(t).\end{aligned}$$

Hermite 多項式の定義を用いると，漸化式

$$H_n'(t) = 2tH_n(t) - H_{n+1}(t)$$

が得られる．これを用いると，$\xi_{n+1}(t)=(1/\sqrt{2^{n+1}(n+1)!})H_{n+1}(t)\xi_0$ となる．したがって，集合 $\{\xi_n|n\in\mathbb{Z}_+\}$ は $L^2(\mathbb{R})$ の規格直交基底である．急減少関数の空間 $\mathscr{S}(\mathbb{R})$ 上で成り立つ関係式 $aa^\dagger-a^\dagger a=1$ を使うと，

$$a^\dagger \xi_n = \sqrt{n+1}\,\xi_{n+1}, \quad a\xi_n = \sqrt{n}\,\xi_{n-1}$$

となり，a は重み付き片側推移作用素であることがわかる．さらに，(3.4)式により，

$$((a+a^\dagger)^n\xi_0|\xi_0) = \frac{1}{\sqrt{\pi}}\int_{\mathbb{R}}(\sqrt{2}t)^n e^{-t^2}\,dt = \frac{1}{\sqrt{2\pi}}\int_{\mathbb{R}} t^n e^{-t^2/2}\,dt$$

ともなるので，この値は正規分布 $N(0,1)$ の n 次のモーメントと一致している．

等長作用素から半円分布へ

実直線上で

$$p_{m,r}(t) = \begin{cases} 2\sqrt{r^2-(t-m)^2}/(\pi r^2) & (|t-m|\leqq r) \\ 0 & (|t-m|>r) \end{cases}$$

により定義される確率密度 $p_{m,r}$ を中心 m，半径 r の**半円分布**または Wigner

分布といい, $\gamma(m,r)$ で表す. これは高次行列の固有値間の距離の分布(重い原子核のエネルギー準位の分布)を求めるために, E. P. Wigner により発見された分布であるが, これも D. Voiculescu が自由確率変数の理論の中で再発見している.

命題 3.3.9(Voiculescu) Hilbert 空間 $\mathscr{H}$ 上の等長作用素 v に対し, 自己随伴作用素 $v+v^*$ のスペクトル分解を

$$v + v^* = \int_{\mathbb{R}} \lambda \, de(\lambda)$$

とする. $1 \neq vv^*$ の場合には, 単位ベクトル $\xi_0 \in (1-vv^*)\mathscr{H}$ により定まる確率測度 $d(e(\lambda)\xi_0|\xo)$ は半円分布 $\gamma(0,2)$ である. □

[証明] v は等長であるから, v と v^* のなす単項式は $v^j v^{*k}$ の形に表せる. $v^*\xi_0=0$ であることを用いると, n が奇数の場合には, $((v+v^*)^n \xi_0|\xi_0)=0$ となる. n が偶数 2ℓ の場合には, $(v+v^*)^n$ を展開したときの各単項に現れる v と v^* の数が同数 ℓ でない場合には $((v+v^*)^n \xi_0|\xi_0)$ の値が 0 になる. 同数の場合でも, v, v^* の並び方により事情が 2 つに分かれる. その並べ方を 2 次元の格子の原点 $(0,0)$ と点 (ℓ,ℓ) を結ぶ最短経路に対応させて考える(図 3.3). 各単項 a に対して, その右側から v, v^* の並び方を順に見ていき, $(0,0)$ から出発し, v のときは x 軸の正方向へ 1, v^* のときは y 軸の正方向へ 1 進む最短経路を考える. 対角を含め対角より下側を通る経路の場合は, $(a\xi_0|\xi_0)$ の値は 1 となり, そうでない場合には 0 となる. したがって, このような対角を含め, 対角より下側を通る経路の数を求めればよいことになる. この数はすでに Catalan 数として知られていて,

$$((v+v^*)^n \xi_0|\xi_0) = \binom{2\ell}{\ell} - \binom{2\ell}{\ell-1} = \frac{1}{\ell+1}\binom{2\ell}{\ell}$$

となる. ただし, 真ん中の辺の第 1 項は $(0,0)$ から (ℓ,ℓ) への最短経路全体の数であり, 第 2 項は対角と交差する最短経路の数である. 実際, 経路が対角と交差すると, 必ず $(0,1)$ と $(\ell-1,\ell)$ を結ぶ対角を通るので, 経路のうち, $(0,0)$ から出発して初めてこの対角を通るまでの部分をその対角に関して折り返すと, $(-1,1)$ と (ℓ,ℓ) を結ぶ最短経路が得られる. この操作により, 交差する経路と $(-1,1)$ と (ℓ,ℓ) を結ぶ最短経路の間に 1 対 1 の対応が得られる.

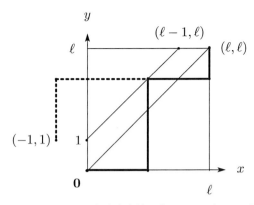

図 3.3 折り返された経路を点線で表している ($\ell=4$ の例).

後者の最短経路数が第 2 項である.

他方, 半円分布 $\gamma(0,2)$ の n 次のモーメントを計算すると,

$$\frac{1}{2\pi}\int_{-2}^{2} t^n \sqrt{4-t^2}\,dt$$

$$= \frac{2^{n+1}}{\pi}\int_0^1 x^{(n-1)/2}(1-x)^{1/2}\,dx$$

$$= \frac{2^{n+1}}{\pi} B\left(\frac{n+1}{2}, \frac{3}{2}\right) = \frac{2^{n+1}}{\pi}\frac{\Gamma\bigl((n+1)/2\bigr)\Gamma(3/2)}{\Gamma\bigl((n/2)+2\bigr)}$$

$$= \frac{2^n\bigl((n-1)/2\bigr)\bigl((n-3)/2\bigr)\cdots(1/2)}{\bigl((n+2)/2\bigr)(n/2)\cdots 2\cdot 1} = \frac{1}{\ell+1}\binom{2\ell}{\ell}.$$

ゆえに, 測度 $d\bigl(e(\lambda)\xi_0\bigl|\xi_0\bigr)$ のモーメントはすべての次数で, 半円分布のものと一致する. したがって, Weierstrass の定理により, 両積分は連続関数環 $C([-2,2])$ 上でも一致し, $[-2,2]^c$ ではともに 0 となるので, 命題の主張が示された. ∎

Fock 空間上の分布

本項の議論により次の命題が得られる. 対称 Fock 空間 $F_+(\mathscr{H})$ 上の生成作用素の実部を $\phi(\xi)=a^\dagger(\xi)+a(\xi)$ とする. $\phi(\xi)$ の閉包 $\overline{\phi(\xi)}$ は, 命題 3.3.4 により, 自己随伴である. 次の議論ではこれを確率変数と見なす.

命題 3.3.10 対称 Fock 空間上の確率変数 $\overline{\phi(\xi)}$ は, 真空状態 ω_Ω に関して,

平均 0, 分散 $\|\xi\|^2$ の正規分布 $N(0,\|\xi\|^2)$ を与える. つまり,

$$\left(\overline{\phi(\xi)}^n \Omega \middle| \Omega\right) = \frac{1}{\sqrt{2\pi}\|\xi\|} \int_{\mathbb{R}} t^n e^{-t^2/(2\|\xi\|^2)} \, dt \ .$$

[証明] ベクトル ξ を規格化し $\xi_0=\Omega$, $\xi_n=\xi^{\otimes n}$ とおいて, 本項の「Heisenberg の交換関係から正規分布へ」のところで得られた結果を用いる. ∎

この議論をもう少し進めてみよう. 自己随伴作用素 $\overline{\phi(\xi)}$ を用いて定義されるユニタリ作用素 $W(\xi) = \exp i\overline{\phi(\xi)}$ は von Neumann-Segal の関係式

$$W(\xi)W(\eta) = e^{i\mathrm{Im}(\xi|\eta)} W(\xi+\eta)$$

を満たす. 自己随伴作用素 $\overline{\phi(\xi)}$ は真空ベクトル Ω に関して, $\left(\overline{\phi(\xi)}\Omega\middle|\Omega\right)=0$ かつ $\left(\overline{\phi(\xi)}^2\Omega\middle|\Omega\right)=\|\xi\|^2$ を満たすので, 平均は 0, 分散(2次のモーメント)は $\|\xi\|^2$ である. さらに,

$$\begin{aligned}
\omega_\Omega(W(\xi)) &= \lim_{n\to\infty} \Big(\sum_{k=0}^n \frac{i^k}{k!} \overline{\phi(\xi)}^k \Omega \Big| \Omega\Big) \\
&= \lim_{n\to\infty} \frac{1}{\sqrt{2\pi}\|\xi\|} \int_{\mathbb{R}} \sum_{k=0}^n \frac{(it)^k}{k!} e^{-t^2/(2\|\xi\|^2)} dt \\
&= \frac{1}{\sqrt{2\pi}\|\xi\|} \int_{\mathbb{R}} e^{it} e^{-t^2/(2\|\xi\|^2)} dt = e^{-\|\xi\|^2/2}
\end{aligned}$$

が成り立つ. 他方, ξ, η が直交している場合には, von Neumann-Segal の関係式により, $\overline{\phi(\xi)}$ と $\overline{\phi(\eta)}$ (それぞれのスペクトル射影)は可換である. さらに, 確率変数 $\overline{\phi(\xi)}$ の特性関数 $\omega_\Omega(W(t\xi))\,(t\in\mathbb{R})$ を $f_\xi(t)$ で表すことにすれば, 直交性により, $f_\xi(t)f_\eta(t)=f_{\xi+\eta}(t)$ が成り立つ. ゆえに, P. Lévy の反転公式により, 確率変数 $\overline{\phi(\xi)}$ と $\overline{\phi(\eta)}$ は独立である. ゆえに, 任意の規格直交基底 $\{\varepsilon_n\}_{n\in\mathbb{N}}$ に対して, $\{\overline{\phi(\varepsilon_n)}|n\in\mathbb{N}\}$ は互いに可換で, 同一な分布 $N(0,1)$ をもつ独立な確率変数の集合である. したがって, Hilbert 空間 $\mathscr{H}$ が $L^2([0,1])$ の場合には,

$$B(t) = \overline{\phi(\chi_{[0,t)})} \quad (t\in[0,1])$$

と置けば, 例えば,

(i) $\left(B(s)B(t)\Omega\middle|\Omega\right) = \min\{s,t\}$.

(ii) 確率変数 $B(t)-B(s)\,(s<t)$ の分布は正規分布 $N(0,t-s)$ である.

(iii) $0 \leqq s_1 < t_1 \leqq \cdots \leqq s_m < t_m \leqq 1$ ならば, m 個の確率変数 $B(t_1)-B(s_1)$, $\cdots$, $B(t_m)-B(s_m)$ は互いに独立である.

などが成り立ち, $\{B(t)|t\in[0,1]\}$ は Brown 運動を記述する Wiener 過程と解釈される. 実際, 2 次元 Brown 運動の各経路を C^* 環 $A=C_\infty((0,1])$ の元と同一視し, その上の Borel 集合族(閉 ε 近傍は凸であるから弱位相に関しても閉であり, 弱位相に関する Borel 集合族と一致する)を $\mathscr{B}(A)$ とすれば, A^* の元 $\hat{\xi}$ は可測空間 $(A, \mathscr{B}(A))$ 上の可測関数である. また, A^* の元は $(0,1]$ 上の Radon 測度でもあるから,

$$\xi(s) = \hat{\xi}((s,1]) \quad (s\in[0,1])$$

とすれば, $\xi \in L^2([0,1])$ となるので, Brown 運動の空間 $(A, \mathscr{B}(A))$ 上の可測関数 $\hat{\xi} \in A^*$ から確率変数 $\overline{\phi(\xi)}$ への単射線形対応が得られる. 例えば, $t\in[0,1]$ における Dirac 測度 $\delta_t \in A^*$ に対しては, 確率変数 $B(t)$ が対応している. この対応を通して, 真空状態 ω_Ω を $(A, \mathscr{B}(A))$ へ引き戻して得られる確率測度 μ が Wiener 測度である.

反対称 Fock 空間の場合には話が簡単になる.

命題 3.3.11 反対称 Fock 空間上の確率変数 $\phi(\xi)$ は, 真空状態 ω_Ω に関して, 平均 0, 確率分布 $(1/2, 1/2)$ の分布を与える. つまり,

$$(\phi(\xi)^n \Omega | \Omega) = \left(\begin{pmatrix} 1 & 0 \\ 0 & -1 \end{pmatrix}^n \begin{pmatrix} \sqrt{1/2} \\ \sqrt{1/2} \end{pmatrix} \middle| \begin{pmatrix} \sqrt{1/2} \\ \sqrt{1/2} \end{pmatrix} \right). \qquad \square$$

自由 Fock 空間上でも生成作用素 $\ell(\xi)$ の実部を

$$\phi(\xi) = \ell(\xi) + \ell(\xi)^*$$

で表すものとする. $\ell(\xi)$ は等長作用素の $\|\xi\|$ 倍であったから, 命題 3.3.9 により, 次の命題が得られる.

命題 3.3.12 自由 Fock 空間上の確率変数 $\phi(\xi)$ は, 真空状態 ω_Ω に関して, 平均 0, 半径 $2\|\xi\|$ の半円分布 $\gamma(0, 2\|\xi\|)$ を与える. つまり,

$$(\phi(\xi)^n \Omega | \Omega) = \frac{1}{2\pi \|\xi\|^2} \int_{-2\|\xi\|}^{2\|\xi\|} t^n \sqrt{4\|\xi\|^2 - t^2}\, dt. \qquad \square$$

3.4 自己双対 CAR 環

2^∞ 型 UHF 環の一例として自己双対 CAR 環を取り上げる．複数の反交換関係の表現の生成する CAR 環は当初，実ベクトル空間の第 2 量子化として，正双線形汎関数を用いて定義される Clifford 環または CAR 環を用いて研究されてきた．そこでここでは CAR 環に触れながら，本節の議論の対象である自己双対 CAR 環の定義を与え，その数理構造を詳細に検討する．最終目標は荒木不二洋による自己双対 CAR 環上の準自由状態の準同型類(物理的同値類)の完全分類の紹介である．この問題は当初 D. Shale が Clifford 環の場合を研究し，しばらくしてから R. T. Powers-E. Størmer が CAR 環上のゲージ不変な準自由状態の場合を研究した．本節の内容はそれを一般化した荒木の論文[9]から採っている．

3.4.1 CAR 環

場の量子論では，Bose 統計に従う粒子の記述には，正準交換関係(CCR)を満たす無数の非有界作用素の存在を仮定する．他方，Fermi 統計に従う粒子の場合には，正準反交換関係(CAR)を仮定する．この場合には作用素が有界になるので，数学的には扱いやすい．以後，反交換関係を満たす生成作用素と消滅作用素のなす多元環の性質を，前節の Fock 空間の場合を参考にしながら調べる．その際，$a^\dagger$ を物理の習慣と違って a で表すことにする．

定義 3.4.1 $\mathscr{H}$ を複素 Hilbert 空間とする．集合 $\{a(\xi)|\xi\in\mathscr{H}\}$ の元を生成元とし，

$$a(\lambda\xi+\mu\eta) = \lambda a(\xi) + \mu a(\eta) \quad (\lambda,\mu\in\mathbb{C})$$

$$[a(\xi),a(\eta)]_\pm = 0 , \quad [a(\eta)^*,a(\xi)]_\pm = (\xi|\eta)1$$

を基本関係式とする単位的*多元環を，+符号のカッコ積を用いて定義した

---

[9] On quasifree state of CAR and Bogoliubov automorphisms, *Publ. RIMS, Kyoto Univ.*, **6**(1970), 385-442.

場合には**代数的 CAR 環**, − 符号のカッコ積の場合には**代数的 CCR 環**という. □

以後, 簡単のために, 話を CAR だけに制限して進める.

補題 3.4.2　$aa^* + a^*a = 1$ および $a^2 = 0$ を満たす元 a の生成する *多元環を A とする.

(i) $w_{11} = a^*a$, $w_{12} = a^*$, $w_{21} = a$, $w_{22} = aa^*$ は A の行列単位であり, A はこれらの線形拡大である. このとき, これは行列環 $M(2, \mathbb{C})$ と同型である.

(ii) A 上の状態 φ が $\varphi(a^*a) = \lambda \,(0 \leqq \lambda \leqq 1)$ を満たす場合には, $h = \lambda w_{11} + (1-\lambda) w_{22}$ を用いて $\varphi(x) = \mathrm{Tr}(hx)\,(x \in A)$ と表せる.　□

補題 3.4.3　Hilbert 空間 $\mathscr{H}$ が n 次元の場合には, 代数的 CAR 環は行列環 $M(2^n, \mathbb{C})$ と同型である.　□

[証明]　$\mathscr{H}$ の規格直交基底 $\{\varepsilon_1, \cdots, \varepsilon_n\}$ に対し, 各 $a(\varepsilon_i)$ は補題 3.4.2 の元 a の条件を満たしているし, $a(\varepsilon_i)\,(i=1, \cdots, n)$ どうしは互いに反可換であるから, 次の例 3.4.4 のように, 補題の主張がわかる.　∎

例 3.4.4　$\mathscr{H}$ の規格直交基底を $\{\varepsilon_1, \cdots, \varepsilon_n\}$ とし, 各 ε_i に対応する生成作用素 $a(\varepsilon_i)$ として, ベクトル空間 $(\mathbb{C}^2)^{\otimes n}$ 上の作用素

$$\underbrace{\begin{pmatrix} 1 & 0 \\ 0 & -1 \end{pmatrix} \otimes \cdots \otimes \begin{pmatrix} 1 & 0 \\ 0 & -1 \end{pmatrix}}_{i-1} \otimes \begin{pmatrix} 0 & 0 \\ 1 & 0 \end{pmatrix} \otimes 1_2 \otimes \cdots \otimes 1_2$$

を対応させ, 線形に拡張すれば, 代数的 CAR 環の表現が得られる. ただし, 上のテンソル積で $(2,1)$ 要素が 1 の 2×2 行列は i 番目であり, 1_2 は $\mathbb{C}^2$ 上の単位行列である.　□

代数的 CAR 環では $a(\xi)^* a(\xi) + a(\xi) a(\xi)^* = \|\xi\|^2 1$ が成り立つので, $\|a(\xi)\| \leqq \|\xi\|$ を満たす包絡 C^* 環が存在する. これを **CAR 環**といい, $A(\mathscr{H})$ で表す.

命題 3.4.5　Hilbert 空間 $\mathscr{H}$ が可算無限次元の場合, CAR 環 $A(\mathscr{H})$ は 2^∞ 型 UHF 環である.　□

行列環 $M(2, \mathbb{C})$ の C^* 環としての無限テンソル積を A とする. 各 $M(2, \mathbb{C})$ に密度行列

$$h_\lambda = \frac{1}{1+\lambda}\begin{pmatrix} 1 & 0 \\ 0 & \lambda \end{pmatrix} \quad (0\leqq\lambda\leqq 1)$$

をもつ状態 $\varphi_\lambda^{(1)}$ を与え，それらの無限テンソル積として定まる A 上の状態を φ_λ とする．この状態の GNS 表現から生成される von Neumann 環は λ が 1 かまたは 1 でないかにより，AFD II$_1$ 型または AFD III$_\lambda$ 型の Powers 因子環になる．したがって，無限系の反交換関係は，有限系の場合と違い，互いに同型でない因子環表現が連続無限に現れて，どの状態が標準的であるかは定まらない．

3.4.2 自己双対 CAR 環

複素 Hilbert 空間 $\mathscr{H}$ において対合的反ユニタリ，つまり

$$\Gamma^2 = 1, \quad (\Gamma\xi|\Gamma\eta) = (\eta|\xi)$$

を満たす共役線形な作用素 Γ を**共役作用素**といい，このような作用素 Γ が与えられた Hilbert 空間を $(\mathscr{H},\Gamma)$ で表す．複素平面上の複素共役の演算との類似性から，

$$\mathrm{Re}\,\mathscr{H} = \{\xi\in\mathscr{H}|\Gamma\xi=\xi\}, \quad \mathrm{Im}\,\mathscr{H} = \{\xi\in\mathscr{H}|\Gamma\xi=-\xi\}$$

のような記号の使い方もする．これらは，内積を実部に制限して考えることにより，実 Hilbert 空間になり，互いに直交している．このとき，もとの $\mathscr{H}$ は実 Hilbert 空間 $\mathrm{Re}\,\mathscr{H}$ の複素化になっている．つまり，$\mathscr{H}=\mathrm{Re}\,\mathscr{H}+i\mathrm{Re}\,\mathscr{H}\cong\mathbb{C}\otimes_\mathbb{R}\mathrm{Re}\,\mathscr{H}$ であって，Γ は複素共役の演算 $\Gamma(\xi\pm i\eta)=\xi\mp i\eta\,(\xi,\eta\in\mathrm{Re}\,\mathscr{H})$ になっている．

定義 3.4.6(荒木)　Hilbert 空間を $(\mathscr{H},\Gamma)$ とする．生成元 $\{b(\xi)|\xi\in\mathscr{H}\}$ に対して基本関係式

$$b(\lambda\xi+\mu\eta) = \lambda b(\xi) + \mu b(\eta) \quad (\lambda,\mu\in\mathbb{C})$$
$$b(\Gamma\xi) = b(\xi)^*, \quad [b(\xi),b(\eta)^*]_+ = (\xi|\eta)1$$

を仮定して得られる単位的*多元環を代数的自己双対 CAR 環，またその包絡

C^* 環を**自己双対 CAR 環**といい，それぞれ $A_0(\mathcal{H},\Gamma)$, $A(\mathcal{H},\Gamma)$ で表す． □

定義の 3 番目の関係式により，代数的自己双対 CAR 環の包絡 C^* 環は必ず存在する．Hilbert 空間 $(\mathcal{H},\Gamma)$ において，$\Gamma e\Gamma=1-e$ を満たす射影 e を**基本射影**という（Dirac 作用素の理論の中で，$e\mathcal{H}$ は偏極あるいは Lagrangian と呼ばれている[10]）．

注 $\mathbb{C}^2$ における共役作用素が標準基底 $\varepsilon_i(i=1,2)$ を用いて $\Gamma(\lambda\varepsilon_1+\mu\varepsilon_2)=\overline{\lambda}\varepsilon_1+\overline{\mu}\varepsilon_2$ で与えられている場合には，基本射影は部分空間 $\mathbb{C}(\varepsilon_1+i\varepsilon_2)$ または $\mathbb{C}(\varepsilon_1-i\varepsilon_2)$ への射影として与えられる． □

Hilbert 空間 $\mathcal{H}$ が奇数次元でなければ，つまり偶数次元かまたは無限次元ならば，このような射影はいつでも存在する．実際，実 Hilbert 空間 $\mathrm{Re}\,\mathcal{H}$ の規格直交基底 $\{\varepsilon_{k1},\varepsilon_{k2}|k\in K\}$ のベクトルどうしは $\mathrm{Im}(\varepsilon_k|\varepsilon_\ell)=\mathrm{Re}(\varepsilon_k|i\varepsilon_\ell)$ を満たすので，もとの複素 Hilbert 空間 $\mathcal{H}$ においても規格直交基底であり，$\Gamma(\varepsilon_{k1}+i\varepsilon_{k2})=\varepsilon_{k1}-i\varepsilon_{k2}$ および

$$(\varepsilon_{k1}+i\varepsilon_{k2}|\varepsilon_{k1}-i\varepsilon_{k2}) = \|\varepsilon_{k1}\|^2 + 2i\mathrm{Re}(\varepsilon_{k1}|\varepsilon_{k2}) - \|\varepsilon_{k2}\|^2 = 0$$

を満たす．ゆえに，$\mathcal{H}$ において $\{\varepsilon_{k1}+i\varepsilon_{k2}|k\in K\}$ の張る閉部分空間への射影を e とすれば，e は基本射影である．

基本射影 e に対する部分空間 $e\mathcal{H}$ の元 ξ,η に対して，

$$a^\dagger(\xi) = b(\xi), \quad a(\eta) = b(\Gamma\eta)$$

と置けば，$a^\dagger, a$ は反交換関係を満たす．したがって，自己双対 CAR 環 $A(\mathcal{H},\Gamma)$ は CAR 環 $A(e\mathcal{H})$ と一致し，2^∞ 型 UHF 環であるが，$\mathcal{H}$ が奇数次元の場合には，$1-(e+\Gamma e\Gamma)$ が 1 次元であるような射影 e が存在するので，この場合の自己双対 CAR 環 $A(\mathcal{H},\Gamma)$ は 2 つの CAR 環の直和 $A(e\mathcal{H})\oplus A(e\mathcal{H})$ と同型になる．したがって，自己双対 CAR 環は CAR 環を含む概念であることがわかる．

注 複素 Hilbert 空間 $\mathcal{H}$ において，実 Hilbert 空間 $\mathrm{Re}\,\mathcal{H}$ 上の複素構造

---

[10] 吉田朋好：ディラック作用素の指数理論，共立講座 21 世紀の数学，**22**，共立出版 (1998) pp.viii+252．

($\Lambda^2=-1$ を満たす直交作用素) Λ を用いて得られる閉部分空間 $\mathscr{H}_\pm=\{\xi\pm i\Lambda\xi|\xi\in\mathrm{Re}\,\mathscr{H}\}$ への射影 $e_\pm$ は $(\mathscr{H},\Gamma)$ のそれぞれ解析的または反解析的と呼ばれる基本射影である．逆に，基本射影 e を用いて得られる $\mathrm{Re}\,\mathscr{H}$ の直交作用素 $\Lambda(\xi+\Gamma\xi)=-i(\xi-\Gamma\xi)$ $(\xi\in e\mathscr{H})$ は $\Lambda^2=-1$ を満たしている．ここで，$\mathscr{H}$ 上の作用素 $\widetilde{\Lambda}$ を同型対応 $\{\widetilde{\Lambda},\mathscr{H}\}\cong\{1\otimes_\mathbb{R}\Lambda,\mathbb{C}\otimes_\mathbb{R}\mathrm{Re}\,\mathscr{H}\}$ を用いて定義すれば，$\mathscr{H}_\pm=\{\xi\in\mathscr{H}|\widetilde{\Lambda}\xi=\mp i\xi\}$ と表せる．これで，基本射影と複素構造との関係がわかる． □

定義 3.4.6 の関係式により，自己双対 CAR 環上の任意の状態 φ に対して，

$$(3.5) \qquad (S\xi|\eta) = \varphi\bigl(b(\eta)^*b(\xi)\bigr) \quad (\xi,\eta\in\mathscr{H})$$

を満たす正の縮小作用素 S が存在する．これを状態 φ の**共分散作用素**という．この作用素は

$$(3.6) \qquad 0\leqq S\leqq 1, \quad \Gamma S\Gamma = 1-S$$

を満たす．実際，

$$\begin{aligned}(S\xi|\eta) &= \varphi\bigl(b(\eta)^*b(\xi)\bigr) = (\xi|\eta) - \varphi\bigl(b(\xi)b(\eta)^*\bigr) \\ &= (\xi|\eta) - \overline{\varphi\bigl(b(\eta)b(\xi)^*\bigr)} = (\xi|\eta) - \overline{\varphi\bigl(b(\Gamma\eta)^*b(\Gamma\xi)\bigr)} \\ &= (\xi|\eta) - (\Gamma\eta|S\Gamma\xi).\end{aligned}$$

Fock 状態と準自由状態

補題 3.4.7 自己双対 CAR 環上には，与えられた基本射影を共分散作用素にもつ状態が一意的に定まる．これは純粋状態である． □

[証明] 基本射影を e とする．同一視 $b(\xi)=a(e\xi)+a(e\Gamma\xi)^*$ により，$A_0(\mathscr{H},\Gamma)$ は $e\mathscr{H}$ 上の代数的 CAR 環と考えられる．その元 x は，そこに現れる各項の積の順序を，反交換関係を用いて，生成作用素に対応する元 $a(\xi)$ $(\xi\in e\mathscr{H})$ は左へ，消滅作用素に対応する元 $a(\eta)^*$ $(\eta\in e\mathscr{H})$ は右へ移動させることにより，

$$\sum_i a(\xi_i)P_i + \sum_j Q_j a(\eta_j)^* + \lambda 1 \quad (\lambda\in\mathbb{C})$$

と表すことができる.ただし,P_i, Q_j は $a(\xi), a(\eta)^*$ の多項式である.そこで,消滅作用素の集合 $\{b(\xi)^* | \xi \in e\mathscr{H}\}$ の生成する $A(\mathscr{H}, \Gamma)$ の閉左イデアルを J_1 とすれば,$A(\mathscr{H}, \Gamma) = J_1 + J_2 + \mathbb{C}1$ となる.ただし,J_2 は閉右イデアル $\{y^* | y \in J_1\}$ である.したがって,$A(\mathscr{H}, \Gamma)$ から $J_2 \backslash A(\mathscr{H}, \Gamma) / J_1 \simeq \mathbb{C}$ への(両側)商写像 φ が $\varphi(x) = \lambda$ により一意的に定まる.これは $\varphi(1) = 1$ を満たす正線形汎関数であるから,状態である.また,$\xi \in e\mathscr{H}$ に対し $\varphi(b(\xi)b(\xi)^*) = 0$ が成り立つので,状態 φ から得られる巡回表現 π_φ の空間 $\mathscr{H}_\varphi$ は反対称 Fock 空間 $F_-(e\mathscr{H})$ と同型になる.実際,巡回ベクトル ξ_φ には真空ベクトルが対応し,$\pi_\varphi(a(\xi_1) \cdots a(\xi_n)) \xi_\varphi (\xi_i \in e\mathscr{H})$ には $\xi_1 \wedge \cdots \wedge \xi_n$ が対応している.したがって,巡回表現 $\{\pi_\varphi, \mathscr{H}_\varphi\}$ は既約である.ゆえに,命題 1.15.4 により,φ は $A(\mathscr{H}, \Gamma)$ 上の純粋状態である. ■

そこで,基本射影に対応する純粋状態を **Fock 状態**,その(既約)巡回表現を Fock 表現ということがある.

つぎに,定理 3.3.7 で得られた式を念頭に次の状態を導入する.

定義 3.4.8 自己双対 CAR 環 $A(\mathscr{H}, \Gamma)$ における状態 φ に対して,その値 $\varphi(b(\xi_1) \cdots b(\xi_k))$ が,k が偶数 $2n$ のときには,

$$(-1)^{(n-1)n/2} \sum_{\sigma \in \mathbf{T}_{2n}} \mathrm{sgn}(\sigma) \prod_{j=1}^n \varphi(b(\xi_{\sigma(j)}) b(\xi_{\sigma(n+j)}))$$

により,奇数 $2n-1$ のときには 0 により与えられるとき,状態 φ は**準自由**であるという.ただし,添字の集合 $\mathbf{T}_{2n}$ は

$$\{\sigma \in \mathbf{S}_{2n} | \sigma(1) < \cdots < \sigma(n), \sigma(j) < \sigma(n+j)\} \quad (j = 1, \cdots, n). \qquad \square$$

状態が準自由とは,その状態での期待値が 2 次の期待値だけで決まることを意味していて,正規分布が平均と分散で,また半円分布が平均と半径で決まることと状況が似ている.つぎに,準自由状態と共分散作用素の関係を示す例を与える.

例 3.4.9 (i) $\mathscr{H}$ を $2n$ 次元とする.$(\mathscr{H}, \Gamma)$ における縮小正作用素 S に対し,集合 $\{\varepsilon_1, \cdots, \varepsilon_n, \Gamma\varepsilon_1, \cdots, \Gamma\varepsilon_n\}$ を

$$S\varepsilon_j = \lambda_j \varepsilon_j, \quad S\Gamma\varepsilon_j = (1-\lambda_j)\Gamma\varepsilon_j \quad (j=1, \cdots, n)$$

を満たす規格直交基底とする．このとき，$b(\varepsilon_j)$ を例 3.4.4 の行列で与えると，$A(\mathscr{H},\Gamma)=M(2,\mathbb{C})^{\otimes n}$ 上の状態

$$\varphi(b) = \mathrm{Tr}\left(\left\{\bigotimes_{j=1}^{n}\begin{pmatrix}\lambda_j & 0 \\ 0 & 1-\lambda_j\end{pmatrix}\right\}b\right) \quad (b\in M(2,\mathbb{C})^{\otimes n})$$

は $A(\mathscr{H},\Gamma)$ 上で共分散作用素 S をもつ準自由状態である．証明は後に系 3.4.16 において与える．

(ii) $\mathscr{H}$ が $2n+1$ 次元の場合には，基底として上のような元のほかに，それらと直交する単位ベクトル ε_0 で $\Gamma\varepsilon_0=\varepsilon_0$ かつ $S\varepsilon_0=2^{-1}\varepsilon_0$ を満たすものが存在する．この場合には，

$$b(\varepsilon_0) = b(\varepsilon_0)^*, \quad 2b(\varepsilon_0)^2 = 1, \quad [b(\varepsilon_0), b(\varepsilon_j)]_+ = 0 \quad (j=1,\cdots,n)$$

となるので，$b(\varepsilon_0)$ の生成する部分 C^* 環は 2×2 対角行列の全体 $\mathbb{C}\oplus\mathbb{C}$ と同型である．よって，$A(\mathscr{H},\Gamma)$ は $M(2,\mathbb{C})^{\otimes n}\otimes(\mathbb{C}\oplus\mathbb{C})$ と同型であり，準自由状態の密度行列は(i)の場合の密度行列に $\mathbb{C}\oplus\mathbb{C}$ 上の恒等行列の $1/2$ 倍をテンソル積したものである． □

命題 3.4.10 Fock 状態は準自由である． □

[証明] 基本射影 e に対応する Fock 状態を φ とする．これは CAR 環 $A(e\mathscr{H})$ 上の Fock 状態と見なすことができる．$b((1-e)\xi)=b(e\Gamma\xi)^*$ である．そこで，

$$b^\varepsilon(\xi) = \begin{cases} b((1-e)\xi) & (\varepsilon=1) \\ b(e\xi) & (\varepsilon=-1) \end{cases}$$

とすれば，$b(\xi)=b^1(\xi)+b^{-1}(\xi)$ となるから，

$$b(\xi_1)\cdots b(\xi_m) = \sum_{(\varepsilon_j)\in\{-1,1\}^m} b^{\varepsilon_1}(\xi_1)\cdots b^{\varepsilon_m}(\xi_m)$$

と表せる．Fock 状態の場合には，

$$\varphi\big(b(e\xi)b(\eta)\big) = \varphi\big(b(\xi)b((1-e)\eta)\big) = 0$$

が成り立つので，$\varphi\big(b(\xi)b(\eta)\big)=\varphi\big(b((1-e)\xi)b(e\eta)\big)$．したがって，補題 3.4.7

のように状態 φ に関する GNS 表現を考えると，定理 3.3.7 により，m が奇数のときには，

$$\varphi\bigl(b(\xi_1)\cdots b(\xi_m)\bigr)=0$$

となり，偶数 $m=2n$ のときには，$\varphi\bigl(b(\xi_1)\cdots b(\xi_{2n})\bigr)$ は定数 $(-1)^{(n-1)n/2}$ 倍を除いて

$$\sum_{(\varepsilon_j)\in\{-1,1\}^m}\sum_{\sigma\in\mathbf{T}_{2n}}\operatorname{sgn}(\sigma)\prod_{k=1}^n\varphi\bigl(b^{\varepsilon_{\sigma(k)}}(\xi_{\sigma(k)})b^{\varepsilon_{\sigma(n+k)}}(\xi_{\sigma(n+k)})\bigr)$$

$$=\sum_{\sigma\in\mathbf{T}_{2n}}\operatorname{sgn}(\sigma)\prod_{k=1}^n\varphi\bigl(b(\xi_{\sigma(k)})b(\xi_{\sigma(n+k)})\bigr)$$

と表せる．ゆえに，Fock 状態 φ は準自由である． ∎

命題 3.4.11 (i) $(\mathscr{H},\Gamma)$ 上の作用素 S が共分散作用素であるための必要十分条件は条件 (3.6) が成り立つことである．
(ii) 準自由状態と共分散作用素は条件 (3.5) のもとで 1 対 1 に対応している． □

[証明] 必要性は既に示したから，**二重化**

$$\widetilde{\mathscr{H}}=\mathscr{H}\oplus\mathscr{H},\quad \widetilde{\Gamma}=\Gamma\oplus(-\Gamma)$$

を用いて十分性を示す．$\widetilde{\Gamma}^2=1$ かつ

$$(\widetilde{\Gamma}\tilde\xi|\widetilde{\Gamma}\tilde\eta)=(\tilde\eta|\tilde\xi)\quad(\tilde\xi,\tilde\eta\in\widetilde{\mathscr{H}})$$

が成り立つ．いま，$\widetilde{\mathscr{H}}$ からその閉部分空間 $\mathscr{H}\oplus\{0\}$ への射影を p とすれば，p は $\widetilde{\Gamma}$ と可換であるから，$(p\widetilde{\mathscr{H}},p\widetilde{\Gamma})$ を $(\mathscr{H},\Gamma)$ と同一視することができる．したがって，$A(\mathscr{H},\Gamma)$ は対応 $b(\xi)\mapsto b(\xi\oplus 0)$ により，$A(\widetilde{\mathscr{H}},\widetilde{\Gamma})$ の部分 C^* 環になる．

つぎに，条件 (3.6) を満たす作用素 S に対して，

$$e_S=\begin{pmatrix} S & S^{1/2}(1-S)^{1/2} \\ S^{1/2}(1-S)^{1/2} & 1-S \end{pmatrix}$$

とすれば，e_S は $\widetilde{\mathscr{H}}$ 上の射影作用素である．また，

$$\widetilde{\Gamma} e_S \widetilde{\Gamma} = \begin{pmatrix} \Gamma S \Gamma & -\Gamma S^{1/2}(1-S)^{1/2}\Gamma \\ -\Gamma S^{1/2}(1-S)^{1/2}\Gamma & \Gamma(1-S)\Gamma \end{pmatrix}$$
$$= \begin{pmatrix} 1-S & -S^{1/2}(1-S)^{1/2} \\ -S^{1/2}(1-S)^{1/2} & S \end{pmatrix} = 1 - e_S.$$

したがって，e_S は $(\widetilde{\mathscr{H}}, \widetilde{\Gamma})$ の基本射影である．補題 3.4.7 により，この射影を共分散作用素にもつ準自由状態 φ_{e_S} が存在する．これを部分 C^* 環 $A(\mathscr{H}, \Gamma)$ へ制限したものを φ とすれば，φ も準自由である．さらに，

$$\varphi\bigl(b(\eta)^* b(\xi)\bigr) = \varphi_{e_S}\bigl(b(\eta \oplus 0)^* b(\xi \oplus 0)\bigr) = \bigl(e_S(\xi \oplus 0) \big| (\eta \oplus 0)\bigr) = (S\xi|\eta)$$

となる．ゆえに S は準自由状態 φ の共分散作用素である． ∎

この命題により，条件 (3.6) を満たす作用素と準自由状態の間には (3.5) 式により，自然な全単射が存在する．そこで，S に対応する準自由状態を φ_S で表すことにする．共分散作用素全体のなす集合は凸であり，しかも，$0 \leqq \lambda \leqq 1$ に対して，

$$\varphi_{\lambda S + (1-\lambda) S'} = \lambda \varphi_S + (1-\lambda) \varphi_{S'}$$

が成り立つ．したがって，補題 3.4.7 と命題 3.4.10 により，Fock 状態は準自由状態の集合の中で端点になっていることがわかる．また，S が定数 $1/2$ の作用素であることと，φ_S がトレイスであることも同値である．

この節では，以後，準自由状態 φ_S の巡回表現を $\{\pi_S, \mathscr{H}_S, \xi_S\}$ で表すことにする．

Bogoliubov 自己同型と共役自己同型

Hilbert 空間 $(\mathscr{H}, \Gamma)$ 上のユニタリ作用素 u で $u\Gamma u^* = \Gamma$ を満たすものを **Bogoliubov 変換**という．このような変換に対し，$b'(\xi) = b(u\xi)$ と置けば，b' も b と同じ交換関係を満たす．したがって，自己双対 CAR 環 $A(\mathscr{H}, \Gamma)$ の自己同型写像 β_u で

$$\beta_u\bigl(b(\xi)\bigr) = b(u\xi) \quad (\xi \in \mathscr{H})$$

となるものが存在する．これを **Bogoliubov 自己同型**または**準自由自己同型**という．自己随伴作用素 h に対して，e^{ih} が Bogoliubov 変換であるための必要十分条件は $\Gamma h \Gamma = -h$ が成り立つことである．

注 実 Hilbert 空間 $\operatorname{Re}\mathscr{H}$ 上の直交変換 v と $(\mathscr{H}, \Gamma)$ 上の Bogoliubov 変換 u との間の全単射が，同型対応 $\{u, \mathscr{H}\} \cong \{1 \otimes_{\mathbb{R}} v, \mathbb{C} \otimes_{\mathbb{R}} \operatorname{Re}\mathscr{H}\}$ を通じて得られる． □

変換 u が等長の場合にも，u と Γ が可換ならば，Bogoliubov 自己同型の場合と同じ式により，写像 β_u を考えることができる．これは $A(\mathscr{H}, \Gamma)$ から部分 C^* 環 $A(uu^*\mathscr{H}, \Gamma)$ への単射準同型になっている．この場合の綿谷指数 $[A(\mathscr{H}, \Gamma) : A(uu^*\mathscr{H}, \Gamma)]$ は $\left(\dim(1 - uu^*)\right)^2$ により与えられる [9]．

補題 3.4.12 u を Bogoliubov 変換とする．

(i) S が共分散作用素ならば，u^*Su も共分散作用素で，次式を満たす．
$$\varphi_S(\beta_u(x)) = \varphi_{u^*Su}(x) \quad (x \in A(\mathscr{H}, \Gamma))$$

(ii) u が共分散作用素 S と可換ならば，
$$T_S(u)\xi_S = \xi_S, \quad T_S(u)\pi_S(x)T_S(u)^* = \pi_S(\beta_u(x))$$
を満たす $\mathscr{H}_S$ 上のユニタリ $T_S(u)$ が存在する． □

[証明] (i) u は Bogoliubov 変換であるから，命題 3.4.11 (i) により，u^*Su は共分散作用素である．また，
$$\beta(b(\eta)^*) = \beta_u(b(\Gamma\eta)) = b(u\Gamma\eta) = b(\Gamma u\eta) = b(u\eta)^*.$$
したがって，
$$\varphi_S(\beta_u(b(\eta)^*b(\xi))) = \varphi_S(b(u\eta)^*b(u\xi)) = (Su\xi|u\eta)$$
$$= (u^*Su\xi|\eta) = \varphi_{u^*Su}(b(\eta)^*b(\xi)).$$

(ii) u は S と可換であるから，準自由状態 φ_S に対しては，$\varphi_S \circ \beta_u = \varphi_S$ が成り立つ．したがって，$T_S(u)\pi_S(x)\xi_S = \pi_S(\beta_u(x))\xi_S$ を満たす $\mathscr{H}_S$ 上のユニタリ $T_S(u)$ が存在する．これが補題の条件を満たすことは自明である． ■

補題 3.4.13 e を $(\mathscr{H}, \Gamma)$ の基本射影とする．

(i) $A(\mathscr{H}, \Gamma)$ の表現 $\{\pi', \mathscr{H}_e\}$ で
$$\pi'(b(\xi)) = \pi_e(b((2e-1)\xi))T_e(-1) \quad (\xi \in \mathscr{H})$$
を満たすものが一意的に存在し, ξ_e を巡回ベクトルとしてもつ.

(ii) $\xi \in e\mathscr{H}$ かつ $\eta \in (1-e)\mathscr{H}$ ならば, $\pi_e(b(\xi))$ と $\pi'(b(\eta))$ は可換である. □

[証明] (i) $B(\xi) = \pi_e(b((2e-1)\xi))T_e(-1)$ とすれば, B は自己双対 CAR 環の基本関係式を満たしている. したがって, $A(\mathscr{H}, \Gamma)$ から $\mathscr{L}(\mathscr{H}_e)$ への準同型写像 π' で $\pi'(b(\xi)) = B(\xi)$ を満たすものが一意的に存在する. また,
$$B(\xi_1)\cdots B(\xi_n)\xi_e = (-1)^{n-1}\pi_e(b((2e-1)\xi_1)\cdots b((2e-1)\xi_n))\xi_e$$
となるので, ξ_e は表現 π' の巡回ベクトルである.

(ii) 任意の $\xi \in e\mathscr{H}$ かつ $\eta \in (1-e)\mathscr{H}$ ならば,
$$\pi_e(b(\xi))\pi'(b(\eta)) = \pi_e(b(\xi)b((2e-1)\eta))T_e(-1) = -\pi_e(b(\xi)b(\eta))T_e(-1)$$
$$= \pi_e(b(\eta)b(\xi))T_e(-1) = \pi_e(b(\eta))T_e(-1)\pi_e(b(-\xi))$$
$$= \pi_e(b((2e-1)\eta))T_e(-1)\pi_e(b(\xi)) = \pi'(b(\eta))\pi_e(b(\xi)) . ■$$

補題 3.4.14 有限階の作用素 $h = \sum_{k=1}^n \theta_{\xi_k, \eta_k}$ に対して,
$$b(h) = \sum_{k=1}^n b(\xi_k)b(\eta_k)^*$$
と置く. ただし, $\theta_{\xi,\eta}\zeta = (\zeta|\eta)\xi$ である.

(i) $b(h)$ は h の表示の選び方によらず, 一意的に定まり,
$$[b(h), b(\zeta)] = b((h - \Gamma h^*\Gamma)\zeta) .$$

(ii) h が $\Gamma h \Gamma = -h$ を満たす自己随伴作用素, つまり e^{ih} が Bogoliubov 変換ならば,
$$e^{ib(h)}b(\zeta)e^{-ib(h)} = b(e^{2ih}\zeta) . \quad □$$

[証明] (i) まず, $\Gamma h^* \Gamma = \sum_{k=1}^n \theta_{\Gamma\eta_k, \Gamma\xi_k}$ と表せることに注意する. 任意の $\zeta \in \mathscr{H}$ に対して,

$$b(\xi)b(\eta)^*b(\zeta) = b(\xi)\{(\zeta|\eta)1 - b(\zeta)b(\eta)^*\}$$
$$= (\zeta|\eta)b(\xi) - \{(\zeta|\Gamma\xi)1 - b(\zeta)b(\xi)\}b(\eta)^*$$
$$= b\big((\theta_{\xi,\eta} - \theta_{\Gamma\eta,\Gamma\xi})\zeta\big) + b(\zeta)b(\xi)b(\eta)^*$$

となる．ゆえに，

$$b(h)b(\zeta) = b\big((h - \Gamma h^*\Gamma)\zeta\big) + b(\zeta)b(h)$$

となり，主張(i)の式を得る．

つぎに，h の別の表示に対する $b(h)$ を $b(h)'$ で表す．主張(i)により，$[b(h)-b(h)', b(\zeta)]=0$ がすべての ζ で成り立つ．$\mathscr{H}$ が偶数次元のときには $A(\mathscr{H}, \Gamma)$ は既約であるから，$b(h)-b(h)'$ は定数である．他方，$(\xi|\eta) = \mathrm{Tr}(\theta_{\xi,\eta})$ であるから，

$$\varphi_{1/2}\big(b(h)\big) = \frac{1}{2}\sum_{k=1}^{n}(\Gamma\eta_k|\Gamma\xi_k) = \frac{1}{2}\mathrm{Tr}(h)\ .$$

したがって，定数は0でなければならず，表示の一意性がわかる．$\mathscr{H}$ が奇数次元の場合には，それより高い偶数次元の場合へ埋蔵して考えればよい．また無限次元の場合には，すべての $\xi_k, \eta_k, \Gamma\xi_k, \Gamma\eta_k\ (k=1,\cdots,n)$ を含み Γ で不変な偶数次元の部分空間に議論を制限して考えればよい．

(ii) $\Gamma(ih)^*\Gamma = -ih$ であるから，主張(i)の式を繰り返して，

$$e^{ib(h)}b(\zeta)e^{-ib(h)} = \sum_{n=0}^{\infty}\frac{1}{n!}\delta_{b(ih)}^{n}\big(b(\zeta)\big) = \sum_{n=0}^{\infty}\frac{1}{n!}b((2ih)^n\zeta) = b(e^{2ih}\zeta)$$

を得る．ただし，$\delta_x(y)=[x,y]$ である． ∎

ここで Bogoliubov 変換の代わりに，共役作用素 Γ を用いて，$b'(\xi)=b(\Gamma\xi)$ とすれば，b' は関係式

$$b'(\lambda\xi + \mu\eta) = \overline{\lambda}b'(\xi) + \overline{\mu}b'(\eta) \quad (\lambda, \mu \in \mathbb{C})$$
$$b'(\Gamma\xi) = b'(\xi)^*, \quad [b'(\xi), b'(\eta)^*]_+ = \overline{(\xi|\eta)}1$$

を満たす．したがって，

$$\beta_\Gamma\Big(\sum_{k=1}^{m}\lambda_k b(\xi_1^{(k)})\cdots b(\xi_{n_k}^{(k)})\Big) = \sum_{k=1}^{m}\overline{\lambda_k}b(\Gamma\xi_1^{(k)})\cdots b(\Gamma\xi_{n_k}^{(k)})$$

と置けば，β_Γ は $A(\mathscr{H},\Gamma)$ において，

$$\beta_\Gamma(\lambda a+\mu b)=\overline{\lambda}\beta_\Gamma(a)+\overline{\mu}\beta_\Gamma(b) \quad (\lambda,\mu\in\mathbb{C})$$
$$\beta_\Gamma(ab)=\beta_\Gamma(a)\beta_\Gamma(b)\,,\quad \beta_\Gamma(a^*)=\beta_\Gamma(a)^*$$

を満たし，共役自己同型，つまり反自己同型と随伴演算の合成になる．

定理 3.4.15 $\{u(t)\}_{t\in\mathbb{R}}$ を Hilbert 空間 $(\mathscr{H},\Gamma)$ 上の Bogoliubov 変換のなす強連続な 1 径数ユニタリ群とし，$\{\beta_{u(t)}\}_{t\in\mathbb{R}}$ をそれから導かれる $A(\mathscr{H},\Gamma)$ 上の Bogoliubov 自己同型群とする．このとき，この C^* 力学系に関する KMS （条件を満たす）状態 φ は共分散作用素

$$S=(1+e^h)^{-1}\,,\quad u(t)=e^{ith} \quad (t\in\mathbb{R})$$

をもつ準自由状態として一意的に定まる． □

［証明］ 状態 φ に関する巡回表現を $\{\pi_\varphi,\mathscr{H}_\varphi,\xi_\varphi\}$ とする．状態 φ は KMS 条件を満たすので，$\{\beta_{u(t)}\}_{t\in\mathbb{R}}$ に関して不変である．したがって，$\mathscr{H}_\varphi$ 上に

$$\Delta_\varphi^{it}\pi_\varphi(a)\xi_\varphi=\pi_\varphi\bigl(\beta_{u(t)}(a)\bigr)\xi_\varphi$$

を満たす可逆な正自己随伴作用素 Δ_φ が存在する．したがって，$\{u(t)\}_{t\in\mathbb{R}}$ に関して解析的なベクトル（または，関数 $t\in\mathbb{R}\mapsto u(t)\xi\in\mathscr{H}$ が $-(1/2)\leqq\mathrm{Im}\,z\leqq 0$ を含む領域へ解析接続をもつ）ξ に対しては

$$\Delta_\varphi^{1/2}\pi_\varphi\bigl(b(\xi)\bigr)\xi_\varphi=\pi_\varphi\bigl(b(e^{(1/2)h}\xi)\bigr)\xi_\varphi$$

が成り立つので，任意の $\xi\in\mathscr{D}(e^{(1/2)h})$ に対しても $\pi_\varphi\bigl(b(\xi)\bigr)\xi_\varphi\in\mathscr{D}(\Delta_\varphi^{1/2})$ と上の同じ等式が成り立つ．$a,b\in A(\mathscr{H},\Gamma)$ を $\{\beta_{u(t)}\}$ に関して解析的な元（または，関数 $t\in\mathbb{R}\mapsto\beta_{u(t)}(a)\in A(\mathscr{H},\Gamma)$ が $-(1/2)\leqq\mathrm{Im}\,z\leqq 0$ を含む領域へ解析接続をもつ）とすれば，KMS 条件により

$$\varphi(ba^*)=\varphi\bigl(\beta_{u(-i/2)}(a)^*\beta_{u(-i/2)}(b)\bigr)$$

となる．そこで，作用素 J_φ を，$\{\beta_{u(t)}\}$ に関して解析的な元 $x\in\pi_\varphi(A(\mathscr{H},\Gamma))$ に対して，

3.4 自己双対 CAR 環

$$J_\varphi \Delta_\varphi^{1/2} x \xi_\varphi = x^* \xi_\varphi$$

で定める. このとき,

$$(J_\varphi \Delta_\varphi^{1/2} x \xi_\varphi | J_\varphi \Delta_\varphi^{1/2} y \xi_\varphi) = (x^* \xi_\varphi | y^* \xi_\varphi) = \varphi(yx^*)$$
$$= \varphi(\beta_{u(-i/2)}(x)^* \beta_{u(-i/2)}(y)) = (\Delta_\varphi^{1/2} y \xi_\varphi | \Delta_\varphi^{1/2} x \xi_\varphi)$$

が成り立つので, J_φ を $\mathscr{H}_\varphi$ 上の対合的反ユニタリと見なす. ここで,

$$\pi'_\varphi(a) = J_\varphi \pi_\varphi(\beta_\Gamma(a)) J_\varphi \quad (a \in A(\mathscr{H}, \Gamma))$$

とする. $\{\pi'_\varphi, \mathscr{H}_\varphi\}$ は $\{\pi_\varphi, \mathscr{H}_\varphi\}$ と可換な $A(\mathscr{H}, \Gamma)$ の新たな表現である.

また, Bogoliubov 自己同型写像 β_{-1} は $\|\pi_\varphi(\beta_{-1}(a))\xi_\varphi\| = \|\pi_\varphi(a)\xi_\varphi\|$ ($a \in A(\mathscr{H}, \Gamma)$) を満たすので, $\mathscr{H}_\varphi$ 上のユニタリ作用素 $T_\varphi(-1)$ で

$$T_\varphi(-1) \pi_\varphi(a) \xi_\varphi = \pi_\varphi(\beta_{-1}(a)) \xi_\varphi$$

となるものが存在する. $T_\varphi(-1)$ は Δ_φ^{it} と可換であるから,

$$T_\varphi(-1)^* J_\varphi T_\varphi(-1) x \xi_\varphi = T_\varphi(-1)^* \Delta_\varphi^{1/2} (T_\varphi(-1) x T_\varphi(-1)^*)^* \xi_\varphi$$
$$= \Delta_\varphi^{1/2} x^* \xi_\varphi = J_\varphi x \xi_\varphi$$

となり, $T_\varphi(-1)$ は J_φ とも可換である.

つぎに, Hilbert 空間 $(\mathscr{H}, \Gamma)$ の二重化 $(\widetilde{\mathscr{H}}, \widetilde{\Gamma})$ を考え, $A(\widetilde{\mathscr{H}}, \widetilde{\Gamma})$ の表現 $\{\widetilde{\pi}, \mathscr{H}_\varphi\}$ を

$$\widetilde{\pi}(b(\xi \oplus \eta)) = \pi_\varphi(b(\xi)) + \pi'_\varphi(b(\eta)) T_\varphi(-1)$$

により定義する. これが $A(\widetilde{\mathscr{H}}, \widetilde{\Gamma})$ の $\mathscr{H}_\varphi$ 上への表現になっていることは, 生成元の基本関係式を確認することにより容易に確かめられる. また, $\eta \in \mathscr{D}(e^{(1/2)h})$ ならば, $\pi_\varphi(b(\eta))\xi_\varphi \in \mathscr{D}(\Delta_\varphi^{1/2})$ となり,

$$\pi'_\varphi(b(\eta)) T_\varphi(-1) \xi_\varphi = \pi'_\varphi(b(\eta)) \xi_\varphi = J_\varphi \pi_\varphi(b(\Gamma \eta)) \xi_\varphi = J_\varphi \pi_\varphi(b(\eta)^*) \xi_\varphi$$
$$= \Delta_\varphi^{1/2} \pi_\varphi(b(\eta)) \xi_\varphi = \pi_\varphi(b(e^{(1/2)h} \eta)) \xi_\varphi$$

が成り立つので,

$$\tilde{\pi}\bigl(b(\xi\oplus\eta)\bigr)\xi_\varphi = \pi_\varphi\bigl(b(\xi)+b(e^{(1/2)h}\eta)\bigr)\xi_\varphi .$$

そこで，$\widetilde{\mathscr{H}}=\mathscr{H}\oplus\mathscr{H}$ の閉部分空間 $\{\xi\oplus e^{(1/2)h}\xi\,|\,\xi\in\mathscr{D}(e^{(1/2)h})\}$ への射影を E とする．E は

$$\begin{pmatrix} (1+e^h)^{-1} & e^{(1/2)h}(1+e^h)^{-1} \\ e^{(1/2)h}(1+e^h)^{-1} & e^h(1+e^h)^{-1} \end{pmatrix}$$

と表せる．$u(t)$ は Bogoliubov 変換であるから，$\Gamma e^h \Gamma = e^{-h}$ となる．ゆえに，$\tilde{\Gamma}E\tilde{\Gamma}=1-E$．したがって，$E$ は基本射影であり，これに対応する $A(\widetilde{\mathscr{H}},\tilde{\Gamma})$ 上の Fock 状態 φ_E が存在する．ここで，$S=(1+e^h)^{-1}$ とすれば，S は共分散作用素であり，E は命題 3.4.11 の証明に現れる射影 e_S と一致している．

他方，閉部分空間 $\{e^{(1/2)h}\xi\oplus(-\xi)\,|\,\xi\in\mathscr{D}(e^{(1/2)h})\}$ への射影は $1-E$ であり，

$$\tilde{\pi}\bigl(b(\zeta)\bigr)\xi_\varphi = 0 \quad (\zeta\in(1-E)\widetilde{\mathscr{H}}\,)$$

となるから，

$$\varphi_E(a) = \bigl(\tilde{\pi}(a)\xi_\varphi\,\bigl|\,\xi_\varphi\bigr) \quad (a\in A(\widetilde{\mathscr{H}},\tilde{\Gamma}))$$

である．Fock 状態は準自由であったから，命題 3.4.11 の証明と同じように，$A(\mathscr{H},\Gamma)$ を $A(\widetilde{\mathscr{H}},\tilde{\Gamma})$ の部分 C^* 環と見なし，左辺の Fock 状態 φ_E をそこへ制限すれば，準自由状態 φ_S が得られるし，右辺の期待値をそこへ制限すれば，状態 φ が得られるので，$\varphi_S=\varphi$ となる． ∎

系 3.4.16 $\dim\mathscr{H}=2m$ とする．共分散作用素 S の $\mathscr{H}$ の規格直交系 $\{\varepsilon_1,\cdots,\varepsilon_m\}$ を用いたスペクトル分解

$$\sum_{k=1}^m \bigl\{\lambda_k\theta_{\varepsilon_k,\varepsilon_k}+(1-\lambda_k)\Gamma\theta_{\varepsilon_k,\varepsilon_k}\Gamma\bigr\}$$

に対して，

$$D = \prod_{k=1}^m \bigl\{\lambda_k b(\varepsilon_k)^*b(\varepsilon_k)+(1-\lambda_k)b(\varepsilon_k)b(\varepsilon_k)^*\bigr\}$$

とすれば，$\varphi_S(a)=\mathrm{Tr}(Da)\,(a\in A(\mathscr{H},\Gamma))$ が成り立つ． □

[証明] $0<\lambda_k<1\,(k=1,\cdots,m)$ の場合．$h=\log\bigl((1-S)S^{-1}\bigr)$ とすれば，$b(h)$

は

$$\sum_{k=1}^{m}\left\{\left(\log\frac{1-\lambda_k}{\lambda_k}\right)b(\varepsilon_k)b(\varepsilon_k)^* + \left(\log\frac{\lambda_k}{1-\lambda_k}\right)b(\varepsilon_k)^*b(\varepsilon_k)\right\}$$

と表せる．ここで，Tr(h)=0 であることに留意すれば，反交換関係を用いて，

$$b(h) = \sum_{k=1}^{m}\left\{\left(\log\frac{1-\lambda_k}{\lambda_k}\right) + 2\left(\log\frac{\lambda_k}{1-\lambda_k}\right)b(\varepsilon_k)^*b(\varepsilon_k)\right\}$$

となる．ゆえに，

$$\begin{aligned}e^{(1/2)b(h)} &= \prod_{k=1}^{m}\sqrt{\frac{1-\lambda_k}{\lambda_k}}\exp\left\{\left(\log\frac{\lambda_k}{1-\lambda_k}\right)b(\varepsilon_k)^*b(\varepsilon_k)\right\} \\ &= \prod_{k=1}^{m}\left(\sqrt{\frac{1-\lambda_k}{\lambda_k}}b(\varepsilon_k)b(\varepsilon_k)^* + \sqrt{\frac{\lambda_k}{1-\lambda_k}}b(\varepsilon_k)^*b(\varepsilon_k)\right).\end{aligned}$$

また，補題 3.4.14 により，$u(t)=e^{ith}$ に対して，時間発展は $\beta_{u(t)}(x)=e^{(it/2)b(h)}xe^{(-it/2)b(h)}$ ($x\in A(\mathscr{H},\Gamma)$) と表せる．したがって，$A(\mathscr{H},\Gamma)$ を例 3.4.9 のように $M(2,\mathbb{C})^{\otimes m}$ と同一視すると，KMS 条件により，KMS 状態 φ_S の密度行列は Tr$(e^{(1/2)b(h)})^{-1}e^{(1/2)b(h)}$ で与えられる．上の式から，

$$\mathrm{Tr}(e^{(1/2)b(h)}) = \prod_{k=1}^{m}\left(\sqrt{\frac{1-\lambda_k}{\lambda_k}}+\sqrt{\frac{\lambda_k}{1-\lambda_k}}\right) = \prod_{k=1}^{m}\frac{1}{\sqrt{\lambda_k(1-\lambda_k)}}$$

となるから，φ_S の密度行列 Tr$(e^{(1/2)b(h)})^{-1}e^{(1/2)b(h)}$ は D により与えられる．

λ_k が一般の場合には，不等式 $(1/4)\|h\|_1 \leqq \|b(h)\| \leqq \|h\|_1$ を用いて，近似計算をおこなうことにより上と同じ結果を導くことができる．∎

これで例 3.4.9(i) の証明が得られた．

角作用素

角作用素に関する一般的な話から始める．射影を対応する閉部分空間と同一視したとき，射影 p,p' のなす角は，角度が 0 の部分 $p\wedge p'$，p,p' の両方と直交する部分 $(1-p)\wedge(1-p')$，p の中で p' と直交する部分 $p\wedge(1-p')$，p' の中で p と直交する部分 $(1-p)\wedge p'$，およびそれらの残りで中間的な角度が現れる部分

$$1 - p\wedge p' - (1-p)\wedge(1-p') - p\wedge(1-p') - (1-p)\wedge p'$$

から成っている．つぎに，この最後の部分の簡単な例を考えてみよう．

例 3.4.17 2 次元空間 $\mathbb{C}^2$ の標準基底を $\{\varepsilon_i | i=1,2\}$ としたとき，部分空間 $\mathbb{C}\varepsilon_1$ への射影を p，部分空間 $\mathbb{C}\{(\cos\theta)\varepsilon_1+(\sin\theta)\varepsilon_2\}$ への射影を p' とすれば，

$$p = \begin{pmatrix} 1 & 0 \\ 0 & 0 \end{pmatrix}, \quad p' = \begin{pmatrix} \cos^2\theta & \cos\theta\sin\theta \\ \cos\theta\sin\theta & \sin^2\theta \end{pmatrix}$$

と表せ，$(p-p')^2=(\sin\theta)^2 1$ である．この場合には，

$$u = \begin{pmatrix} \cos\theta & -\sin\theta \\ \sin\theta & \cos\theta \end{pmatrix} = \exp\left\{\theta\begin{pmatrix} 0 & -1 \\ 1 & 0 \end{pmatrix}\right\}$$

とすれば，$upu^*=p'$ となる．さらに，u は 2 つの射影

$$e_\pm = \frac{1}{2}\left\{1 \pm \begin{pmatrix} 0 & i \\ -i & 0 \end{pmatrix}\right\}$$

を用いて $\exp\{i\theta\}e_+ + \exp\{-i\theta\}e_-$ とスペクトル分解される． □

この例を一般の Hilbert 空間においても考えてみよう．Hilbert 空間 $\mathscr{H}$ 上の 2 つの射影元 p, p' の生成する von Neumann 環を $\mathscr{M}$ とする．作用素 $(p-p')^2$ は

$$p - pp'p + (1-p)p'(1-p) = p' - p'pp' + (1-p')p(1-p')$$

と表せ p, p' と可換であるから，$\mathscr{M}$ の中心の元である．ここで，

$$\sin\theta = |p-p'| \quad (0 \leqq \theta \leqq \pi/2)$$

を満たす正自己随伴作用素 θ を**角作用素**という．θ も $\mathscr{M}$ の中心の元である．θ の固有値 $0, \pi/2$ に対応する固有空間への射影を $e(0), e(\pi/2)$ とする．また，正の作用素 $\cos\theta$ を $\cos^2\theta=1-\sin^2\theta$ で定義する．

$\xi \in e(0)\mathscr{H}$ に対しては，$(p-p')^2\xi=0$ となるから，$p\xi=p'\xi$ である．$\eta=p\xi$，$\eta'=(1-p)\xi$ とすれば，$p\eta=\eta=p'\eta$ かつ $(1-p)\eta'=\eta'=(1-p')\eta'$．ところで，$\xi=\eta+\eta'$ であるから，

$$e(0) = p \wedge p' + (1-p) \wedge (1-p') .$$

また，$\xi \in e(\pi/2)\mathscr{H}$ に対しては，$(p-p')^2\xi = \xi$ となるから，$(p-p')\xi = \xi$ または $(p-p')\xi = -\xi$. 前の場合には，$(p'\xi|\xi) = -((1-p)\xi|\xi) \leqq 0$. したがって，$p'\xi = 0$ かつ $p\xi = \xi$. p と p' の対称性を用いて，

$$e(\pi/2) = p \wedge (1-p') + (1-p) \wedge p'$$

を得る．$e(0), p \wedge (1-p'), (1-p) \wedge p'$ は p, p' と可換であるから，$\mathscr{M}$ の中心の元である．そこで，以下しばらくは，

(3.7) $$e = 1 - e(0) - e(\pi/2) \in Z(\mathscr{M})$$

とする．上の $e(0), e(\pi/2)$ の表示を用いると，不等式

$$0 \leqq pp'(1-p) + (1-p)p'p \leqq e$$

がわかる．実際，$(e(0)+e(\pi/2))\mathscr{H}$ 上で，$pp'(1-p)+(1-p)p'p$ は 0 になっている．

以後しばらくは，作用素 $x \in \mathscr{L}(\mathscr{H})$ の $e\mathscr{H}$ への制限を $x|_e$ で表す．

補題 3.4.18 射影 p, p' に対する上の記号をそのまま用いることにする．

(i) $\mathscr{M}_e$ において

$$w_{11} = p|_e , \quad w_{12} = (\sin\theta\cos\theta)^{-1}pp'(1-p)|_e$$
$$w_{21} = (\sin\theta\cos\theta)^{-1}(1-p)p'p|_e , \quad w_{22} = (1-p)|_e$$

とすれば，これらは行列単位をなし，$\mathscr{M}_e$ はこれらと $\theta|_e$ により生成される．つまり，$\mathscr{M}_e$ は $M(2,\mathbb{C}) \otimes Z(\mathscr{M})_e$ と同型である．

(ii) $\mathscr{M}_{(1-e)}$ は $p|_{(1-e)}$ と $p'|_{(1-e)}$ により生成され，$Z(\mathscr{M})_{(1-e)}$ と一致する．

(iii) $u_e = \exp\{\theta|_e(-w_{12}+w_{21})\}$ とすれば，u_e は $\mathscr{M}_e$ のユニタリで，$u_e p|_e u_e^* = p'|_e$ を満たす．

(iv) $h = i\theta|_e(w_{12}-w_{21})$ とすれば，h は自己随伴であり，直交する射影 $e_\pm = (1/2)\{e \pm i(w_{12}-w_{21})\}$ を用いて，

$$h = \theta(e_+ - e_-)$$

と分解される. $u_e = \exp\{ih\}$ である.

(v) $Z(\mathscr{M})_e$ は $\theta|_e$ により生成される. □

［証明］ (i) $(p-p')^2 p = p - pp'p$ となることを用いると,

$$\sin^2\theta \cos^2\theta = (p-p')^2\{1-(p-p')^2\} = pp'p(1-p') + p'pp'(1-p).$$

ゆえに,

$$(\sin^2\theta\cos^2\theta)p = pp'(1-p)p'p$$

$$(1-p)(\sin^2\theta\cos^2\theta) = (1-p)p'pp'(1-p)$$

となり, $w_{12}w_{21}=w_{11}$ かつ $w_{21}w_{12}=w_{22}$ を得る. 残りの関係式 $w_{11}w_{12}=w_{12}$ や $w_{12}w_{22}=w_{12}$ は容易にわかる.

$w_{ij}\,(i,j=1,2)$ と $\theta|_e$ により生成される von Neumann 環を $\mathscr{N}$ とすれば, $\mathscr{N}\subset\mathscr{M}_e$. 他方, $p|_e\in\mathscr{N}$. また, (iv) より, $h\in\mathscr{N}$ であるから, $u_e\in\mathscr{N}$. よって, (iii) より, $p'|_e\in\mathscr{N}$. ゆえに, $\mathscr{N}=\mathscr{M}_e$.

(ii) スペクトル射影 $e(0), e(\pi/2)$ の形から容易にわかる.

(iii) u_e がユニタリなことは明らかである. また,

$$u_e = \sum_{n=0}^{\infty} \frac{1}{n!}\{\theta|_e(-w_{12}+w_{21})\}^n = e\cos\theta + (-w_{12}+w_{21})\sin\theta$$

と表せ,

$$w_{11}\cos^2\theta = pp'pe, \quad w_{22}\sin^2\theta = (1-p)p'(1-p)e$$

$$(w_{12}+w_{21})\sin\theta\cos\theta = \{pp'(1-p) + (1-p)p'p\}e$$

であるから, $u_e p e u_e^*$ は

$$\bigl(e\cos\theta + (-w_{12}+w_{21})\sin\theta\bigr)pe\bigl(e\cos\theta + (-w_{12}+w_{21})\sin\theta\bigr)^*$$

$$= (e\cos\theta + w_{21}\sin\theta)w_{11}(e\cos\theta + w_{12}\sin\theta)$$

$$= w_{11}\cos^2\theta + (w_{12}+w_{21})\cos\theta\sin\theta + w_{22}\sin^2\theta = p'e$$

となる.

3.4 自己双対 CAR 環

(iv) (iii) より直ちにわかる.

(v) $e\mathcal{M}e$ の元 z は $(0, 2\pi)$ 上の連続関数 f_{ij} を用いて $\sum_{i,j=1}^{2} f_{ij}(\theta)w_{ij}$ と表せる. これが $\mathcal{M}_e$ の中心の元であれば, w_{ij} と可換であるから, $f_{11}(\theta)=f_{22}(\theta)$ かつ $f_{12}(\theta)=f_{21}(\theta)=0$ となるから, $z=f_{11}(\theta)$. よって, $\mathcal{M}_e$ の中心は θ_e により生成される. ∎

この補題で, 射影 e は自動的に偶数次元または無限次元である. 上の議論を共役作用素 Γ をもつ Hilbert 空間 $(\mathcal{H}, \Gamma)$ の場合にも考えると, 次の命題のように, 基本射影どうしを Bogoliubov 変換で結ぶことができる.

命題 3.4.19 p, p' を $(\mathcal{H}, \Gamma)$ における基本射影とする.

(i) p, p' の角作用素を θ とし, その固有空間への射影を $e(0), e(\pi/2)$ を用いて, $e=1-e(0)-e(\pi/2)$ とすれば, $\Gamma\theta\Gamma=\theta$ および $\Gamma e\Gamma=e$ が成り立つ.

(ii) 行列単位 w_{ij}, スペクトル射影 $e_{\pm}$ とユニタリ u_e を補題 3.4.18 のように定めると, $\Gamma w_{11}\Gamma=w_{22}$, $\Gamma w_{12}\Gamma=-w_{21}$, $\Gamma e_{+}\Gamma=e_{-}$ かつ $\Gamma u_e\Gamma=u_e$ が成り立つ. ただし, w_{ij}, u_e を $(1-e)\mathcal{H}$ 上では 0 として, $\mathcal{H}$ 上の作用素と同一視する.

(iii) $e(\pi/2)\mathcal{H}$ 上のユニタリ v を $(p \wedge (1-p'))\mathcal{H}$ の規格直交基底 $\{\varepsilon_i\}_{i\in I}$ を用いて,
$$v\varepsilon_i = \Gamma\varepsilon_i, \quad v\Gamma\varepsilon_i = \varepsilon_i \quad (i\in I)$$
で定め, $\mathcal{H}$ 上のユニタリ u を $u_e \oplus e(0) \oplus v$ で定義すれば, u は Bogoliubov 変換であり, $upu^*=p'$ を満たす. ∎

[証明] $\Gamma(p-p')^2\Gamma=(p-p')^2$ となるから, 後は直接の計算による. ∎

注 $\mathbb{C}^2$ における共役作用素 Γ を, 例えば $\Gamma(\lambda\varepsilon_1+\mu\varepsilon_2)=\overline{\mu}\varepsilon_1+\overline{\lambda}\varepsilon_2$ とすると, 基本射影は $\mathbb{C}\varepsilon_1$ または $\mathbb{C}\varepsilon_2$ への射影しかないことがわかるので, 上の命題 3.4.19 が実質的に意味をもつのは Hilbert 空間 $(\mathcal{H}, \Gamma)$ の次元が 4 以上の場合になる. ∎

次の命題は, 以下の議論において基本的な役割を果たす.

命題 3.4.20 $p, p', e, h(u_e=\exp\{ih\})$ を上の命題 3.4.19 のものとする. このとき, これらと可換な射影 f で $f+\Gamma f\Gamma=e$ を満たすものが存在する. とくに, e が有限(偶数)次元の場合には, $\text{Tr}(hf)=0$ となる. ∎

[証明] $\mathbb{R}$ 上の多元環

$$\mathscr{N} = \left\{ \sum_{j,k\in\{1,2\}} h_{jk}w_{jk} + k(1-e) \,\Big|\, h_{jk}, k \in Z(\mathscr{M})_h \right\}$$

を考える.$\Gamma Z(\mathscr{M})\Gamma = Z(\mathscr{M})$ となるので,$\mathscr{N}$ は $\Gamma\mathscr{N}\Gamma=\mathscr{N}$ と $\mathscr{M}=\mathscr{N}+i\mathscr{N}$ を満たしている.各単位ベクトル $\xi \in \mathrm{Re}\,\mathscr{H}$ に対して,$\mathscr{H}$ の $\mathscr{M}$ 不変な閉部分空間 $\mathscr{H}(\xi) = \overline{\mathscr{M}\xi}$ は $\Gamma\mathscr{H}(\xi) = \mathscr{H}(\xi)$ を満たすので,$\mathscr{N}\xi$ の張る実閉部分空間 $\mathscr{H}_r(\xi)$ を用いて

$$\mathscr{H}(\xi) = \mathscr{H}_r(\xi) + i\mathscr{H}_r(\xi), \quad \mathscr{H}_r(\xi) \cap i\mathscr{H}_r(\xi) = \{0\}$$

と表せる.また $\Gamma w_{12}\Gamma = -w_{21}$,$w_{12}^* = w_{21}$ かつ $\Gamma k\Gamma = k$ $(k \in Z(\mathscr{M})_h)$ であるから,任意の $k \in Z(\mathscr{M})_h$ に対して,

$$(w_{21}\xi|k\xi) = -(\Gamma w_{12}\Gamma\xi|k\xi) = -(\xi|w_{12}k\xi) = -(w_{21}\xi|k\xi).$$

また $\Gamma w_{22}\Gamma = w_{11}$ かつ $w_{11}^* = w_{11}$ であるから,$(w_{22}\xi|k\xi) = (w_{11}\xi|k\xi)$.したがって,$(w_{ij}\xi|k\xi) = \delta_{ij}(k\xi|\xi)/2$ が成り立つ.よって,任意の $\eta, \eta' \in \mathscr{H}_r(\xi)$ に対して,$(\eta|\eta') \in \mathbb{R}$ となり,$\|\eta+i\eta'\|^2 = \|\eta\|^2 + \|\eta'\|^2$ が成り立つ.したがって,$\{\eta_n + i\eta'_n\}_{n\in\mathbb{N}}$ が $\mathscr{H}(\xi)$ の Cauchy 列であることと,$\{\eta_n\}_{n\in\mathbb{N}}$ と $\{\eta'_n\}_{n\in\mathbb{N}}$ が $\mathscr{H}_r(\xi)$ の Cauchy 列であることは同値である.

このような閉部分空間 $\mathscr{H}(\xi)$ $(\xi \in \mathrm{Re}\,\mathscr{H})$ のなす集合のうち,その元が互いに直交しているような集合 $\mathcal{M}$ の集合族を $\mathcal{F}$ とすれば,$\mathcal{F}$ は集合の包含関係に関して帰納的である.実際,$\mathcal{F}$ の全順序部分集合 $\{\mathcal{M}_k | k \in K\}$ に対して,$\bigcup_{k \in K} \mathcal{M}_k$ は $\mathcal{F}$ における上限である.したがって,Zorn の補題により,$\mathcal{F}$ には極大元 $\{\mathscr{H}(\xi_j) | j \in I\}$ が存在する.もし $\sum_{j\in I}^{\oplus} \mathscr{H}(\xi_j)$ の直交補空間が $\{0\}$ でなければ,そこには単位ベクトル $\zeta \in \mathrm{Re}\,\mathscr{H}$ が存在する.このとき,$\mathscr{H}(\xi_j) \perp \mathscr{H}(\zeta)$ となるので,上の極大性と矛盾する.ゆえに,$\mathscr{H}$ は $\sum_{j\in I}^{\oplus} \mathscr{H}(\xi_j)$ と表せる.

つぎに,任意の $\eta, \eta' \in \mathscr{H}_r(\xi_j)$ に対して,$\|\eta \pm i\eta'\|^2 = \|\eta\|^2 + \|\eta'\|^2$ であるから,各 $j \in I$ に対して,

$$\Gamma'(\eta + i\eta') = \eta - i\eta' \quad (\eta, \eta' \in \mathscr{H}_r(\xi_j))$$

とする．$\mathscr{N}$ の与え方により，Γ' は $Z(\mathscr{M})_h, w_{ij}$ と可換な $\mathscr{H}$ 上の共役作用素である．さらに，$\Gamma\mathscr{N}\Gamma=\mathscr{N}$ であるから，任意の $\eta, \eta' \in \mathscr{H}_r(\xi_j)$ $(j\in I)$ に対して，

$$\Gamma'\Gamma(\eta+i\eta') = \Gamma'(\Gamma\eta-i\Gamma\eta') = \Gamma\eta + i\Gamma\eta' = \Gamma\Gamma'(\eta+i\eta')$$

となり，Γ' は Γ とも可換である．これを用いて，

$$T = \Gamma\Gamma'(w_{12}-w_{21})$$

とすれば，T は θ, Γ と可換で $eTe=T$, $T^2=-e$ を満たす半等長作用素である．さらに，命題 3.4.19(ii) により

$$Tw_{ij}T^* = \Gamma\Gamma'(w_{12}-w_{21})w_{ij}(w_{21}-w_{12})\Gamma'\Gamma$$
$$= \Gamma(w_{12}-w_{21})w_{ij}(w_{21}-w_{12})\Gamma = w_{ij}$$

でもあるから，T は w_{ij} とも可換であり，$T\in\mathscr{M}'$ となる．そこで，固有値 i に対応するスペクトル射影を f とすれば，$T=if-i(e-f)$ であり，これらのスペクトル射影は可換子環 $\mathscr{M}'$ の元である．$\Gamma T\Gamma=T$ であるから，$\Gamma f\Gamma=e-f$ となる．ところで，$\Gamma'e$ は $-\Gamma T(w_{12}-w_{21})$ と表せ，しかも $w_{11}=p|_e$ であるから，

$$\Gamma'fp\Gamma' = \Gamma T(w_{12}-w_{21})fpT(w_{12}-w_{21})\Gamma$$
$$= \Gamma w_{21}fpw_{12}\Gamma = w_{12}(e-f)w_{21} = (e-f)p\ .$$

同様に，$\Gamma'f(1-p)\Gamma'=(e-f)(1-p)$．

以下，e は偶数次元であるとする．一般に，$\mathrm{Tr}(\Gamma a\Gamma)=\mathrm{Tr}(a^*)$ が成り立ち，同様なことが共役作用素 Γ' に対してもいえる．h は $\Gamma h\Gamma=-h$ を満たすので，$\mathrm{Tr}(h)=0$．また，補題 3.4.18(iv) により，$\Gamma'h\Gamma'=h$．このとき，

$$\mathrm{Tr}(hfp) = \mathrm{Tr}(\Gamma'hfp\Gamma') = \mathrm{Tr}(h(e-f)p)$$

となるから，$\mathrm{Tr}(hp)=\mathrm{Tr}(hep)=2\mathrm{Tr}(hfp)$．同様に，

$$\mathrm{Tr}(hf(1-p)) = \mathrm{Tr}(\Gamma'hf(1-p)\Gamma') = \mathrm{Tr}(h(e-f)(1-p))$$

となるから，$\mathrm{Tr}(h(1-p))=\mathrm{Tr}(he(1-p))=2\mathrm{Tr}(hf(1-p))$．ゆえに，

$$2\mathrm{Tr}(hf) = \mathrm{Tr}(hp) + \mathrm{Tr}\bigl(h(1-p)\bigr) = \mathrm{Tr}(h) = 0 \ . \qquad \blacksquare$$

この命題の証明からわかるように,射影 e は互いに直交する 4 つの射影 fp, $(e-f)p$, $f(1-p)$, $(e-f)(1-p)$ の和であり,それらは関係式

$$(e-f)p = \Gamma' fp\Gamma' \ , \quad f(1-p) = w_{21} fp w_{12} \ , \quad (e-f)(1-p) = \Gamma fp\Gamma$$

を満たしていることに注意しよう.

定理 3.4.21 θ を基本射影 p, p' に対応する角作用素とし,スペクトル射影 $e = 1 - e(0) - e(\pi/2)$ の次元を $\dim e = 2m$ とする.

(i) θ の固有空間への射影 $e(\pi/2)$ が 0 ならば,

$$\varphi_p\Bigl(\exp\Bigl\{\frac{i}{2}b(h)\Bigr\}\Bigr) = \bigl(\det(\cos\theta)\bigr)^{1/4} = \bigl(\det\nolimits_e(pp'p)\bigr)^{1/4}$$

となる.ただし,$\det_e$ は $\mathscr{L}(e\mathscr{H})$ 上の行列式である.

(ii) $0 < \dim e(\pi/2) < \infty$ の場合には,命題 3.4.19(iii)における閉部分空間 $(p \wedge (1-p'))\mathscr{H}$ の規格直交基底 $\{\varepsilon'_1, \cdots, \varepsilon'_n\}$ を用いて,$\exp\{(i/2)b(h)\}$ の代わりに,

$$U = \exp\Bigl\{\frac{i}{2}b(h)\Bigr\} \prod_{j=1}^{n}\{b(\varepsilon'_j) - b(\varepsilon'_j)^*\}$$

を使えば,(i)と同様な式

$$\varphi_p(U) = \bigl(\det(\cos\theta)\bigr)^{1/4} = \bigl(\det\nolimits_e(pp'p)\bigr)^{1/4} = 0$$

が成り立つ.さらに,(i)の場合 $(n=1)$ も含めて,

$$\varphi_p(U^* a U) = \varphi_p\bigl(\beta_{(-1)^n u^*}(a)\bigr) = \varphi_{p'}(a) \quad (a \in A(\mathscr{H}, \Gamma))$$

が成り立つ.ただし,u は命題 3.4.19(iii)のユニタリ $u_e \oplus e(0) \oplus v$ である. $\qquad \square$

[証明] (i) まず,$e(0) = 0$ と仮定することができる.したがって,$e=1$ である.

命題 3.4.20 の射影 f をそのまま用いる.hf の対角化を $\sum_{k=1}^{m} \lambda_k \theta_{\varepsilon_k, \varepsilon_k}$ とする.角作用素の条件から $0 < |\lambda_k| < \pi/2$ である.このとき,$\mathrm{Tr}(h) = 0$ かつ $\mathrm{Tr}(hf) = 0$

が成り立っているから，反交換関係を用いて，

$$b(h) = \sum_{k=1}^{m} \lambda_k \{b(\varepsilon_k)b(\varepsilon_k)^* - b(\varepsilon_k)^*b(\varepsilon_k)\} = -\sum_{k=1}^{m} 2\lambda_k b(\varepsilon_k)^* b(\varepsilon_k)$$

となる．このとき，射影 $b(\varepsilon_j)^*b(\varepsilon_j)$ $(j=1,\cdots,m)$ どうしは互いに可換だから，

$$\exp\left\{\frac{i}{2}b(h)\right\} = \prod_{k=1}^{m} \exp\{-i\lambda_k b(\varepsilon_k)^* b(\varepsilon_k)\}$$
$$= \prod_{k=1}^{m} \left\{1 + (\exp\{-i\lambda_k\} - 1)b(\varepsilon_k)^* b(\varepsilon_k)\right\}.$$

ここで，$\mu_k = \exp\{-i\lambda_k\} - 1$, $b_k = b(\varepsilon_k)$ と書くことにすれば，求める Fock 状態の期待値 $\varphi_p(\exp\{(i/2)b(h)\})$ は

$$1 + \sum_{k=1}^{m} \mu_k \varphi_p(b_k^* b_k) + \sum_{k<\ell}^{m} \mu_k \mu_\ell \varphi_p(b_k^* b_k b_\ell^* b_\ell)$$
$$+ \cdots + \mu_1 \mu_2 \cdots \mu_m \varphi_p(b_1^* b_1 b_2^* b_2 \cdots b_m^* b_m)$$

と展開される．他方，$b(\xi) = b(p\xi) + b(p\Gamma\xi)^*$ であるから，

$$\pi_p(b_{k_1} \cdots b_{k_{j-1}} b_{k_j})\xi_p$$
$$= \pi_p(b_{k_1} \cdots b_{k_{j-1}}) p\varepsilon_{k_j}$$
$$= \pi_p(b_{k_1} \cdots b_{k_{j-2}})\{(p\varepsilon_{k_{j-1}} \wedge p\varepsilon_{k_j}) + (p\varepsilon_{k_j}|p\Gamma\varepsilon_{k_{j-1}})\xi_p\}$$
$$= \pi_p(b_{k_1} \cdots b_{k_{j-2}})(p\varepsilon_{k_{j-1}} \wedge p\varepsilon_{k_j})$$
$$= \cdots$$
$$= p\varepsilon_{k_1} \wedge p\varepsilon_{k_2} \wedge \cdots \wedge p\varepsilon_{k_j}$$

が成り立つ．ただし，2番目の等号では $f\Gamma f = 0$ と $pf = fp$ を用いている．したがって，反交換関係を用いると，

$$\varphi_p(b_{k_1}^* b_{k_1} \cdots b_{k_j}^* b_{k_j}) = \varphi_p(b_{k_j}^* \cdots b_{k_2}^* b_{k_1}^* b_{k_1} b_{k_2} \cdots b_{k_j})$$
$$= \|p\varepsilon_{k_1} \wedge \cdots \wedge p\varepsilon_{k_j}\|^2 = \det\bigl(T(k_1, \cdots, k_j)\bigr).$$

ただし，$j \times j$ 行列 $T(k_1, \cdots, k_j)$ の (i, ℓ) 要素は

$$\varphi_p\bigl(b(\varepsilon_{k_i})^* b(\varepsilon_{k_\ell})\bigr) = (p\varepsilon_{k_\ell}|\varepsilon_{k_i})$$

である．ここで，(i, ℓ) 要素が $\mu_{k_\ell}(p\varepsilon_{k_\ell}|\varepsilon_{k_i})$ で与えられる $j \times j$ 行列を $T'(k_1, \cdots, k_j)$ で表す．いま，$T' = (\exp\{-ih\} - 1)fp$ とすれば，$(T'\varepsilon_{k_\ell}|\varepsilon_{k_i}) =$

$\mu_{k_\ell}(p\varepsilon_{k_\ell}|\varepsilon_{k_i})$ となる．ゆえに，

$$\varphi_p\Big(\exp\Big\{\frac{i}{2}b(h)\Big\}\Big)$$
$$=1+\sum_{k=1}^m T'(k)+\sum_{k<\ell}^m \det\big(T'(k,\ell)\big)+\cdots+\det\big(T'(1,2,\cdots,m)\big)$$
$$=\det(1+T')=\exp\big\{\mathrm{Tr}\big(\log(1+T')\big)\big\}$$
$$=\exp\big\{\mathrm{Tr}\big(\log(1+(\exp\{-ih\}-1)fp)\big)\big\}$$
$$=\exp\big\{\mathrm{Tr}_{fp}\big(\log(\exp\{-ih\}fp)\big)\big\}$$

と表せる．ただし，Tr_{fp} は $fp\mathscr{H}$ 上のトレイスである．ここで，h は補題 3.4.18 において $i\theta(w_{12}-w_{21})$ により与えられていたから，

$$\exp\{-ih\}=1+\sum_{n=1}^\infty \frac{1}{n!}(-ih)^n=\cos\theta+(\sin\theta)(w_{12}-w_{21})$$

となり，最右辺の第 2 項の固有値は純虚数であるが，トレイスは 0 であるから，$\mathrm{Tr}\big(\log\{(\sin\theta)(w_{12}-w_{21})\}\big)=0$．ゆえに，

$$\mathrm{Tr}\big(\log(\exp\{-ih\})\big)=\mathrm{Tr}\big(\log(\cos\theta)\big)\ .$$

他方，仮定 $e(\pi/2)=0$ と命題 3.4.20 の直後の注意を用いると，

$$\mathrm{Tr}\big(\log(\exp\{-ih\})\big)=\mathrm{Tr}_e\big(\log(\exp\{-ih\}e)\big)$$
$$=4\mathrm{Tr}_{fp}\big(\log(\exp\{-ih\}fp)\big)\ .$$

ただし，Tr_e は $e\mathscr{H}$ 上のトレイスである．ゆえに，$\varphi_p\big(\exp\{(i/2)b(h)\}\big)$ は

$$\exp\big\{\mathrm{Tr}_{fp}\big(\log(\exp\{-ih\}fp)\big)\big\}=\exp\big\{(1/4)\mathrm{Tr}\big(\log(\cos\theta)\big)\big\}$$
$$=\big(\det(\cos\theta)\big)^{1/4}\ .$$

また $\det_p(p\cos\theta)=\det_{1-p}\big((1-p)\cos\theta\big)$ かつ $p\cos^2\theta=pp'p$ であるから，

$$\det(\cos\theta)=\det_p(p\cos\theta)^2=\det_p(p\cos^2\theta)=\det_p(pp'p)\ .$$

よって，上の式は $\big(\det_e(pp'p)\big)^{1/4}$ とも表せる．

 (ii) $e(\pi/2)\neq 0$ の場合には，$pp'pe(\pi/2)=0$ となるから，求める最初の式の第 2 辺と第 3 辺が 0 になる．そこで，第 1 辺が 0 になることを示せばよい．閉

部分空間 $(p\wedge(1-p'))\mathscr{H}$ の規格直交基底を $\{\varepsilon'_1,\cdots,\varepsilon'_n\}$ とする．任意の元 $\xi\in\{\varepsilon'_j,\Gamma\varepsilon'_j\}^\perp$ に対して

$$\{b(\varepsilon'_j)-b(\varepsilon'_j)^*\}b(\xi)\{b(\varepsilon'_j)-b(\varepsilon'_j)^*\}^* = -b(\xi)\ .$$

また，$\xi=\varepsilon'_j$ あるいは $\xi=\Gamma\varepsilon'_j$ に対して，

$$\{b(\varepsilon'_j)-b(\varepsilon'_j)^*\}b(\xi)\{b(\varepsilon'_j)-b(\varepsilon'_j)^*\}^* = -b(\Gamma\xi)\ .$$

したがって，任意の $\xi\in\mathscr{H}$ に対して，

$$\Big(\prod_{j=1}^n\{b(\varepsilon'_j)-b(\varepsilon'_j)^*\}\Big)b(\xi)\Big(\prod_{j=1}^n\{b(\varepsilon'_j)-b(\varepsilon'_j)^*\}\Big)^*$$
$$= (-1)^n b\big((e\oplus e(0)\oplus v)\xi\big)\ .$$

ただし，v は $v\varepsilon'_j=\Gamma\varepsilon'_j$ かつ $v\Gamma\varepsilon'_j=\varepsilon'_j$ $(j=1,\cdots,n)$ である．ここで，

$$U=\exp\{(i/2)b(h)\}\prod_{j=1}^n\{b(\varepsilon'_j)-b(\varepsilon'_j)^*\}$$

とすれば，補題 3.4.14 により，

$$Ub(\xi)U^* = b\big((-1)^n u\xi\big) \quad (\xi\in\mathscr{H})$$

となる．また，$p'=upu^*=(-1)^n up(-1)^n u^*$．ゆえに，$a\in A(\mathscr{H},\Gamma)$ に対して，

$$\varphi_p(U^*aU) = \varphi_p\big(\beta_{(-1)^n u^*}(a)\big) = \varphi_{p'}(a)\ .$$

最後に $\varphi_p(U)=0$ を示す．$\xi=\varepsilon'_j$ あるいは $\xi=\Gamma\varepsilon'_j$ の場合には，任意の $k\in\{1,\cdots,n\}\setminus\{j\}$ と $\eta\in\{1-e(\pi/2)\}\mathscr{H}$ に対して，内積 $(p\varepsilon'_k|\xi)$, $(p\Gamma\varepsilon'_k|\xi)$, $(p\eta|\xi)$ はどれも 0 になるから，準自由状態 φ_p の定義式へ戻って，$\varphi_p(U)=0$ を得る．∎

Fock 表現のユニタリ同値

トレイス類または Schmidt 類の作用素に対するノルムをそれぞれ

$$\|a\|_1 = \mathrm{Tr}(|a|)\ ,\quad \|a\|_2 = \mathrm{Tr}(a^*a)^{1/2}$$

とする．これらは作用素ノルムよりも強いノルムである．

命題 3.4.22 p,p' を基本射影とする．$p-p'$ が Schmidt 類ならば，Fock 表

現 π_p と $\pi_{p'}$ はユニタリ同値である. □

[証明] p,p' の角作用素 θ を用いると, 命題 3.4.19 により, $p'=upu^*$ を満たす Bogoliubov 変換 $u=u_e\oplus e(0)\oplus v$ が存在する. ただし, u_e は自己随伴作用素 $h=\theta(e_+-e_-)$ を用いて, $\exp(ih)$ で与えられている. また, $0\leqq (2/\pi)\theta\leqq\sin\theta$ であるから, $p-p'$ に対する仮定により, θ は Schmidt 類の作用素である. したがって, $\dim e(\pi/2)<\infty$ である. この次元は偶数次元であるからその次数を $2n$ とすれば, 定理 3.4.21 により, $\varphi_{p'}=\varphi_p\circ\beta_{(-1)^n u^*}$ と表せる. そこで, 巡回表現 $\{\pi_p,\mathscr{H}_p\}$ において, $\pi_p(\beta_{(-1)^n u^*}(a))=V^*\pi_p(a)V$ を満たすユニタリ V が存在することを示せばよい.

また $\theta e_+=\sum_{k=1}^{\infty}\lambda_k\theta_{\varepsilon_k,\varepsilon_k}$, $\lambda_k\searrow 0$ と表せる. 各 $\ell\in\mathbb{N}$ に対して,

$$h_\ell = \sum_{k=1}^{\ell}\lambda_k(\theta_{\varepsilon_k,\varepsilon_k}-\theta_{\Gamma\varepsilon_k,\Gamma\varepsilon_k})$$

と置く. これを用いて,

$$u_e^{(\ell)}=e^{ih_\ell},\quad u^{(\ell)}=u_e^{(\ell)}\oplus e(0)\oplus v,\quad p'_\ell=u^{(\ell)}pu^{(\ell)*}$$

とし, p,p'_ℓ の角作用素 θ_ℓ のスペクトル射影を $\{e_\ell(\lambda)|0\leqq\lambda\leqq\pi/2\}$ とする. このとき, $p\wedge(1-p'_\ell)=p\wedge(1-p')$ かつ $e_\ell(\pi/2)=e(\pi/2)$ となる. 射影 $1-e_\ell(0)-e_\ell(\pi/2)$ は有限次元であるから, 定理 3.4.21 により,

$$\bigl(\pi_p(e^{(i/2)b(h_\ell)})\xi_p|\xi_p\bigr)=\varphi_p\bigl(\exp\{(i/2)b(h_\ell)\}\bigr)=\bigl(\det_{p(1-e(\pi/2))}(pp'_\ell p)\bigr)^{1/4}$$

が成り立つ. また, 各 $\ell\in\mathbb{N}$ に対して,

$$U_\ell = e^{(i/2)b(h_\ell)}\prod_{j=1}^{n}\{b(\varepsilon'_j)-b(\varepsilon'_j)^*\}$$

とする. ただし, $\{\varepsilon_1,\cdots,\varepsilon_n\}$ は $(p\wedge(1-p'))\mathscr{H}$ の規格直交基底である. 定理 3.4.21 の証明からわかるように,

$$U_\ell b(\xi)U_\ell^* = b\bigl((-1)^n u^{(\ell)}\xi\bigr)\quad (\xi\in\mathscr{H}).$$

以下の証明では, 列 $\{\pi_p(U_\ell)\}_{\ell\in\mathbb{N}}$ が強位相に関して Cauchy 列であることを示す. 作用素 h がトレイス類の場合にはノルム位相に関して Cauchy 列であることが容易にわかるが, ここでは Schmidt 類であることしかわかってい

ない．そこで，$\xi_\ell = \pi_p(U_\ell)\xi_p$ と置いて得られる単位ベクトルの列 $\{\xi_\ell\}_{\ell\in\mathbb{N}}$ が Cauchy 列であることから示すことにする．まず，$\|h_\ell-h\|_2 = 2\|(h_\ell-h)e_+\|_2 \to 0$．一般に a が Schmidt 類ならば，$e^a-1 = \sum_{k=1}^{\infty}(k!)^{-1}a^k$ も Schmidt 類である．したがって，h と h_ℓ の可換性により，$u^*u^{(\ell)}-1 = e^{(h_\ell-h)\oplus(1-e)}-1$ も Schmidt 類である．したがって，$u^{(\ell)}-u = u(u^*u^{(\ell)}-1)$ も Schmidt 類で，

$$\|u^{(\ell)}-u\|_2 = \|u^*u^{(\ell)}-1\|_2 \leq \sum_{k=1}^{\infty}\frac{1}{k!}\|h_\ell-h\|_2^k = (e^{\|h_\ell-h\|_2}-1)$$

を満たす．この式の右辺は $\ell\to\infty$ のとき 0 へ収束するから，

$$\|p'_\ell - p'\|_2 \leq \left\|(u^{(\ell)}-u)pu^{(\ell)}\right\|_2 + \left\|up(u^{(\ell)}-u)\right\|_2 \to 0 .$$

つぎに，添字 ℓ が $\ell > m$ の場合に，$p_{\ell m} = u^{(m)*}p'_\ell u^{(m)}$ とする．$p(p_{\ell m}-p)^2 p = -p(p_{\ell m}-p)p$ となるから，

$$\|pp_{\ell m}p - p\|_1 = \|p(p_{\ell m}-p)^2 p\|_1 \leq \|p_{\ell m}-p\|_2^2 = \|p'_\ell - p'_m\|_2^2 \to 0$$

が成り立つので，$b(h_\ell)$ と $b(h_m)$ の可換性を用いると，

$$(\xi_\ell|\xi_m) = \big(\pi_p(U_\ell)\xi_p\big|\pi_p(U_m)\xi_p\big) = \big(\pi_p(e^{(i/2)b(h_\ell-h_m)})\xi_p\big|\xi_p\big)$$
$$= \det{}_{1-e(\pi/2)}(pp_{\ell m}p)^{1/8} \to 1 .$$

したがって，

$$\|\xi_\ell - \xi_m\|^2 = 2 - (\xi_\ell|\xi_m) - (\xi_m|\xi_\ell) \to 0 .$$

よって $\{\xi_\ell\}_{\ell\in\mathbb{N}}$ は $\mathscr{H}_p$ における Cauchy 列である．そこで，その極限を ξ_∞ とする．任意の $a\in A(\mathscr{H},\Gamma)$ に対して，

$$\big\|\pi_p(U_\ell)\pi_p(a)\xi_p - \pi_p\big(\beta_{(-1)^n u}(a)\big)\xi_\infty\big\|$$
$$= \big\|\pi_p\big(\beta_{(-1)^n u^{(\ell)}}(a)\big)\xi_\ell - \pi_p\big(\beta_{(-1)^n u}(a)\big)\xi_\infty\big\|$$
$$\leq \big\|\pi_p\big(\beta_{(-1)^n u^{(\ell)}}(a)\big)(\xi_\ell - \xi_\infty)\big\|$$
$$\quad + \big\|\{\pi_p\big(\beta_{(-1)^n u^{(\ell)}}(a)\big) - \pi_p\big(\beta_{(-1)^n u}(a)\big)\}\xi_\infty\big\|$$
$$\leq \|a\|\|\xi_\ell - \xi_\infty\| + \big\|\beta_{(-1)^n u^{(\ell)}}(a) - \beta_{(-1)^n u}(a)\big\|\|\xi_\infty\|$$

となる．ところで，$\|h_\ell-h\| \leq \|h_\ell-h\|_2$ であるから，$\|u^{(\ell)}-u\| \leq e^{\|h_\ell-h\|}-1$ は

0 へ収束する．したがって，最右辺の第 2 項も 0 へ収束する．ゆえに，列 $\{\pi_p(U_\ell)\}_{\ell\in\mathbb{N}}$ はある等長作用素 V へ強収束し，

$$V\pi_p(a)\pi_p(b)\xi_p = \pi_p\bigl(\beta_{(-1)^n u}(ab)\bigr)\xi_\infty = \pi_p\bigl(\beta_{(-1)^n u}(a)\bigr)\pi_p\bigl(\beta_{(-1)^n u}(b)\bigr)\xi_\infty$$
$$= \pi_p\bigl(\beta_{(-1)^n u}(a)\bigr)V\pi_p(b)\xi_p$$

となる．π_p は既約表現であるから，V は稠密な値域をもち，ユニタリである．ゆえに，$V^*\pi_p(a)V = \pi_p\bigl(\beta_{(-1)^n u^*}(a)\bigr)$ が成り立つ． ∎

3.4.3 準自由状態の物理的同値関係による完全分類

第 2.3 節第 5 項でも述べたように，状態に対する物理的同値性は，その GNS 表現の準同値性と同内容である．

状態の準同値

補題 3.4.23 自己随伴作用素 a, b に対して，$\bigl\| |a| - |b| \bigr\|_2 \leq \|a - b\|_2$ が成り立つ． ∎

[証明] a が純点スペクトルをもつ，つまり，スペクトルが点スペクトルだけからなる場合，ある規格直交基底 $\{\varepsilon_i\}_{i\in I}$ を用いて，$a = \sum_{i\in I}\lambda_i\theta_{\varepsilon_i,\varepsilon_i}$ と表せる．このとき，$|a| = \sum_{i\in I}|\lambda_i|\theta_{\varepsilon_i,\varepsilon_i}$ となる．一般に，$|(b\varepsilon_i|\varepsilon_i)| \leq (|b|\varepsilon_i|\varepsilon_i)$ が成り立つので，$|\mathrm{Tr}(ab)| \leq \mathrm{Tr}(|a||b|)$ となる．ゆえに，

$$\bigl\| |a| - |b| \bigr\|_2^2 = \mathrm{Tr}\bigl(a^2 - 2|a||b| + b^2\bigr) \leq \mathrm{Tr}\bigl(a^2 - 2ab + b^2\bigr) = \|a-b\|_2^2 .$$

a が一般の場合には，付録で述べる Weyl-von Neumann の定理 A.2.1 により，任意の $\varepsilon > 0$ に対して，純点スペクトルをもつ作用素 a' が存在して，$\|a - a'\|_2 < \varepsilon$ となる．前半より，$\bigl\| |a| - |a'| \bigr\|_2 \leq \|a - a'\|_2$ が成り立つ．さらに，

$$\bigl\| |a| - |b| \bigr\|_2 \leq \bigl\| |a'| - |b| \bigr\|_2 + \varepsilon \leq \|a' - b\|_2 + \varepsilon \leq \|a - b\|_2 + 2\varepsilon .$$

補題 3.4.24 作用素 $S^{1/2} - (S')^{1/2}$ が Schmidt 類であるためには，作用素 $e_S - e_{S'}$ が Schmidt 類であることが必要十分である． ∎

[証明] $h = S^{1/2}$, $h' = (S')^{1/2}$ とする．必要性は等式

$$S - S' = \frac{1}{2}\{(h+h')(h-h') + (h-h')(h'+h)\}$$

$$(1-S)^{1/2} - (1-S')^{1/2} = \Gamma(h-h')\Gamma$$

$$h(1-S)^{1/2} - h'(1-S')^{1/2} = (h-h')(1-S)^{1/2} + h'\{(1-S)^{1/2}-(1-S')^{1/2}\}$$

よりわかる．

つぎに，$\widetilde{\mathscr{H}}$ から $\{0\}\oplus\mathscr{H}$ への射影を p とする．このとき，$(e_S-p)^2=S\oplus S$ となるので，上の補題 3.4.23 により，

$$(3.8) \quad 2\|S^{1/2}-(S')^{1/2}\|_2 = \||e_S-p|-|e_{S'}-p|\|_2 \leqq \|e_S-e_{S'}\|_2$$

となり十分性がわかる． ∎

定義 3.4.25 C^*環 A 上の 2 つの状態の巡回表現がユニタリ同値または準同値のとき，状態はそれぞれユニタリ同値または準同値であるという． □

補題 3.4.26 $(\widetilde{\mathscr{H}},\widetilde{\Gamma})$ を $(\mathscr{H},\Gamma)$ の二重化とする．共分散作用素 S,S' に対して，

$$\varphi_{e_{S'}}(x) = (\pi_{e_S}(x)\xi'|\xi') \quad (x\in A(\widetilde{\mathscr{H}},\widetilde{\Gamma}))$$
$$\varphi_{e_S}(y) = (\pi_{e_{S'}}(y)\xi''|\xi'') \quad (y\in A(\widetilde{\mathscr{H}},\widetilde{\Gamma}))$$

を満たすベクトル $\xi'\in\mathscr{H}_{e_S}$ と $\xi''\in\mathscr{H}_{e_{S'}}$ が存在すれば，準自由状態 φ_S と $\varphi_{S'}$ は準同値である． □

[証明] $B=A(\widetilde{\mathscr{H}},\widetilde{\Gamma})$ とする．$\mathscr{H}_{e_S}$ から $\pi_{e_S}(B)\xi'$ の閉包への射影を p とすれば，仮定により，$p\mathscr{H}_{e_S}$ から $\mathscr{H}_{e_{S'}}$ へのユニタリ $w\colon \pi_{e_S}(x)\xi'\mapsto \pi_{e_{S'}}(x)\xi_{e_{S'}}$ ($x\in B$) が存在して，$wp\pi_{e_S}(B)''pw^*=\pi_{e_{S'}}(B)''$ となる．

B の部分 C^*環 $A=A(\mathscr{H},\Gamma)$ に対して，$\mathscr{M}=\pi_{e_S}(A)''$，$\mathscr{N}=\pi_{e_{S'}}(A)''$ とする．ベクトル空間 $\mathscr{M}\xi'$，$\mathscr{N}\xi_{e_{S'}}$ の閉包への射影 e,e' はそれぞれ可換子環 $\mathscr{M}'$，$\mathscr{N}'$ の元である．したがって，写像 $\rho_{\mathscr{M}}\colon x\in\mathscr{M}\mapsto exe\in e\mathscr{M}e$ および $\rho'\colon y\in\mathscr{N}\mapsto e'ye' \in e'\mathscr{N}e'$ は準同型写像である．また，$\varphi_{S'}(a)=(\pi_{e_S}(a)\xi'|\xi')$ ($a\in A$) であるから，w は $e\mathscr{H}_{e_S}$ を $e'\mathscr{H}_{e_{S'}}$ へ移し，$w\pi_{e_S}(a)=\pi_{e_{S'}}(a)w$ となる．

他方，集合

$$\{\pi_{e_{S'}}(b(\xi_1\oplus 0)\cdots b(\xi_n\oplus 0))|\xi_j\in\mathscr{H}, n\in\mathbb{N}\}$$

は $\mathscr{N}$ に含まれる．また，集合

$$\{\pi_{e_{S'}}(b(0\oplus\eta_1))T_{e_{S'}}(-1)\cdots\pi_{e_{S'}}(b(0\oplus\eta_n))T_{e_{S'}}(-1)|\eta_j\in\mathscr{H}, n\in\mathbb{N}\}$$

は可換子環 $\mathscr{N}'$ に含まれる．ゆえに，$\xi_{e_{S'}}$ は $\mathscr{N}\vee\mathscr{N}'$ の巡回ベクトルである．したがって，準同型写像 ρ' は同型写像である．

ゆえに，合成写像 $\pi=(\rho')^{-1}\circ\mathrm{Ad}_w$ は $\mathscr{M}_e$ から $\mathscr{N}$ への同型写像であり，$\pi\circ\rho_\mathscr{M}(\pi_S(a))=\pi_{S'}(a)(a\in A)$ を満たす．したがって，$\pi\circ\rho_\mathscr{M}$ は $\mathscr{M}$ から $\mathscr{N}$ への準同型である．同様な議論により，f を $\overline{\mathscr{N}\xi''}$ への射影とすれば，$\mathscr{N}$ から $\mathscr{N}_f$ への準同型 $\rho_\mathscr{N}$ と $\mathscr{N}_f$ から $\mathscr{M}$ への同型写像 π' が存在し，$\pi'\circ\rho_\mathscr{N}(\pi_{S'}(a))$ $=\pi_S(a)(a\in A)$ が成り立つ．このとき，合成写像 $\pi'\circ\rho_\mathscr{N}\circ\pi\circ\rho_\mathscr{M}$ は $\mathscr{M}$ から $\mathscr{M}$ への準同型写像である．また，

$$\pi'\circ\rho_\mathscr{N}\circ\pi\circ\rho_\mathscr{M}(\pi_S(a))=\pi_S(a)\quad(a\in A)$$

が成り立つので，この合成写像は恒等写像である．したがって，もし $\rho_\mathscr{M}(x)=0(x\in\mathscr{M})$ ならば，$x=0$ となり，$\rho_\mathscr{M}$ は同型写像である．ゆえに，$\pi\circ\rho_\mathscr{M}$ は $\mathscr{M}$ から $\mathscr{N}$ の上への同型写像で，$\pi\circ\rho_\mathscr{M}(\pi_S(a))=\pi_{S'}(a)(a\in A)$ を満たしている．∎

次の補題は $\mathscr{H}$ が無限次元の場合にも成り立つが，その際の証明には，非有界作用素であるモジュラー作用素や作用素 e^h の取り扱いに注意しなければならない．

補題 3.4.27 $\dim\mathscr{H}=2m$ とする．$\{A(\widetilde{\mathscr{H}},\widetilde{\Gamma}),\varphi_{e_S}\}$ を $\{A(\mathscr{H},\Gamma),\varphi_S\}$ の二重化とし，$\{\pi_p,\mathscr{H}_p,\xi_p\}$ を Fock 状態 φ_p の巡回表現とする．ただし，$p=e_S$ である．このとき，$\mathscr{H}_p$ 上には次の条件を満たす共役作用素 J_p が存在する．

(i) $J_p\xi_p=\xi_p$ および

$$(\pi_p(a)J_p\pi_p(a)J_p\xi_p|\xi_p)\geqq 0\quad(a\in A(\mathscr{H},\Gamma)).$$

(ii) 上の p と新たな準自由状態 $\varphi_{S'}$ に対応する $p'=e_{S'}$ に対して，定理 3.4.21 により定まるユニタリ U を用いて，$\xi'_p=\pi_p(U)\xi_p$ と置けば，

　(a) すべての $a\in A(\mathscr{H},\Gamma)$ に対して $\varphi_{S'}(a)=(\pi_p(a)\xi'_p|\xi'_p)$．

　(b) $J_p\xi'_p=\xi'_p$ および

$$\bigl(\pi_p(a)J_p\pi_p(a)J_p\xi'_p\bigm|\xi'_p\bigr) \geqq 0 \quad (a\in A(\mathscr{H},\varGamma))\,.\qquad\square$$

[証明] (i) $\{A(\mathscr{H},\varGamma),\varphi_S\}$ の二重化 $\{A(\widetilde{\mathscr{H}},\widetilde{\varGamma}),\varphi_{e_S}\}$ への埋蔵 $b(\xi)\mapsto b(\xi\oplus 0)$ を用いると,

$$\varphi_S\bigl(b(\xi_1)\cdots b(\xi_n)\bigr)=\varphi_{e_S}\bigl(b(\xi_1\oplus 0)\cdots b(\xi_n\oplus 0)\bigr)$$

となる.以下,$p=e_S$ とする.このとき,

$$\pi_S\bigl(b(\xi_1)\cdots b(\xi_n)\bigr)\xi_S \mapsto \pi_p\bigl(b(\xi_1\oplus 0)\cdots b(\xi_n\oplus 0)\bigr)\xi_p$$

により与えられる $\mathscr{H}_S$ から $\mathscr{H}_p$ への等長写像 u_S を用いると,$u_S\pi_S(a)=\pi_p(a)u_S\,(a\in A(\mathscr{H},\varGamma))$ が成り立つ.

$h=\log\bigl(S^{-1}(1-S)\bigr)$ とし,巡回表現 $\{\pi_S,\mathscr{H}_S,\xi_S\}$ におけるモジュラー作用素とモジュラー共役作用素をそれぞれ $\varDelta_S,J_S$ とすれば,定理 3.4.15 の証明により,

$$\varDelta_S^{it}\pi_S\bigl(b(\xi_1)\cdots b(\xi_n)\bigr)\xi_S = \pi_S\bigl(b(u(t)\xi_1)\cdots b(u(t)\xi_n)\bigr)\xi_S\,.$$

ただし,$u(t)=e^{ith}$.$\mathscr{H}_S$ は有限次元であるから,$\mathscr{H}_S$ におけるモジュラー共役作用素 J_S は

$$\begin{aligned}J_S\pi_S\bigl(b(\xi_1)\cdots b(\xi_n)\bigr)\xi_S &= \varDelta_S^{1/2}\pi_S\bigl(b(\xi_n)^*\cdots b(\xi_1)^*\bigr)\xi_S\\&=\pi_S\bigl(b(e^{(1/2)h}\varGamma\xi_n)\cdots b(e^{(1/2)h}\varGamma\xi_1)\bigr)\xi_S\end{aligned}$$

により与えられる.

他方,$\widetilde{\mathscr{H}}$ において

$$w=\begin{pmatrix}0 & i\\ -i & 0\end{pmatrix}$$

とすれば,w は Bogoliubov 変換で,$wpw^*=1-p$ を満たす.したがって,$\widetilde{\varGamma}w=w\widetilde{\varGamma}$ は p と可換である.同様に,$p'=e_{S'}$ とも可換である.ここで,$\widetilde{\mathscr{H}}$ 上の作用素 J_0 を共役自己同型 $\beta_{\widetilde{\varGamma}}$ を用いて,

$$J_0\pi_p(y)\xi_p = \pi_p\bigl(\beta_{\tilde{\Gamma}}(\beta_w(y))\bigr)\xi_p \quad (y{\in}A(\widetilde{\mathscr{H}},\tilde{\Gamma}))$$

で定義すれば，J_0 は共役作用素である．また，$\beta_{\tilde{\Gamma}}\bigl(\beta_w(b(\xi\oplus\eta))\bigr) = -ib(\Gamma\eta\oplus\Gamma\xi)$ となる．そこで，y を $A(\mathscr{H},\Gamma)$ の n 次の単項式 $b(\xi_1\oplus 0)\cdots b(\xi_n\oplus 0)$ とし，$\Gamma\xi_j$ を η_j' と書くことにする．φ_p は Fock 状態であるから，$\pi_p\bigl(b((1-p)(0\oplus\eta_j'))\bigr)\xi_p=0$．また，$S\eta_j'$ を改めて η_j とすれば，

$$(1-p)(0\oplus\eta_j') = -S^{-1/2}(1-S)^{1/2}\eta_j \oplus \eta_j = -e^{(1/2)h}\eta_j \oplus \eta_j$$

となるから，

$$\pi_p\bigl(b(e^{(1/2)h}\eta_j\oplus 0)\bigr)\xi_p = \pi_p\bigl(b(0\oplus\eta_j)\bigr)\xi_p .$$

ここで，$b(0\oplus\eta)$ と $b(\xi\oplus 0)$ の反可換性を用いると，2 次の単項式に対して，

$$\pi_p\bigl(b(0\oplus\eta_1)b(0\oplus\eta_2)\bigr)\xi_p = \pi_p\bigl(b(0\oplus\eta_1)\bigr)\pi_p\bigl(b(e^{(1/2)h}\eta_2\oplus 0)\bigr)\xi_p$$
$$= -\pi_p\bigl(b(e^{(1/2)h}\eta_2\oplus 0)\bigr)\pi_p\bigl(b(0\oplus\eta_1)\bigr)\xi_p$$
$$= -\pi_p\bigl(b(e^{(1/2)h}\eta_2\oplus 0)b(e^{(1/2)h}\eta_1\oplus 0)\bigr)\xi_p .$$

よって，n 次の単項式に対しても同様な式

$$\pi_p\bigl(b(0\oplus\eta_1)\cdots b(0\oplus\eta_n)\bigr)\xi_p$$
$$= (-1)^{n(n-1)/2}\pi_p\bigl(b(e^{(1/2)h}\eta_n\oplus 0)\cdots b(e^{(1/2)h}\eta_1\oplus 0)\bigr)\xi_p$$

が成り立つ．ゆえに，

$$J_0\pi_p\bigl(b(\xi_1\oplus 0)\cdots b(\xi_n\oplus 0)\bigr)\xi_p$$
$$= (-i)^n\pi_p\bigl(b(0\oplus\Gamma\xi_1)\cdots b(0\oplus\Gamma\xi_n)\bigr)\xi_p$$
$$= (-1)^{n(n-1)/2}(-i)^n\pi_p\bigl(b(e^{(1/2)h}\Gamma\xi_n\oplus 0)\cdots b(e^{(1/2)h}\Gamma\xi_1\oplus 0)\bigr)\xi_p$$
$$= (-i)^{n^2}\pi_p\bigl(b(e^{(1/2)h}\Gamma\xi_n\oplus 0)\cdots b(e^{(1/2)h}\Gamma\xi_1\oplus 0)\bigr)\xi_p$$

となる．そこで，$\mathscr{H}_p$ 上の共役作用素 J_p を

$$J_p\pi_p\bigl(b(\xi_1\oplus\eta_1)\cdots b(\xi_n\oplus\eta_n)\bigr)\xi_p = i^{n^2}J_0\pi_p\bigl(b(\xi_1\oplus\eta_1)\cdots b(\xi_n\oplus\eta_n)\bigr)\xi_p$$

と置けば，$J_p u_S = u_S J_S$ となり，J_p はモジュラー共役作用素 J_S の拡張になっ

ている．したがって，$J_p\xi_p=\xi_p$ かつ任意の $a\in A(\mathscr{H},\Gamma)$ に対して，

$$\begin{aligned}\bigl(\pi_p(a)J_p\pi_p(a)J_p\xi_p\big|\xi_p\bigr)&=\bigl(J_p\pi_p(a)\xi_p\big|\pi_p(a)^*\xi_p\bigr)\\&=\bigl(J_pu_S\pi_S(a)\xi_S\big|u_S\pi_S(a^*)\xi_S\bigr)\\&=\bigl(J_S\pi_S(a)\xi_S\big|\pi_S(a)^*\xi_S\bigr)\\&=\bigl(\Delta_S^{1/2}\pi_S(a)^*\xi_S\big|\pi_S(a)^*\xi_S\bigr)\geqq 0\,.\end{aligned}$$

(ii) つぎに，p,p' の角作用素 θ のスペクトル射影 $e=1-e(0)-e(\pi/2)$ を用いて，$u=u_e\oplus e(0)\oplus v$ とすれば，命題 3.4.19 により，u は Bogoliubov 変換であって，$p'=upu^*$ となる．ただし，$u_e=e^{i\widetilde{h}}$, $w_{11}=p|_e$ かつ $\widetilde{h}=i\theta|_e(w_{21}-w_{12})$ である．これを用いると，定理 3.4.21 により，任意の $b\in A(\widetilde{\mathscr{H}},\widetilde{\Gamma})$ に対して，

$$\varphi_{p'}(b)=\varphi_p(U^*bU)=\bigl(\pi_p(b)\pi_p(U)\xi_p\big|\pi_p(U)\xi_p\bigr)$$

となる．そこで，$\xi'_p=\pi_p(U)\xi_p$ とすれば，

$$\varphi_{S'}(a)=\bigl(\pi_p(a)\xi'_p\big|\xi'_p\bigr)\quad(a\in A(\mathscr{H},\Gamma))$$

となる．ここで，$\varphi_{S'}$ の巡回表現 $\{\pi_{S'},\mathscr{H}_{S'},\xi_{S'}\}$ におけるモジュラー作用素，モジュラー共役作用素をそれぞれ $\Delta_{S'},J_{S'}$ とする．このとき，$\mathscr{H}_{S'}$ から $\mathscr{H}_p$ への等長写像 $u_{S'}$ が

$$\pi_{S'}\bigl(b(\xi_1)\cdots b(\xi_n)\bigr)\xi_{S'}\mapsto\pi_p\bigl(b(\xi_1\oplus 0)\cdots b(\xi_n\oplus 0)\bigr)\xi'_p$$

により定まり，$\pi_p(a)u_{S'}=u_{S'}\pi_{S'}(a)\,(a\in A(\mathscr{H},\Gamma))$ となる．前と同様に，$J_pu_{S'}=u_{S'}J_{S'}$ でもある．

他方，$\widetilde{\Gamma}w$ は p,p' と可換であったから，これらの生成する von Neumann 環の元とも可換である．したがって，$\beta_{\widetilde{\Gamma}w}\bigl(e^{(i/2)b(\widetilde{h})}\bigr)=e^{(i/2)b(\widetilde{h})}$. また，集合 $\{\varepsilon'_1,\cdots,\varepsilon'_n\}$ と $\{\widetilde{\Gamma}w\varepsilon'_1,\cdots,\widetilde{\Gamma}w\varepsilon'_n\}$ はともに部分空間 $(p\wedge(1-p'))\mathscr{H}$ の規格直交基底である．したがって，

$$\begin{aligned}\pi_p\Bigl(\prod_{j=1}^n\{b(\varepsilon'_j)-b(\varepsilon'_j)^*\}\Bigr)\xi_p&=\pi_p\Bigl(\prod_{j=1}^nb(\varepsilon'_j)\Bigr)\xi_p=\pi_p\Bigl(\prod_{j=1}^nb(\widetilde{\Gamma}w\varepsilon'_j)\Bigr)\xi_p\\&=\pi_p\Bigl(\prod_{j=1}^n\{b(\widetilde{\Gamma}w\varepsilon'_j)-b(\widetilde{\Gamma}w\varepsilon'_j)^*\}\Bigr)\xi_p\,.\end{aligned}$$

ゆえに，$J_0\xi'_p=\xi'_p$ となる．また，$b(\tilde{h})$ は $b(\xi\oplus\eta)$ に関する斉次 2 次式であるから，$J_p\xi'_p=J_0\xi'_p$ でもあり，$J_p\xi'_p=\xi'_p$ となる．したがって，主張 (i) の証明の最後の式と同様にして，$a\in A(\mathcal{H},\Gamma)$ に対して，

$$\bigl(\pi_p(a)J_p\pi_p(a)J_p\xi'_p\bigm|\xi'_p\bigr) = \bigl(\Delta_{S'}^{1/2}\pi_{S'}(a)^*\xi_{S'}\bigm|\pi_{S'}(a)^*\xi_{S'}\bigr) \geqq 0 \; . \blacksquare$$

補題 3.4.28 Hilbert 空間 $\mathcal{H}$ が偶数次元のときには，$A(\mathcal{H},\Gamma)$ 上の準自由状態 φ_S と $\varphi_{S'}$ に対して，

$$\|\varphi_S-\varphi_{S'}\| \geqq 2\bigl\{1-\bigl(\det(1-(e_S-e_{S'})^2)\bigr)^{1/8}\bigr\}$$

が成り立つ． $\square$

[証明] $\dim\mathcal{H}=2m$ の場合には，$A(\mathcal{H},\Gamma)$ は $M(2,\mathbb{C})^{\otimes m}$ と同型である．そこでこれらを同一視すると，状態 $\varphi_S,\varphi_{S'}$ は密度行列 $k,k'\in A(\mathcal{H},\Gamma)$ を用いて，

$$\varphi_S(a) = \mathrm{Tr}(ka) \; , \quad \varphi_{S'}(a) = \mathrm{Tr}(k'a) \quad (a\in A(\mathcal{H},\Gamma))$$

と表せる．補題 2.2.22 の Powers-Størmer の不等式を用いると，

$$\|\varphi_S-\varphi_{S'}\| = \sup_{\|a\|\leqq 1}\bigl|\mathrm{Tr}\bigl((k-k')a\bigr)\bigr| \geqq \mathrm{Tr}(|k-k'|) = \|k-k'\|_1$$
$$\geqq \bigl\|k^{1/2}-(k')^{1/2}\bigr\|_2^2 = 2\bigl\{1-\mathrm{Tr}\bigl(k^{1/2}(k')^{1/2}\bigr)\bigr\} \; .$$

ここで，$p=e_S$, $p'=e_{S'}$ とし，その角作用素を θ とすれば，$p\{1-(p-p')^2\}=p\cos^2\theta=pp'p$ であるから，

$$\det\bigl(1-(p-p')^2\bigr) = {\det}_p\bigl(1-(p-p')^2\bigr)^2 = {\det}_p(pp'p)^2 \; .$$

他方，補題 3.4.18 のように，$h=i\theta(w_{12}-w_{21})$ かつ

$$U = e^{(i/2)b(h)}\prod_{j=1}^{n}\{b(\varepsilon'_j)-b(\varepsilon'_j)^*\}$$

とすれば，定理 3.4.21 により，$\varphi_p(U)=\bigl({\det}_p(pp'p)\bigr)^{1/4}$ となる．したがって，命題 2.2.19 と補題 3.4.27(ii) の証明を用いると，

$$\mathrm{Tr}\bigl(k^{1/2}(k')^{1/2}\bigr) = (\xi'_p|\xi_p) = (\pi_p(U)\xi_p|\xi_p) = \bigl(\det(1-(p-p')^2)\bigr)^{1/8}$$

が得られる. ∎

補題 3.4.29 $(\widetilde{\mathcal{H}}, \widetilde{\Gamma})$ を $(\mathcal{H}, \Gamma)$ の二重化とし, $\mathcal{M} = \pi_{e_S}(A(\mathcal{H}, \Gamma))''$ とする. このとき, 次の3条件は同値である.

(i) ξ_{e_S} は $\mathcal{M}$ に関して巡回的である.

(ii) S は固有値 0 および 1 をもたない.

(iii) ξ_{e_S} は $\mathcal{M}$ に関して分離的である. ∎

[証明] $\widetilde{\mathcal{H}}$ から $\mathcal{H} \oplus \{0\}$ への射影を p とする. $pe_S p = S \oplus 0$ かつ $\Gamma S \Gamma = 1 - S$ であるから, 条件 (ii) は $p \wedge e_S = 0$ と同値である. 同様に, $(1-p) \wedge e_S = 0$, $p \wedge (1-e_S) = 0$, $(1-p) \wedge (1-e_S) = 0$ のどれとも同値である.

(i)⇒(ii) もし $(1-p) \wedge e_S \neq 0$ ならば, $(1-p)\xi = e_S \xi = \xi$ を満たす 0 でない元 ξ が存在する. $e_S \xi = \xi$ であるから, $\pi_{e_S}(b(\xi))\xi_{e_S} \neq 0$ かつ $\pi_{e_S}(b(\xi))^* \xi_{e_S} = 0$ である. $b(\xi)^*$ は $b(\eta), b(\eta)^* (\eta \in p\widetilde{\mathcal{H}})$ と反可換 (積の順序を入れ換えると − の符号がつく) であるから, $\pi_{e_S}(b(\xi))^* \mathcal{M} \xi_{e_S} = 0$ となる. ゆえに, $\pi_{e_S}(b(\xi))\xi_{e_S} \neq 0$ が $\mathcal{M}\xi_{e_S}$ と直交することになり, ξ_{e_S} が $\mathcal{M}$ に関して巡回的なことと矛盾する.

(ii)⇒(i) もし $(1-p) \wedge e_S = 0$ ならば, $e_S p$ の値域は $e_S \widetilde{\mathcal{H}}$ において稠密である. Fock 空間 $\mathcal{H}_{e_S}$ は集合

$$\{\pi_{e_S}(b(\xi_1) \cdots b(\xi_n))\xi_{e_S} \mid \xi_j \in e_S \widetilde{\mathcal{H}}\}$$

の張る閉部分空間 $\mathcal{H}_{e_S}^{(n)}$ の直和 $\sum_{n=0}^{\infty} {}^{\oplus} \mathcal{H}_{e_S}^{(n)}$ に表せる. そこで, 各 $\mathcal{H}_{e_S}^{(n)}$ が $\mathcal{M}\xi_{e_S}$ の閉包に含まれることを示せば, (i) が示せたことになる. $n = 1$ の場合は自明である. $k < n$ の場合に $\mathcal{H}_{e_S}^{(k)} \subset \overline{\mathcal{M}\xi_{e_S}}$ であるとすれば, 任意の $\xi \in p\widetilde{\mathcal{H}}$ に対して,

$$\pi_{e_S}(b(e_S \xi))\mathcal{H}_{e_S}^{(k)} \subset \pi_{e_S}(b(\xi))\mathcal{H}_{e_S}^{(k)} - \pi_{e_S}(b((1-e_S)\xi))\mathcal{H}_{e_S}^{(k)}$$
$$\pi_{e_S}(b((1-e_S)\xi))\mathcal{H}_{e_S}^{(k)} \subset \mathcal{H}_{e_S}^{(k-1)}$$

となる. ゆえに, $\pi_{e_S}(b(e_S p\xi))\mathcal{H}_{e_S}^{(k)} \subset \overline{\mathcal{M}\xi_{e_S}}$. ここで, $e_S p$ の値域の $e_S \widetilde{\mathcal{H}}$ における稠密性を使えば, $\mathcal{H}_{e_S}^{(k+1)} \subset \overline{\mathcal{M}\xi_{e_S}}$ を得る.

(i)⇔(iii) も上と同じようにして示すことができる. ∎

いよいよ, 本節の目標であった, Shale, Powers-Størmer らの結果を一般化した次の荒木の定理を証明する.

定理 3.4.30 Hilbert 空間 $(\mathscr{H}, \Gamma)$ は可分とする. φ_S と $\varphi_{S'}$ を準自由状態とする.このとき,それらの巡回表現 π_S と $\pi_{S'}$ が準同値であるための必要十分条件は,$S^{1/2}-(S')^{1/2}$ が Schmidt 類の作用素になることである. □

[証明] Hilbert 空間 $(\mathscr{H}, \Gamma)$ が無限次元の場合だけを考えればよい.

十分性を示す.$S^{1/2}-(S')^{1/2}$ が Schmidt 類の作用素ならば,補題 3.4.24 により,$e_S-e_{S'}$ も Schmidt 類であるから,命題 3.4.22 により,π_{e_S} と $\pi_{e_{S'}}$ はユニタリ同値である.また,$\varphi_{e_{S'}}(a) = \varphi_{e_S}\big(\beta_{(-1)^n u^*}(a)\big)$ と表せる.ただし,$n = \dim(e_S \wedge (1-e_{S'}))$.したがって,

$$V^* \pi_{e_S}(a) V = \pi_{e_S}\big(\beta_{(-1)^n u^*}(a)\big) \quad (a \in A(\widetilde{\mathscr{H}}, \widetilde{\Gamma}))$$

を満たすユニタリ V が存在する.S と S' の対称性により,同様なことが S の代わりに S' に対しても成り立つ.ゆえに,補題 3.4.26 により,φ_S と $\varphi_{S'}$ は準同値である.

つぎに,必要性の証明に移る.$e(1), e'(1)$ をそれぞれ S, S' の固有値 1 に対応するスペクトル射影とする.T, T' を $0 \leq T < 1$, $0 \leq T' < 1$ を満たす Schmidt 類の作用素で,それぞれ $1-e(1), 1-e'(1)$ を固有値 0 に対応するスペクトル射影としてもつものとする.このとき,

$$\hat{S} = S - T - \Gamma T \Gamma, \quad \hat{S}' = S' - T' - \Gamma T' \Gamma$$

とすれば,$\hat{S}, \hat{S}'$ はともに固有値 0 および 1 をもたない共分散作用素である.したがって,補題 3.4.29 により,ベクトル $\xi_{e_{\hat{S}}}, \xi_{e_{\hat{S}'}}$ はそれぞれ $\pi_{e_{\hat{S}}}(A(\mathscr{H}, \Gamma))$, $\pi_{e_{\hat{S}'}}(A(\mathscr{H}, \Gamma))$ の生成する von Neumann 環に関して巡回的かつ分離的である.ゆえに,$\pi_{\hat{S}}$ と $\pi_{\hat{S}'}$ が準同値ならば,自動的にユニタリ同値である.よって,$W^* \pi_{\hat{S}}(a) W = \pi_{\hat{S}'}(a)$ を満たす全射等長作用素 $W: \mathscr{H}_{e_{\hat{S}'}} \to \mathscr{H}_{e_{\hat{S}}}$ が存在する.$\mathscr{M} = \pi_{e_{\hat{S}}}(A(\mathscr{H}, \Gamma))''$ とすれば,$\xi' = W \xi_{e_{\hat{S}'}}$ は $\mathscr{M}$ に関して分離的であるから,$(w'\xi' | \xi_{e_{\hat{S}}}) \neq 0$ を満たすユニタリ $w' \in \mathscr{M}'$ が存在する.ゆえに,

$$\varphi_{\hat{S}'}(a) = \omega_{\xi'}\big(\pi_{e_{\hat{S}}}(a)\big) = \omega_{w'\xi'}\big(\pi_{e_{\hat{S}}}(a)\big)$$

であることに注意すると,

$$\begin{aligned}
\|\varphi_{\hat{S}}-\varphi_{\hat{S}'}\| &= \sup_{\|a\|\leqq 1}\left|\varphi_{\hat{S}}(a)-\varphi_{\hat{S}'}(a)\right|\\
&= \sup_{\|a\|\leqq 1}\left|\bigl(\pi_{e_{\hat{S}}}(a)\xi_{e_{\hat{S}}}\bigm|\xi_{e_{\hat{S}}}\bigr)-\bigl(\pi_{e_{\hat{S}}}(a)w'\xi'\bigm|w'\xi'\bigr)\right|\\
&= \sup_{\|a\|\leqq 1}\left|\mathrm{Tr}\bigl(\pi_{e_{\hat{S}}}(a)(p_{\xi_{e_{\hat{S}}}}-p_{w'\xi'})\bigr)\right|\\
&\leqq \mathrm{Tr}\bigl(|p_{\xi_{e_{\hat{S}}}}-p_{w'\xi'}|\bigr)\\
&= 2\bigl\{1-|(\xi_{e_{\hat{S}}}|w'\xi')|^2\bigr\}^{1/2} < 2
\end{aligned}$$

となる.ただし,p_η は 1 次元部分空間 $\mathbb{C}\eta$ への射影である.

そこで,$S^{1/2}-(S')^{1/2}$ が Schmidt 類でないとする.

$$\hat{S}^{1/2}-S^{1/2}=\varGamma T^{1/2}\varGamma-\bigl\{(1-T)^{1/2}+1\bigr\}^{-1}T$$
$$(\hat{S}')^{1/2}-(S')^{1/2}=\varGamma(T')^{1/2}\varGamma-\bigl\{(1-T')^{1/2}+1\bigr\}^{-1}T'$$

はともに Schmidt 類であるから,$\hat{S}^{1/2}-(\hat{S}')^{1/2}$ は Schmidt 類ではない.したがって,$\varGamma$ と可換で 1 に収束する偶数次元射影の増加列 $\{e_n\}_{n\in\mathbb{N}}$ に対してはいつでも,$\|(e_n\hat{S}e_n)^{1/2}-(e_n\hat{S}'e_n)^{1/2}\|_2\to\infty$ が成り立つ.また,$e_n\hat{S}e_n$ と $e_n\hat{S}'e_n$ は $(e_n\mathscr{H},\varGamma|_{e_n\mathscr{H}})$ における共分散作用素と見なすことができる.ゆえに,補題 3.4.24 の証明で示した不等式 (3.8) により,

$$\|e_{e_n\hat{S}e_n}-e_{e_n\hat{S}'e_n}\|_2\to\infty\ .$$

この発散は $\mathscr{H}$ 上の Schmidt ノルムに対しても同じように成り立つ.一般に,非負の作用素 b に対し,$1-b$ の行列式が存在するときには b はトレイス類になる.$0\leqq(e_{\hat{S}}-e_{\hat{S}'})^2\leqq 1$ から,命題 2.2.18 により,

$$\det\bigl(1-(e_{\hat{S}}-e_{\hat{S}'})^2\bigr)=\lim_{n\to\infty}\det\bigl(1-(e_{e_n\hat{S}e_n}-e_{e_n\hat{S}'e_n})^2\bigr)=0\ .$$

他方,自己双対 CAR 環 $A(e_n\mathscr{H},\varGamma|_{e_n\mathscr{H}})$ を $A(\mathscr{H},\varGamma)$ の部分 C^* 環と同一視して,φ_S をそこへ制限すると $\varphi_{e_nSe_n}$ が得られる.したがって,$\|\varphi_S-\varphi_{S'}\|\geqq\|\varphi_{e_nSe_n}-\varphi_{e_nS'e_n}\|$.ゆえに,補題 3.4.28 の不等式に,上の結果を合わせて考えると,$\|\varphi_{\hat{S}}-\varphi_{\hat{S}'}\|=2$ となり,上の結論と矛盾する.よって,$S^{1/2}-(S')^{1/2}$ は Schmidt 類である.

3.5 Toeplitz 環と Cuntz 環

場の量子論の数学的モデルにはトレイスをもたない純無限な単純 C^* 環が自然に現れる．その代表例として，第 3.5 節第 3 項で定義する Cuntz 環が知られている．Cuntz 環は互いに直交する値域をもちその和が 1 である 2 個以上の等長作用素の生成する C^* 環である．その説明に先立ち，無限 C^* 環のより簡単な例として，1 個の等長元の生成する C^* 環を調べておく．これは Toeplitz 環と呼ばれ，Cuntz 環と違い単純ではないが，非可換単位閉円板と解釈され，C^* 環の拡大理論を生みだすきっかけをも与えている．最後に第 3.5 節第 6 項において Cuntz 環の一般化として，記号力学系とも深い関係をもつ，Cuntz-Krieger 環について説明をする．なお，本書では $\mathbb{T}=\mathbb{R}/\mathbb{Z}, S^1=\{z\in\mathbb{C}||z|=1\}$ である．

この節の議論を通じて純無限 C^* 環のもつ構造的な特徴を汲み取っていただきたい．

3.5.1 Toeplitz 環

Hilbert 空間 $l^2(\mathbb{Z})$ の自然な基底 $\{\varepsilon_n\}_{n\in\mathbb{Z}}$ に対して，条件 $S\varepsilon_n=\varepsilon_{n+1}(n\in\mathbb{Z})$ を満たす線形作用素 S を**推移作用素**（または**シフト**）という．S はユニタリ作用素であり，そのスペクトル $\mathrm{Sp}(S)$ は単位円周 $\{\lambda\in\mathbb{C}||\lambda|=1\}$ である．これを部分集合 $\{\varepsilon_n\}_{n\in\mathbb{Z}_+}$ が生成する閉部分空間 $l^2(\mathbb{Z}_+)$ へ制限して得られる作用素を**片側推移作用素**といい，S_+ で表す．これは等長作用素であり，その随伴作用素は余等長作用素であり

$$S_+^*\varepsilon_n = \begin{cases} \varepsilon_{n-1} & (n\geqq 1) \\ 0 & (n=0) \end{cases}$$

を満たしている．また，$|\lambda|<1$ を満たす複素数 λ に対して $S_+^*\bigl(\sum_{n=0}^{\infty}\lambda^n\varepsilon_n\bigr)=\lambda\bigl(\sum_{n=0}^{\infty}\lambda^n\varepsilon_n\bigr)$ となることに注意すれば，スペクトル $\mathrm{Sp}(S_+^*)$ は閉円板 $\{\lambda\in\mathbb{C}||\lambda|\leqq 1\}$ になる．

補題 3.5.1 推移作用素 S（またはユニタリ u）が生成する C^* 環を A（または

B)とする.
   (i) A から B への全射準同型写像 ρ で $\rho(S)=u$ となるものがある.
   (ii) ρ の単射性は集合 $\{u^n|n\in\mathbb{Z}\}$ の 1 次独立性と同値である. □

ρ が同型写像の場合には,$\mathrm{Sp}(u)=\{\lambda\in\mathbb{C}||\lambda|=1\}$ となり,C^*環 B は連続関数環 $C(\mathbb{T})$ と同型である.

C^*環と準同型写像の列

$$\cdots \longrightarrow A_{n-1} \xrightarrow{\pi_{n-1}} A_n \xrightarrow{\pi_n} A_{n+1} \longrightarrow \cdots$$

が与えられ,各 n に対して,$\mathrm{Im}\,\pi_{n-1}=\mathrm{Ker}\,\pi_n$ が成り立つとき,この列を**完全系列**という.とくに,次の系列

$$\{0\} \longrightarrow J \xrightarrow{\iota} A \xrightarrow{\pi} B \longrightarrow \{0\}$$

が完全なとき,これを短完全系列ということがある.習慣として,両側の $\{0\}$ を単に 0 と表すことが多い.この場合には,写像 ι の核が $\{0\}$ であるから,ι は単射であり,J の A の閉両側イデアルとしての埋蔵を表す.また上の短完全系列の B における完全性により,写像 π は全射で,π は A の J による商写像を表している.この場合,A を C^*環 B の C^*環 J による**拡大**または C^***拡大**という.とくに,A が非可換多様体上の関数環と見なせるときには,B をその上での非可換ベクトル束と解釈することもできる(代数学では,A を J の B による拡大という言い方が一般的である).一般に,このような拡大の一意性は保証されない.次項で拡大についてもう少し説明を追加することにしよう.

定理 3.5.2 片側推移作用素 S_+(またはユニタリでない等長作用素 v)が生成する C^*環を A(または B)とする.
   (i) C^*環 B は可換 C^*環 $C(\mathbb{T})$ のコンパクト作用素環 $\mathscr{K}(\mathscr{H})$ による拡大である.ただし,$\mathscr{H}$ は無限次元可分 Hilbert 空間である.
   (ii) A から B への全射同型写像 ρ で $\rho(S_+)=v$ を満たすものがある. □

この定理により,ユニタリでない等長作用素の生成する C^*環は同型を除き一意的に定まるが,単純ではないことがわかる.

[証明] (i) $p_0=1-vv^*$ とする.さらに,任意の $i,j\in\mathbb{Z}_+$ に対して,$w_{ij}=$

$v^i p_0 v^{*j}$ とする．ただし，$v^0=v^{*0}=1$ としておく．$w_{00}=p_0$ である．$w_{ij}^*=w_{ji}$,
$w_{ij}w_{k\ell}=\delta_{jk}w_{i\ell}$ が成り立つので，$w_{ij}\,(i,j\in\mathbb{Z}_+)$ は行列単位である．p_0 の生成する B の閉両側イデアル J は集合 $\{w_{ij}|i,j\in\mathbb{Z}_+\}$ の閉線形拡大であるから，$J\simeq\mathscr{K}(\mathscr{H})$ となる．B から B/J への商写像を π とすれば，$\pi(v)$ はユニタリである．$z\in\mathbb{C},\,|z|=1$ に対して，$v'=zv$ と置く．v' の生成する C^*環と $1-v'v'^*$ の生成する閉両側イデアルはそれぞれ B,J と一致するから，商 C^*環 B/J の自己同型写像 α で $\alpha(\pi(v))=\pi(v')=z\pi(v)$ を満たすものが存在する．したがって，$z\in\mathbb{C},\,|z|=1$ ならば，$\mathrm{Sp}(\pi(v))=z\mathrm{Sp}(\pi(v))$．ゆえに，$\mathrm{Sp}(\pi(v))=S^1$．以上により，求める C^*環の完全系列が得られ，B は $C(\mathbb{T})$ の $\mathscr{K}(\mathscr{H})$ による拡大である．

(ii) $p=\sum_{n\in\mathbb{Z}_+}w_{nn}$ かつ $q=1-p$ と置く．これらの射影は $B''\cap B'$ の元である．$w=v|_{p\mathscr{H}},\,u=v|_{q\mathscr{H}}$ とすれば，w は重複度を除き，次のように，片側推移作用素 S_+ と同一視することができる．つまり，

$$\{w, p\mathscr{H}\} = \{S_+\otimes 1, l^2(\mathbb{Z}_+)\otimes p_0\mathscr{H}\}.$$

また，u は $q\mathscr{H}$ 上のユニタリである．ゆえに，v は

$$\{v, \mathscr{H}\} = \{(S_+\otimes 1)\oplus u, (l^2(\mathbb{Z}_+)\otimes p_0\mathscr{H})\oplus q\mathscr{H}\}$$

と表せる．したがって，A から $B|_{p\mathscr{H}}$ への，$\rho_1(S_+)=S_+\otimes 1$ を満たす，自然な同型写像 ρ_1 がある．また，主張(i)の v を等長作用素 S_+ に置き換えて得られる，A から $C(\mathbb{T})$ への準同型写像を π' とする．$C(\mathbb{T})$ は無限次元であるから，集合 $\{\pi'(S_+)^n|n\in\mathbb{Z}\}$ は $C(\mathbb{T})$ において 1 次独立である．したがって，$\pi'(S_+)$ の生成する C^*環 $C(\mathbb{T})$ から u の生成する C^*環への準同型写像が存在し，$\pi'(S_+)$ は u に対応している．よって，A から $B|_{q\mathscr{H}}$ への準同型写像 ρ_2 で $\rho_2(S_+)=u$ となるものがある．2つの写像 ρ_1 と ρ_2 を直和して考えれば，A から B への全射同型写像 ρ で $\rho(S_+)=v$ を満たすものが得られる． ∎

Hilbert 空間 $L^2(\mathbb{T})$ の自然な基底の 1 つが $\mathbb{T}$ 上の連続関数 $z(t)=e^{2\pi it}$ を用いた集合 $\{z^n|n\in\mathbb{Z}\}$ により与えられる．この基底の部分集合 $\{z^n|n\in\mathbb{Z}_+\}$ が生成する閉部分空間を $H^2(\mathbb{T})$ とし，その上への射影作用素を p とする．$L^\infty(\mathbb{T})$ の元 f の $L^2(\mathbb{T})$ 上への掛け算作用素を $\mu(f)$ とし，これを $H^2(\mathbb{T})$ へ制限して

得られる $H^2(\mathbb{T})$ 上の作用素

$$T_f = p\mu(f)|_{H^2(\mathbb{T})}$$

を **Toeplitz 作用素**という.このとき,

$$T_{\lambda f + g} = \lambda T_f + T_g, \quad T_f^* = T_{\overline{f}}$$

が成り立つ.この Toeplitz 作用素 T_z は例 1.6.4 と同様な Fourier 変換: $L^2(\mathbb{T}) \to l^2(\mathbb{Z})$ を通じて,上の片側推移作用素 S_+ とユニタリ同値である.

$$\{S_+, l^2(\mathbb{Z}_+)\} \cong \{T_z, H^2(\mathbb{T})\}$$

定義 3.5.3 ユニタリでない等長作用素により生成される C^* 環を **Toeplitz 環**という. □

上の定理 3.5.2 で得られた短完全系列

(3.9) $\{0\} \longrightarrow \mathscr{K}(\mathscr{H}) \stackrel{\iota}{\longrightarrow} A \stackrel{\pi}{\longrightarrow} C(\mathbb{T}) \longrightarrow \{0\}$

は開単位円板 $\mathbf{D} = \{z \in \mathbb{C} \,|\, |z| < 1\}$ に対して定まる短完全系列

$$\{0\} \longrightarrow C_\infty(\mathbf{D}) \stackrel{\iota}{\longrightarrow} C(\overline{\mathbf{D}}) \stackrel{\pi}{\longrightarrow} C(\mathbb{T}) \longrightarrow \{0\}$$

の量子化と考え,Toeplitz 環は単位閉円板 $\overline{\mathbf{D}} = \{z \in \mathbb{C} \,|\, |z| \leqq 1\}$ の量子化と解釈されることがある.

3.5.2 C^* 環の拡大

作用素 x が $xx^* - x^*x \in \mathscr{K}(\mathscr{H})$ を満たすとき,**本質的正規**であるという.Brown, Douglas, Fillmore らはこのような作用素を分類するために,今日 BDF 理論と呼ばれている C^* 環の拡大理論の研究を始めた[11].この流れは後に非可換幾何学を生み出す源流のひとつにもなっている.ここではその一端を紹介する.

---

11) R. G. Douglas: C^*-*Algebra Extensions and K-Homology*, Ann. Math. Studies, **95**, Princeton Univ. Press (1980), vii+83.

この議論では第1.8節第4項で説明したCalkin環を頻繁に用いるが，その定義にHilbert空間の可分性が仮定されていたことを確認しておこう．

C^*環AがC^*環Bのコンパクト作用素環$\mathscr{K}(\mathscr{H})$による拡大であるという事実から，どのようなことがわかるのだろうか．次の図式で埋蔵写像ι,ι_0を恒等写像とすれば，C^*環Bのコンパクト作用素環$\mathscr{K}(\mathscr{H})$による拡大Aは$\mathscr{L}(\mathscr{H})$の部分C^*環であるだけでなく，次の図式

$$\begin{array}{ccccccccc} \{0\} & \longrightarrow & \mathscr{K}(\mathscr{H}) & \stackrel{\iota}{\longrightarrow} & A & \stackrel{\pi}{\longrightarrow} & B & \longrightarrow & \{0\} \\ & & \downarrow \mathrm{id} & & \downarrow \mathrm{id} & & \downarrow \rho_A & & \\ \{0\} & \longrightarrow & \mathscr{K}(\mathscr{H}) & \stackrel{\iota_0}{\longrightarrow} & \mathscr{L}(\mathscr{H}) & \stackrel{\pi_0}{\longrightarrow} & Q(\mathscr{H}) & \longrightarrow & \{0\} \end{array}$$

を可換にするBからCalkin環$Q(\mathscr{H})$への自然な単射準同型写像ρ_Aが存在する．ここで，商写像πはCalkin環への商写像π_0のAへの制限であるから，$A=\pi_0^{-1}(\rho_A(B))$でもある．逆に，Bから$Q(\mathscr{H})$への単射準同型写像ρが与えられると，$\pi_0^{-1}(\rho(B))$は$\mathscr{L}(\mathscr{H})$の部分C^*環になる．これはC^*環$\rho(B)$のC^*環$\mathscr{K}(\mathscr{H})$による拡大であるが，$\rho(B)$はBと同型であるから，Bの$\mathscr{K}(\mathscr{H})$による拡大でもある．したがって，Bの$\mathscr{K}(\mathscr{H})$による拡大を，Bから$Q(\mathscr{H})$への単射準同型写像ρを用いて論ずることができる．そこで，拡大C^*環Aの代わりに，このBからCalkin環$Q(\mathscr{H})$への単射準同型写像ρ_AもBの拡大ということにする．

定義 3.5.4 (i) C^*環BのC^*環$\mathscr{K}(\mathscr{H})$による2つの拡大ρ_1,ρ_2に対して，$\mathscr{L}(\mathscr{H})$(または$Q(\mathscr{H})$)のユニタリ作用素uが存在して$\rho_2(b)=\pi_0(u)\rho_1(b)\pi_0(u)^*$(または$\rho_2(b)=u\rho_1(b)u^*$)が成り立つとき，拡大$\rho_1$は拡大$\rho_2$と**同値**(または**弱同値**)であるという．ただし，π_0は$\mathscr{L}(\mathscr{H})$からCalkin環への商写像である．

(ii) このような単射準同型写像ρの同値類(または弱同値類)を$[\rho]$(または$[\rho]_w$)で表し，それらの集合をそれぞれ$\mathrm{Ext}(B)$(または$\mathrm{Ext}_w(B)$)で表す．

(iii) Bの拡大ρに対して，Bから$\mathscr{L}(\mathscr{H})$への単射準同型写像σで$\rho=\pi_0\circ\sigma$を満たすものが存在するとき，ρは**自明**であるという． □

拡大ρが自明ならば，Bは拡大$A=\pi_0^{-1}(\rho(B))$の部分C^*環と同型になっている．

同値および弱同値の関係はともに同値関係を満たしている.

注 定義 3.6.15 で導入する C^* 環 A の乗法子環 $M(A)$ という概念を用いると,$M(\mathscr{K}(\mathscr{H}))=\mathscr{L}(\mathscr{H})$ となるので,C^* 環 B の C^* 環 J による拡大も,J の乗法子環 $M(J)$ を用いて,B からその商 C^* 環 $Q(J)=M(J)/J$ への単射準同型写像と同一視することができる.したがって,$\mathscr{K}(\mathscr{H})$ の代わりに J を用いて,拡大の同値類または弱同値類の概念を一般化することができる. □

例 3.5.5 (i) Hilbert 空間 $\mathscr{H}$ を $L^2(\mathbb{T})$ としたとき,$\mathscr{K}(\mathscr{H})$ と $C(\mathbb{T})$ の生成する C^* 環は $C(\mathbb{T})$ の自明な拡大である.実際,$C(\mathbb{T})$ から $\mathscr{L}(\mathscr{H})$ への写像 σ を $\sigma(f)=f$ とすれば,$\rho(f)=f+\mathscr{K}(\mathscr{H})=\pi_0(\sigma(f))$.

(ii) Hilbert 空間 $\mathscr{H}$ を $l^2(\mathbb{Z}_+)\otimes\mathbb{C}^n$ としたとき,$\mathscr{K}(\mathscr{H})$ と $S_+\otimes 1_n$ の生成する C^* 環は $C(\mathbb{T})$ の自明でない拡大である.$n=1$ の場合が Toeplitz 環に相当している. □

命題 3.5.9 において自明な拡大は互いに同値であることを示すが,そのためには,Voiculescu による,次の非可換 Weyl-von Neumann 型定理が必要になる.この定理は証明が難しいので C^* 環が単位的な場合に限って巻末の付録の定理 A.2.6 に与えてある.そのとき使われる完全正写像という用語の定義は第 3.7 節において説明するが,差し当たっての定理 3.5.8 の証明には,その特別な場合である準同型写像の場合だけが使われるので,完全正の説明は省く.

定理 3.5.6 Hilbert 空間 $\mathscr{H}$ 上の可分 C^* 環 A から $\mathscr{L}(\mathscr{H}_\phi)$ への完全正写像 ϕ が $\phi(A\cap\mathscr{K}(\mathscr{H}))=\{0\}$ を満たせば,$\phi(a)-v_nav_n^*\in\mathscr{K}(\mathscr{H}_\phi)$ かつ

$$\|\phi(a)-v_nav_n^*\|\to 0 \quad (a\in A)$$

を満たす $\mathscr{H}$ から $\mathscr{H}_\phi$ への余等長作用素の列 $\{v_n\}_{n\in\mathbb{N}}$ が存在する. □

定義 3.5.7 C^* 環 A の 2 つの表現 $\{\pi_i,\mathscr{H}_i\}$ $(i=1,2)$ に対して,$\mathscr{H}_1$ から $\mathscr{H}_2$ へのユニタリ作用素の列 $\{u_n\}_{n\in\mathbb{N}}$ が存在して,どの $a\in A$ に対しても,$\{\pi_2(a)-u_n\pi_1(a)u_n^*\}_{n\in\mathbb{N}}$ は $\mathscr{K}(\mathscr{H}_2)$ の列であって,0 へノルム収束するとき,π_1 と π_2 は**近似的ユニタリ同値**であるといい,$\pi_1\cong_a\pi_2$ で表す. □

この関係が同値関係であることは容易にわかる.

注 この定義では,表現空間が可分であれば,作用素 $\pi_2(a)-u_n\pi_1(a)u_n^*$ にコンパクト性を仮定しなくても,コンパクトに選べることが知られている. □

定理 3.5.8(Voiculescu) A を Hilbert 空間 $\mathcal{H}$ 上の可分 C^* 環とする.

(i) A の非退化な表現 $\{\pi, \mathcal{H}_\pi\}$ が $\pi(A\cap\mathcal{K}(\mathcal{H}))=\{0\}$ を満たせば,A の恒等表現 $\{\mathrm{id}, \mathcal{H}\}$ と $\{\mathrm{id}\oplus\pi, \mathcal{H}\oplus\mathcal{H}_\pi\}$ は近似的ユニタリ同値である.

(ii) A の可分 Hilbert 空間上への 2 つの表現 $\{\pi_i, \mathcal{H}_i\}$ $(i=1,2)$ が

$$\mathrm{Ker}(\pi_1) = \mathrm{Ker}(\pi_0\circ\pi_1) = \mathrm{Ker}(\pi_2) = \mathrm{Ker}(\pi_0\circ\pi_2)$$

を満たせば,π_1 と π_2 は近似的ユニタリ同値である.ただし,π_0 は Calkin 環への商写像である. □

[証明] (i) 可分 C^* 環 A の Hilbert 空間 $\mathcal{H}_\pi\otimes l^2(\mathbb{N})$ における表現を $\pi'(a)=\pi(a)\otimes 1$ とする.仮定により $\pi'(A\cap\mathcal{K}(\mathcal{H}))=\{0\}$ となるから,前の定理 3.5.6 により,$\pi'(a)-vav^*\in\mathcal{K}(\mathcal{H}_\pi\otimes l^2(\mathbb{N}))$ を満たす $\mathcal{H}$ から $\mathcal{H}_\pi\otimes l^2(\mathbb{N})$ への余等長作用素 v が存在する.$l^2(\mathbb{N})$ の標準基底 $\{\varepsilon_n\}_{n\in\mathbb{N}}$ を用いて,その上の等長作用素 S_n を $S_n\varepsilon_i=\varepsilon_i$ $(1\leq i<n)$ かつ $S_n\varepsilon_i=\varepsilon_{i+1}$ $(i\geq n)$ で定める.これを用いると,$v^*v\mathcal{H}\oplus\mathcal{H}_\pi$ から $v^*v\mathcal{H}$ へのユニタリ作用素 $\xi\oplus\eta\mapsto v^*\{(1\otimes S_n)v\xi+\eta\otimes\varepsilon_n\}$ が得られる.これに $(1-v^*v)\mathcal{H}$ 上の恒等作用素を直和することにより,$\mathcal{H}\oplus\mathcal{H}_\pi$ から $\mathcal{H}$ へのユニタリ作用素が得られる.これを u_n とする.

このとき,$a\in A$ に対して,

$$au_n(\xi\oplus\eta) = av^*\{(1\otimes S_n)v\xi+\eta\otimes\varepsilon_n\} + a(1-v^*v)\xi$$
$$u_n(a\oplus\pi(a))(\xi\oplus\eta) = v^*\{(1\otimes S_n)va\xi + \pi(a)\eta\otimes\varepsilon_n\} + (1-v^*v)a\xi$$

となるので,$au_n-u_n(a\oplus\pi(a))$ は 3 つの項

$$[a, v^*(1\otimes S_n)v], \quad (av^*-v^*\pi'(a))(1\otimes p_n), \quad [a, (1-v^*v)]$$

に分けて考える.第 1 項と第 3 項は $\mathcal{H}$ 上の作用素であるが,第 2 項は $\mathcal{H}_\pi\otimes l^2(\mathbb{N})$ から $\mathcal{H}$ への作用素である.ただし,p_n は 1 次元部分空間 $\mathbb{C}\varepsilon_n$ への射影である.まず,第 2 項から始める.絶対値 $|v^*\pi'(a)-av^*|^2$ は

$$\pi'(a^*)(\pi'(a)-vav^*) + (\pi'(a^*)-va^*v^*)\pi'(a) - (\pi'(a^*a)-va^*av^*)$$

と表せるので,$\mathcal{K}(\mathcal{H}_\pi\otimes l^2(\mathbb{N}))$ の元である.また,$1\otimes p_n$ は 0 へ強収束するから,コンパクト作用素との積として表せる第 2 項は 0 へノルム収束する.

第1項と第3項はそれぞれ

$$(av^*-v^*\pi'(a))(1\otimes S_n)v + v^*(1\otimes S_n)(\pi'(a)v-va),$$
$$-(av^*-v^*\pi'(a))v - v^*(\pi'(a)v-va)$$

と表せるので，$\mathcal{K}(\mathcal{H})$ の元である．これら2つの項の和

$$(av^*-v^*\pi'(a))(1\otimes(S_n-1))v + v^*(1\otimes(S_n-1))(\pi'(a)v-va)$$

は射影作用素 $q_n = \sum_{j\geqq n} p_j$ を用いると，$(S_n-1)q_n = S_n-1$ であるから，

$$(av^*-v^*\pi'(a))(1\otimes(S_n-1)q_n)v + v^*(1\otimes(S_n-1)q_n)(\pi'(a)v-va)$$

と表せる．$1\otimes(S_n-1)q_n$ は 0 へ強収束するので，このコンパクト作用素もやはり 0 へノルム収束する(ここでの q_n は上のノルム収束を説明するために補助的に導入された元である)．

(ii) $A_i = \pi_i(A)$ とする．$\mathrm{Ker}(\pi_i) = \mathrm{Ker}(\pi_0 \circ \pi_i)$ であるから，$A_i \cap \mathcal{K}(\mathcal{H}_i) = \{0\}$ である．また，$\mathrm{Ker}(\pi_1) = \mathrm{Ker}(\pi_2)$ であるから，A_1 から A_2 への全射同型写像 $\pi_{21}: \pi_1(a) \mapsto \pi_2(a)$ $(a\in A)$ が存在する．したがって，$\{\pi_{21}, \mathcal{H}_2\}$ は A_1 の表現である．これに，(i)を適用すると，$\mathrm{id}_1 \cong_a \mathrm{id}_1 \oplus \pi_{21}$ となる．ただし，id_1 は A_1 の恒等表現である．したがって，$\pi_1 \cong_a \pi_1 \oplus (\pi_{21} \circ \pi_1)$．ゆえに，$\pi_1 \cong_a \pi_1 \oplus \pi_2$．$\pi_1$ と π_2 の対称性により，$\pi_2 \cong_a \pi_2 \oplus \pi_1 \cong_a \pi_1 \oplus \pi_2$．ゆえに，$\pi_1 \cong_a \pi_2$．∎

命題 3.5.9 可分 C^* 環 B の C^* 環 $\mathcal{K}(\mathcal{H})$ による2つの拡大 ρ_1, ρ_2 がともに自明ならば，ρ_1 と ρ_2 は同値である． □

[証明] ρ_i は自明であるから，B から $\mathcal{L}(\mathcal{H})$ への単射準同型写像 σ_i で $\pi_0 \circ \sigma_i = \rho_i$ を満たすものが存在する．ρ_i, σ_i はともに単射であるから，$\mathrm{Ker}\,\sigma_i = \mathrm{Ker}\,\rho_i = \{0\}$ である．したがって，前の定理 3.5.8(ii)により，$\mathcal{H}$ 上のユニタリ作用素の列 $\{u_n\}_{n\in\mathbb{N}}$ が存在し，$\{\sigma_2(b) - u_n\sigma_1(b)u_n^*\}_{n\in\mathbb{N}}$ は $\mathcal{K}(\mathcal{H})$ の列で，0 へノルム収束している．ゆえに，$\rho_2(b) = \pi_0(u_n)\rho_1(b)\pi_0(u_n)^*$ $(b\in B)$ となる．したがって，2つの拡大 ρ_1 と ρ_2 は同値である．∎

さて，C^* 環 B の C^* 環 $\mathcal{K}(\mathcal{H})$ による拡大 ρ_1, ρ_2 に対して，

$$\rho_{12}(b) = \rho_1(b) \oplus \rho_2(b) \in Q(\mathcal{H}) \oplus Q(\mathcal{H})$$

と置く．$\mathscr{L}(\mathscr{H})\oplus\mathscr{L}(\mathscr{H})$ を $M(2,\mathscr{L}(\mathscr{H}))=\mathscr{L}(\mathscr{H}\oplus\mathscr{H})(\simeq\mathscr{L}(\mathscr{H}))$ の対角に埋蔵して考えれば，$Q(\mathscr{H})\oplus Q(\mathscr{H})$ は自然に $Q(\mathscr{H}\oplus\mathscr{H})(\simeq Q(\mathscr{H}))$ の部分 C^* 環と同一視することができる．したがって，ρ_{12} は B から $Q(\mathscr{H})$ への単射準同型写像と見なすことができる．また，$[\rho_i']=[\rho_i]\,(i=1,2)$ のとき，上と同様にして，ρ_1',ρ_2' を用いて ρ_{12}' を作れば，$[\rho_{12}']=[\rho_{12}]$ となる．そこで，この類を $[\rho_1]$ と $[\rho_2]$ の和といい，$[\rho_1]+[\rho_2]$ で表す．弱同値類に対しても同様に和を考える．

命題 3.5.10 可分 C^* 環 B に対して，$\mathrm{Ext}(B)$ (または $\mathrm{Ext}_w(B)$) は可換半群であり，自明な拡大の属する（弱）同値類が零元になる． □

［証明］可換半群であることは上から明らかであるから，零元についてだけ証明する．拡大 ρ に対応する C^* 環は $A=\pi_0^{-1}\circ\rho(B)$ で与えられる．いま，拡大 ρ' が自明ならば，B から $\mathscr{L}(\mathscr{H})$ への単射準同型写像 σ を用いて，$\rho'=\pi_0\circ\sigma$ と表せる．ここで，A の表現 $\{\sigma\circ\rho^{-1}\circ\pi_0,\mathscr{H}\}$ に対しては，$(\sigma\circ\rho^{-1}\circ\pi_0)(A\cap\mathscr{K}(\mathscr{H}))=\{0\}$ が成り立つので，定理 3.5.8 の主張(i)により，$a\oplus(\sigma\circ\rho^{-1}\circ\pi_0)(a)-u_n a u_n^*$ が $\mathscr{K}(\mathscr{H}\oplus\mathscr{H})$ の元であるような，$\mathscr{H}$ から $\mathscr{H}\oplus\mathscr{H}$ へのユニタリ作用素の列 $\{u_n\}_{n\in\mathbb{N}}$ が存在する．ここで，$\mathscr{L}(\mathscr{H})\oplus\mathscr{L}(\mathscr{H})\subset\mathscr{L}(\mathscr{H}\oplus\mathscr{H})\simeq\mathscr{L}(\mathscr{H})$ なる同一視をおこなえば，u_n は $\mathscr{H}$ 上のユニタリになる．いま，任意の $b\in B$ に対して，$\rho(b)=\pi_0(a)$ となる元 $a\in A$ が存在するから，$\rho(b)\oplus(\pi_0\circ\sigma)(b)=\pi_0(u_n)\rho(b)\pi_0(u_n)^*$．ゆえに，$[\rho]+[\rho']=[\rho]$． ∎

ユニタリでない等長作用素の生成する C^* 環は $C(\mathbb{T})$ の $\mathscr{K}(\mathscr{H})$ による拡大であったが，この拡大が可換半群 $\mathrm{Ext}(C(\mathbb{T}))$ の中でどのような位置にあるのかを考えてみよう．その説明に使われる用語の準備をする．Calkin 環の短完全系列において，$\mathscr{L}(\mathscr{H})$ の元 x のうち，$\pi_0(x)$ が Calkin 環において可逆になるものを，**Fredholm 作用素**という．

補題 3.5.11 作用素 $a\in\mathscr{L}(\mathscr{H})$ に対して，次の 2 条件は同値である．
(i) a は Fredholm 作用素である．
(ii) $\dim\mathrm{Ker}\,a+\dim\mathrm{Ker}\,a^*<\infty$ かつ $a\mathscr{H}$ は $\mathscr{H}$ の閉部分空間である． □

［証明］(ii)⇒(i) は明らかである．(i)⇒(ii) は $a\mathscr{H}$ が閉集合であることだけを示せばよい．a は Fredholm 作用素であるから，$ba=1-k$ を満たす有界作用素 b とコンパクト作用素 k が存在する．$\eta\in\overline{a\mathscr{H}}$ に対して，$a\xi_n\to\eta$ を満たす列 $\{\xi_n\}_{n\in\mathbb{N}}$ が存在する．したがって，$(1-k)\xi_n=ba\xi_n\to b\eta$．他方，作用素 k

はコンパクトであるから，命題 1.8.7 の証明に使われた不等式により，

$$\|(1-k)\zeta\| \geqq \lambda\|\zeta\| \quad (\zeta \in \mathscr{H})$$

を満たす正数 $\lambda>0$ が存在する．ゆえに，列 $\{\xi_n\}_{n\in\mathbb{N}}$ は Cauchy 列である．その極限を ξ とすれば，$\eta = \lim a\xi_n = a\xi$ と表せる． □

定義 3.5.12 Fredholm 作用素 x に対して定まる値

$$\dim \operatorname{Ker} x - \dim \operatorname{Ker} x^*$$

を x の(解析的)**指数**または **Fredholm 指数**といい，$\operatorname{Ind}(x)$ で表す． □

ユニタリ作用素の指数は 0 であるが，片側推移作用素の指数は -1 である．また，連続関数 f に対応する Toeplitz 作用素 T_f の指数は f の原点の周りの回転数の -1 倍である．一般に，指数はコンパクト作用素 k を加えても変わらない．つまり，$\operatorname{Ind}(x)=\operatorname{Ind}(x+k)$．したがって，指数は Calkin 環の元 $\pi_0(x)$ に対して定まる．また，$\mathscr{H}$ 上の Fredholm 作用素の全体 $\mathscr{F}(\mathscr{H})$ は積の演算に関して半群である．Ind はこの半群から加法群 $\mathbb{Z}$ への準同型写像である．

命題 3.5.13 (i) $\operatorname{Ext}(C(\mathbb{T})) \simeq \mathbb{Z}$.

(ii) (i)において，例 3.5.5(ii)で与えられた $C(\mathbb{T})$ の C^* 拡大には $-n$ が対応している．とくに，Toeplitz 環には -1 が対応している． □

[証明] (i) ρ を $C(\mathbb{T})$ の $\mathscr{K}(\mathscr{H})$ による拡大とし，π_0 を Calkin 環への商写像とする．$C(\mathbb{T})$ の生成元 $z(t)=e^{2\pi it}$ に対して，$\pi_0(a)=\rho(z)$ となる $\mathscr{L}(\mathscr{H})$ の元 a が存在する．そこで，拡大 ρ に対して，この $\pi_0(a)$ により定まる指数を対応させる．同値な拡大に対して，この値は変わらないから，$\operatorname{Ext}(C(\mathbb{T}))$ から $\mathbb{Z}$ への半群としての全射準同型写像が得られる．実は，この写像は単射である．なぜならば，$\pi_0(a)$ の指数が 0 ならば，a としてユニタリ作用素 u を選ぶことができるからである．そこで，$\sigma(z)=u$ と置くことにより，$C(\mathbb{T})$ から $\mathscr{L}(\mathscr{H})$ への単射準同型写像 σ で $\rho=\pi_0\circ\sigma$ を満たすものが存在する．したがって，ρ は自明な拡大である．ゆえに，$\operatorname{Ext}(C(\mathbb{T}))$ は加法群 $\mathbb{Z}$ と同型である．

(ii) (i)の a として，片側推移作用素 $S_+ \otimes 1_n$ を選ぶことができる． □

この命題により，推移作用素は $l^\infty(\mathbb{Z})$ の作用素とコンパクト作用素の和の形には表せないことがわかる．

注 (i) 命題 3.5.13 により，$\mathrm{Ext}(C(\mathbb{T}))$ は群である．一般に C^* 環 A が可分かつ核型（第 3.7 節で定義する）の場合には，$\mathrm{Ext}(A)$ は群になることが知られている．これは第 3.8 節第 6 項で少し触れるように (Atiyah の) K_1 ホモロジーとしても知られている．

(ii) $\mathrm{Ext}(C(\mathbb{T}))$ の -1 と 1 に対応する拡大は，拡大としては同値ではないが，C^* 環としては同型である．一般に，$C(\mathbb{T})$ の拡大が C^* 環として同型であるための必要十分条件は $\mathrm{Ext}(C(\mathbb{T}))$ での絶対値の値が等しいことである．

(iii) 説明は省くが，次項の Cuntz 環 $\mathcal{O}_n$ に対しては，$\mathrm{Ext}(\mathcal{O}_n)=\mathbb{Z}$ かつ $\mathrm{Ext}_w(\mathcal{O}_n)=\mathbb{Z}/(n-1)\mathbb{Z}$ となることが知られている． □

3.5.3 Cuntz 環

まず，典型的な純無限 C^* 環の代表例として，Cuntz 環の定義から述べる．

定義 3.5.14[12]　$n\geq 2$ とする．無限次元 Hilbert 空間において，

$$(3.10) \qquad \sum_{i=1}^{n} S_i S_i^* = 1$$

を満たす n 個（$n=\infty$ でもよい）の等長作用素 $\{S_i|i=1,\cdots,n\}$（$n=\infty$ のときは $\{S_i|i\in\mathbb{N}\}$）の生成する C^* 環を **Cuntz 環**といい，$\mathcal{O}_n$ で表す． □

$n=\infty$ の場合には，上の和はノルム位相ではなく強位相で考える．通常，Cuntz 環 $\mathcal{O}_\infty$ はこの和の代わりに，不等式

$$\sum_{i=1}^{\infty} S_i S_i^* \leq 1$$

を用いることが多いが，生成される C^* 環は互いに同型になる．次の定理 3.5.15 により，Cuntz 環は生成元の選び方によらず，同型の違いを除き一意的に決まるので，上の定義の妥当性がわかる．

第 3.8 節で説明する C^* 環の K 群を Cuntz 環 $\mathcal{O}_n$ の場合に計算してみると，定理 3.8.24 で示すように，$K_0(\mathcal{O}_n)=\mathbb{Z}/(n-1)\mathbb{Z}$，$K_1(\mathcal{O}_n)=\{0\}$ となる．した

---

[12] J. Cuntz: Simple C^*-algebras generated by isometries, *Commun. Math. Phys.*, **57**(1977), 173-185.

がって，$n-1$ が素数の場合には，Cuntz 環は標数 $n-1$ の体の量子化と解釈される．

定理 3.5.15(Cuntz) 基本関係式(3.10)を満たす 2 組の等長作用素の集合 $\{S_1,\cdots,S_n\}$, $\{S'_1,\cdots,S'_n\}$ が生成する C^* 環をそれぞれ A,B とすれば，A から B への全射同型写像 π で，$\pi(S_i)=S'_i (i=1,\cdots,n)$ を満たすものがある．□

［証明］ n 個の生成元 $v_1, v_2, \cdots, v_n$ に基本関係式

$$\sum_{i=1}^n v_i v_i^* = 1, \quad v_i^* v_j = \delta_{ij} 1$$

を仮定して得られる*多元環を A とする．k 重添字の集合 $\{1,2,\cdots,n\}^k$ を I_k とし，その元 $\boldsymbol{i}=(i_1,\cdots,i_k)$ に対して，k 次の単項式を

$$v_{\boldsymbol{i}} = v_{i_1} v_{i_2} \cdots v_{i_k}$$

で表す．I_k の元 $\boldsymbol{i},\boldsymbol{j}$ に対し，$v_{\boldsymbol{i}} v_{\boldsymbol{j}}^*$ を $w_{\boldsymbol{ij}}^{(k)}$ で表すことにすれば，行列単位の条件

$$w_{\boldsymbol{ij}}^{(k)*} = w_{\boldsymbol{ji}}^{(k)}, \quad w_{\boldsymbol{ij}}^{(k)} w_{\boldsymbol{lm}}^{(k)} = \delta_{\boldsymbol{jl}} 1, \quad \sum_{\boldsymbol{i}\in I_k} e_{\boldsymbol{ii}}^{(k)} = 1$$

を満たす．したがって，$M_k = \sum_{\boldsymbol{i},\boldsymbol{j}\in I_k} \mathbb{C} w_{\boldsymbol{ij}}^{(k)}$ は行列環 $M(n^k,\mathbb{C})$ と同型な*多元環である．さらに，$v_{\boldsymbol{i}} v_{\boldsymbol{j}}^* = \sum_{\ell=1}^n v_{\boldsymbol{i}} v_\ell v_\ell^* v_{\boldsymbol{j}}^*$ であるから，M_k は M_{k+1} の部分*多元環である．これを用いて，$A_0 = \bigcup_{k=1}^\infty M_k$ とすれば，A_0 は A の部分*多元環である．さらに，

$$A(\ell) = \begin{cases} \sum_{\boldsymbol{i}\in I_\ell} v_{\boldsymbol{i}} A_0 & (\ell>0) \\ A_0 & (\ell=0) \\ \sum_{\boldsymbol{i}\in I_{-\ell}} A_0 v_{\boldsymbol{i}}^* & (\ell<0) \end{cases}$$

と置くことにより，A は $\sum_{\ell\in\mathbb{Z}} A(\ell)$ と直和分解される．

さて，*多元環 A 上には最大 C^* ノルム

$$\|a\|_{\max} = \sup_{\rho\in\mathrm{Rep}(A)} \|\rho(a)\| \quad (a\in A)$$

が存在する．そこで，このノルムにより A を完備化して得られる包絡 C^* 環

を $A_{\max}$ で表す．ここで，$\{\pi,\mathscr{H}\}$ を A の自明でない表現とし，$\pi(A)$ のノルム閉包として得られる C^* 環を B とすれば，$\|\pi(a)\|\leqq\|a\|_{\max}$ が成り立つので，準同型写像 π は，$A_{\max}$ から B への準同型写像へ拡張することができる．C^* 環の準同型写像の像は C^* 環であるから，この拡張された写像 π は全射である．以後，これも同じ記号を用いて π で表す．したがって，写像 π が単射であれば，A の表現の生成する C^* 環はどれも同型になり，定理が示されたことになる．

まず，A_0 の最大 C^* ノルムによる閉包 $\overline{A_0}$ は n^∞ 型 UHF 環である．UHF 環の単純性により，準同型写像 π は $\overline{A_0}$ 上では単射で，その像 $\pi(\overline{A_0})$ は $\pi(A_0)$ の閉包と一致し，再び n^∞ 型 UHF 環である．

つぎに，加法群 $\mathbb{R}/\mathbb{Z}$ の各元 t に対して，新たな n 個の元 $e^{2\pi it}v_j\,(j=1,\cdots,n)$ は A の生成元の基本関係式を不変にする．したがって，A 上の自己同型写像 α_t で，$\alpha_t(v_j)=e^{2\pi it}v_j$ を満たすものが存在する．この写像は C^* 環 $A_{\max}$ 上の連続 1 径数自己同型群へ一意的に拡張されるので，それも同じ記号を用いて表すことにする．ここで，$a\in A_{\max}$ に対して

$$\mathscr{E}(a)=\int_0^1 \alpha_t(a)\,dt$$

とすれば，各 $a\in A(\ell)$ に対して

$$\mathscr{E}(a)=\int_0^1 e^{2\pi i\ell t}a\,dt=\delta_{0\ell}a$$

となるので，$\mathscr{E}(A)=A_0$ となり，$\mathscr{E}$ は C^* 環 $A_{\max}$ から $\overline{A_0}$ へのノルム 1 の射影になる．$\mathscr{E}$ は A_0 上では恒等写像であるから，この射影は $\overline{A_0}$ への全射である．

つぎに，B から $\pi(\overline{A_0})$ へのノルム 1 の射影を導くための準備をする．A の元 a はある $m\in\mathbb{N}$ を用いて，

$$a=\sum_{|i|,|j|\leqq m}\lambda_{ij}v_iv_j^*$$

と表せる．ただし，$|j|\leqq m$ は $j\in\bigcup_{k=1}^m I_k$ を意味する．ここで，

$$a_0=\sum_{|i|=|j|\leqq m}\lambda_{ij}v_iv_j^*$$

3.5 Toeplitz 環と Cuntz 環   379

とすれば，a_0 は A_0 の元である．ここで，A 上の単位的単射自己準同型写像 $\rho: d \in A \mapsto \sum_{i=1}^{n} v_i d v_i^* \in A$ を用いて，$w = \rho^m(v_1^m v_2)$ とする．これを用いると，$|\boldsymbol{i}|, |\boldsymbol{j}| \leq m$ の場合

$$w^* v_{\boldsymbol{i}} v_{\boldsymbol{j}}^* w = \begin{cases} v_{\boldsymbol{i}} v_{\boldsymbol{j}}^* & (|\boldsymbol{i}|=|\boldsymbol{j}|) \\ 0 & (|\boldsymbol{i}|\neq|\boldsymbol{j}|) \end{cases}$$

となる．実際，$k=|\boldsymbol{i}|, \ell=|\boldsymbol{j}|$ とする．$k \leq \ell$ と仮定することができるので，

$$\begin{aligned} w^* v_{\boldsymbol{i}} v_{\boldsymbol{j}}^* w &= \rho^m(v_2^* v_1^{*m}) v_{\boldsymbol{i}} v_{\boldsymbol{j}}^* \rho^m(v_1^m v_2) \\ &= v_{\boldsymbol{i}} \rho^{m-k}(v_2^* v_1^{*m}) \rho^{m-\ell}(v_1^m v_2) v_{\boldsymbol{j}}^* \\ &= v_{\boldsymbol{i}} \rho^{m-\ell}\bigl(\rho^{\ell-k}(v_2^* v_1^{*m}) v_1^m v_2\bigr) v_{\boldsymbol{j}}^* \\ &= v_{\boldsymbol{i}} \rho^{m-\ell}(v_1^{\ell-k} v_2^* v_1^{*m} v_1^{m-(\ell-k)} v_2) v_{\boldsymbol{j}}^* \\ &= v_{\boldsymbol{i}} \rho^{m-\ell}(v_1^{\ell-k} v_2^* v_1^{*(\ell-k)} v_2) v_{\boldsymbol{j}}^* \\ &= \begin{cases} v_{\boldsymbol{i}} v_{\boldsymbol{j}}^* & (|\boldsymbol{i}|=|\boldsymbol{j}|) \\ 0 & (|\boldsymbol{i}|\neq|\boldsymbol{j}|). \end{cases} \end{aligned}$$

ここで，$S_i = \pi(v_i)$ $(i=1,\cdots,n)$ とする．各 S_i は生成元と同じ基本関係式を満たす等長作用素である．このとき，$\pi(w)$ も等長作用素であるから，不等式 $\|\pi(a_0)\| \leq \|\pi(a)\|$ が成り立つ．したがって，$\pi(A)$ から $\pi(A_0)$ 上へのノルム 1 の射影 $\pi(a) \mapsto \pi(a_0)$ が存在する．これを C^* 環 B 上にまで拡張したものを $\mathscr{E}^\pi$ で表す．$\mathscr{E}^\pi$ は $\pi(A_0)$ 上では恒等写像であるから，B から部分 C^* 環 $\pi(\overline{A_0})$ 上へのノルム 1 の射影である．

以上で求めたノルム 1 の射影に対しては，まず $A_{\max}$ の稠密部分 *多元環 A 上で

$$\pi \circ \mathscr{E} = \mathscr{E}^\pi \circ \pi$$

を満たしている．したがって，連続性により，$A_{\max}$ 上でも同じ等式が成り立つ．そこで，$a \in A_{\max}$ に対して，$\pi(a)=0$ とすれば，$\pi\bigl(\mathscr{E}(a^*a)\bigr) = \mathscr{E}^\pi\bigl(\pi(a^*a)\bigr) = 0$．準同型写像 π は UHF 環 $\overline{A_0}$ 上で単射であったから，$\mathscr{E}(a^*a) = 0$．したがって，

$$\int_0^1 \|\alpha_t(a)\xi\|^2\, dt = (\mathscr{E}(a^*a)\xi|\xi) = 0 \quad (\xi \in \mathscr{H})$$

となり，ほとんどすべての t に対して，$\alpha_t(a)\xi=0$ となる．作用 $\{\alpha_t\}$ の連続性により，$a\xi=0$．ゆえに，$a=0$．これで π の単射性が示され，証明ができた．

この証明の中のノルム 1 の射影 $\mathscr{E}$ は，$\mathscr{E}(x^*x)=0$ から $x=0$ を導くので，忠実である．

定理 3.5.16 Cuntz 環 $\mathcal{O}_n$ は単純である．

[証明] Cuntz 環 $\mathcal{O}_n$ の生成元を $S_1,\cdots,S_n$ とし，極大イデアルを J とする．商写像 $\pi\colon \mathcal{O}_n \to \mathcal{O}_n/J$ による像 $\pi(S_1),\cdots,\pi(S_n)$ は生成元と同じ基本関係式を満たし，C^* 環 $\mathcal{O}_n/J$ を生成しているので，π は等長写像である．したがって，π は同型写像であり，$J=\{0\}$ となる．

Cuntz 環の生成元を適当に組み合わせることにより，任意の $n \geqq 2$ に対して，$\mathcal{O}_n$ は $\mathcal{O}_2$ の部分 C^* 環と同型になる．実際，$\mathcal{O}_2$ の生成元 S_1, S_2 を用いて，

$$T_1 = S_1, \quad T_2 = S_2 S_1, \quad \cdots, \quad T_{n-1} = S_2^{n-2} S_1, \quad T_n = S_2^{n-1}$$

とすれば，$T_1,\cdots,T_n$ は $\mathcal{O}_n$ の生成元である．同様に，$\mathcal{O}_{k(n-1)}$ は $\mathcal{O}_n$ の部分 C^* 環と同型になる．また，$\rho(a) = \sum_{i=1}^{n} T_i a T_i^*$ とすれば，$\mathcal{O}_2 \simeq \rho(\mathcal{O}_2) \otimes M(n,\mathbb{C})$ である．したがって，$M(n,\mathcal{O}_2) \simeq \mathcal{O}_2$ が成り立つ．

命題 3.5.17 Cuntz 環 $\mathcal{O}_n$ は AF 環ではない．

[証明] $\mathcal{O}_n$ の生成元を $S_1,\cdots,S_n$ とする．もし $\mathcal{O}_n$ が AF 環ならば，有限次元部分 C^* 環 A とその元 v_1, v_2 が存在して，

$$\|S_i - v_i\| < \varepsilon \quad (i=1,2)$$

となる．ε が充分に小さければ，v_i を $v_1 v_1^* + v_2 v_2^* \leqq 1$ を満たす等長作用素に選ぶことができる．v_1, v_2 の生成する C^* 環 B は A の部分 C^* 環である．B は $\mathcal{O}_2$ と同型な商 C^* 環をもつので，A が有限次元であることと矛盾する．

3.5.4 遺伝的部分 C^* 環

C^* 環 A の部分 *多元環 B が遺伝条件

$$a \in A, \quad b \in B, \quad 0 \leq a \leq b \Rightarrow a \in B$$

を満たすとき，B は**遺伝的**であるという．

C^*環 A の部分*多元環 $B, C \, (C \subset B)$ に対し，C が B で遺伝的かつ B が A で遺伝的ならば，C は A でも遺伝的である．また，遺伝的部分*多元環が可逆元をもてば，もとの C^* 環と一致する．

命題 3.5.18 C^* 環 A の閉左イデアル J と遺伝的部分 C^* 環 B に対して，

$$B_J = \{b \in J | b^* \in J\}, \quad J_B = \{a \in A | a^* a \in B\}$$

とすれば，

(i) B_J は A の遺伝的部分 C^* 環であり，$J = J_{B_J}$ となる．

(ii) J_B は A の閉左イデアルであり，$B = B_{J_B}$ となる． □

[証明] (i) B_J は A の部分 C^* 環であるから，遺伝的であることを示す．$a \in A, b \in B_J$ かつ $0 \leq a \leq b$ とする．B_J の近似的単位元 $\{e_i\}_{i \in I}$ に対して，議論を単位元を付加した C^* 環 $\widetilde{A}$ で考えれば，$0 \leq (1-e_i)a(1-e_i) \leq (1-e_i)b(1-e_i)$ となるので，$\|a^{1/2} - a^{1/2}e_i\| \leq \|b^{1/2} - b^{1/2}e_i\|$ が成り立つ．したがって，

$$\|ae_i - a\| \leq \|a^{1/2}\| \|a^{1/2}e_i - a^{1/2}\| \leq \|a\|^{1/2} \|b^{1/2}e_i - b^{1/2}\|.$$

ここで $ae_i \in J$ であるから，$a \in J$．したがって，$a \in B_J$．

包含関係 $J \subset J_{B_J}$ は明らかである．実際，$a \in J$ ならば，$a^* a \in J$ であるから，$a^* a \in B_J$ となり，$a \in J_{B_J}$．逆に，$a \in J_{B_J}$ ならば，$a^* a \in B_J$．B_J の近似単位元を $\{e_i\}_{i \in I}$ とする．不等式 $\|ae_i - a\|^2 \leq \|a^*ae_i - a^*a\|$ が成り立つ．$ae_i \in J$ であるから，$a \in J$ を得る．

(ii) 任意の $a, b \in J_B$, $\lambda \in \mathbb{C}$, $c \in A$ に対して，

$$(\lambda a + b)^*(\lambda a + b) \leq 2(|\lambda|^2 a^* a + b^* b), \quad (ca)^* ca \leq \|c\|^2 a^* a$$

が成り立つので，J_B は A の左イデアルである．J_B における Cauchy 列 $\{a_n\}_{n \in \mathbb{N}}$ の A における極限を a とする．

$$\|a_n^* a_n - a^* a\| \leq \|a_n^* - a^*\| \|a_n\| + \|a^*\| \|a_n - a\|$$

であるから，$a^*a\in B$ となり，$a\in J_B$．したがって，J_B は A の閉左イデアルである．

$B\subset B_{J_B}$ は明らかである．逆に，$b\in B_{J_B}$ かつ $b\geqq 0$ とする．$b^{1/2}\in B_{J_B}$ であるから，$b^{1/2}\in J_B$．ゆえに，$b=(b^{1/2})^2\in B$． ∎

補題 3.5.19 A を C^* 環とする．

(i) 部分 C^* 環 B に対して次の 2 条件は同値である．

  (a) B は遺伝的である．

  (b) 任意の $a,b\in B$ に対して，$aAb\subset B$ が成り立つ．

(ii) $a\in A_+$ ならば，部分 C^* 環 $\overline{aAa}$ は遺伝的である．

(iii) C^* 環 A が可分な場合には，遺伝的部分 C^* 環は A_+ の元 a を用いて，$\overline{aAa}$ と表すことができる． ∎

[証明] (i) 部分 C^* 環 B が遺伝的ならば，A の閉左イデアル J を用いて，$B=\{a\in J\,|\,a^*\in J\}$ と表せる．

(a)⇒(b) $a,b\in B$ なら，$a^*,b\in J$．ゆえに，任意の $c\in A$ に対して，$acb\in J$ かつ $(acb)^*\in J$．ゆえに，$acb\in B$．

(b)⇒(a) $a\in A$, $b\in B$ かつ $0\leqq a\leqq b$ とする．B の近似単位元 $\{e_i\}_{i\in I}$ を使うと，$\|a^{1/2}e_i-a^{1/2}\|\leqq\|b^{1/2}e_i-b^{1/2}\|$ が成り立つので，$a=\lim_{i\in I}e_iae_i\in B$．

(ii) $\overline{aAa}$ が部分 C^* 環になることは容易にわかる．同様に，部分 C^* 環 $\overline{aAa}$ が主張(i)の条件(b)を満たすので，遺伝的である．

(iii) 遺伝的部分 C^* 環を B とする．A の可分性により，B も可分である．したがって，B は列の近似単位元 $\{e_n\}_{n\in\mathbb{N}}$ をもつ．いま，$a=\sum_{n\in\mathbb{N}}2^{-n}e_n$ とする．$a\in B_+$ であるから，主張(i)により，$\overline{aAa}\subset B$ となる．さらに，主張(ii)により，部分 C^* 環 $\overline{aAa}$ は遺伝的である．他方，$a^2=\lim_{n\to\infty}ae_na$ となるから，a^2 は $\overline{aAa}$ の元であり，したがってその平方根 a も $\overline{aAa}$ の元である．よって，a の定義からわかる不等式 $2^{-n}e_n\leqq a$ により，$e_n\in\overline{aAa}$ となる．ゆえに，$b\in B$ ならば，$b=\lim_{n\to\infty}e_nbe_n\in\overline{aAa}$．よって，$B=\overline{aAa}$． ∎

B を C^* 環 A の部分 C^* 環とする．この B 上の状態を A へ Hahn-Banach 拡張したものは命題 1.14.5 により，自動的に状態になる．

命題 3.5.20 C^* 環 A の部分 C^* 環 B が遺伝的な場合には，B 上の状態の A への拡張は一意的に定まる． ∎

[証明] まず，A が単位的な場合を考える．B 上の状態 φ の A への Hahn-Banach 拡張を ψ とする．B の近似単位元を $\{e_i\}_{i\in I}$ とする．A の任意の元 a に対して，$e_i a e_i \in B$ である．また，$(1-e_i)^2 \leq 1-e_i$ であるから，

$$\begin{aligned}
|\psi(a)-\varphi(e_i a e_i)| & \\
&\leq |\psi((1-e_i)a)| + |\psi(e_i a(1-e_i))| \\
&\leq \psi((1-e_i)^2)^{1/2}\psi(a^*a)^{1/2} + \psi(e_i a a^* e_i)^{1/2}\psi((1-e_i)^2)^{1/2} \\
&\leq 2\psi(1-e_i)^{1/2}\|a\| .
\end{aligned}$$

ところで，$\psi(1-e_i)=\|\varphi\|-\varphi(e_i)$ であるから，命題 1.14.11 により，右辺は 0 へ収束し，ψ の値が φ により一意的に決まることがわかる．

A が単位的でない場合には単位元を付加したものを $\tilde{A}$ とする．A は $\tilde{A}$ の閉両側イデアルであるから遺伝的である．したがって，A 上の状態は $\tilde{A}$ へ一意的に拡張される．他方，B も $\tilde{A}$ で遺伝的である．したがって，B 上の状態の $\tilde{A}$ への拡張の一意性から，A への拡張の一意性が導かれる． ∎

3.5.5 無限 C^* 環

C^* 環の射影に対しても von Neumann 環の場合と同じように有限，無限という概念を導入する．つまり射影 p が有限とは，任意の射影 q に対して $q \leq p$ かつ $q \sim p$ ならば $q=p$ となることであり，p が無限とは $q \leq p$, $q \sim p$, $q \neq p$ を満たす射影 q が存在することである．

C^* 環の場合には，連続関数環 $C([0,1])$ や $C_\infty(\mathbb{R})$ のように，自明でない射影は存在しないこともあるから，射影を用いて C^* 環が有限であることを定義するのは問題であるが，その否定である無限ならば許されるだろう．そこで，無限射影をもつ C^* 環を**無限**ということにする．当然，無限 C^* 環上には忠実なトレイス的状態は存在しない．これまでの例でいえば，AF 環は無限ではないが，Toeplitz 環や Cuntz 環は無限である．また，このことを用いて命題 3.5.17 の別証明を与えることもできる．C^* 環が無限射影をもたなければ有限かというと，必ずしもそうではなく，例えば，有限なものの無限直和のようなものが考えられる．そこで，ここでは，von Neumann 環の場合と同じように，無限 C^* 環をさらに 2 つに分けて考える．

C^*環 A の無限射影元 p に対し，$p_1p_2=0$, $p_1\sim p_2\sim p$, $p_1+p_2\leqq p$ を満たす A の射影元 p_1,p_2 が存在するとき，射影 p は**固有無限**であるという．

定義 3.5.21 C^*環 A が固有無限射影をもつとき**固有無限**であるといい，$\{0\}$ でない遺伝的部分 C^*環がどれも無限のとき，**純無限**であるという． □

Cuntz 環は固有無限である．

次の命題は任意の Cuntz 環が固有無限 C^*環から自然に現れることを示している．

命題 3.5.22 A を無限単純 C^*環とする．

(i) A の任意な無限射影 p と任意の $n\in\mathbb{N}$ に対して，
$$\sum_{j=1}^n v_j v_j^* \leqq v_1^* v_1, \quad v_i^* v_i = p \quad (i=1,\cdots,n)$$
を満たす半等長元の集合 $\{v_i | i\in\mathbb{N}\}$ が存在する．したがって，A は固有無限である．

(ii) 任意の $n\geqq 2$ ($n\in\mathbb{N}$) に対して，Cuntz 環 $\mathcal{O}_n$ は固有無限な C^*環 A の部分 C^*環の商 C^*環である． □

［証明］ (i) C^*環 A が無限なら，無限射影 p が存在する．したがって，$v^*v=p$ かつ $vv^*\leqq v^*v$, $vv^*\neq v^*v$ を満たす半等長元 $v\in A$ が存在する．$q=vv^*$ とすれば，$q\leqq p$. 他方，A は単純であるから，$B=pAp$ とすれば，B も単純である．実際，B の $\{0\}$ でない閉両側イデアルを J とすれば，A の単純性により，$ApJpA$ は A を生成するので，$J\supset BJB=pApJpAp$ の右辺は B を生成する．ゆえに，$J=B$ となり，B は単純である．C^*環が単位的な場合には，単純なら代数的にも単純であるから，$\sum_{i=1}^k a_i^*(p-q)a_i=p$ となる B の元 $a_1,\cdots,a_k$ が存在する．実際，$p_0=p-q$ とすれば，$\sum_{i=1}^n b_i^* p_0 c_i=p$ を満たす B の元 $b_1,\cdots,b_n,c_1,\cdots,c_n$ が存在するから，
$$p = \frac{1}{2}\sum_{i=1}^n (b_i^* p_0 c_i + c_i^* p_0 b_i) \leqq \frac{1}{2}\sum_{i=1}^n (b_i^* p_0 b_i + c_i^* p_0 c_i)$$
が成り立つ．右辺を d とすれば，d は $p\leqq d\leqq \lambda p$ ($\lambda=\sum_{i=1}^n (\|b_i\|^2+\|c_i\|^2)/2$) を満たすので，$B$ において可逆である．B における元 $d^{-1/2}$ を用いれば，$p=d^{-1/2}dd^{-1/2}$ となるので，p は $\sum_{i=1}^k a_i^* p_0 a_i$ という形に表せる．

p_0 を用いて $p_n=v^n p_0 v^{*n}$ ($n\in\mathbb{N}$) とすれば，これらは互いに直交する B の射

影である．各 $m\in\mathbb{N}$ に対して，$v_m=\sum_{i=1}^{k} v^{(m-1)k+i-1}p_0 a_i$ とする．ただし，$v^0=1$ としておく．このとき，

$$v_m^* v_m = \sum_{i,j=1}^{k} a_i^* p_0 v^{*(m-1)k+i-1} v^{(m-1)k+j-1} p_0 a_j = \sum_{i=1}^{k} a_i^* p_0 a_i = p\,.$$

したがって，$v_m\,(m\in\mathbb{N})$ は始射影 p をもつ半等長元である．また v_m の終射影は $\sum_{i=1}^{k} p_{(m-1)k+i-1}$ により上から押さえられているので，$v_m\,(m\in\mathbb{N})$ の終射影は互いに直交している．ゆえに，A は固有無限である．

(ii) 半等長元 $v_1,\cdots,v_n$ の生成する C^* 環 C は A の部分 C^* 環である．射影元 $p-\sum_{i=0}^{n} v_i v_i^*$ の生成する C の閉両側イデアルによる C の商 C^* 環は Cuntz 環 $\mathcal{O}_n$ と同型である． ∎

単位元の存在を仮定しなくても，次の補題が成り立つ．

補題 3.5.23 A を単純 C^* 環，p,q をその射影元とする．p が無限ならば，q は p の部分射影と同値である． □

[証明] C^* 環 A が単純であるから，$\|\sum_{i=1}^{n} a_i^* p b_i - q\| < 1/2$ を満たす A の元 $a_i, b_i\,(i=1,\cdots,n)$ が存在する．したがって，

$$q \leqq \sum_{i=1}^{n}(q a_i^* p b_i q + q b_i^* p a_i q) \leqq \sum_{i=1}^{n}(q a_i^* p a_i q + q b_i^* p b_i q)\,.$$

ここで前の命題 3.5.22 で使われた議論を繰り返すと，$q = \sum_{i=1}^{k} c_i^* p c_i$ と表せる．

つぎに，p は無限であるから，$v^* v = p$ かつ $v v^* \leqq p$ を満たす半等長元 $v \in A$ が存在する．ここで，前の命題 3.5.22 の主張 (i) を用いると，$\sum_{j=1}^{k} v_j v_j^* \leqq p$ かつ $v_i^* v_i = p\,(i=1,\cdots,k)$ を満たす半等長元 $v_1,\cdots,v_k$ が存在する．そこで，$\sum_{i=1}^{k} v_i c_i$ を w とすれば，$w^* w = q$ かつ $w w^* = p w w^* p \leqq p$ となり，補題が証明される． ∎

命題 3.5.24(Cuntz) 単位的単純 C^* 環 A が $\mathbb{C}1$ でなければ，次の 3 条件は同値である．

(i) A は純無限である．

(ii) 任意の $a \in A\setminus\{0\}$ に対して，$bac = 1$ を満たす A の元 b, c が存在する．

(iii) 任意の $a \in A_+\setminus\{0\}$ と $\varepsilon > 0$ に対して，$b^* a b = 1$, $\|b\| < \|a\|^{-1/2} + \varepsilon$ を満たす A の元 b が存在する． □

[証明] (iii)⇒(ii) 条件 (iii) の a として $a^* a$ を用いればよい．

(ii)⇒(i) B を $\{0\}$ でない遺伝的部分 C^* 環とする．B の 0 でない元がすべ

て可逆ならば，$A=B=\mathbb{C}1$ となり，仮定と矛盾する．そこで，h を $B\setminus\{0\}$ の非可逆な自己随伴元とする．条件(ii)により，$bhc=1$ となる A の元 b,c が存在する．$1=bhcc^*hb^* \leq \|c\|^2 bh^2 b^*$ である．そこで，$d=bh^2 b^*$ とすれば，d は可逆である．$v=hb^*d^{-1/2}$ とすれば，$v^*v=1$ となるから，v は等長元である．h は非可逆な自己随伴元であるから，v も非可逆である．よって，v はユニタリではない等長元である．B は遺伝的であるから，$vv^*=hb^*d^{-1}bh$ は B の元である．同様に，$v^2 v^*$ も B の元であり，始射影 vv^* と終射影 $v^2 v^{*2}$ をもつ．したがって，vv^* は B の無限射影であり，条件(i)が得られる．

(i)⇒(iii) 主張(iii)では A_+ の元 a のノルムを $\|a\|=1$ と仮定することができる．$\varepsilon>0$ に対して，区間 $[0,1]$ 上の連続関数 f を

$$f(t) = \begin{cases} 0 & (0 \leq t \leq 1-\varepsilon) \\ 1 - \varepsilon^{-1}(1-t) & (1-\varepsilon \leq t \leq 1) \end{cases}$$

とする．$f(a)Af(a)$ の閉包を B とすれば，B は $\{0\}$ でない遺伝的部分 C^* 環である．条件(i)により，B は無限射影元 p をもつ．a の単位の分解 $\{e(\lambda)\}_{\lambda \in [0,1]}$ を用いると，$p \leq e([1-\varepsilon, 1])$．ゆえに，$(1-\varepsilon)p \leq pap$ となる．p は無限であるから，補題 3.5.23 により，$vv^* \leq p$ を満たす等長元 $v \in A$ が存在する．ゆえに，

$$v^* av = v^* papv \geq (1-\varepsilon) v^* pv = (1-\varepsilon)1 .$$

そこで，$b=v(v^*av)^{-1/2}$ とすれば，$b^*ab=(v^*av)^{-1/2}v^*av(v^*av)^{-1/2}=1$ かつ $\|b\| \leq (1-\varepsilon)^{-1/2} < 1+\varepsilon$ が成り立つ． ∎

注 単位元を仮定しない場合に，単純 C^* 環 A が純無限であるための必要十分条件は，ノルムが 1 の任意の $h, k \in A_+$ と $\varepsilon>0$ に対して，$\|k - aha^*\| < \varepsilon$ を満たすノルムが 1 の元 $a \in A$ が存在することであることが知られている． □

系 3.5.25 A を純無限単純 C^* 環とする．

(i) A の遺伝的部分 C^* 環は純無限である．

(ii) Hilbert 空間 $\mathscr{H}$ が可分ならば，$A \otimes_{\min} \mathscr{K}(\mathscr{H})$ は純無限である． □

定理 3.5.26(Cuntz) Cuntz 環 $\mathcal{O}_n$ ($n \geq 2$) は純無限である． □

[証明] $a \in \mathcal{O}_n$, $a \neq 0$ とする．$\alpha_t(S_i)=e^{2\pi it}S_i$ ($i=1,\cdots,n$) で定まる $\mathbb{T}$ の $\mathcal{O}_n$

への連続作用 $\{\alpha_t\}$ に関する不動点全体のなす集合を $\mathcal{O}_n^\alpha$ とする．定理 3.5.15 の証明の中で示したように，この集合は n^∞ 型 UHF 環である．Cuntz 環 $\mathcal{O}_n$ から $\mathcal{O}_n^\alpha$ へのノルム 1 の射影を $\mathscr{E}$ とする．同じ定理の証明でわかったように，この射影は忠実である．そこで，a を定数倍して，$\|\mathscr{E}(a^*a)\|=1$ としておく．$S_1,\cdots,S_n$ の生成する*多元環 B は Cuntz 環 $\mathcal{O}_n$ において稠密である．したがって，B の正元 b で $\|a^*a-b\|<1/3$, $\|\mathscr{E}(b)\|>2/3$ を満たすものが存在する．この b はある $m\in\mathbb{N}$ を用いて，$\sum_{|i|,|j|\leq m}\lambda_{ij}S_iS_j^*$ と表せる．このとき，$S_iS_j^*$ $(i,j\in I_m)$ は $M(n^m,\mathbb{C})$ と同型な部分 C^* 環 M_m の行列要素であり，$\mathscr{E}(b)$ はその正元である．したがって，$p\mathscr{E}(b)p=\|\mathscr{E}(b)\|p$ となる極小射影 $p\in M_m$ が存在する．p を M_m の他の極小射影 $S_1^m S_1^{*m}$ へ移すユニタリを u とすれば，$upu^*=S_1^m S_1^{*m}$ となる．

他方，定理 3.5.15 の証明により，等長作用素 v で $\mathscr{E}(b)=v^*bv$ を満たすものが存在する．そこで，この v を用いて，$c=\|\mathscr{E}(b)\|^{-1/2}S_1^{*m}upv^*$ とすれば，

$$cbc^* = \frac{1}{\|\mathscr{E}(b)\|}S_1^{*m}upv^*bvpu^*S_1^m = 1.$$

また，

$$\|c^*c\| = \frac{1}{\|\mathscr{E}(b)\|}\|vpu^*S_1^m S_1^{*m}upv^*\| = \frac{1}{\|\mathscr{E}(b)\|} < \frac{3}{2}$$

であるから，$\|1-ca^*ac^*\|\leq \|c\|^2\|b-a^*a\|<1/2$．ゆえに ca^*ac^* は可逆である．$d=ca^*ac^*$ とすれば，$(d^{-1/2}ca^*)a(c^*d^{-1/2})=1$ と表せる．したがって，命題 3.5.24 の主張(ii)により，証明が得られる． ■

定理 3.5.27(Kirchberg) A が第 3.7 節で説明する核型というクラスに属する可分な単位的単純 C^* 環の場合には，次のことが成り立つ．

(i) $A\otimes\mathcal{O}_2\simeq\mathcal{O}_2$.

(ii) A が純無限な場合には，$A\otimes\mathcal{O}_\infty\simeq A$.   □

この定理は核型 C^* 環の分類理論において重要な役割を演じるが，入門書の程度を越えるので，これ以上立ち入らない．

3.5.6 Cuntz-Krieger 環

行列要素が 0 または 1 だけからなる $n\times n$ 行列 $\Lambda=(\lambda_{ij})$ で，どの行どの列も

零ベクトルでないものを，遷移行列ということにする．

定義 3.5.28[13]　Λ を遷移行列とする．n 個の生成元 $v_1, v_2, \cdots, v_n$ に基本関係式

$$(3.11) \quad v_i v_i^* v_j = \delta_{ij} v_i, \quad v_i^* v_i = \sum_{j=1}^{n} \lambda_{ij} v_j v_j^*$$

を仮定して得られる*多元環 A に対し，その普遍表現の生成する C^* 環を **Cuntz-Krieger 環**といい，$\mathcal{O}_\Lambda$ で表す．　□

定義から直ちに，*多元環 A は Cuntz-Krieger 環 $\mathcal{O}_\Lambda$ の稠密部分*多元環と見なすことができる．さらに，元 $\sum_{i=1}^{n} v_i v_i^*$ がこの*多元環 A の単位元になる．実際，この元を p とすれば，最初の関係式から $pv_i = v_i$ がわかる．$p_j = v_j v_j^*$，$q_i = v_i^* v_i$ とすれば，後の関係式により，各 q_i は p_j $(j=1,\cdots,n)$ の線形拡大として得られる可換*多元環の元である．したがって，遷移行列の条件により，p は

$$q_1 + \sum_{j=2}^{n} \{q_j - q_j(q_1 \vee q_2 \vee \cdots \vee q_{j-1})\}$$

と表せ，$pv_1^* = v_1^*$ となる．ただし，$q_1 \vee q_2$ は $q_1 + q_2 - q_1 q_2$ である．同様にして，$pv_j^* = v_j^*$ $(j=2,\cdots,n)$ もわかる．

さて，*多元環 A の表現 $\{\pi, \mathcal{H}\}$ として，$S_i = \pi(v_i)$ $(i=1,\cdots,n)$ と置き，どの S_i も 0 でないものを考える．各 S_i は半等長作用素で，

$$\sum_{j=1}^{n} S_j S_j^* = 1, \quad S_i^* S_i = \sum_{j=1}^{n} \lambda_{ij} S_j S_j^* \quad (i=1,\cdots,n)$$

を満たしている．行列要素 λ_{ij} がどれも 1 の場合が，Cuntz 環である．

注　通常の Cuntz-Krieger 環の定義は，こことは違い，上の関係式を満たす 0 でない半等長作用素 $S_1, \cdots, S_n$ の生成する C^* 環として定義され，表現の選び方によるあいまいさが残る．例えば，表 3.1 の左の 2 つでは，$\mathbb{T}$ の代わりにその閉部分集合になり，その決まり方は表現の選び方に依存する．　□

今後の見通しを得るために，$n=2$ の場合を検討しておく．遷移行列 Λ が対

---

13)　J. Cuntz and W. Krieger: A class of C^*-algebras and topological Markov chains, *Invent. Math.*, **56**(1980), 251-268.

角行列の場合の，Cuntz-Krieger 環 $\mathcal{O}_\Lambda$ の生成元は

$$v_i^* v_i = v_i v_i^*, \quad v_i^* v_j = \delta_{ij} v_i^* v_i$$

を満たす．v_1, v_2 それぞれの生成する部分 C^* 環はともに $\mathbb{T}$ 上の連続関数環 $C(\mathbb{T})$ と同型になる．したがって，Cuntz-Krieger 環はそれらの直和 $C(\mathbb{T}) \oplus C(\mathbb{T})$ と同型である．

遷移行列 Λ が反対角の場合には，$v_i^* v_i = v_{3-i} v_{3-i}^* (i=1,2)$, $v_1^2 = v_2^2 = v_1^* v_2 = v_2^* v_1 = v_1 v_2^* = v_2 v_1^* = 0$ を満たしている．このとき，Cuntz-Krieger 環において，ユニタリ $v_1 v_2$ の生成する部分 C^* 環は $C(\mathbb{T})$ と同型である．また，稠密部分 $*$ 多元環 A の任意の元は，元 $v_1 v_2$ の生成する部分 $*$ 多元環 B の元を用いて

$$a + b v_1 + v_1^* c + v_1^* d v_1 \quad (a, b, c, d \in B)$$

と一意的に表せる．このとき A から $M(2, B)$ への対応

$$a + b v_1 + v_1^* c + v_1^* d v_1 \mapsto \begin{pmatrix} a & b \\ c & d \end{pmatrix}$$

は同型写像であるから，Cuntz-Krieger 環は $M(2, \mathbb{C})$ と $C(\mathbb{T})$ のテンソル積と同型になっている．

また，Λ が左上半三角の場合には

$$T_1 = v_1, \quad T_2 = v_2 v_1$$

とすれば，T_1, T_2 は Cuntz 環 $\mathcal{O}_2$ の生成元の条件を満たしている．Λ が右下半三角の場合にも，同様に Cuntz 環 $\mathcal{O}_2$ が得られる．

表 3.1　2×2 遷移行列の Cuntz-Krieger 環．

Λ	$\begin{pmatrix} 1 & 0 \\ 0 & 1 \end{pmatrix}$	$\begin{pmatrix} 0 & 1 \\ 1 & 0 \end{pmatrix}$	$\begin{pmatrix} 1 & 1 \\ 1 & 0 \end{pmatrix}$
$\mathcal{O}_\Lambda$	$\mathbb{C}^2 \otimes C(\mathbb{T})$	$M(2, \mathbb{C}) \otimes C(\mathbb{T})$	$\mathcal{O}_2$

残りの Λ が上半三角または下半三角の場合の Cuntz-Krieger 環は $C(\mathbb{T})$ の

$\mathscr{K}(\mathscr{H})\otimes_{\min}C(\mathbb{T})$ による拡大になる．実際，上半三角の場合には，生成元が $v_1^*v_1=v_1v_1^*+v_2v_2^*=1$, $v_2^*v_2=v_2v_2^*$ を満たすので，集合 $\{v_1^m C^*(v_2)v_1^{*n}|m,n\in\mathbb{Z}_+\}$ の生成する $\mathcal{O}_\Lambda$ の閉両側イデアルは $\mathscr{K}(\mathscr{H})\otimes_{\min}C(\mathbb{T})$ と同型であり，その商 C^* 環は $C(\mathbb{T})$ と同型である．ただし，$C^*(v_2)$ は v_2 の生成する C^* 環である．下半三角の場合も同様である．

注 Λ が反対角の場合の Cuntz-Krieger 環 $\mathcal{O}_\Lambda$ には $\alpha_t(v_j)=e^{it}v_j\,(j=1,2)$ を満たす $\mathbb{R}$ の連続作用 $\{\alpha_t\}$ が存在する．このとき，$\mathcal{O}_\Lambda$ の表現 $\{\pi,\mathbb{C}^2\}$ で

$$\pi(v_1)=\begin{pmatrix}0 & 1\\ 0 & 0\end{pmatrix},\quad \pi(v_2)=\begin{pmatrix}0 & 0\\ 1 & 0\end{pmatrix}$$

を満たすものを考えると，$\pi(v_1v_2)=\pi(v_1v_1^*)$ が成り立つので，作用 $\{\alpha_t\}$ を $\pi(\mathcal{O}_\Lambda)$ へ誘導することはできない． □

命題 3.5.29 遷移行列が置換行列の Cuntz-Krieger 環は $M(n,\mathbb{C})$ の部分 C^* 環と $C(\mathbb{T})$ のテンソル積である． □

[証明] 上でおこなった $n=2$ の場合の議論と同様にすればよい． ∎

他方，遷移行列 Λ が与えられると，次のような力学系を考えることができる．有限巡回群 $\mathbb{Z}_n=\mathbb{Z}/n\mathbb{Z}=\{1,2,\cdots,n\}$ のコピー $(\mathbb{Z}_n)_i$ の無限直積 $\prod_{i=1}^{\infty}(\mathbb{Z}_n)_i$ を Ω とする．Ω はコンパクト Hausdorff 空間である．Ω は推移変換

$$T:(\omega_1,\omega_2,\cdots)\mapsto(\omega_2,\omega_3,\cdots)$$

により，位相力学系になる．つぎに，遷移行列 Λ に対して，

$$\Omega_\Lambda=\bigcap_{i\in\mathbb{N}}\{(\omega_1,\omega_2,\cdots)\in\Omega|\lambda_{\omega_i,\omega_{i+1}}=1\}$$

と置く．Ω_Λ は Ω の閉部分集合であり，$T\Omega_\Lambda\subset\Omega_\Lambda$ が成り立つ．つまり，$T|_{\Omega_\Lambda}$ は Ω_Λ 上で**部分シフト**と呼ばれる推移変換である．Ω_Λ の元 $\omega=(\omega_i)$ を集合 $\{1,2,\cdots,n\}$ 上を動く経路 $\omega_1\to\omega_2\to\cdots$ と考える．ω_1 で $j\in\{1,2,\cdots,n\}$ から出発し，他の点を経由して，再び j に戻る経路が 2 つ以上ある j の全体を I_a とし，ω_1 で $j\in\{1,2,\cdots,n\}$ から出発し，j に戻る経路が 1 つしかなく(j が続くことも認める)いつまで経ってもそのループから抜けだせないような j の全体を I_p とする．I_a,I_p 以外の $\mathbb{Z}_n$ の点は二度と自分の所へ戻ることはないか，

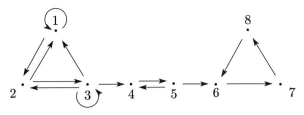

図 3.4 $I_a = \{1, 2, 3\}$ と $I_p = \{6, 7, 8\}$ の点の例.

または戻ってもいつかは外へ出ていける可能性をもつ，いわば通過点である．したがって，I_p 以外の点から出発する経路の中には，いずれは I_p へ到達できるものが必ず含まれている．

表 3.1 の最初の 2 つの場合の空間 Ω_Λ はそれぞれ 2 点からなる集合

$$\{(1,1,1,1,\cdots),(2,2,2,2,\cdots)\}, \quad \{(1,2,1,2,\cdots),(2,1,2,1,\cdots)\}$$

であり，ともに I_p に到達する経路のみから成っている．これらは位相力学系としても，対応する Cuntz-Krieger 環としても同型ではない．

次の補題を考えるときには，もう少し複雑な次の $\mathbb{Z}_8$ の場合の例（図 3.4）が参考になるだろう．

補題 3.5.30 次の 2 条件は同値である.
(i) Ω_Λ は孤立点をもたない．
(ii) どの点 $k \in \{1, \cdots, n\}$ からも I_a に到達する経路がある． □

［証明］ (i)⇒(ii) どの路を選択しても，いつまでも決して I_a に到達しない経路，つまり I_p に到達し，その後どの路を選んでもそのループから抜け出せない経路の全体を Ω_0 とする．$\omega \in \Omega_0, \omega = (\omega_i)$ とする．経路 ω は ω_k において I_p に到達し，そこから抜け出せなくなったとする．このとき，この ω の近傍

$$U_k(\omega) = \{(\omega_i') \in \Omega_\Lambda \mid \omega_1' = \omega_1, \omega_2' = \omega_2, \cdots, \omega_k' = \omega_k\}$$

は Ω_0 に含まれるから，$\Omega_\Lambda \setminus \Omega_0$ と共通部分をもたない．この場合の ω は k から先の経路は一意的に決まるので，$U_k(\omega) = \{\omega\}$ である．ところで，$U_k(\omega)$ は Ω_Λ の開かつ閉部分集合であるから，ω は孤立点である．

(ii)⇒(i) もし孤立点 ω があれば，その点の近傍 $U_k(\omega)$ には $U_k(\omega) = \{\omega\}$ と

なるものがあり，しかも孤立点全体の補集合とは共通部分をもつことはない．したがって，ω は I_p に到達しただけでなく，そこから抜け出せず，I_a には決して到達しない経路である．

さて，Cuntz-Krieger 環を調べるために，その稠密部分*多元環 A の代数的な構造に関する考察から始めよう．基本関係式(3.11)からわかるように，λ_{ij} が 1 であることと，$v_i v_j$ が 0 でないことは同値である．したがって，

$$(3.12) \qquad \lambda_{i_1 i_2} \lambda_{i_2 i_3} \cdots \lambda_{i_{k-1} i_k} = 1 \iff v_{i_1} v_{i_2} \cdots v_{i_k} \neq 0$$

が成り立つ．そこで，Λ により定まる多重添字の集合 $I_\Lambda^{(k)}$ および I_Λ を

$$I_\Lambda^{(k)} = \{(i_1, i_2, \cdots, i_k) \in \{1, 2, \cdots, n\}^k \mid v_{i_1} v_{i_2} \cdots v_{i_k} \neq 0\}$$

$$I_\Lambda = \bigcup_{k=1}^\infty I_\Lambda^{(k)}$$

と置き，以後，元 $v_{i_1} v_{i_2} \cdots v_{i_k}$ を $v_{i_1 i_2 \cdots i_k}$ と略記することにする．

A の元は $v_{\boldsymbol{i}} v_{\boldsymbol{j}}^* \, (\boldsymbol{i}, \boldsymbol{j} \in I_\Lambda)$ なる形の元の 1 次結合で表される．$\boldsymbol{i}, \boldsymbol{j} \in I_\Lambda^{(k)}$ に対しては，基本関係式により，

$$v_{\boldsymbol{i}}^* v_{\boldsymbol{j}} = \begin{cases} 0 & (\boldsymbol{i} \neq \boldsymbol{j}) \\ v_{i_k}^* v_{i_k} & (\boldsymbol{i} = \boldsymbol{j} = (i_1, \cdots, i_k)) \end{cases}$$

が成り立つ．また，

$$\sum_{\boldsymbol{i} \in I_\Lambda^{(k)}} v_{\boldsymbol{i}} v_{\boldsymbol{i}}^* = 1$$

となることが k に関する帰納法でわかる．実際

$$\sum_{\boldsymbol{i} \in I_\Lambda^{(k)}} v_{\boldsymbol{i}} v_{\boldsymbol{i}}^* = \sum_{\boldsymbol{i}' \in I_\Lambda^{(k-1)}} \sum_{i=1}^n v_{\boldsymbol{i}' i} v_{\boldsymbol{i}' i}^* = \sum_{\boldsymbol{i}' \in I_\Lambda^{(k-1)}} v_{\boldsymbol{i}'} v_{\boldsymbol{i}'}^*.$$

したがって，Cuntz 環の場合と同じように，集合 $\{v_{\boldsymbol{i}} v_{\boldsymbol{j}}^* \mid |\boldsymbol{i}| - |\boldsymbol{j}| = k\}$ の線形拡大を $A(k)$ とすれば，A は $\sum_{k \in \mathbb{Z}} A(k)$ と直和分解される．このとき，$A(0)$ は A の部分*多元環であり，$A(k)$ は両側 $A(0)$ 加群である．

つぎに，$A(0)$ を詳しく考察する．そのために，$p_i = v_i v_i^* \, (i=1, \cdots, n)$ とする．各 $\boldsymbol{i}, \boldsymbol{j} \in I_\Lambda^{(k)}$ に対して，

$$w_{ij}^{(k)}(i) = v_i p_i v_j^* \quad (i=1,2,\cdots,n)$$

と置く．$v_i v_j^* = \sum\limits_{i=1}^{n} w_{ij}^{(k)}(i)$ と表せるので，$A(0)$ はこのような $w_{ij}^{(k)}(i)$ の1次結合全体のなす集合である．このとき，

$$w_{ij}^{(k)}(i)^* = w_{ji}^{(k)}(i), \quad \sum_{i=1}^{n} \sum_{i \in I_\Lambda^{(k)}} w_{ii}^{(k)}(i) = 1$$

$$w_{ij}^{(k)}(i) w_{lm}^{(k)}(j) = \delta_{jl} v_i p_i q_{j_k} p_j v_m^* = \lambda_{j_k,i} \delta_{jl} \delta_{ij} w_{im}^{(k)}(i)$$

が成り立つ．ここで $w_{ij}^{(k)}(i) \neq 0$ と $\lambda_{j_k,i}=1$ は同値であるから，各 i に対して，集合

$$\{w_{ij}^{(k)}(i) \mid \boldsymbol{i},\boldsymbol{j} \in I_\Lambda^{(k)}, \lambda_{i_k i}=\lambda_{j_k i}=1\}$$

は行列単位である．したがって，集合 $\{\boldsymbol{i} \in I_\Lambda^{(k)} \mid \lambda_{i_k,i}=1\}$ の元の数を d_{ki} とすれば，この行列単位の生成する行列環は $M(d_{ki},\mathbb{C})$ と同型である．そこで，集合 $\{w_{ij}^{(k)}(i) \mid \boldsymbol{i},\boldsymbol{j} \in I_\Lambda^{(k)}, i=1,\cdots,n\}$ の生成する*多元環を M_k とする．この集合は $\bigcup\limits_{i=1}^{n} \{w_{ij}^{(k)}(i) \mid \boldsymbol{i},\boldsymbol{j} \in I_\Lambda^{(k)}, \lambda_{i_k i}=\lambda_{j_k i}=1\}$ と表せるので，M_k は直和 $\sum\limits_{i=1}^{n \oplus} M(d_{ki},\mathbb{C})$ と同型であることがわかる．

さらに，

$$w_{ij}^{(k)}(i) = v_{ii} v_{ji}^* = \sum_{\ell=1}^{n} v_{ii} p_\ell v_{ji}^* = \sum_{\ell=1}^{n} w_{ii,ji}^{(k+1)}(\ell)$$

と表せるから，M_k は M_{k+1} の部分*多元環であり，$A(0)$ は有限次元部分*多元環 M_k の増加列の帰納極限であることがわかる．ただし，$(\boldsymbol{i},i),(\boldsymbol{j},i) \in I_\Lambda^{(k+1)}$ に対して $w_{ii,ji}^{(k+1)}(\ell) \neq 0$ となることと，$\lambda_{i\ell}=1$ とは同値であるから，Λ の転置行列が M_k と M_{k+1} の間の Bratteli 図形を与える隣接行列になっている．したがって，$A(0)$ の最大ノルムによる閉包 $\overline{A(0)}$ は AF 環である．

さて，いよいよ*多元環 A の表現 $\{\pi,\mathscr{H}\}$ を用いた議論に入る．まず B を $\pi(A)$ のノルム閉包として得られる C^* 環とする．このとき，表現 π は包絡 C^* 環として得られる Cuntz-Krieger 環 $\mathcal{O}_\Lambda$ から B の上への準同型写像に一意的に拡張されるので，それも同じ記号 π で表す．さらに，

$$S_i = \pi(v_i) \quad (i=1,\cdots,n), \quad S_{\boldsymbol{i}} = \pi(v_{\boldsymbol{i}})$$

とする．以下では，どの S_i も 0 でない場合だけを考える．Cuntz 環の場合と同じように，$\pi(\overline{A(0)})$ は $\pi(A(0))$ の閉包と一致する．

$S_i \neq 0\,(i=1,\cdots,n)$ を仮定しているから，関係 (3.12) は v_i の代わりに S_i に対しても成り立つ．したがって，$\boldsymbol{i}=(i_1,\cdots,i_k) \in I_\Lambda^{(k)}$ に対しては，$S_{\boldsymbol{i}}^* S_{\boldsymbol{i}} = S_{i_k}^* S_{i_k}$ となるので，$S_{\boldsymbol{i}} \neq 0$．また，$\sum_{i=1}^{n} \sum_{\boldsymbol{i} \in I_\Lambda^{(k)}} \pi(w_{\boldsymbol{i}\boldsymbol{i}}^{(k)}(i)) = 1$ である．もし，ある $(\boldsymbol{i},i) \in I_\Lambda^{(k+1)}$ に対して $\pi(w_{\boldsymbol{i}\boldsymbol{i}}^{(k)}(i))=0$ ならば，$S_{\boldsymbol{i}} S_i S_i^* S_{\boldsymbol{i}}^* = 0$ となり，$S_{\boldsymbol{i}i} \neq 0$ と矛盾する．ゆえに，上の和に現れる $(\boldsymbol{i},i) \in I_\Lambda^{(k+1)}$ に対応する項 $\pi(w_{\boldsymbol{i}\boldsymbol{i}}^{(k)}(i))$ はどれも 0 ではない．したがって，準同型写像 π は上の行列要素を保存する．したがって，$\pi(\overline{A(0)})$ は $\overline{A(0)}$ と同型な AF 環である．したがって，π は $\overline{A(0)}$ 上で単射である．

他方，命題 3.5.29 の直後に与えた遷移行列 Λ から導かれる位相力学系の空間 Ω_Λ が孤立点をもつ場合には，補題 3.5.30 の条件を満たさないので，始射影が終射影に押さえられる元 S_i が存在する．このとき作用素 S_i のスペクトルは単位円板 $\{z \in \mathbb{C} \mid |z| \leq 1\}$ の閉部分集合となり，これは表現 π の選び方により変わり得る．したがって，表現 π の一意性は保証されない．

つぎに，この AF 環の対角部分を考えよう．集合 $\{S_{\boldsymbol{i}} S_{\boldsymbol{i}}^* \mid \boldsymbol{i} \in I_\Lambda\}$ の生成する $\pi(\overline{A(0)})$ の部分*多元環は可換である．実際，$|\boldsymbol{i}| \leq |\boldsymbol{j}|$ の場合，添字 $\boldsymbol{j}$ の最初の $|\boldsymbol{i}|$ 個を $\boldsymbol{j}_{\boldsymbol{i}}$ とすれば，

$$S_{\boldsymbol{i}} S_{\boldsymbol{i}}^* S_{\boldsymbol{j}} S_{\boldsymbol{j}}^* = \delta_{\boldsymbol{i},\boldsymbol{j}_{\boldsymbol{i}}} S_{\boldsymbol{j}} S_{\boldsymbol{j}}^* = S_{\boldsymbol{j}} S_{\boldsymbol{j}}^* S_{\boldsymbol{i}} S_{\boldsymbol{i}}^*$$

となる．そこで，その射影元 $S_{i_1 i_2 \cdots i_k} S_{i_1 i_2 \cdots i_k}^*$ には，Ω_Λ の部分集合 $\{(\omega_i) \in \Omega_\Lambda \mid \omega_1 = i_1, \cdots, \omega_k = i_k\}$ の特性関数を対応させることにより，その*多元環の閉包として得られる可換 C^* 環 $\mathscr{D}_\Lambda$ は $C(\Omega_\Lambda)$ と同型になる．また，Cuntz 環の場合と同じように，B 上の単位的正線形写像 ρ を

$$\rho(a) = \sum_{i=1}^{n} S_i a S_i^* \quad (a \in B)$$

で定義すれば，ρ は (Cuntz 環の場合と違い B 上の準同型写像になるとは限らないが) $\mathscr{D}_\Lambda$ を保存し，その上では準同型写像で，

$$(\mathscr{D}_\Lambda, \rho) \cong (C(\Omega_\Lambda), \rho_T)$$

となる．ただし，$(\rho_T f)(\omega)$ は Ω_Λ 上の推移変換 T により与えられる $f(T\omega)$ である．

補題 3.5.31 Ω_Λ は孤立点をもたないとする．このとき，

(i) 任意の $k \in \mathbb{N}$ に対して，可換 C^* 環 $\mathscr{D}_\Lambda$ の射影元 e で $eS_i \neq 0 (i=1,\cdots,n)$ かつ条件

$$(3.13) \quad |\boldsymbol{i}| \leq k \Rightarrow \forall m \in \mathbb{N} : \rho^m(e) S_{\boldsymbol{i}} \rho^m(e) = 0$$

を満たすものが存在する．

(ii) (i)の k と射影 e を用いると，任意の $a \in \pi(M_{k-1})$ に対して，

$$m \geq k \Rightarrow \rho^m(e)a = a\rho^m(e), \quad \|\rho^m(e)a\| = \|a\|. \qquad \square$$

[証明] (i) Ω_Λ に孤立点がなければ，補題 3.5.30 により，どの経路も必ず I_a に到達するので，各 $\ell \in \{1, 2, \cdots, n\}$ に対し，ℓ から出発する(すなわち $\omega_1^{(\ell)} = \ell$ を満たす)経路 $\omega^{(\ell)} = (\omega_i^{(\ell)})$ で，

$$\ell \neq \ell' \Rightarrow \forall m, m' \in \mathbb{N} : T^m \omega^{(\ell)} \neq T^{m'} \omega^{(\ell')}$$

となるものがある．このとき，このような経路の集合 $\{\omega^{(1)}, \cdots, \omega^{(n)}\}$ を Ω_1 とすれば，異なる $m, m' \in \mathbb{N}$ に対していつでも $T^m \Omega_1 \cap T^{m'} \Omega_1 = \emptyset$ が成り立つ．したがって，任意の $m, k \in \mathbb{N}$ に対して，Ω_1 を含む開かつ閉集合 Ω_2 で

$$1 \leq \ell \leq k \Rightarrow T^m \Omega_2 \cap T^{m+\ell} \Omega_2 = \emptyset$$

となるものが存在する．そこで，$\chi_{\Omega_2} \in C(\Omega_\Lambda)$ に対応する可換 C^* 環 $\mathscr{D}_\Lambda$ の射影を e とすれば，$eS_i \neq 0 (i=1,\cdots,n)$ かつ条件(3.13)を満たしている．

(ii) $\pi(p_i) = S_i S_i^* \in \mathscr{D}_\Lambda (i=1,\cdots,n)$ であるから，$\pi(q_j) \in \mathscr{D}_\Lambda$．したがって，任意の $\boldsymbol{i}, \boldsymbol{j} \in I_\Lambda^{(k)}$ に対して，$m \geq k$ ならば，

$$\rho^m(e) S_{\boldsymbol{i}} S_{\boldsymbol{j}}^* = S_{\boldsymbol{i}} \rho^{m-k}(e) \pi(q_{i_k}) S_{\boldsymbol{j}}^* = S_{\boldsymbol{i}} \rho^{m-k}(e) S_{\boldsymbol{j}}^* = S_{\boldsymbol{i}} S_{\boldsymbol{j}}^* \rho^m(e).$$

ゆえに，任意の $a \in \pi(M_{k-1})$ に対しても $\rho^m(e)a = a\rho^m(e)$．

任意の $\boldsymbol{i}, \boldsymbol{j} \in I_\Lambda^{(k-1)}$ と $i=1,\cdots,n$ に対して，$(\boldsymbol{i},i),(\boldsymbol{j},i) \in I_\Lambda^{(k)}$ ならば，$\pi\bigl(w_{\boldsymbol{ij}}^{(k-1)}(i)\bigr)\rho^k(e) = S_{\boldsymbol{i}} S_i e S_i^* S_{\boldsymbol{j}}^*$．主張(i)で得られた $\mathscr{D}_\Lambda$ の射影元 e は $eS_i \neq 0$

$(i=1,\cdots,n)$ を満たしている．したがって，$e\pi(p_i)=eS_iS_i^*\ne 0\,(i=1,\cdots,n)$．したがって $eS_j^*S_j=e\pi(q_j)\ne 0\,(j=1,\cdots,n)$．各 $\boldsymbol{i}\in I_\Lambda^{(k-1)}$ に対して，$S_{\boldsymbol i}^*S_{\boldsymbol i}S_iS_i=S_i^*S_i$ と表せるから，任意の $\boldsymbol{i},\boldsymbol{j}\in I_\Lambda^{(k-1)}$ と $i=1,\cdots,n$ に対して，$(\boldsymbol{i},i),(\boldsymbol{j},i)\in I_\Lambda^{(k)}$ ならば，$\pi\bigl(w_{\boldsymbol{ij}}^{(k-1)}(i)\bigr)\rho^k(e)=S_{\boldsymbol i}S_ieS_i^*S_{\boldsymbol j}^*\ne 0$．したがって，制限写像

$$a\in\pi(M_{k-1})\mapsto a_{\rho^k(e)}\in\pi(M_{k-1})_{\rho^k(e)}$$

は同型写像である．$m>k$ の場合にも，$S_{\boldsymbol i}S_iS_{\boldsymbol l}\ne 0$ を満たす $\boldsymbol{l}\in I_\Lambda^{(m-k-1)}$ が存在するので，これを用いて上と同様な議論をすれば，制限写像

$$a\in\pi(M_k)\mapsto a_{\rho^m(e)}\in\pi(M_k)_{\rho^m(e)}$$

も同型写像であることがわかる．したがって，$\|a\|=\|a_{\rho^m(e)}\|=\|a\rho^m(e)\|$． ∎

定理 3.5.32(Cuntz-Krieger) Ω_Λ は孤立点をもたないとする．Cuntz-Krieger 環の基本関係式 (3.11) を満たす元 $v_i\,(i=1,\cdots,n)$ の生成する *多元環 A の表現 π が $\pi(v_i)\ne 0\,(i=1,\cdots,n)$ を満たすときには，その表現の生成する C^* 環は Cuntz-Krieger 環と同型になり，同型写像は生成元を保存している． □

[証明] Cuntz 環の場合と同じように証明をする．$\pi(A)$ のノルム閉包として得られる C^* 環を B とする．A の表現 π を Cuntz-Krieger 環 $\mathcal{O}_\Lambda$ へ拡張して得られる C^* 環 B 上への写像を，改めて同じ記号を用いて π とする．また，$\mathcal{O}_\Lambda$ 上には $\alpha_t(v_j)=e^{2\pi it}v_j\,(j=1,\cdots,n)$ を満たす連続 1 径数自己同型群 $\{\alpha_t\}$ が存在する．その不動点環 $\mathcal{O}_\Lambda^\alpha$ は $\overline{\bigcup_{k=1}^\infty\{v_{\boldsymbol i}v_{\boldsymbol j}^*|\boldsymbol{i},\boldsymbol{j}\in I_\Lambda^{(k)}\}}$ の閉線形拡大 $\overline{A(0)}$ として得られる．Ω_Λ が孤立点をもたない場合には，$\overline{A(0)}$ は AF 環で，準同型写像 π はこの AF 環 $\overline{A(0)}$ 上で単射である．このとき，$\mathcal{O}_\Lambda$ から $\overline{A(0)}$ 上へのノルム 1 射影 $\mathscr{E}$ が

$$\mathscr{E}(a)=\int_0^1 \alpha_t(a)\,dt \quad (a\in\mathcal{O}_\Lambda)$$

により定まる．

$\mathcal{O}_\Lambda$ の部分 *多元環 A は Cuntz 環の場合と同じように，作用 $\{\alpha_t\}$ のスペクトルを用いて，$\sum_{k\in\mathbb{Z}}A(k)$ と直和分解される．したがって，その元 a は適当な $k\in\mathbb{N}$ により，$\sum_{|\ell|\le k}a_\ell\,(a_\ell\in A(\ell))$ と表される．$a_0\in A(0)$ であるから，$a_0\in M_{k'}$ となる $k'\ge k$ が存在する．以後，k' を改めて k とする．

いま，補題 3.5.31 の射影を $e \in \mathcal{D}_\Lambda$ とすれば，$m > k$ に対して，

$$\rho^m(e)\pi(a)\rho^m(e) = \rho^m(e)\pi(a_0)\rho^m(e)$$
$$\|\pi(a_0)\| = \|\pi(a_0)\rho^m(e)\| = \|\rho^m(e)\pi(a_0)\rho^m(e)\|$$

が成り立つ．ゆえに，

$$\|\pi(a_0)\| \leqq \|\pi(a)\|.$$

したがって，B から $\pi(\overline{A(0)})$ 上へのノルム 1 の射影 $\mathcal{E}^\pi$ が存在し，Cuntz 環の場合と同様に，次の可換図式が得られる．

$$\begin{array}{ccc} \mathcal{O}_\Lambda & \xrightarrow{\pi} & B \\ {\scriptstyle \mathcal{E}}\downarrow & & \downarrow{\scriptstyle \mathcal{E}^\pi} \\ \overline{A(0)} & \xrightarrow{\pi} & \pi(\overline{A(0)}) \end{array}$$

したがって，π が $\overline{A(0)}$ 上で単射であることと，$\mathcal{E}$ の忠実性により，π の単射性が導かれる． ∎

遷移行列 Λ を何乗かして，行列要素がすべて正になるとき，Λ は**非周期的**であるといい，また，任意の i, j に対して Λ^m の (i, j) 要素が正になる $m \in \mathbb{N}$ が存在するとき，Λ は**既約**であるという．非周期的ならば既約であるが，逆は成り立たない．実際，周期的かつ既約なものに，置換行列がある．また，遷移行列が既約で，置換行列でなければ，Ω_Λ は孤立点をもたない．

定理 3.5.33 遷移行列が既約で置換行列でなければ，Cuntz-Krieger 環は単純である． ∎

[証明] $\mathcal{O}_\Lambda$ の閉両側イデアル J による商写像を π とする．$\pi(v_i)$ ($i=1, \cdots, n$) は Cuntz-Krieger 環の生成元が満たす基本関係式を満たしている．もし，$\pi(v_i)$ がどれも 0 でなければ，定理 3.5.32 により，π は同型写像になり，$J=\{0\}$ となる．もし $\pi(v_i)$ があるいで 0 ならば，$v_i \in J$．遷移行列の既約性により，任意の j に対して，Λ^m の (i, j) 要素が正になる m が存在する．したがって，$\lambda_{ik_1}\lambda_{k_1k_2}\cdots\lambda_{k_{m-1}j}=1$ となる添字の列 $k_1, k_2, \cdots, k_{m-1}$ が存在し，$w = v_i v_{k_1} \cdots v_{k_{m-1}} v_j$ は 0 でない J の元である．ゆえに，$v_j = v_j w^* w \in J$ となり，$J = \mathcal{O}_\Lambda$． ∎

3.6 無理数回転環

単位円周上において無理数 θ の回転を繰り返して得られる力学系はエルゴード的ではあるが, 強混合的 ($\lim_{n\to\infty}\mu(T^{-n}A\cap B)=\mu(A)\mu(B)$) ではない例として古くから知られている. これを C^* 接合積を用いて書きなおしたものが無理数回転環である. これは非可換トーラスとも呼ばれ, 簡単なモデルではあるが, 非可換幾何の基礎概念である微分構造, 接続, 曲率などを理解したり, K 理論や K ホモロジー論から導かれる結果を対応する古典論の結果と比較し, その意義を考えたりするときの格好なモデルになっている. また, それ自身がランダムポテンシャル, 量子ホール効果などの説明にも直接利用されたり, 数論的な側面を現したりと, 多彩な顔をもつ C^* 環でもある.

この節の内容は『数理科学』の記事と一部重複している[14].

3.6.1 非可換トーラスの基本的性質

2次元トーラス $\mathbb{T}^2=\mathbb{R}^2/\mathbb{Z}^2$ 上の関数 u,v を, 各点 $\omega=(\omega_1,\omega_2)$ に対して, $u(\omega)=e^{2\pi i\omega_1}$, $v(\omega)=e^{2\pi i\omega_2}$ で定義する. これら2つの関数 u,v の生成する*多元環は, Weierstrass の定理により, 可換 C^* 環 $C(\mathbb{T}^2)$ において稠密である. したがって, 2次元トーラス $\mathbb{T}^2$ に関する議論は連続関数環 $C(\mathbb{T}^2)$ に読み替えることができ, その研究は2つの連続関数 u,v の研究に帰着される. このことを念頭に非可換トーラスの定義に入ろう. つまり, 2次元トーラス $\mathbb{T}^2$ の座標環をパラメータ θ だけ変形して得られる C^* 環を考えてみよう.

定義 3.6.1 2個の生成元 u,v に基本関係式

$$(3.14) \quad uu^*=u^*u=1, \quad vv^*=v^*v=1, \quad vu=e^{2\pi i\theta}uv$$

を仮定して得られる*多元環 B_θ の包絡 C^* 環を**非可換トーラス**といい, A_θ で表す. とくに, θ が無理数のときには, **無理数回転環**ともいう. □

$A_\theta=A_{-\theta}$ であるから, $\theta\geq 0$ と仮定できる. 以後, 断らないかぎり, $\theta\in[0,1)$

---

[14] 中神祥臣:非可換トーラス, 数理科学, 35 巻 7 号(1997), 40-47.

としよう．$\theta=0$ の場合には，$A_\theta \cong C(\mathbb{T}^2)$ である．実際，ユニタリ作用素のスペクトルは複素平面の単位円周 $S^1=\{z\in\mathbb{C}\,|\,|z|=1\}$ に含まれ，その各点がその作用素の生成する可換 C^* 環の既約表現になっている．したがって，1つのユニタリにより生成される包絡 C^* 環は1次元トーラス上の連続関数環 $C(\mathbb{T})$ として表せる．2つのユニタリにより生成される $A_\theta(\theta=0)$ の場合には，u と v は独立に考えられるので，その包絡 C^* 環は2次元トーラス上の連続関数環になる．

集合 $\{u^m v^n\,|\,m,n\in\mathbb{Z}\}$ は*多元環 B_θ のベクトル空間としての基底である．集合 $\{u^n\,|\,n\in\mathbb{Z}\}$ の生成する部分*多元環を $B(0)$ とすれば，B_θ は両側 $B(0)$ 加群であり，しかも $\sum_{n\in\mathbb{Z}} B(n)$ と直和分解される．ただし，$B(n)=B(0)v^n$ と表せる．さらに，B_θ 上には加法群 $\mathbb{T}=\mathbb{R}/\mathbb{Z}$ の作用 $\{\alpha_t\}$ で

$$\alpha_t(u) = u, \quad \alpha_t(v) = e^{2\pi i t}v \quad (t\in\mathbb{R}/\mathbb{Z})$$

を満たすものが存在する．これは非可換トーラス A_θ 上の連続作用に一意的に拡張されるので，それを同じ記号を用いて表す．このとき，$B(0)$ は連続作用 $\{\alpha_t\}$ による，B_θ の不動点の全体と一致し，直和分解 $\sum_{n\in\mathbb{Z}} B(n)$ はその作用によるスペクトル分解でもある．

定理 3.6.2(S. C. Power)　無理数回転環 A_θ は単純である．　　□

[証明]　A_θ における 0 でない閉両側イデアルを J とする．J が生成元 u,v のいずれかを含めば，J は単位元を含み，したがって，$J=A_\theta$ となる．J が u,v のいずれも含まなければ，A_θ から A_θ/J への商写像 ρ による生成元の像 $\rho(u),\rho(v)$ はともにユニタリであり，生成元と同じ基本関係式を満たしている．したがって，ρ は A_θ の表現である．下で，無理数回転環のこのような自明でない表現は忠実であることを示すので，A_θ/J から A_θ への生成元を保存する同型写像 ρ' が存在する．このとき，合成写像 $\rho'\circ\rho$ は A_θ の生成元を不変にする自己同型写像であり，したがって恒等写像である．ゆえに，$\rho(x)=0$ ならば，$x=\rho'\circ\rho(x)=0$ となり，$J=\{0\}$ となる．よって，A_θ は単純である．

以下，A_θ の自明でない表現 $\{\pi,\mathscr{H}\}$ の忠実性を示す．このとき，$U=\pi(u)$，$V=\pi(v)$ とすれば，これらはともにユニタリである．$A=\overline{\pi(B_\theta)}$ とすれば，A は C^* 環で，π は A_θ から A の上への準同型写像である．C^* 環 A 上には

$$\beta(a) = UaU^*, \quad \gamma(a) = VaV^* \quad (a \in A)$$

で与えられる2つの内部自己同型写像 β と γ が存在する．これは $\beta\circ\gamma=\gamma\circ\beta$ を満たすので，加法群 $\mathbb{Z}^2$ の A 上への作用 $\{\alpha^k\beta^\ell\}_{(k,\ell)\in\mathbb{Z}^2}$ が存在し

$$\beta^k\gamma^\ell(U^m V^n) = e^{2\pi(-kn+\ell m)i\theta} U^m V^n$$

を満たす．したがって，θ が無理数の場合には，A の稠密部分*多元環 $\pi(B_\theta)$ はこの $\mathbb{Z}^2$ の作用により

$$\sum_{(m,n)\in\mathbb{Z}^2} A(-n\theta, m\theta) \quad (A(-n\theta,m\theta) = \mathbb{C}U^m V^n)$$

とスペクトル分解される．ただし，スペクトルの元 $(-n\theta, m\theta)$ は $\mathbb{Z}^2$ を法として $\mathbb{T}^2$ で考える．したがって，π は B_θ 上で単射であり，集合 $\{U^m V^n | m, n \in \mathbb{Z}\}$ は $\pi(B_\theta)$ において1次独立である．したがって，A 上には

$$\alpha_t^\pi(U) = U, \quad \alpha_t^\pi(V) = e^{2\pi it}V, \quad \alpha_t^\pi \circ \pi(x) = \pi \circ \alpha_t(x) \quad (x \in A_\theta)$$

を満たすコンパクト群 $\mathbb{T}$ の連続作用 $\{\alpha_t^\pi\}$ が存在する．そこで，$x \in A_\theta$ と $y = \pi(x)$ に対して

$$\mathscr{E}(x) = \int_0^1 \alpha_t(x)\,dt, \quad \mathscr{E}^\pi(y) = \int_0^1 \alpha_t^\pi(y)\,dt$$

と置けば，これらはノルム1の射影で，$\pi\circ\mathscr{E} = \mathscr{E}^\pi\circ\pi$ を満たしている．ここで，各 $n \in \mathbb{Z}$ に対して，

$$A_\theta(n) = \{x \in A_\theta | \alpha_t(x) = e^{2\pi int}x\}$$

とすれば，A_θ は $\mathbb{T}$ の作用 $\{\alpha_t\}$ により，$\sum_{n\in\mathbb{Z}}^\oplus A_\theta(n)$ とスペクトル分解される．したがって，$\mathscr{E}(A_\theta) = A_\theta(0)$ である．また，各 $n \in \mathbb{Z}$ に対して，$B_\theta(n) \subset A_\theta(n)$ が成り立つので，B_θ の A_θ における稠密性により，$A_\theta(0)$ は u の生成する A_θ の可換な部分 C^* 環と一致する(したがって，$\pi(A_\theta(0))$ は U の生成する A の可換な部分 C^* 環である)．

他方，基本関係式の後半により，u のスペクトルは $\mathrm{Sp}(u) = e^{2\pi i\theta}\mathrm{Sp}(u)$ を満たすので，θ が無理数の場合には，$\mathrm{Sp}(u) = S^1$ となる．ただし $S^1 = \{z \in \mathbb{C} | |z| =$

1}. 同様に，$\mathrm{Sp}(U)=S^1$．したがって，π は $A_\theta(0)$ 上では単射である．実際，$A_\theta(0), \pi(A_\theta(0))$ の Gelfand 表現をそれぞれ $C(\Omega_1), C(\Omega_2)$ とすれば，Ω_i ($i=1$, 2) から S^1 への同相写像が

$$\chi' \in \Omega_1 \mapsto \chi'(u) \in S^1 , \quad \chi \in \Omega_2 \mapsto \chi(U) \in S^1$$

で与えられる．したがって，埋蔵 $\chi \in \Omega_2 \mapsto \chi \circ \pi \in \Omega_1$ を組み合わせると，S^1 から自分自身への単射連続写像

$$\chi(U) \in S^1 \mapsto \chi \in \Omega_2 \mapsto \chi \circ \pi \in \Omega_1 \mapsto \chi \circ \pi(u) \in S^1$$

が存在する．$\chi(U) = \chi \circ \pi(u)$ ($\chi \in \Omega_2$) であるから，上の埋蔵は全射でなければならない．したがって，π は $A_\theta(0)$ 上で単射である．

いま，$\pi(x)=0$ ($x \in A_\theta$) とすれば，$\pi \circ \mathscr{E}(x^*x) = \mathscr{E}^\pi \circ \pi(x^*x) = 0$ となる．π は $A_\theta(0)$ 上で単射であるから，$\mathscr{E}(x^*x)=0$．したがって，

$$\int_0^1 \alpha_t(x^*x) dt = \mathscr{E}(x^*x) = 0$$

となり，ほとんどいたるところの $t \in \mathbb{T}$ で $\alpha_t(x^*x)=0$．ゆえに $x^*x = 0$ となり，$x=0$ である．ゆえに，A_θ は A と同型である．■

したがって，無理数回転環の研究は次の例 3.6.3 の (i), (ii), (iii) のような具体例で扱えばよいことになる．

例 3.6.3 (i) 1次元トーラス $\mathbb{T}=\mathbb{R}/\mathbb{Z}$ 上の Hilbert 空間 $L^2(\mathbb{T})$ において，掛け算作用素 U と推移作用素 V を

$$(U\xi)(t) = e^{2\pi i t}\xi(t) , \quad (V\xi)(t) = \xi(t+\theta)$$

で定義すれば，$VU = e^{2\pi i \theta} UV$ が成り立つ．$L^2(\mathbb{T})$ の代わりに Hilbert 空間 $L^2(\mathbb{R})$ を用いることもできる．

(ii) これを Fourier 変換することにより，Hilbert 空間 $l^2(\mathbb{Z})$ 上の推移作用素と掛け算作用素

$$(U\xi)(n) = \xi(n-1) , \quad (V\xi)(n) = e^{2\pi i n \theta}\xi(n)$$

が得られ，$VU = e^{2\pi i \theta} UV$ を満たす．

(iii) Hilbert 空間 $L^2(\mathbb{T}) \otimes l^2(\mathbb{Z})$ における作用素 U,V を

$$(U\xi)(t,n) = e^{2\pi i t}\xi(t,n) \, , \quad (V\xi)(t,n) = (t+\theta, n+1)$$

とすれば，$VU = e^{2\pi i \theta}UV$ となる．この U,V の生成する C^* 環は接合積 $C(\mathbb{T}) \rtimes_\alpha \mathbb{Z}$ と同型である．ただし，$\bigl(\alpha_n(f)\bigr)(t) = f(t+n\theta)$ である．

(iv) 互いに素な自然数 m,n に対し，行列環 $M(n, \mathbb{C})$ の自然な行列単位 w_{ij} を用いて，

$$U = \sum_{k=1}^n e^{2\pi i (k-1)m/n} w_{kk} \, , \quad V = \sum_{k=1}^n w_{k,k+1}$$

とすれば，$VU = e^{2\pi i \theta}UV$ となる．ただし，$\theta = m/n$ である． □

命題 3.6.4 無理数回転環の例 3.6.3(i) の表現を用いると A_θ には忠実なトレイス的状態 τ が一意的に存在し，

$$\tau\Bigl(\sum_{n\in\mathbb{Z}} f_n v^n\Bigr) = \int_0^1 f_0(t)\,dt \quad (f_n \in C(\mathbb{T}))$$

が成り立つ．ただし，右辺では $\mathbb{T}$ を $[0,1)$ と同一視している． □

[証明] A_θ における 2 つの内部自己同型 β, γ を $\beta(x) = uxu^*$, $\gamma(x) = vxv^*$ とする．$\beta \circ \gamma = \gamma \circ \beta$ である．A_θ 上の状態がトレイス的であることと，β および γ に関して不変なことは同値である．

定理 3.6.2 の証明でわかったように，A_θ から $A_\theta(0)$ 上へのノルム 1 の射影 $\mathscr{E}$ が存在する．$A_\theta(0)$ を $C(\mathbb{T})$ と同一視し，

$$\tau(x) = \int_0^1 \mathscr{E}(x)(t)\,dt \quad (x \in A_\theta)$$

とすれば，τ は A_θ 上の β 不変な忠実状態である．$x = u^\ell v^m$ の場合には，

$$\mathscr{E}\bigl(\gamma(x)\bigr) = e^{2\pi i \theta \ell}\mathscr{E}(x) = e^{2\pi i \theta \ell}\delta_{m0}u^\ell$$

となるから，$\tau(x) = \delta_{\ell 0}\delta_{m0}$ となる．したがって，τ は命題の式を満たし，τ は γ 不変である．ゆえに，τ はトレイス的である．

一意性を示す．τ' を新たなトレイス的状態とする．A_θ の元 $u^\ell v^m$ に対し，$m \neq 0$ の場合には，

$$\sum_{k=-n}^{n} \beta^k(u^\ell v^m) = \frac{e^{2\pi i\theta nm} - e^{-2\pi i\theta(n+1)m}}{1 - e^{-2\pi i\theta m}} u^\ell v^m$$
$$= \frac{\sin(\pi\theta(2n+1)m)}{\sin(\pi\theta m)} u^\ell v^m$$

となるので，B_θ の元 $a = \sum \lambda_{\ell m} v^\ell u^m$ に対しては，次の式の右辺では $m=0$ の項だけが生き残る．したがって，

$$\mathscr{E}(a) = \lim_{n\to\infty} \frac{1}{2n+1} \sum_{k=-n}^{n} \beta^k(a)$$

となる．他方，θ が無理数の場合には，$A_\theta(0)$ 上の γ 不変な状態は $\mathbb{T}$ 上の Lebesgue 測度から導かれるものしかない．ゆえに，A_θ の稠密な部分 *多元環 B_θ 上で，

$$\tau'(a) = \lim_{n\to\infty} \frac{1}{2n+1} \sum_{k=-n}^{n} \tau'(\beta^k(a)) = \tau'(\mathscr{E}(a)) = \tau(\mathscr{E}(a)) = \tau(a)$$

となり，求める一意性がわかる． ∎

この命題により，例 3.6.3 の (i) の表現により生成される A_θ の弱閉包は因子環である．また，例 3.6.3 の (iii) の接合積を用いた表現により生成される A_θ の弱閉包は II_1 型因子環である．したがって，A_θ は非 I 型 C^* 環である．

θ が有理数の場合には，A_θ は既約表現の次元が有限で一定の**等質 C^* 環**になる．

A_θ において，$\sigma(U) = U^{-1}$，$\sigma(V) = V^{-1}$ を満たす自己同型写像 σ の不動点の全体 A_θ^σ は A_θ の部分 C^* 環であり，**非可換 2 次元球面**と解釈される．第 3.8 節の K 理論を用いると，A_θ は AF 環ではないことがわかる．

定理 3.6.5 (i) (Bratteli-Elliott-D. E. Evans-岸本晶孝) θ が無理数ならば，不動点環 A_θ^σ は単純な AF 環である．

(ii) (Elliott，他) A_θ は列 $\{M(n_k, \mathbb{C}) \otimes C(\mathbb{T})\}_k$ により定まる C^* 環の帰納極限に埋蔵することができる． ∎

証明は省く．

3.6.2 Kronecker の流れの C^* 接合積

各 $\theta \in [0,1)$ に対して，2 次元トーラス $\mathbb{T}^2 = \mathbb{R}^2/\mathbb{Z}^2$ において Kronecker の流

れと呼ばれている $\mathbb{R}$ の作用

$$(r,s) \mapsto (r+t, s+\theta t) \mod \mathbb{Z}^2 \quad (t\in\mathbb{R})$$

を考える. θ が無理数の場合には, この流れはエルゴード的である. これを可換 C^* 環 $C(\mathbb{T}^2)$ 上へ導いて得られる C^* 力学系を $(C(\mathbb{T}^2), \mathbb{R}, \gamma)$ とする. ただし, $\gamma=\{\gamma_t\}$ かつ

$$(\gamma_t(f))(r,s) = f(r-t, s-\theta t) \quad (f \in C(\mathbb{T}^2)).$$

この項では, この C^* 力学系から得られる C^* 接合積 $C(\mathbb{T}^2) \rtimes_\gamma \mathbb{R}$ と非可換トーラス A_θ との関係を調べる.

一般に, トーラス $\mathbb{T}=\mathbb{R}/\mathbb{Z}$ 上で C^* 環 A に値をとる連続関数環 $C(\mathbb{T},A)$ は C^* 環 $\{g \in C([0,1], A) | g(1)=g(0)\}$ と同一視することができる. これらは $\mathbb{R}$ 上で A に値をとる周期 1 の連続関数環 $\{f \in C_b(\mathbb{R}, A) | \forall t \in \mathbb{R}: f(t+1)=f(t)\}$ とも同型である. ここで, C_b は有界連続関数のなす多元環を表している. つぎに, この構成法を C^* 環 A の自己同型写像 α によるひねりを入れ,

$$M_\alpha(A) = \{g \in C([0,1], A) | g(1)=\alpha(g(0))\}$$

と置いて得られる C^* 環を**写像トーラス**という. これは C^* 環

$$\{f \in C_b(\mathbb{R}, A) | \forall t \in \mathbb{R}: f(t+1)=\alpha(f(t))\}$$

とも同型であり, 両者はしばしば同一視して扱われることが多い. 写像トーラス $M_\alpha(A)$ における 1 径数自己同型群 $\{\beta_t\}_{t\in\mathbb{R}}$ を

$$\beta_t(a(s)) = a(s-t) \quad (a \in M_\alpha(A))$$

で定義すれば, C^* 力学系 $(M_\alpha(A), \mathbb{R}, \beta)$ が得られる.

とくに, $A=C(\mathbb{T})$ であって, $(\alpha(f))(t)=f(t+\theta)(f\in C(\mathbb{T}))$ の場合には,

$$M_\alpha(C(\mathbb{T})) = \{g \in C([0,1]\times\mathbb{T}) | \forall s \in \mathbb{R}: g(1,s)=g(0,s+\theta)\}$$

と表せるので, $L^2(\mathbb{T}^2)$ から $L^2([0,1]\times\mathbb{T})$ へのユニタリ作用素 $(W_\theta \xi)(r,s) = \xi(r, s-\theta r) (r\in[0,1])$ (ただし, 右辺の r は $\mathbb{T}$ で考える) を使うと, 任意の $f \in$

$C(\mathbb{T}^2)$ に対して, $W_\theta f W_\theta^* \in M_\alpha(C(\mathbb{T}))$ かつ

$$W_\theta \gamma_t(f) W_\theta^* = \beta_t(W_\theta f W_\theta^*) \quad (t \in \mathbb{R})$$

が成り立つので, 2つの力学系 $(C(\mathbb{T}^2), \mathbb{R}, \gamma)$ と $(M_\alpha(A), \mathbb{R}, \beta)$ は空間同型である. したがって, Kronecker の流れの C^*接合積は写像トーラスによる C^*接合積 $M_\alpha(A) \rtimes_\beta \mathbb{R}$ と同型になる. そこで, 以下では後者の接合積を調べることにする.

C^*接合積の定義により, コンパクトな台をもち $M_\alpha(A)$ に値をとる連続関数のなすベクトル空間 $\mathscr{K}(\mathbb{R}, M_\alpha(A))$ における積と対合を

$$(f*g)(t) = \int_\mathbb{R} f(r) \beta_r\bigl(g(t-r)\bigr) dr, \quad f^*(t) = \beta_t\bigl(f(-t)^*\bigr)$$

で考えたものは, C^*接合積 $M_\alpha(A) \rtimes_\beta \mathbb{R}$ の稠密な部分*多元環である. 写像トーラスの後の表示を使うと, $M_\alpha(C(\mathbb{T}))$ は

$$\bigl\{ f \in C_b(\mathbb{R} \times \mathbb{T}) \bigm| \forall (\omega, s) \in \mathbb{R} \times \mathbb{T} : f(\omega+1, s) = f(\omega, s+\theta) \bigr\}$$

と表せる. したがって, *多元環 $\mathscr{K}(\mathbb{R}, M_\alpha(A))$ の $L^2(\mathbb{R} \times \mathbb{T} \times \mathbb{R})$ 上への自然な表現 π が

$$\begin{aligned}(\pi(h)\xi)(\omega, s, t) &= \int \bigl(\pi_\beta(h(r)) u(r) \xi\bigr)(\omega, s, t) dr \\ &= \int_\mathbb{R} h(\omega+t, s, r) \xi(\omega, s, t-r) dr\end{aligned}$$

により得られ, C^*接合積はこれにより生成されている. $L^2(\mathbb{R} \times \mathbb{T} \times \mathbb{R})$ 上のユニタリ $(W\xi)(r, s, t) = \xi(r, s, t+r)$ を用いれば,

$$(3.15) \qquad \bigl(W^* \pi(h) W \xi\bigr)(\omega, s, t) = \int_\mathbb{R} h(t, s, r) \xi(\omega, s, t-r) dr$$

となる. 右辺の作用は変数 ω に無関係である. つぎに, h が関数 $f \in M_\alpha(A)$ と $g \in \mathscr{K}(\mathbb{R})$ を用いて,

$$h(t, s, r) = f(t, s) g(r)$$

と表されるものとする. このような形の h の全体は $\mathscr{K}(\mathbb{R}, M_\alpha(A))$ において線形稠密である.

他方,例 3.6.3 の (iii) のように,無理数回転環は C^* 接合積 $C(\mathbb{T})\rtimes_\alpha\mathbb{Z}$ としても表され,その生成元は

$$(\pi_\alpha(g)\eta)(n) = \alpha^n(g)\eta(n) , \quad ((1{\otimes}S^m)\eta)(n) = \eta(n{-}m) \quad (n,m{\in}\mathbb{Z})$$

により与えられる.ただし,$\eta{\in}l^2(\mathbb{Z}, L^2(\mathbb{T}))$, $g{\in}C(\mathbb{T})$ であり,S は $l^2(\mathbb{Z})$ 上の推移作用素 $S\varepsilon_n=\varepsilon_{n+1}$ である.

また,$L^2(\mathbb{R})$ から $l^2(\mathbb{Z}){\otimes}L^2([0,1))$ への全射等長線形写像 w を

$$(w\xi')(n,s) = \xi'(n{+}s) \quad (n{\in}\mathbb{Z},\ s{\in}[0,1))$$

とし,$m{=}[s{-}r]$ とすれば,$\eta{\in}l^2(\mathbb{Z}){\otimes}L^2([0,1))$ に対して,

$$\begin{aligned}(w\lambda(r)w^{-1}\eta)(n,s) &= (w^*\eta)(n{+}s{-}r)\\ &= \eta(n{+}m, s{-}r{-}m)\\ &= ((S^{-m}{\otimes}\lambda(r{+}m))\eta)(n,s) .\end{aligned}$$

ただし,$(\lambda(r)\xi'')(s){=}\xi''(s{-}r)$ である.

ベクトル $\xi{\in}L^2(\mathbb{R}{\times}\mathbb{T}{\times}\mathbb{R})$ も

$$\xi(\omega,s,t) = \xi_1(\omega)\xi_2(s)\xi_3(t)$$

とする.ここで,$n{=}[t]$, $m{=}[t{-}r]$ とすれば,

$$\begin{aligned}((1{\otimes}1{\otimes}w)W^*\pi(h)W\xi)&(\omega,s,n,t{-}n)\\ &= (W^*\pi(h)W\xi)(\omega,s,t)\\ &= \xi_1(\omega)\int_\mathbb{R} f(t,s)g(r)\xi_2(s)\xi_3(t{-}r)dr\\ &= \xi_1(\omega)\int_\mathbb{R} f(t{-}n, s{+}n\theta)g(r)\xi_2(s)(w\xi_3)(m, t{-}r{-}m)dr\\ &= \xi_1(\omega)((\mathrm{id}{\otimes}\alpha^n)f)(t{-}n,s)\xi_2(s)\\ &\quad \times \int_\mathbb{R} g(r)((S^{-m+n}{\otimes}\lambda(r{+}m{-}n))w\xi_3)(n, t{-}n)dr\\ &= \xi_1(\omega)(\alpha^n(f_{t-n})\xi_2)(s)\sum_{m\in\mathbb{Z}}((S^{-m+n}{\otimes}\lambda(g_{m,n}))w\xi_3)(n, t{-}n) .\end{aligned}$$

ただし,$f_t(s){=}f(t,s)$ かつ $g_{m,n}(r){=}g(r{-}m{+}n)\chi_{(t-n-1,t-n]}(r)$ である.ゆえに,

$$(1 \otimes 1 \otimes w)W^*\pi(h)W(1 \otimes 1 \otimes w^{-1}) \in \mathbb{C}1 \otimes A_\theta \otimes_{\min} \mathscr{K}(L^2([0,1)))$$

となる．ここで，$f \in M_\alpha(A)$ として，$f(t,s)$ の t に関しては周期 1，s に関しては定数の関数を考えれば，このような元全体の生成する C^* 環は $\mathbb{C}1 \otimes \mathbb{C}1 \otimes \mathscr{K}(L^2([0,1)))$ を含むことがわかるし，t に関しては定数，s に関しては周期 θ の関数を考えれば，$g \in \mathscr{K}(\mathbb{R})$ の任意性により，$\mathbb{C}1 \otimes A_\theta \otimes \mathbb{C}1$ を含むこともわかる．

よって，次の定理を得る．

定理 3.6.6(Connes)　$\theta \in [0,1)$ を無理数とする．2 次元トーラス $\mathbb{T}^2$ における Kronecker の流れ

$$\gamma_t : (s,r) \mapsto (s+t, r+\theta t) \mod \mathbb{Z}^2 \quad (t \in \mathbb{R})$$

から得られる C^* 接合積 $C(\mathbb{T}^2) \rtimes_\gamma \mathbb{R}$ は C^* 環 $A_\theta \otimes_{\min} \mathscr{K}(L^2([0,1)))$ と同型である．　□

注　C^* 接合積の概念は Connes により，力学系の場合から葉層多様体の場合にまで一般化され，そのとき得られる C^* 環を**葉層 C^* 環**と呼んでいる．2 次元トーラスは Kronecker の流れを葉層構造と見なすことにより，Kronecker 葉層多様体になる．上の定理は θ が無理数の場合には，対応する葉層 C^* 環が C^* 環 $A_\theta \otimes_{\min} \mathscr{K}(L^2([0,1)))$ と同型になることを示している．　□

3.6.3　Hilbert C^* 加群と乗法子環

C^* 環の安定同型性や非可換ベクトル束を論じるときには，W. L. Paschke[15] と Rieffel[16] により独立に始められた，Hilbert C^* 加群を用いた議論が効果的に利用されるので，その基本的性質を説明する．

E を右 A 加群とする．E が基底をもつとき，E は**自由**であるという．自由な A 加群は A を E の基底の濃度だけ直和したものと同型になる．E が有限個の生成元をもつとき，つまり E のある有限部分集合 S から得られる集合

---

[15] Inner product modules over B^*-algebras, *Trans. Amer. Math. Soc.*, **182** (1973), 443-468.
[16] Induced representations of C^*-algebras, *Adv. in Math.*, **13** (1974), 176-257.

$\{\xi a | \xi \in S, a \in A\}$ の線形拡大が E と一致するとき，E を**有限生成**という．

右 A 加群 E, F に対して，E から F への線形写像 T が $T(\xi a) = (T\xi)a$ ($\xi \in E$, $a \in A$) を満たすとき，T は**加群写像**であるとか，**A 線形**であるという．場合によっては単に準同型写像ということもある．

右 A 加群 M, N と加群写像のなす任意の完全系列 $M \xrightarrow{\pi} N \to 0$ と E から N への任意の加群写像 ρ に対して，$\pi \circ \tilde{\rho} = \rho$ を満たす E から M への加群写像 $\tilde{\rho}$ が存在するとき，E は**射影的**であるという．第 3.8 節で説明するように，有限生成の射影的右 A 加群は，非可換関数空間 A 上の複素ベクトル束と解釈される．

補題 3.6.7 (i) 自由加群は射影的である．

(ii) 右 A 加群 E に対して，次の 2 条件は同値である．

(a) E は射影的である．

(b) $E \oplus E' \cong F$ を満たす右 A 加群 E' と自由加群 F が存在する． □

[証明] (i) 自由加群 F の基底を $\{\varepsilon_i\}_{i \in I}$ とする．右 A 加群の完全系列を $M \xrightarrow{\pi} N \to 0$, F から N への加群写像を ρ とする．$\pi: M \to N$ は全射であるから，$\pi(\xi_i) = \rho(\varepsilon_i)$ ($i \in I$) を満たす M の部分集合 $\{\xi_i | i \in I\}$ が存在する．F は自由であるから，$\tilde{\rho}(\varepsilon_i) = \xi_i$ ($i \in I$) を満たす F から M への加群写像 $\tilde{\rho}$ が存在する．ゆえに，F は射影的である．

(ii) (a)$\Rightarrow$(b) E の生成元の族 $\{\xi_i\}_{i \in I}$ を基底として生成される自由加群を F とすれば，$\pi(\xi_i) = \xi_i$ ($i \in I$) を満たす F から E への自然な完全系列 $F \xrightarrow{\pi} E \to 0$ が存在する．E は射影的であるから，E の恒等写像 id に対して，$\pi \circ \tilde{\rho} = \text{id}$ を満たす E から F への加群写像 $\tilde{\rho}$ が存在する．これは π が分裂することを示している．したがって，$F = \tilde{\rho}(E) \oplus \text{Ker}\,\pi$ と表せる．このとき，$\tilde{\rho}$ は単射であるから，(b) がわかる．

(b)$\Rightarrow$(a) F から E への冪等（射影）を p とする．完全系列 $M \xrightarrow{\pi} N \to 0$ と E から N への加群写像 ρ に対して，F から N への加群写像 $\rho \circ p$ を考える．F は自由加群であるから，$\pi \circ \sigma = \rho \circ p$ を満たす F から M への加群写像 σ が存在する．ここで，E の F への埋蔵を ι とすれば，$\pi \circ \sigma \circ \iota = \rho \circ p \circ \iota = \rho$. したがって，$\tilde{\rho} = \sigma \circ \iota$ とすれば，$\pi \circ \tilde{\rho} = \rho$ となり，E は射影的である． ■

以後，とくに断わらなければ，多元環 A, B などは C^* 環またはその稠密部

分*多元環であるとする.

定義 3.6.8 右 A 加群 E 上の写像 $(\xi,\eta)\in E\times E \mapsto \langle\xi,\eta\rangle_A \in A$ で

$$\langle\xi,\xi\rangle_A \geqq 0, \quad \langle\xi,\lambda\eta_1+\eta_2\rangle_A = \lambda\langle\xi,\eta_1\rangle_A + \langle\xi,\eta_2\rangle_A \quad (\lambda\in\mathbb{C})$$

$$\langle\xi,\eta\rangle_A^* = \langle\eta,\xi\rangle_A, \quad \langle\xi,\eta a\rangle_A = \langle\xi,\eta\rangle_A a \quad (a\in A)$$

を満たすものを **A 値右内積**といい,このような右内積をもつ右 A 加群 E を A 上の**前 C^* 加群**という.以後,A 値右内積を単に A 値内積という.このとき,

$$\langle\lambda\xi_1+\xi_2,\eta\rangle_A = \overline{\lambda}\langle\xi_1,\eta\rangle_A + \langle\xi_2,\eta\rangle_A, \quad \langle\xi a,\eta\rangle_A = a^*\langle\xi,\eta\rangle_A$$

が成り立つ.

また,左 A 加群の場合の A 値左内積 $_A\langle\xi,\eta\rangle$ は,従来通り第 1 変数が線形で第 2 変数が共役線形である. □

ここでは,便宜上,右内積に非退化性を仮定していない.A 上の前 C^* 加群 E 上には C^* 環の元 $\langle\xi,\xi\rangle_A$ のノルムから導かれる半ノルム

$$\|\cdot\|: \xi \mapsto \|\langle\xi,\xi\rangle_A\|^{1/2}$$

が存在する.実際,前 C^* 加群 E において,$\|\xi\|=1$ の場合に,$\zeta=\xi\langle\xi,\eta\rangle_A - \eta$ の A 値右内積 $\langle\zeta,\zeta\rangle_A$ を計算することにより,Schwarz の不等式

$$\langle\eta,\xi\rangle_A\langle\xi,\eta\rangle_A \leqq \|\xi\|^2\langle\eta,\eta\rangle_A$$

が得られるので,$\|\langle\eta,\xi\rangle_A\| \leqq \|\xi\|\|\eta\|$ となり,ノルムの三角不等式も成り立つ.E においてこの半ノルムがノルムであって,しかも E が完備のとき,E を **Hilbert C^* 加群**または単に **C^* 加群**という.前 C^* 加群が与えられると,半ノルムの核による商ノルム空間を完備化することにより C^* 加群が得られる.これを前 C^* 加群から得られる C^* 加群という.通常,このように,前 C^* 加群のままではなく C^* 加群にして扱うことが多い.

左内積に関しても,同様に C^* 加群を考えることができるが,とくに断らないかぎり C^* 加群は右内積で考える.

例 3.6.9 (i) Hilbert 空間 $\mathscr{H}$ と C^* 環 A の代数的テンソル積 $\mathscr{H}\otimes A$ は A

値内積

$$\langle \xi \otimes a, \eta \otimes b \rangle_A = (\eta | \xi) a^* b$$

に関して A 上の前 C^* 加群になる．これを $\mathscr{H} \otimes A$ で表す．この場合には，A 値内積から導かれる半ノルムはノルムである．

(ii)　C^* 環 A に対して，$l^2(\mathbb{N}, A)$ は，$l^2(\mathbb{N})$ の完備性の証明と同様にして，A 値右内積

$$\langle (a_n), (b_n) \rangle_A = \sum_{n=1}^{\infty} a_n^* b_n$$

に関して A 上の C^* 加群になることがわかるので，これを $\mathscr{H}_A$ で表す．　□

A 値右内積に関しては，$a\langle \xi, \eta \rangle_A = \langle \xi a^*, \eta \rangle_A$ が成り立つ．したがって，集合 $\{\langle \xi, \eta \rangle_A | \xi, \eta \in E\}$ の線形拡大 J_0 は A の両側イデアルである．ゆえに，そのノルム位相による閉包 J は A の部分 C^* 環であり，J の近似単位元 $\{e_i\}_{i \in I}$ を J_0 から選ぶことができる．このとき，$\langle \xi e_i - \xi, \xi e_i - \xi \rangle_A \to 0$ となるので，集合 $EJ_0 = \{\xi x | \xi \in E, x \in J_0\}$ は E において線形稠密である．A が単位的な場合には，$\xi 1_A = \xi$ となる．とくに，E が A 上の C^* 加群の場合に，$J = A$ となるとき，E を**充足的**という．

C^* 環 A 上の C^* 加群 E, F に対して，E から F への加群写像 T で

$$\langle T\xi, \eta \rangle_A = \langle \xi, T^*\eta \rangle_A \quad (\xi \in E, \eta \in F)$$

を満たす F から E への加群写像 T^* が存在するものの全体を $\mathrm{Hom}_A(E, F)$ で表す．T は自動的に $\mathbb{C}$ 線形かつ A 線形である．とくに，$E = F$ の場合には，$\mathrm{Hom}_A(E, F)$ を $\mathrm{End}_A(E)$ または $\mathscr{L}_A(E)$ で表す．同様に，E, F が左 A 加群に対応する C^* 加群のときには ${}_A\mathrm{Hom}(E, F)$, ${}_A\mathrm{End}(E)$ などの記号を用いる．

命題 3.6.10　E, F を C^* 環 A 上の C^* 加群とする．

(i)　線形写像 $T \in \mathrm{Hom}_A(E, F)$ は E, F を Banach 空間と見たとき有界である．

(ii)　$\mathrm{End}_A(E)$ は Banach 空間 E 上の作用素ノルムに関して C^* 環である．　□

[証明]　(i)　各 $\xi \in E, \eta \in F$ に対して，$f_\xi(\eta) = \langle T\xi, \eta \rangle_A$ とすれば，f_ξ は F から A への線形写像である．Schwarz の不等式により，$\|f_\xi(\eta)\| \leq \|\xi\| \|T^*\eta\|$ が

成り立つ．したがって，集合 $\{f_\xi\,|\,\|\xi\|\leqq 1\}$ は各 $\eta\in F$ ごとに有界である．ゆえに，一様有界性定理により，

$$\|\langle T\xi,\eta\rangle_A\|\leqq\lambda\|\xi\|\|\eta\|\quad(\eta\in F)$$

を満たす正数 λ が存在する．η に $T\xi$ を代入すれば，T が有界作用素であることがわかる．

(ii) $\mathrm{End}_A(E)$ は通常の演算により*多元環である．また E の完備性により，Banach 空間であることもわかる．また，上の不等式に現れる $\lambda>0$ の下限が T のノルムと一致するので，T^* の定義により，$\|T\|=\|T^*\|$．さらに，

$$\begin{aligned}\|T\|^2&=\sup\{\|\langle T\xi,T\xi\rangle_A\|\,|\,\|\xi\|\leqq 1\}\\&=\sup\{\|\langle T^*T\xi,\xi\rangle_A\|\,|\,\|\xi\|\leqq 1\}\leqq\|T^*T\|\end{aligned}$$

となる．Banach 空間上の作用と同じように，$\|ST\|\leqq\|S\|\|T\|$ も成り立つので，$\mathrm{End}_A(E)$ は C^* 環である． ∎

$\mathrm{Hom}_A(E,F)$ にはノルム位相のほかに，半ノルム

$$p_\xi(T)=\|T\xi\|\quad(\xi\in E),\quad p_\eta(T)=\|T^*\eta\|\quad(\eta\in F)$$

の集合 $\{p_\xi\,|\,\xi\in E\}\cup\{p_\eta\,|\,\eta\in F\}$ から導かれる位相が考えられ，これを**緊密位相**という．$E=F=\mathscr{H}$ の場合には，強*位相である．

C^* 加群 E 上の階数 1 の写像を，Hilbert 空間の場合の階数 1 の写像 $\theta_{\xi,\eta}$ と識別するために，大文字を用いて

$$\Theta_{\xi,\eta}\zeta=\xi\langle\eta,\zeta\rangle_A\quad(\xi,\eta,\zeta\in E)$$

と表すことにすれば，$\Theta_{\xi,\eta}\in\mathrm{End}_A(E)$ となる．もちろん E が Hilbert 空間の場合には同一物である．このとき，Hilbert 空間の場合と同じように，$\Theta_{\xi,\eta}^*=\Theta_{\eta,\xi}$ かつ $\Theta_{\xi a,\eta}=\Theta_{\xi,\eta a^*}$ が成り立つ．また，$T\Theta_{\xi,\eta}=\Theta_{T\xi,\eta}$, $\Theta_{\xi,\eta}T=\Theta_{\xi,T^*\eta}$ となるので，このような写像の 1 次結合，つまり有限階の写像の全体は C^* 環 $\mathrm{End}_A(E)$ の両側イデアルである．そのノルム閉包として得られる部分 C^* 環を $\mathrm{End}_A^0(E)$ または $\mathscr{K}_A(E)$ で表す．同様に，$\mathrm{Hom}_A^0(E,F)$ または $\mathscr{K}_A(E,F)$ などの記法も用いる．

補題 3.6.11 $\mathrm{End}_A^0(E)$ の単位球は，緊密位相に関して，$\mathrm{End}_A(E)$ の単位球において稠密である． □

［証明］ $\mathrm{End}_A^0(E)$ は C^* 環であるから，近似単位元 $\{e_i\}_{i\in I}$ が存在する．例 3.6.9 の後で述べたように，E の元 ξ はノルム位相に関して $\sum_{k=1}^n \xi_k\langle\eta_k,\zeta_k\rangle_A$ なる形の元 ξ' で近似することができる．また，ノルム位相に関して，

$$e_i\xi' = \sum_{k=1}^n e_i\Theta_{\xi_k,\eta_k}\zeta_k \to \sum_{k=1}^n \Theta_{\xi_k,\eta_k}\zeta_k = \xi'$$

となるから，$e_i\xi\to\xi$．したがって，任意の $T\in\mathrm{End}_A(E)$ に対して，$Te_i\xi\to T\xi$ かつ $e_iT^*\xi\to T^*\xi$ となる． ∎

C^* 環 A の両側イデアルのうち，A の $\{0\}$ でないどの閉両側イデアルとの共通部分も決して $\{0\}$ にならないものを，**本質的イデアル**という．

補題 3.6.12 C^* 環 A の両側イデアル J が本質的であることと，A の任意の元 a に対して，$aJ=\{0\}$ ならば，$a=0$ となることは同値である． □

［証明］ 本質的両側イデアル J に対して，$aJ=\{0\}$ とする．a の生成する A の閉両側イデアルを J' とすれば，$J'J=\{0\}$．$b\in J\cap J'$ ならば，$b^*b\in J'J$ となるから，$b=0$．したがって，$J\cap J'=\{0\}$．J は本質的であるから，$J'=\{0\}$．ゆえに，$a=0$．

逆に，A の両側イデアル J が $aJ=\{0\}\Rightarrow a=0$ を満たすとする．A の閉両側イデアル J' が $J'\cap J=\{0\}$ を満たせば，$J'J=\{0\}$ となるので，$J'=\{0\}$．ゆえに，J は本質的である． ∎

したがって，$\mathrm{End}_A^0(E)$ は C^* 環 $\mathrm{End}_A(E)$ の本質的イデアルである．

補題 3.6.13 A,B を C^* 環，E を A 上の C^* 加群，J を B の両側イデアルとする．

(i) 非退化な準同型写像 $\pi:J\to\mathrm{End}_A(E)$ に対して，準同型写像 $\bar{\pi}:B\to\mathrm{End}_A(E)$ で $\bar{\pi}|_J=\pi$ となるものが一意的に存在する．

(ii) (i)において，π が単射かつ J が本質的ならば，$\bar{\pi}$ も単射である． □

［証明］ (i) $\{e_i\}_{i\in I}$ を J の近似単位元とする．$b\in B$，$x_1,\cdots,x_n\in J$ および $\xi_1,\cdots,\xi_n\in E$ に対して，

$$\Big\|\sum_{k=1}^n \pi(bx_k)\xi_k\Big\| = \lim_i \Big\|\sum_{k=1}^n \pi(be_ix_k)\xi_k\Big\| \leq \|b\|\Big\|\sum_{k=1}^n \pi(x_k)\xi_k\Big\|$$

となる．$\pi(J)$ が E において非退化であるから，E 上には $\sum_{k=1}^{n} \pi(x_k)\xi_k \mapsto \sum_{k=1}^{n} \pi(bx_k)\xi_k$ なる有界線形写像 $\overline{b}$ が存在する．このとき，$\overline{\pi}(b)=\overline{b}$ と定めれば，$\overline{\pi}$ は線形かつ乗法的である．さらに，$x,y \in J$ に対して，

$$\langle \pi(x)\xi, \overline{\pi}(b)\pi(y)\eta \rangle_A = \langle \pi(x)\xi, \pi(by)\eta \rangle_A = \langle \pi((by)^*x)\xi, \eta \rangle_A$$
$$= \langle \pi(y^*b^*x)\xi, \eta \rangle_A = \langle \pi(b^*x)\xi, \pi(y)\eta \rangle_A$$
$$= \langle \overline{\pi}(b^*)\pi(x)\xi, \pi(y)\eta \rangle_A$$

となるので，$\overline{\pi}(b^*)=\overline{\pi}(b)^*$ となる．したがって，$\overline{\pi}$ は B から $\mathrm{End}_A(E)$ への準同型写像である．

一意性は π の非退化性によりわかる．実際，B から $\mathrm{End}_A(E)$ への準同型写像 $\overline{\pi}'$ が $\overline{\pi}'|_J=\pi$ を満たすとする．$b\in B$, $x\in J$ に対して，$\overline{\pi}'(b)\pi(x)=\pi(bx)=\overline{\pi}(b)\pi(x)$ となるから，π の非退化性により，$\overline{\pi}'=\overline{\pi}$.

(ii) π は単射であるから，B の両側イデアル $\mathrm{Ker}\,\overline{\pi}$ と J との共通部分 $\mathrm{Ker}\,\pi$ は $\{0\}$ である．また，J は本質的であるから，$\mathrm{Ker}\,\overline{\pi}=\{0\}$．ゆえに，$\overline{\pi}$ は単射である． ∎

例 3.6.14 C^*環 A は A 値右内積 $\langle a,b \rangle_A=a^*b$ により，C^*加群である．また，

$$\Big\| \sum_{k=1}^{n} \Theta_{a_k,b_k} \Big\| = \sup_{\|c\|\leq 1} \Big\| \sum_{k=1}^{n} a_k b_k^* c \Big\| = \Big\| \sum_{k=1}^{n} a_k b_k^* \Big\|$$

となるから，$\mathrm{End}_A^0(A) \cong A$ である．つぎに，A を本質的イデアルとして含む極大な C^*環を D とする．上の同型対応を用いて，A の $\mathrm{End}_A(A)$ への埋蔵を π とすれば，補題 3.6.13 により，π の拡張 $\overline{\pi}$ で D から $\mathrm{End}_A(A)$ への単射準同型写像が一意的に存在する．D の極大性により，$D \cong \mathrm{End}_A(A)$． ∎

定義 3.6.15 C^*環 A を本質的イデアルとして含む極大な C^*環は，同型を除いて一意的に定まるので，それを A の**乗法子環**といい，$M(A)$ で表す． ∎

補題 3.6.11 により，C^*環 A は，乗法子環 $M(A)$ において，緊密位相に関し稠密である．A が単位的ならば，$M(A)=A$ である．例えば，局所コンパクト群 G がコンパクトでない場合には，左正則表現の各元 $\lambda(t)\,(t\in G)$ は被約 C^*群環 $C_r^*(G)$ の元ではないが，その乗法子環の元である．補題 3.6.13 により A の (忠実) 表現は一意的に $M(A)$ の (忠実) 表現へ一意的に拡張される．

例 3.6.16 (i) $A=C_\infty(\Omega)$ の場合の乗法子環は $C_b(\Omega)(\cong C(\beta\Omega))$ であって，緊密位相は広義一様収束の位相である．ただし，$\beta\Omega$ は Ω の Čech のコンパクト化である．

(ii) $\mathscr{K}(\mathscr{H})$ の乗法子環は $\mathscr{L}(\mathscr{H})$ であって，緊密位相は σ 強*位相である．

(iii) C^* 環 A が Hilbert 空間 $\mathscr{H}$ に作用しているときには，
$$M(A) = \{x\in\mathscr{L}(\mathscr{H}) | xA\subset A,\ Ax\subset A\}.$$
□

この例 3.6.16(ii) は例 3.6.14 による．$\mathscr{H}$ は $\mathbb{C}$ 上の C^* 加群であるから，$\mathrm{End}_\mathbb{C}(E)=\mathscr{L}(\mathscr{H})$ となる．そこで，次の命題の単射準同型写像として A の $\mathscr{L}(\mathscr{H})$ への埋蔵を考えると(iii)がわかる．

命題 3.6.17 A,B を C^* 環，E を A 上の C^* 加群とする．非退化な単射準同型写像 $\rho: B\to\mathrm{End}_A(E)$ と集合
$$C = \{T\in\mathrm{End}_A(E) | T\rho(B)\subset\rho(B),\ \rho(B)T\subset\rho(B)\}$$
に対して，全射同型写像 $\bar\rho: M(B)\to C$ で $\bar\rho|_B=\rho$ となるものが一意的に存在する．
□

[証明] $\rho(B)$ は C の両側イデアルである．$T\in C$ とする．もし $T\rho(b)=0$ ($b\in B$) ならば，$T\rho(B)E=\{0\}$ となる．ρ は非退化であるから，$T=0$ となる．ゆえに，補題 3.6.12 により，$\rho(B)$ は C の本質的イデアルである．また，補題 3.6.13 により，ρ の拡張で，$M(B)$ から $\mathrm{End}_A(E)$ への単射準同型写像 $\bar\rho$ が一意的に存在する．$\rho(B)$ は $\bar\rho(M(B))$ の両側イデアルであるから，C の定義により，$\bar\rho(M(B))\subset C$ となる．したがって，$M(B)$ の極大性により，C も作り方から極大であり，$M(B)\cong C$ となる． ∎

つぎに，乗法子環の新たな見方を述べておく．C^* 環 A に対して，直積集合 $\mathrm{End}_A(A)\times{}_A\mathrm{End}(A)$ の元 (T_1,T_2) が $x(T_1 y)=(T_2 x)y$ $(x,y\in A)$ を満たすとき，対 (T_1,T_2) を A の**二重中心化子**という．A の近似単位元 $\{e_i\}_{i\in I}$ に対して，有向系 $\{T_1 e_i\}_{i\in I}$ は有界であるから，ある $z_1\in A''$ へ σ 弱収束する部分有向系 $\{T_1 e_j\}_{j\in J}$ $(J\subset I)$ が存在する．したがって，各 $x\in A$ に対して，有向系 $\{(T_1 e_j)x\}_j = \{T_1(e_j x)\}_j$ は $z_1 x = T_1 x$ へ σ 弱収束する．同様に，各 $y\in A$ に対して，$T_2 y = y z_2$ を満たす元 $z_2\in A''$ が存在する．このとき，$yz_1 x = y(T_1 x)=$

$(T_2y)x=yz_2x$ が成り立つので，$z_1=z_2$. したがって，二重中心化子 (T_1,T_2) に対応する元 $z_1=z_2$ は乗法子環 $M(A)$ の元である．逆に，乗法子環の元から二重中心化子も作れる．

命題 3.6.18 E を C^*環 A 上の C^*加群とする．各 $T\in \mathrm{End}_A(E)$ に対して，$T_1\Theta_{\xi,\eta}=\Theta_{T\xi,\eta}$ かつ $T_2\Theta_{\xi,\eta}=\Theta_{\xi,T^*\eta}$ とすれば，(T_1,T_2) は C^*環 $\mathrm{End}_A^0(E)$ の二重中心化子であって，写像

$$T\in \mathrm{End}_A(E) \mapsto (T_1,T_2) \in M(\mathrm{End}_A^0(E))$$

は全射同型写像である． □

［証明］ C^*環 $\mathrm{End}_A^0(E)$ を B とする．$T_1\in \mathrm{End}_A(B)$, $T_2\in{}_A\mathrm{End}(B)$ は明らかである．さらに，B の元 $\Theta_{\xi,\eta},\Theta_{\xi',\eta'}$ ($\xi,\eta,\xi',\eta'\in E$) に対して，

$$\Theta_{\xi,\eta}(T_1\Theta_{\xi',\eta'}) = \Theta_{\xi,\eta}\Theta_{T\xi',\eta'} = \Theta_{\xi\langle\eta,T\xi'\rangle_A,\eta'} = \Theta_{\xi\langle T^*\eta,\xi'\rangle_A,\eta'}$$
$$= \Theta_{\xi,T^*\eta}\Theta_{\xi',\eta'} = (T_2\Theta_{\xi,\eta})\Theta_{\xi',\eta'}$$

となるので，(T_1,T_2) は B の二重中心化子である．

命題 3.6.17 において，ρ を B の $\mathrm{End}_A(E)$ への自然な埋蔵写像とすれば，$C=\mathrm{End}_A(E)$ であり，$\bar{\rho}: M(B)\to C$ は全射同型写像である．したがって，その逆写像が求める写像になる． ∎

3.6.4 安定同型と強森田同値

環論における森田同値の考え方が，Rieffel によって C^*環の場合にも導入され，強森田同値と呼ばれるようになった（最近は「強」を省くことが多い）．安定同型性とほぼ同内容であるから，用途が広い．

C^*環 A,B に対して，両側 B-A 加群 E が A 値右内積と B 値左内積をもち
 (i) ${}_B\langle \xi,\eta\rangle\zeta = \xi\langle\eta,\zeta\rangle_A$ ($\xi,\eta,\zeta\in E$)
 (ii) $\langle b\xi,b\xi\rangle_A \leqq \|b\|^2\langle\xi,\xi\rangle_A$ ($b\in B$)
 (iii) ${}_B\langle \xi a,\xi a\rangle \leqq \|a\|^2{}_B\langle\xi,\xi\rangle$ ($a\in A$)
を満たすときには，$\|\langle\xi,\xi\rangle_A\|=\|{}_B\langle\xi,\xi\rangle\|$ が成り立つ．実際，$a=\langle\xi,\xi\rangle_A, b={}_B\langle\xi,\xi\rangle$ とすれば，$b\xi=\xi a$ となるから，

$$a^3 = \langle \xi a, \xi a \rangle_A = \langle b\xi, b\xi \rangle_A \leq \|b\|^2 \langle \xi, \xi \rangle_A = \|b\|^2 a.$$

ゆえに，$\|a\|^3 = \|a^3\| \leq \|b\|^2 \|a\|$．よって，$\|a\| \leq \|b\|$．同様に，$\|b\| \leq \|a\|$．

とくに，E が A 上の C^* 加群のときには，E は $B = \mathrm{End}_A^0(E)$ の左からの作用と B 値内積 ${}_B\langle \xi, \eta \rangle = \Theta_{\xi,\eta}$ に関しても C^* 加群である．

つぎに，充足的 C^* 加群を用いて，C^* 環の間に，同型関係よりも弱い，新たな同値関係を考える準備をする．

定義 3.6.19 C^* 環 A,B に対して，上のような左右の内積に関する C^* 加群 E が存在し，集合

$$\{\langle \xi, \eta \rangle_A | \xi, \eta \in E\}, \quad \{{}_B\langle \xi, \eta \rangle | \xi, \eta \in E\}$$

がそれぞれ A,B において線形稠密のとき，B と A は**強森田同値**であるといい，このような加群 E を **B-A 同値加群**という． □

もちろん，C^* 環 A と B が同型ならば，強森田同値である．Hilbert 空間 $\mathscr{H}$ の n 個の直和を E とし，$A = M(n, \mathbb{C}), B = \mathscr{K}(\mathscr{H})$ とする．E の元 $\vec{\xi} = (\xi_1, \cdots, \xi_n), \vec{\eta} = (\eta_1, \cdots, \eta_n)$ に対して右内積と左内積をそれぞれ

$$\langle \vec{\xi}, \vec{\eta} \rangle_A = ((\eta_j | \xi_i)_{ij}) \in M(n, \mathbb{C}), \quad {}_B\langle \vec{\xi}, \vec{\eta} \rangle = \sum_{i,j=1}^n \theta_{\xi_i, \eta_j} \in \mathscr{K}(\mathscr{H})$$

とすれば，E は B-A 同値加群になる．したがって，$\mathscr{K}(\mathscr{H})$ と $M(n, \mathbb{C})$ は強森田同値である．さらに，例 3.6.9 で与えた C^* 加群 $\mathscr{H}_A$ により，C^* 環 $\mathscr{K}(l^2(\mathbb{N})) \otimes_{\min} A$ は A と強森田同値である．

注 C^* 環 A,B の B-A 同値加群 E が与えられると，A の表現 $\{\pi, \mathscr{H}\}$ に対して，自然に B の $E \otimes_A \mathscr{H}$ 上の表現が導かれるので，これを π の**誘導表現**という．このとき，既約表現の誘導表現は既約であることが知られている．この対応により，既約表現の同値類 $\hat{A}, \hat{B}$ は同相である． □

一般に，C^* 環 A は右内積 $\langle a, b \rangle_A = a^*b$ と左内積 ${}_B\langle a, b \rangle = ab^*$ に関して，A-A 同値加群である．したがって，A は自分自身と強森田同値である．B-A 同値加群 E に対して，Banach 空間 E^c で，E から E^c への共役線形な全単射 $\xi \in E \mapsto \xi^c \in E^c$ が存在し，しかも A の左作用と B の右作用 $a\xi^c = (\xi a^*)^c, \xi^c b = (b^*\xi)^c$ および A 値左内積と B 値右内積

$$_A\langle \xi_1^c, \xi_2^c \rangle = \langle \xi_1, \xi_2 \rangle_A, \quad \langle \xi_1^c, \xi_2^c \rangle_B = {}_B\langle \xi_1, \xi_2 \rangle$$

が与えられたものを, E の**共役加群**という. この E^c は A-B 同値加群である. したがって, B と A が強森田同値ならば, A と B も強森田同値である. 強森田同値が同値関係であることを示すには, さらに推移性を示す必要がある. そのためには内部テンソル積に関する準備が必要になる.

2つの C^* 加群のテンソル積を考えよう. A, B を C^* 環とし, E, F をそれぞれ A, B 上の C^* 加群とする. 代数的テンソル積 $E \otimes F$ は

$$(\xi \otimes \eta)b = \xi \otimes (\eta b) \quad (b \in B)$$

と置くことにより右 B 加群になる.

A から $\mathrm{End}_B(F)$ への準同型写像 ρ があるときには, 代数的テンソル積 $E \otimes F$ を $\xi a \otimes \eta - \xi \otimes \rho(a)\eta (a \in A, \xi \in E, \eta \in F)$ の生成する部分空間 N_ρ で割って得られる商ベクトル空間が存在する. これを $E \otimes_\rho F$ で表す. また, その元 $\xi \otimes \eta + N_\rho$ を $\xi \otimes_\rho \eta$ で表す.

$N_\rho b \subset N_\rho (b \in B)$ であるから, $(\xi \otimes_\rho \eta)b = \xi \otimes_\rho (\eta b)(b \in B)$ となり, このテンソル積も右 B 加群である.

さらに, C^* 環 C 上の C^* 加群 G と B から $\mathrm{End}_C(G)$ への準同型写像 ρ' が存在するときには, $S \in \mathrm{End}_B(F)$ に対して, $(S \otimes 1)N_{\rho'} \subset N_{\rho'}$ となるから,

$$(S \otimes 1)(\eta \otimes_{\rho'} \zeta) = S\eta \otimes_{\rho'} \zeta \quad (\eta \in F, \zeta \in G)$$

と置くことにより, $\mathrm{End}_B(F)$ から $\mathrm{End}_C(F \otimes_{\rho'} G)$ への自然な対応が得られる.

上のテンソル積は結合法則

$$(E \otimes_\rho F) \otimes_{\rho'} G = E \otimes_\rho (F \otimes_{\rho'} G)$$

を満たしている. 実際, これら両辺は $E \otimes F \otimes G$ を2つの集合

$$\{\xi a \otimes \eta \otimes \zeta - \xi \otimes \rho(a)\eta \otimes \zeta | \xi \in E, \eta \in F, \zeta \in G, a \in A\}$$
$$\{\xi \otimes \eta b \otimes \zeta - \xi \otimes \eta \otimes \rho'(b)\zeta | \xi \in E, \eta \in F, \zeta \in G, b \in B\}$$

の和集合の線形拡大による商ベクトル空間と同型である.

命題 3.6.20 E,F をそれぞれ A,B 上の C^* 加群とする．A から $\mathrm{End}_B(F)$ への準同型写像 ρ に関するテンソル積 $E\otimes_\rho F$ は

$$\langle \xi_1\otimes_\rho \eta_1, \xi_2\otimes_\rho \eta_2\rangle_B = \langle \eta_1, \rho(\langle \xi_1, \xi_2\rangle_A)\eta_2\rangle_B$$

を満たす B 値内積に関して，B 上の前 C^* 加群になる． □

[証明] $E\otimes_\rho F$ の任意の元 $\zeta = \sum_{i=1}^n \xi_i\otimes_\rho \eta_i$ を用いて，$E\times F$ から B への双線形写像 f_ζ を

(3.16) $$f_\zeta(\xi,\eta) = \sum_{i=1}^n \langle \eta_i, \rho(\langle \xi_i, \xi\rangle_A)\eta\rangle_B$$

で定義する．$E\otimes F$ の部分空間 N_ρ の決め方により，右辺は ζ の表示によらず一意的に定まる．さらに，テンソル積の普遍性により，$E\otimes F$ から B への線形写像 π_ζ が存在して $\pi_\zeta(\xi\otimes\eta)=f_\zeta(\xi,\eta)$ となる．(3.16) 式により，$a\in A, b\in B$ に対して，

$$\pi_\zeta(\xi a\otimes\eta) = \pi_\zeta(\xi\otimes\rho(a)\eta), \quad \pi_\zeta((\xi\otimes\eta)b) = \pi_\zeta(\xi\otimes\eta)b$$

となるので，π_ζ を $E\otimes_\rho F$ から B への右 B 線形写像（2 番目の式）と同一視することができる．そこで，$\zeta,\zeta'\in E\otimes_\rho F$ に対して，

$$\langle \zeta,\zeta'\rangle_B = \pi_\zeta(\zeta')$$

と置けば，これが $E\otimes_\rho F$ 上の B 値内積であることがわかる．実際，線形性と B 線形写像の性質は π_ζ の定義から明らかである．また，$\zeta'=\sum_{j=1}^m \xi'_j\otimes_\rho \eta'_j$ に対して，

$$\pi_\zeta(\zeta')^* = \Big(\sum_{i,j}\langle \eta_i, \rho(\langle \xi_i, \xi'_j\rangle_A)\eta'_j\rangle_B\Big)^*$$
$$= \sum_{i,j}\langle \eta'_j, \rho(\langle \xi'_j, \xi_i\rangle_A)\eta_i\rangle_B = \pi_{\zeta'}(\zeta)$$

からエルミート性がわかる．最後に，A 値 $n\times n$ 行列 $(\langle \xi_i,\xi_j\rangle_A)$ の正定値性により，$\langle \zeta,\zeta\rangle_B \geqq 0$ がわかる． ■

定義 3.6.21 C^* 環 B 上の前 C^* 加群 $E\otimes_\rho F$ を命題 3.6.20 の B 値内積の核で割って得られる B 上の C^* 加群を，**内部テンソル積**といい，

$$E \otimes_A F$$

で表す．

以後，$E\otimes_\rho F$ の元 $\xi\otimes_\rho \eta$ に対応する $E\otimes_A F$ の元を $\xi\otimes_A\eta$ で表す．ここで注意することは，$\xi\otimes_A\eta=0$ となることは，$\langle\xi,\xi\rangle_A^{1/2}\eta=0$ が成り立つことと同値であることである．

このとき，$a\in A, b\in B$ に対して，
$$\xi a \otimes_A \eta = \xi \otimes_A \rho(a)\eta, \quad (\xi \otimes_A \eta b) = (\xi\otimes_A\eta)b$$

が成り立つ．また，$T\in \mathrm{End}_A(E)$ に対して，
$$(T\otimes 1)(\xi\otimes_A\eta) = T\xi\otimes_A\eta \quad (\xi\in E, \eta\in F)$$

と置くことにより，$\mathrm{End}_A(E)$ から $\mathrm{End}_B(E\otimes_A F)$ への自然な対応が得られる．

また，内部テンソル積 $E\otimes_\rho F\otimes_{\rho'} G$ は C 値内積
$$\langle\xi_1\otimes_\rho\eta_1\otimes_{\rho'}\zeta_1, \xi_2\otimes_\rho\eta_2\otimes_{\rho'}\zeta_2\rangle_C = \langle\zeta_1, \rho'(\langle\eta_1, \rho(\langle\xi_1,\xi_2\rangle_A)\eta_2\rangle_B)\zeta_2\rangle_C$$

により C 上の前 C^* 加群になる．このことを使うと，内部テンソル積に関する結合法則
$$(E\otimes_A F)\otimes_B G = E\otimes_A (F\otimes_B G)$$

を示すことができる．

定義 3.6.22 A,B を C^* 環とする．A 上の C^* 加群 E に対して，B から $\mathrm{End}_A(E)$ への準同型写像が存在するとき，E を **B-A 両側 C^* 加群**という． □

つぎに，強森田同値が実際に使われる場合の同値条件をいくつか述べることにする．C^* 環 A それ自身は A-A 両側 C^* 加群であるから，このような基底が1つの自由加群を $\mathbf{1}_A$ で表す．したがって，A 上の C^* 加群 E に対しては，$E\otimes_A \mathbf{1}_A=E$ である．

定理 3.6.23 C^* 環 A,B に対して，次の4条件は同値である．

(i) B と A は強森田同値である．

(ii) A 上の充足的 C^* 加群 E で B が $\mathrm{End}_A^0(E)$ と同型なものがある.

(iii) B-A 両側 C^* 加群 E と, A-B 両側 C^* 加群 F が存在し,

$$E \otimes_A F = \mathbf{1}_B, \quad F \otimes_B E = \mathbf{1}_A.$$

(iv) C^* 環 C と乗法子環 $M(C)$ の射影 p, q ($p+q=1$) で

$$A \cong pCp, \quad B \cong qCq, \quad [CpC] = [CqC] = C$$

を満たすものがある. ただし, $[CpC]$ は $CpC = \{apb \mid a, b \in C\}$ の閉線形拡大を表す. □

[証明] (ii)⇒(i) 条件(ii)の同型写像 ρ を用いて, ${}_B\langle \xi, \eta \rangle = \rho^{-1}(\Theta_{\xi, \eta})$ ($\xi, \eta \in E$) とすれば, E は B-A 同値加群 E と見なすことができ, B と A は強森田同値である.

(iii)⇒(ii) (概略) まず, 条件(iii)により, E は充足的である.

A の近似単位元は乗法子環 $M(A)$ の単位元に関して収束している. E は充足的であるから, その位相に関して $\sum_{i \in I}\langle \xi_i, \xi_i \rangle_A = 1$ を満たすベクトルの集合 $\{\xi_i \mid i \in I\}$ が存在する. したがって, A の元 $\eta \otimes_B \xi$ に対して,

$$\eta \otimes_B \xi = \sum_{i \in I} \langle \xi_i, \xi_i \rangle_A (\eta \otimes_B \xi) = \sum_{i \in I} \langle \xi_i, \xi_i(\eta \otimes_B \xi) \rangle_A$$
$$= \sum_{i \in I} \langle \xi_i, (\xi_i \otimes_A \eta)\xi \rangle_A = \sum_{i \in I} \langle (\xi_i \otimes_A \eta)^* \xi_i, \xi \rangle_A$$
$$= \left\langle \sum_{i \in I} (\xi_i \otimes_A \eta)^* \xi_i, \xi \right\rangle$$

そこで, $\eta \in F$ に対して定まる E の元 $\sum_{i \in I}(\xi_i \otimes_A \eta)^* \xi_i$ を $\xi(\eta)$ で表すことにする. このとき, $\xi, \xi' \in E$ と $\eta \in F$ に対して,

$$\xi \otimes_A (\eta \otimes_B \xi') = \xi \langle \xi(\eta), \xi' \rangle_A = \Theta_{\xi, \xi(\eta)} \eta'$$

と表せるので, $\xi \otimes_A \eta = \Theta_{\xi, \xi(\eta)}$ となり, $\mathrm{End}_A^0(E) = B$ である.

(iv)⇒(iii) 条件(iv)を満たす C^* 環 C に対して, $E = qCp$ とすれば, E は A 値内積 $\langle \xi, \eta \rangle_A = \xi^* \eta$ ($\xi, \eta \in E$) に関して B-A 両側 C^* 加群になる. このとき, $F = pCq$ は E の共役加群と見なすことができ, A-B 両側 C^* 加群になる. しかも

$$E\otimes_A F(=\mathrm{End}_A^0(E))=[qCpCq]=[qCq]=\mathbf{1}_B$$

が成り立つ. 同様に, $F\otimes_B E=\mathbf{1}_A$ も成り立つ. したがって, 条件(iii)がわかる.

(i)⇒(iv) 条件(i)により, B-A 同値加群 E とその共役加群 E^c が存在する. ここで,

$$C=\left\{\begin{pmatrix} a & \eta^c \\ \xi & b \end{pmatrix} \,\middle|\, a\in A,\ \xi,\eta\in E,\ b\in B\right\}$$

とすれば, 通常の積と随伴

$$\begin{pmatrix} a_1 & \eta_1^c \\ \xi_1 & b_1 \end{pmatrix}\begin{pmatrix} a_2 & \eta_2^c \\ \xi_2 & b_2 \end{pmatrix}=\begin{pmatrix} a_1 a_2+\langle\eta_1,\xi_2\rangle_A & \rho_A(a_1)\eta_2^c+\eta_1^c b_2 \\ \xi_1 a_2+\rho_B(b_1)\xi_2 & \langle\xi_1^c,\eta_2^c\rangle_B+b_1 b_2 \end{pmatrix}$$

と

$$\begin{pmatrix} a & \eta^c \\ \xi & b \end{pmatrix}^*=\begin{pmatrix} a^* & \xi^c \\ \eta & b^* \end{pmatrix}$$

により, C は *多元環である. 他方, ${}^t(A\oplus E)$ は自然な A 値内積により C^* 加群になる. そこで, C を C^* 加群 ${}^t(A\oplus E)$ の左から自然に表現すれば, C は C^* 環 $\mathrm{End}_A^0({}^t(A\oplus E))$ の部分 C^* 環である. ここで,

$$p=\begin{pmatrix} 1 & 0 \\ 0 & 0 \end{pmatrix},\quad q=\begin{pmatrix} 0 & 0 \\ 0 & 1 \end{pmatrix}$$

とすれば, p,q は $p+q=1$ を満たす乗法子環 $M(C)$ の射影元であり,

$$A=pCp,\quad B=qCq,\quad E=qCp,\quad E^c=pCq$$

が成り立つ. 直ちに, $pCpCp=A=pCp$. 集合 $\{\langle\xi^c,\eta^c\rangle_B|\xi,\eta\in E\}$ は B において線形稠密であるから, $qCpCq=B=qCq$. 他方, $\{\xi a|\xi\in E,\ a\in A\}$ は E において線形稠密である. したがって, $qCpCp$ は qCp において線形稠密である. 同様に, $pCpCq$ は pCq において線形稠密である. ゆえに, $CpC=pCpCp+$

$pCpCq+qCpCp+qCpCq$ の線形拡大の閉包は $pCp+pCq+qCp+qCq=C$ となる。∎

系 3.6.24 強森田同値は同値関係である。　　　　　　　　　　　　□

[証明] 定義 3.6.19 の直後に同値関係の反射性と対称性は示したので，ここでは推移性だけを示せばよい。B は A と，C は B とそれぞれ強森田同値であるとする。E,F をそれぞれ，A,B 上の充足的 C^* 加群で，$B \cong \mathrm{End}_A^0(E)$ かつ $C \cong \mathrm{End}_B^0(F)$ を満たすものとする。このとき，$F \otimes_B E$ は A 上の C^* 加群である。また，E,F が充足的であったから，集合 $\{\langle \eta \otimes_B \xi, \eta' \otimes_B \xi' \rangle_A | \xi, \xi' \in E, \eta, \eta' \in F\}$ は A において線形稠密であり，$F \otimes_B E$ も充足的である。いま，$\eta \in F$ に対して，$\theta_\eta \xi = \eta \otimes_B \xi (\xi \in E)$ とすれば，$\theta_\eta \in \mathrm{Hom}_A(E, F \otimes_B E)$ である。ここで，B から $\mathrm{End}_A^0(E)$ への同型写像を ρ_B とすれば，任意の $\eta'' \otimes_B \xi'' \in F \otimes_B E$ に対して

$$\theta_\eta \circ \rho_B(b) \circ \theta_{\eta'}^*(\eta'' \otimes_B \xi'') = \eta \otimes_B \rho_B(b\langle \eta', \eta'' \rangle_B) \xi''$$
$$= \eta b \langle \eta', \eta'' \rangle_B \otimes_B \xi'' = (\Theta_{\eta b, \eta'} \otimes 1)(\eta'' \otimes_B \xi'')$$

となる。$C \cong \mathrm{End}_B^0(F)$ であるから，C から $\mathrm{End}_A^0(F \otimes_B E)$ への同型写像で $\Theta_{\eta b, \eta'}$ を $\theta_\eta \circ \rho_B(b) \circ \theta_{\eta'}^*$ へ移すものが存在する。いま $\rho_B(b) = \Theta_{\xi, \xi'}$ とすると，

$$\xi \langle \eta' \otimes_B \xi', \eta'' \otimes_B \xi'' \rangle_A = \xi \langle \xi', \rho_B(\langle \eta', \eta'' \rangle_B) \xi'' \rangle_A$$
$$= \Theta_{\xi, \xi'} \rho_B(\langle \eta', \eta'' \rangle_B) \xi'' = \rho_B(b\langle \eta', \eta'' \rangle_B) \xi''$$

となるので，

$$\Theta_{\eta \otimes_B \xi, \eta' \otimes_B \xi'}(\eta'' \otimes_B \xi'') = \eta \otimes_B \xi \langle \eta' \otimes_B \xi', \eta'' \otimes_B \xi'' \rangle_A$$
$$= \eta \otimes_B \rho_B(b\langle \eta', \eta'' \rangle_B) \xi'' = \eta b \langle \eta', \eta'' \rangle_B \otimes_B \xi''$$
$$= (\Theta_{\eta b, \eta'} \otimes 1)(\eta'' \otimes_B \xi'').$$

$\rho_B(b)$ が $\Theta_{\xi, \xi'}$ の 1 次結合の場合にも同様な式が成り立つので，上の同型写像は全射である。よって，C は A と強森田同値である。∎

近似単位元が列に選べるような C^* 環を **σ 単位的** という。もちろん，単位的ならば，σ 単位的である。また，C^* 環の元 h がすべての状態 φ に対して $\varphi(h) > 0$ のとき，h は **狭義正** であるという。

3.6 無理数回転環   423

命題 3.6.25 C^*環が σ 単位的であるための必要十分条件は狭義正の元をもつことである. □

[証明] C^*環 A の近似単位元 $\{e_n\}_{n\in\mathbb{N}}$ に対して, $h=\sum_{n\in\mathbb{N}}2^{-n}e_n$ とする. もし状態 φ に対して, $\varphi(h)=0$ ならば, $\varphi(e_n)=0(n\in\mathbb{N})$ となるので, 命題 1.14.11 により, $\|\varphi\|=\lim_{n\to\infty}\varphi(e_n)=0$. ゆえに, h は狭義正である.

逆に, A が狭義正の元 h をもつとする. $\|h\|=1$ と仮定することができる. 区間 $[0,1/2n]$ において 0, 区間 $[1/n,\|h\|]$ において 1, 区間 $[1/2n,1/n]$ では 1 次の連続関数 f_n を使って, $e_n=f_n(h)$ とする. von Neumann 環 A^{**} において h のスペクトル分解を考えれば, 0 は h の固有値ではないので $\sigma(A^{**},A^*)$ 位相に関して $\lim_n e_n=1$ である. 任意の $a\in A$ に対して $a\in\overline{\mathrm{co}}\{e_n a|n\in\mathbb{N}\}$ である. 閉包は $\sigma(A,A^*)$ 位相によるが, 命題 1.4.1 により, ノルムによる閉包と一致する. $b\in\mathrm{co}\{e_n a|n\in\mathbb{N}\}$ に対しては $\lim\|e_n b-b\|=0$ であるから, $\lim_n\|e_n a-a\|=0$ である. ゆえに, $\{e_n\}_n$ は A の近似単位元である. ∎

補題 3.6.26 σ 単位的 C^*環 A の乗法子環 $M(A)$ に含まれる射影元 p に対して, 集合 ApA が A において線形稠密ならば, $M(A)$ の緊密位相に関して
$$\sum_{n=1}^{\infty}a_n^* p a_n = 1$$
となる A の列 $\{a_n\}_n$ が存在する. □

[証明] 集合 ApA の線形拡大 J は A の稠密両側イデアルであるから, A の近似単位元を J から選ぶことができる. したがって, 任意の $x\in A$ と $\varepsilon>0$ に対して, $\|x-ex\|<\varepsilon$ かつ $0\leqq e\leqq 1$ を満たす J の元 e が存在する. e は $\sum_{i=1}^{k}b_i^* pc_i$ と表せるので, 命題 3.5.22 の証明と同じようにして, $e=(1/2)\sum_{i=1}^{k}(b_i^* pc_i+c_i^* pb_i)\leqq\sum_{i=1}^{k}(b_i^* pb_i+c_i^* pc_i)$. 右辺を d とし, $d^{1/2}$ をその始空間上に制限したものの逆作用素を考え, その直交補空間上では 0 と置いて全体へ拡張したものを $d^{-1/2}$ で表す. ここで $b_i d^{-1/2}, c_i d^{-1/2}$ などを $a_1,\cdots,a_{2k}$ とすれば,
$$\left\|\left(1-\sum_{i=1}^{2k}a_i^* pa_i\right)x\right\|<\varepsilon .$$
以後, $\sum_{i=1}^{2k}a_i^* pa_i$ を s_k で表す.

つぎに, $k_1=k$ と置き, x の代わりに $(1-s_{k_1})^{1/2}x$ に対して上の議論を用い

ると，
$$\left\|\left(1-\sum_{i=2k_1+1}^{2k_2}(a_i')^*pa_i'\right)(1-s_{k_1})^{1/2}x\right\| < \frac{\varepsilon}{2}$$
を満たす A の元 $a_{2k_1+1}',\cdots,a_{2k_2}'$ が存在する．したがって，$a_i=a_i'(1-s_{k_1})^{1/2}$ ($i=2k_1+1,\cdots,2k_2$) とすれば，
$$\|(1-s_{k_2})x\| = \left\|(1-s_{k_1})^{1/2}\left(1-\sum_{i=2k_1+1}^{2k_2}(a_i')^*pa_i'\right)(1-s_{k_1})^{1/2}x\right\| < \frac{\varepsilon}{2}.$$
以下この議論を繰り返すと，A の列 $\{s_{k_m}\}_m$ が存在して，任意の $x\in A$ に対して $\lim_{m\to\infty} s_{k_m}x=x$．つまり，緊密位相に関して $\sum_{n=1}^{\infty} a_n^*pa_n=1$ となる列 $\{a_n\}_n$ が存在する． ∎

定理 3.6.27(Brown)　C^*環 A と B が安定同型(つまり $A\otimes_{\min}\mathscr{K}(\mathscr{H})$ と $B\otimes_{\min}\mathscr{K}(\mathscr{H})$ が同型)ならば，強森田同値である．C^*環 A,B が σ 単位的な場合には，逆も成り立つ． □

［証明］　一般に，A 上の充足的 C^*加群 E として $\mathscr{H}\otimes A$ の完備化を選ぶと，
$$\mathrm{End}_A^0(E) = \mathscr{K}(\mathscr{H})\otimes_{\min}\mathrm{End}_A^0(A) = \mathscr{K}(\mathscr{H})\otimes_{\min}A$$
が成り立つ．したがって，定理 3.6.23 により，A は $\mathscr{K}(\mathscr{H})\otimes_{\min}A$ と強森田同値である．B に対しても同様なことがいえる．したがって，A,B が安定同型ならば，A と B は強森田同値である．

後半を示す．再び定理 3.6.23 により，A,B が強森田同値ならば，ある C^*環 C とその乗法子環 $M(C)$ の射影元 p で
$$A \cong pCp, \quad B \cong (1-p)C(1-p), \quad [CpC] = [C(1-p)C] = C$$
を満たすものがある．

いま，w_{ij} ($i,j\in\mathbb{N}$) を $\mathscr{K}(\mathscr{H})$ の行列単位とする．ただし $\mathscr{H}$ は無限次元可分 Hilbert 空間である．仮定により A,B は σ 単位的であるから，C も σ 単位的である．したがって，補題 3.6.26 により C には緊密位相に関して $\sum_{n=1}^{\infty} a_n^*pa_n=1$ を満たす列 $\{a_n\}_n$ が存在する．そこで $\mathbb{N}$ の無限部分集合への分割を $\bigcup_{i=1}^{\infty} N_i$ とし，さらに各 N_i の無限部分集合への分割を $\bigcup_{j=1}^{\infty} N_{ij}$ とする．そこで

$$e_i = \sum_{j \in N_i} w_{ij}, \quad e_{ij} = \sum_{k \in N_{ij}} w_{kk}$$

とすれば, e_i, e_{ij} は $\mathscr{L}(\mathscr{H})$ の緊密位相に関して $\sum_{i=1}^{\infty} e_i = 1$, $\sum_{j=1}^{\infty} e_{ij} = e_i$ を満たす射影である. さらに, e_i を始射影, e_{ij} を終射影にもつ半等長元を $w_{ij,i}$ とし, $M(C \otimes_{\min} \mathscr{K}(\mathscr{H}))$ の緊密位相に関して

$$v_i = \sum_{j=1}^{\infty} pa_j \otimes w_{ij,i}$$

とすれば, $v_i \in M(C \otimes_{\min} \mathscr{K}(\mathscr{H}))$. $v_i^* v_i = 1 \otimes e_i$ であるから, $\|v_i\| = 1$. したがって,

$$v_i v_i^* = \sum_{j,k=1}^{\infty} pa_j a_k^* p \otimes w_{ij,i} w_{ik,i}^* \leqq p \otimes e_i$$

が成り立つ. 他方, $p \otimes e_i \leqq 1 \otimes e_i$ であるから, Bernstein の定理と同じようにして $M(C \otimes_{\min} \mathscr{K}(\mathscr{H}))$ において, $p \otimes e_i \sim 1 \otimes e_i$ となることがわかる. 明らかに, $M(C \otimes_{\min} \mathscr{K}(\mathscr{H}))$ において, $1 \otimes e_i \sim 1 \otimes e_{i+1}$ であるから, 始射影 $p \otimes e_i$, 終射影 $1 \otimes e_{i+1}$ をもつ $M(C \otimes_{\min} \mathscr{K}(\mathscr{H}))$ の半等長元 v_i' が存在する. $v_i' v_i$ は始射影が $1 \otimes e_i$ で, 終射影が $1 \otimes e_{i+1}$ に押さえられる半等長元である. ここで, 半等長元 $v_j' v_j \cdots v_2' v_2 v_1' v_1$ の終射影を f_{j+1} とし, $f_1 = 1 \otimes e_1$ としておく. このとき,

$$v_j f_j v_j^* = (v_j')^* f_{j+1} v_j', \quad (v_j')^* (1 \otimes e_{j+1}) v_j' = p \otimes e_j$$

が成り立つので, 緊密位相に関して,

$$1 \otimes 1 = \sum_{j=1}^{\infty} 1 \otimes e_j = \sum_{j=1}^{\infty} f_j + \sum_{j=1}^{\infty} (1 \otimes e_{j+1} - f_{j+1})$$
$$\sim \sum_{j=1}^{\infty} v_j f_j v_j^* + \sum_{j=1}^{\infty} (v_j')^* (1 \otimes e_{j+1} - f_{j+1}) v_j'$$
$$= \sum_{j=1}^{\infty} p \otimes e_j = p \otimes 1.$$

したがって, $pCp \otimes_{\min} \mathscr{K}(\mathscr{H}) \cong C \otimes_{\min} \mathscr{K}(\mathscr{H})$ となる. 同様に,

$$(1-p)C(1-p) \otimes_{\min} \mathscr{K}(\mathscr{H}) \cong C \otimes_{\min} \mathscr{K}(\mathscr{H})$$

も得られる. よって, A と B は安定同型である. ∎

命題 3.6.28(Rieffel)　A,B を単位的 C^* 環とする．A と B が強森田同値ならば，

(i) 　A と $pM(n,B)p$ が同型となるような $n\in\mathbb{N}$ と射影 $p\in M(n,B)$ が存在する．

(ii) 　A,B 上に有限トレイスが存在するとき，その集合の間には，次式を満たす全単射が存在する．

$$\tau_A(\langle\xi,\eta\rangle_A) = \tau_B(\Theta_{\eta,\xi}) \quad (\xi,\eta\in E)$$

ただし，E は強森田同値を与える B-A 両側 C^* 加群である．　□

［証明］　(i) E を強森田同値を与える B-A 同値加群とする．このとき，集合 $\{\langle\xi,\eta\rangle_A|\xi,\eta\in E\}$ の線形拡大 J は A の稠密両側イデアルである．A は単位的であるから，J は可逆元を含み，したがって，$J=A$ となる．ゆえに，$\sum_{i=1}^{n}\langle\xi_i,\eta_i\rangle_A=1$ を満たす E の元 $\xi_1,\cdots,\xi_n,\eta_1,\cdots,\eta_n$ が存在する．ここで，$C=M(n,B)$ とすれば，E の n 個の元からなる縦ベクトルの空間 $E^n={}^t(E\oplus\cdots\oplus E)$ は C-A 同値加群である．実際，$\mathrm{End}_A^0(E)=B$ であるから，$\mathrm{End}_A^0(E^n)=M(n,\mathrm{End}_A^0(E))=C$ である．いま，E^n の元 $\vec{\xi}={}^t(\xi_1,\cdots,\xi_n)$, $\vec{\eta}={}^t(\eta_1,\cdots,\eta_n)$ に対して，

$$\langle\vec{\xi},\Theta_{\vec{\eta},\vec{\eta}}\vec{\xi}\rangle_A = \langle\vec{\xi},\vec{\eta}\langle\vec{\eta},\vec{\xi}\rangle_A\rangle_A = \langle\vec{\xi},\vec{\eta}\rangle_A\langle\vec{\eta},\vec{\xi}\rangle_A = 1$$

となる．ここで，$\vec{\zeta}=\Theta_{\vec{\eta},\vec{\eta}}^{1/2}\vec{\xi}$ とすれば，$\langle\vec{\zeta},\vec{\zeta}\rangle_A=1$ となり，$\Theta_{\vec{\zeta},\vec{\zeta}}$ は C の射影元である．これを p とする．つぎに，A から C への線形写像 π を

$$\pi(a) = \Theta_{\vec{\zeta}a,\vec{\zeta}} \quad (a\in A)$$

で定義する．$\vec{\zeta},\vec{\alpha},\vec{\beta}\in E^n$ に対して，

$$\Theta_{\vec{\zeta}ab,\vec{\zeta}} = \Theta_{\vec{\zeta}a\langle\vec{\zeta},\vec{\zeta}b\rangle_A,\vec{\zeta}} = \Theta_{\vec{\zeta}a,\vec{\zeta}}\Theta_{\vec{\zeta}b,\vec{\zeta}} \quad (a,b\in A)$$

$$\langle\vec{\alpha},\Theta_{\vec{\zeta}a^*,\vec{\zeta}}\vec{\beta}\rangle_A = \langle\vec{\alpha},\vec{\zeta}a^*\langle\vec{\zeta},\vec{\beta}\rangle_A\rangle_A = \langle\vec{\zeta}a\langle\vec{\zeta},\vec{\alpha}\rangle_A,\vec{\beta}\rangle_A = \langle\Theta_{\vec{\zeta}a,\vec{\zeta}}\vec{\alpha},\vec{\beta}\rangle_A$$

かつ，$a=\langle\vec{\zeta},\vec{\zeta}a\rangle_A=\langle\vec{\zeta},\pi(a)\vec{\zeta}\rangle_A$ であるから，写像 π は単射準同型である．また，任意の $c\in C$ に対して，$\pi(\langle\vec{\zeta},c\vec{\zeta}\rangle_A)=pcp$ となるから，π は A から pCp への全射同型写像である．

(ii) B 上の有限トレイス τ_B から自然に導かれる $M(n,B)$ 上のトレイスを τ とする．これを用いて，$\tau_A = \tau \circ \pi$ とすれば，τ_A は A 上の有限トレイスである．ζ を(i)で得られた E^n の元とする．$\xi, \eta \in E$ に対して，

$$\tau_A(\langle \xi, \eta \rangle_A) = \tau\big(\pi(\langle \xi, \eta \rangle_A)\big) = \tau(\Theta_{\vec{\zeta}\langle \xi, \eta \rangle_A, \zeta}) = \tau(\Theta_{\zeta\langle \vec{\xi}, \vec{\eta} \rangle_A, \zeta})\ .$$

ただし，$\vec{\xi} = {}^t(\xi, 0, \cdots, 0)$，$\vec{\eta} = {}^t(\eta, 0, \cdots, 0)$ である．したがって，

$$\tau_A(\langle \xi, \eta \rangle_A) = \tau(\Theta_{\Theta_{\zeta, \vec{\xi}}\vec{\eta}, \zeta}) = \tau(\Theta_{\zeta, \vec{\xi}}\Theta_{\vec{\eta}, \zeta})$$
$$= \tau(\Theta_{\vec{\eta}, \zeta}\Theta_{\zeta, \vec{\xi}}) = \tau(\Theta_{\vec{\eta}, \vec{\xi}}) = \tau_B(\Theta_{\eta, \xi})$$

となる．ゆえに，τ_A と τ_B の対応は全単射である． ■

次の系により有限生成射影的右 A 加群の構造がわかる．

系 3.6.29 A を単位的 C^* 環とする．

(i) A 上の C^* 加群 E に対して，$1_E \in \mathrm{End}_A^0(E)$ ならば，E は右 A 加群として，有限生成かつ射影的である．

(ii) E_0 が有限生成かつ射影的な A 加群ならば，その上には E_0 を A 上の C^* 加群にする A 値内積が存在し，$1_{E_0} \in \mathrm{End}_A^0(E_0)$ となる．

(iii) (ii)のように，E_0 上に 2 つの A 値内積 $\langle \cdot, \cdot \rangle_A$ と $\langle \cdot, \cdot \rangle_A'$ が存在すれば，

$$\langle \xi, \eta \rangle_A = \langle T\xi, T\eta \rangle_A' \quad (\xi, \eta \in E_0)$$

を満たす可逆な元 $T \in \mathrm{End}_A(E_0)$ が存在する． □

[証明] (i) $\mathrm{End}_A^0(E)$ が単位元 1_E をもつ場合には，$\sum_{i=1}^{n} \Theta_{\xi_i, \eta_i} = 1_E$ となる $\xi_i, \eta_i \in E(i=1, \cdots, n)$ が存在する．前の命題 3.6.28 と同じようにベクトルをとりなおして，$\sum_{i=1}^n \Theta_{\zeta_i, \zeta_i} = 1_E (\zeta_i \in E)$ とすることができる．このとき，$A^n = {}^t(A \oplus \cdots \oplus A)$ を用いて，写像 $\pi: \xi \in E \mapsto {}^t(\langle \zeta_1, \xi \rangle_A, \cdots, \langle \zeta_n, \xi \rangle_A) \in A^n$ を考える．$\pi \in \mathrm{Hom}_A(E, A^n)$ である．ここで，$p = (\langle \zeta_i, \zeta_j \rangle_A) \in M(n, A)$ とすれば，p は射影であり，$\pi(E) = pA^n$ となる．実際，$\xi = \sum_{i=1}^n \zeta_i a_i$ ならば，

$$\pi(\xi) = {}^t\Big(\sum_{j=1}^n \langle \zeta_1, \zeta_j \rangle_A a_j, \cdots, \sum_{j=1}^n \langle \zeta_n, \zeta_j \rangle_A a_j\Big) = p\, {}^t(a_1, \cdots, a_n)\ .$$

また，$\pi(\xi) = 0$ ならば，$\langle \zeta_i, \xi \rangle_A = 0 (i=1, \cdots, n)$ となるので，$\xi = \sum_{i=1}^n \Theta_{\zeta_i, \zeta_i} \xi = \sum_{i=1}^n \zeta_i \langle \zeta_i, \xi \rangle_A = 0$．よって，$\pi$ は単射でもある．ゆえに，E は有限生成かつ射

影的である．

(ii) 有限生成の射影的右 A 加群 E_0 は全単射 $\pi \in \mathrm{Hom}_A(E_0, A^n)$ と $M(n,A)$ の射影 p を用いて，$\pi(E_0) = pA^n$ と表せる．$\varepsilon_i = {}^t(\delta_{i1}1, \cdots, \delta_{in}1)$ $(i=1, \cdots, n)$ と置けば，$\{\varepsilon_i | i=1, \cdots, n\}$ は A^n の基底である．これを用いて，$\vec{a} = \sum_{i=1}^n a_i \varepsilon_i$, $\vec{b} = \sum_{i=1}^n b_i \varepsilon_i$ とし，右 A 加群 $\pi(E_0) = pA^n$ における A 値右内積を

$$\langle p\vec{a}, p\vec{b}\rangle_A^0 = \sum_{i=1}^n \vec{a}^* p \vec{b} \in A$$

とすれば，pA^n は，例 3.6.9 の $\mathscr{H}_A$ の場合と同じようにして，C^* 加群になる．これを E_0 に引き戻して $\langle \xi, \eta \rangle_A = \langle \pi(\xi), \pi(\eta) \rangle_A^0$ $(\xi, \eta \in E_0)$ とすれば，E_0 も C^* 加群である．また，

$$\sum_{i=1}^n \Theta_{p\varepsilon_i, p\varepsilon_i} p\vec{a} = \sum_{i=1}^n p\varepsilon_i \langle p\varepsilon_i, p\vec{a}\rangle_A = p\sum_{i=1}^n \varepsilon_i \varepsilon_i^* p\vec{a} = p\vec{a} \ .$$

よって，$\sum_{i=1}^n \Theta_{p\varepsilon_i, p\varepsilon_i}$ は $\mathrm{End}_A(\pi(E_0))$ の単位元になり，$\mathrm{End}_A(E_0)$ は単位的である．

(iii) E_0 の2つの実現 $\pi(E_0) = pA^n$ と $\pi'(E_0) = pA^n$ により，E_0 上に2つの A 値右内積

$$\langle \xi, \eta \rangle_A = \langle \pi(\xi), \pi(\eta) \rangle_A^0 \ , \quad \langle \xi, \eta \rangle_A' = \langle \pi'(\xi), \pi'(\eta) \rangle_A^0$$

が存在する．このとき，$T = \pi'^{-1} \circ \pi$ とすれば，$T \in \mathrm{End}_A(E_0)$ は可逆で

$$\langle \xi, \eta \rangle_A = \langle \pi(\xi), \pi(\eta) \rangle_A^0 = \langle \pi'(T\xi), \pi'(T\eta) \rangle_A^0 = \langle T\xi, T\eta \rangle_A'$$

を満たす． ∎

3.6.5 無理数回転環の同型と安定同型

Rieffel は第 3.8 節で説明する K 理論を用いて，次の2つの定理を示した．その証明は第 3.8 節第 4 項へいってからおこなうことにする．

定理 3.6.30 θ, θ' は $0 < \theta < 1$, $0 < \theta' < 1$ を満たす無理数とする．このとき，A_θ と $A_{\theta'}$ が同型であるための必要十分条件は $\theta = \theta'$ または $\theta + \theta' = 1$ が成り立つことである． ∎

次の定理では θ, θ' は 0 でない任意の実数とする．

定理 3.6.31 2つの無理数回転環 A_θ と $A_{\theta'}$ が安定同型であるための必要十分条件は

$$\theta' = \frac{a\theta+b}{c\theta+d}$$

を満たす行列

$$\begin{pmatrix} a & b \\ c & d \end{pmatrix} \in GL(2,\mathbb{Z})$$

が存在することである. □

[証明] 十分性だけを示し,必要性は第 3.8 節第 4 項で示す. $GL(2,\mathbb{Z})$ の元は

$$\begin{pmatrix} 1 & 1 \\ 0 & 1 \end{pmatrix}, \quad \begin{pmatrix} 0 & 1 \\ 1 & 0 \end{pmatrix}$$

により生成されている.最初の生成元の場合は,$\theta'=\theta+1$ であるから,A_θ と $A_{\theta'}$ は同型である.2番目の生成元の場合は,次の例 3.6.32 で構成する $A_{\theta^{-1}}$-A_θ 両側 C^* 加群により,安定同型である.したがって,任意の $GL(2,\mathbb{Z})$ の元に対しても,A_θ と $A_{\theta'}$ は安定同型である. ■

例 3.6.32 $A_{\theta^{-1}}$-A_θ 両側 C^* 加群の構成を考えよう.連続関数環 $C(\mathbb{T})$ の元に $\mathbb{R}$ における周期 1 の連続関数を対応させることにより,$C(\mathbb{T})$ を有界連続関数環 $C_b(\mathbb{R})$ へ埋蔵することができる.Hilbert 空間 $L^2(\mathbb{R})$ の右から周期 1 の連続関数環 $C(\mathbb{T})$ と加法群 $\mathbb{Z}\theta$ の推移作用を作用させ,左から周期 θ の連続関数環 $C(\mathbb{T}\theta)$ と加法群 $\mathbb{Z}$ の推移作用を作用させる.つまり,$\xi \in L^2(\mathbb{R})$ に対して,次のような作用

$$(\xi U)(t) = e^{2\pi i t}\xi(t), \quad (\xi V)(t) = \xi(t+\theta)$$
$$(u\xi)(t) = e^{2\pi i \theta^{-1} t}\xi(t), \quad (v\xi)(t) = \xi(t-1)$$

を考える.これらは,θ と θ^{-1} に関する関係式 $UV = e^{2\pi i \theta}VU$, $uv = e^{2\pi i \theta^{-1}}vu$ かつ $u,v \in \mathrm{End}_{A_\theta}(L^2(\mathbb{R}))$ を満たすので,$L^2(\mathbb{R})$ は両側 $A_{\theta^{-1}}$-A_θ 加群になる. $L^2(\mathbb{R})$ の代わりに,コンパクトな台をもつ連続関数環 $\mathscr{K}(\mathbb{R})$ も,同様に両側 $A_{\theta^{-1}}$-A_θ 加群である.

コンパクトな台をもつ連続関数環 $\mathscr{K}(\mathbb{Z}\theta\times\mathbb{T})$ および $\mathscr{K}(\mathbb{Z}\times\mathbb{T}\theta)$ は表現
$$f \mapsto \sum_{m\in\mathbb{Z}} f(m\theta,\cdot)V^{-m}, \quad g \mapsto \sum_{n\in\mathbb{Z}} g(n,\cdot)v^n$$
により，それぞれ A_θ と $A_{\theta^{-1}}$ の稠密部分*多元環と同一視することができる．ここで，$\mathbb{Z}$ および $\mathbb{Z}\theta$ 上での畳み込み積を用いて，$\mathscr{K}(\mathbb{Z}\theta\times\mathbb{T})$ および $\mathscr{K}(\mathbb{Z}\times\mathbb{T}\theta)$ の関数を，$\xi,\eta,\zeta\in\mathscr{K}(\mathbb{R})$ に対して，それぞれ
$$\langle\eta,\zeta\rangle_{A_\theta}(m\theta,s) = \sum_{n\in\mathbb{Z}} \eta^*(n-s)\zeta(m\theta+s-n) \quad (s\in\mathbb{T})$$
$$_{A_{\theta^{-1}}}\langle\xi,\eta\rangle(n,t) = \sum_{m\in\mathbb{Z}} \xi(t+m\theta)\eta^*(n-t-m\theta) \quad (t\in\mathbb{T}\theta)$$
とすれば，これらはそれぞれ A_θ と $A_{\theta^{-1}}$ の元であり，右内積と左内積を定め，しかも
$$(_{A_{\theta^{-1}}}\langle\xi,\eta\rangle\zeta)(t) = \sum_{n\in\mathbb{Z}} {}_{A_{\theta^{-1}}}\langle\xi,\eta\rangle(n,t)\zeta(t-n)$$
$$= \sum_{n,m\in\mathbb{Z}} \xi(t-m\theta)\eta^*(n-t+m\theta)\zeta(t-n)$$
$$= \sum_{m\in\mathbb{Z}} \xi(t-m\theta)\langle\eta,\zeta\rangle_{A_\theta}(m\theta,t-m\theta)$$
$$= (\xi\langle\eta,\zeta\rangle_{A_\theta})(t)=(\Theta_{\xi,\eta}\zeta)(t)$$
を満たしている．ただし，$\eta^*(t)=\overline{\eta(-t)}$ である．したがって，両側 $A_{\theta^{-1}}$-A_θ 加群 $\mathscr{K}(\mathbb{R})$ には右 A_θ および左 $A_{\theta^{-1}}$ 値内積を考えることができ，前 C^* 加群になる．このとき，これから得られる C^* 加群は定理 3.6.23 の条件 (ii) を満たすので，$A_{\theta^{-1}}$ と A_θ は強森田同値である． □

この例の中の右作用 U,V は例 3.6.3 (i) のように左からの作用とも考えられ，これにより生成される von Neumann 環を $\mathscr{M}$ とし，u,v の生成する von Neumann 環を $\mathscr{N}$ とすれば，これらは $\mathscr{M}'=\mathscr{N}$ を満たす II_1 型因子環であり，$\mathscr{M}$ の**結合定数**(有限因子環 $\mathscr{M},\mathscr{M}'$ に対し，それぞれ規格トレイス τ,τ' と $\overline{\mathscr{M}\xi}$，$\overline{\mathscr{M}'\xi}$ への射影 $e'(\xi),e(\xi)$ を用いて，$\tau'(e'(\xi))=c\tau(e(\xi))$ により定まる数 c) が θ である．この定数は Jones 指数ともいわれる．

3.6.6 Generic な数

無理数 θ に関する用語を用意する．Diophantus 近似で知られているよう

に，無理数 θ が代数的な場合には，Roth の定理により，集合

$$\{(p,q)\in\mathbb{N}\times\mathbb{N}\mid |\theta-(p/q)|<q^{-k}\}$$

はどんな自然数 $k\geq 2$ に対しても有限集合である．このことを念頭に，次の用語を用意しておく．

定義 3.6.33 θ を超越数とする．任意の自然数 k に対して，$|\theta-(p/q)|<q^{-k}$ を満たす有理数 p/q が存在するとき，θ は Generic であるという． □

Generic な数は超越数の中でも代数的数に近い数と考えられる．

3.6.7 ランダムポテンシャル

結晶の記述に使われる Bloch Hamiltonian や，月などの周期的運動の記述に使われる Hill の方程式に無秩序性(微小摂動)の影響を加えると，次のような Laplacian $((\Delta f)(n)=f(n+1)+f(n-1)-2f(n))$ と概周期ポテンシャルからなる差分方程式

$$f(n+1) + f(n-1)+2\cos 2\pi(n\theta-\beta)f(n) = \lambda f(n)$$

が現れる．ただし，$\beta,\lambda\in\mathbb{R}$ である．これは Anderson 局在などと関係して，一頃話題になった．$f\in l^2(\mathbb{Z})$ の場合には，左辺を $l^2(\mathbb{Z})$ 上の有界自己随伴作用素 H_θ^β を用いて，$(H_\theta^\beta f)(n)$ と表すことにより，固有値問題になる．したがって，われわれはそのスペクトル $\mathrm{Sp}(H_\theta^\beta)$ に関心がある．θ が無理数の場合には，このスペクトルは β の選び方によらないことがわかる．そこで，有理数の場合には，β に依存しない集合として

$$S(\theta) = \bigcup_{\beta\in[0,1]} \mathrm{Sp}(H_\theta^\beta)$$

を考える．D. R. Hofstadter[17]が，これをコンピュータで計算したところ，図 3.5 のようなフラクタル図形を得たので，θ(縦軸)が無理数の場合には，スペクトル(横軸)が Cantor 集合になることを予想した．この問題に対しては，複

---

17) Energy levels and wave functions of Bloch electrons in rational and irrational magnetic fields, *Physical Review B*, **14**-6(1976), 2239-2249.

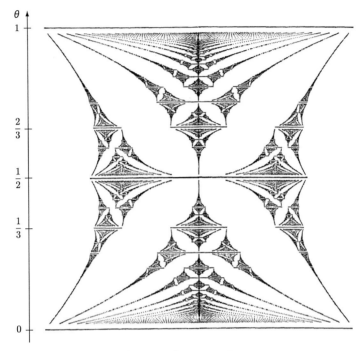

図 3.5 H_θ^β のスペクトル.

素力学系からのアプローチもあったが,$\beta=0$ の場合には,例 3.6.3 の (ii) の表現を用いると,$H_\theta^\beta=V+V^*+U+U^*$ と表せるので,問題を非可換トーラスの問題に帰着させることができた.Elliott らは C^* 環の K 理論を用いて θ が Generic な場合には,$S(\theta)$ が Cantor 集合になることを示した.また,Powers は,非常に早い時期に,ここに現れるスペクトルギャップを見て,A_θ は自明でない射影元をもつことを指摘した.これは単純 C^* 環で自明でない射影元をもつものの最初の例になった.

Rieffel はこれを受け $0<\theta<1$ の場合に,例 3.6.3 の (i) の表示を用いて,A_θ の自己随伴な元

$$(3.17) \qquad e_0 = gV + f + V^*\overline{g} \quad (f,g \in C(\mathbb{T}))$$

が冪等になる条件を調べ,例えば

$$0 < a < b < a+\theta < b+\theta < 1$$

を満たす数 a,b を用いて,関数 f を区間 $[0,a],[b+\theta,1]$ 上では 0,区間 $[b,a+\theta]$ 上では 1,$t \in [a,b]$ に対しては $f(t)+f(t+\theta)=1$ を満たすように選び,関数 g を区間 $[a+\theta,b+\theta]$ の外部では 0,内部では $(f-f^2)^{1/2}$ とすれば,上の元は射影元になることを示した.この元 e_0 は **Powers-Rieffel 射影**と呼ばれ,上のスペクトル図形では,縦軸の各 $\theta(0 \leq \theta \leq 1)$ ごとに,横軸のスペクトルの中央にある連結部分集合に対応するスペクトル射影である.

3.6.8 非可換 3 次元球面

よく知られているように,中身の詰まった 2 つの 2 次元トーラスの表面どうしを張り合わせると,3 次元球面と同相な集合が得られる.非可換トーラスの場合と同じように,今度は中身の詰まった非可換 2 次元トーラスを,関係式 $vn=e^{2\pi i\theta}nv$ とスペクトル条件 $\mathrm{Sp}(n)=\{z \in \mathbb{C} | |z| \leq 1\}$ を満たす正規作用素 n とユニタリ作用素 v の生成する C^* 環として定義し,これを D_θ で表す.$D_\theta = D_{-\theta}$ である.D_θ から非可換トーラス A_θ への全射準同型写像 π^+ または π^- で $\pi^\pm(n)=U^{\pm 1}, \pi^\pm(v)=V$ を満たすものと,A_θ の自己同型写像 σ で $\sigma(U)=U^{-1}, \sigma(V)=V^{-1}$ を満たすものが存在する.

定義 3.6.34(松本健吾) C^* 環 $D_\theta \oplus D_\theta$ の部分 C^* 環

$$\{(a,b) \in D_\theta \oplus D_\theta | \pi^-(a)=\sigma(\pi^+(b))\}$$

を**非可換 3 次元球面**という. □

この非可換 3 次元球面は関係式

$$TS = e^{2\pi i\theta}ST, \quad \|S\|=\|T\|=1, \quad (1-T^*T)(1-S^*S)=0$$

を満たす正規作用素 S,T の生成する C^* 環と同型である.夏目利一はこの上で Dirac 作用素の構成をおこない指数定理を示している.

3.7 核型 C^* 環

von Neumann 環の場合に AFD と非 AFD のクラスがあったように，C^* 環の場合にも「広い意味で」有限次元の部分空間により近似できる核型というクラスと近似できない非核型というクラスがある．この核型というクラスは C^* 環論において最も基本的である．可換 C^* 環，AF 環，I 型 C^* 環，Toeplitz 環，Cuntz 環，無理数回転環，連結局所コンパクト群の群 C^* 環などは核型である．また，核型 C^* 環の帰納極限も核型である．ところが，自由群とか Kazhdan の性質 T をもつ離散群の群 C^* 環，$\mathscr{L}(\mathscr{H})$，拡大性をもつ C^* 環などは非核型である．核型の一般化として，完全という概念がある．節末ではこの定義にも触れる．この方面の概観は，例えば V. Runde の講義録[18]に詳しい．

3.7.1 C^* 環上の完全正写像

群上の関数には正という概念のほかに，それより強い正定値という概念がある．W. F. Stinespring はこれを，作用素環どうしの間の正線形写像の場合へ拡張し，完全正という名前を付けた．その後，W. Arveson はこのような写像に対して Hahn-Banach の拡張定理に相当する命題を示し，核型 C^* 環の議論が本格化するきっかけを与えた．

順序ベクトル空間 E から順序ベクトル空間 F への線形写像が正錐の元を正錐の元へ移すとき，その写像は**正**であるという．順序ベクトル空間 E の正錐 E_+ に対して，双対空間 E^* は双対正錐 $\{f \in E^* | f(\xi) \geq 0, \xi \in E_+\}$ により順序ベクトル空間になる．以後，このような順序ベクトル空間として，C^* 環，von Neumann 環，それらの双対空間，またはそれらの前双対空間を用いる．さらに，C^* 環 $M(n, \mathbb{C}) \otimes A = M(n, A)$ に対しては，$M(n, \mathbb{C}) \otimes A^* = M(n, A^*)$ における正錐として，これらの間のペアリング

---

18) Lectures on Amenability, *Lecture Notes in Math.* **1774**, Springer-Verlag (2002) pp. xiii+296.

(3.18) $$\langle (a_{ij}), (\omega_{ij}) \rangle = \sum_{i,j=1}^{n} \omega_{ij}(a_{ij})$$

に関する $M(n,A)_+$ の双対正錐

$$\{(\omega_{ij}) \in M(n,A^*) | \forall (a_{ij}) \in M(n,A)_+ : \langle (\omega_{ij}), (a_{ij}) \rangle \geq 0\}$$

を考える．他も同様である．

定義 3.7.1 E, F を上のような順序ベクトル空間とする．E から F への正線形写像 ϕ に対して，$M(n,\mathbb{C}) \otimes E$ から $M(n,\mathbb{C}) \otimes F$ への写像 $\mathrm{id} \otimes \phi$ を ϕ_n で表す．この ϕ_n がすべての $n \in \mathbb{N}$ に対しても正であるとき，写像 ϕ は**完全正**であるといい，このような完全正写像の全体を $\mathscr{L}_{cp}(E, F)$ で表す．また，E, F が単位的 C^* 環で，写像が単位元を保存するときには，**単位的**であるという．□

C^* 環 A から C^* 環 B への有界線形写像 ϕ が完全正であることと，任意の $a_1, \cdots, a_n \in A$ と $b_1, \cdots, b_n \in B$ に対して

$$\sum_{i,j=1}^{n} b_j^* \phi(a_j^* a_i) b_i \geq 0$$

が成り立つことは同値である．実際，左辺は第 1 列に $b_1, \cdots, b_n$ が並びほかはすべて 0 の $n \times n$ 行列 B と (j,i) 要素が $\phi(a_j^* a_i)$ の $n \times n$ 行列 A を用いて表される正定値行列 B^*AB の $(1,1)$ 要素である．とくに，C^* 環と ϕ がともに単位的な場合には，$\phi(x)^*\phi(x) \leq \phi(x^*x)$ が成り立っている．

C^* 環における準同型写像，正線形汎関数，ノルム 1 の射影などは完全正である．C^* 環上の正線形汎関数は自動的に有界であるという命題 1.14.8 の議論と同様にして，完全正写像も自動的に有界である．$\phi \in \mathscr{L}_{cp}(E, F)$ に対して，転置写像 ${}^t\phi: F^* \to E^*$ を ${}^t\phi(f) = f \circ \phi$ で定義すれば，${}^t\phi \in \mathscr{L}_{cp}(F^*, E^*)$．また，$C^*$ 環が単位的な場合には，正線形汎関数の場合と同じようにして，$\|\phi(1)\| = \|\phi\|$ となることもわかる．2 つの完全正写像の合成写像も完全正である．さらに，写像 $\phi_i: E_i \to F_i$ ($i=1, 2$) が完全正ならば，それらの直和 $\phi_1 \oplus \phi_2: E_1 \oplus E_2 \to F_1 \oplus F_2$ も完全正である．

補題 3.7.2 von Neumann 環 $\mathscr{M}$ 上の正規状態 φ により定まる正錐 $\{\psi \in \mathscr{M}_*^+ | \exists \lambda > 0: \psi \leq \lambda \varphi\}$ の線形拡大を C_φ とする．このとき，GNS 構成法を用いて，$\varphi_h(x) = (\pi_\varphi(x) h \xi_\varphi | \xi_\varphi)$ ($x \in \mathscr{M}$) と置いて得られる線形写像

$$\theta : h \in \pi_\varphi(\mathscr{M})' \mapsto \varphi_h \in C_\varphi$$

は σ 弱位相と弱*位相に関して同相かつ全単射完全正である. □

［証明］ $\varphi_h=0$ ならば，任意の $x,y \in \mathscr{M}$ に対して，$(h\eta_\varphi(x)|\eta_\varphi(y)) = \varphi_h(y^*x)=0$ となるので，$h=0$ となる．ゆえに，θ は単射である．また，$\psi \in C_\varphi$ は $0 \leqq \psi_j \leqq \lambda_j \varphi(\lambda_j > 0)$ を満たす $\psi_j \in \mathscr{M}_*$ の 1 次結合 $\sum_{j=1}^{n} \mu_j \psi_j (\mu_j \in \mathbb{C})$ である．ここで，$\mathscr{H}_\varphi$ 上の半双線形汎関数を

$$f_j\bigl(\eta_\varphi(x), \eta_\varphi(y)\bigr) = \psi_j(y^*x)$$

で定めれば，$|f_j(\eta_\varphi(x), \eta_\varphi(y))| \leqq \lambda_j \|\eta_\varphi(x)\| \|\eta_\varphi(y)\|$ となるので，$\psi_j(y^*x) = (h_j \eta_\varphi(x) | \eta_\varphi(y))$ を満たす $h_j \in \pi_\varphi(\mathscr{M})'$ が存在する．そこで，$h = \sum_{j=1}^{n} \mu_j h_j$ とすれば，$\theta(h) = \psi$. ゆえに，θ は全射である．

つぎに，$M(n, A)$ の元が非負であるための必要十分条件は，それが $b_i^* b_j$ ($b_1, \cdots, b_n \in A$) を (i,j) 要素にもつ $n \times n$ 行列 $(b_i^* b_j)$ の有限和で表せることである．実際，十分性は明らかである．逆に $M(n, A)$ の正元 a に対して，$a^{1/2}$ の行列表示を (b_{ij}) とすれば，a は $(b_{ij})^*(b_{ij}) = \sum_{k=1}^{n}(b_{ki}^* b_{kj})$ と表せる．このことを用いて，θ が完全正であることを示す．$h_1, \cdots, h_n \in \pi_\varphi(\mathscr{M})'$ と $x_1, \cdots, x_n \in \mathscr{M}$ に対して，

$$\sum_{i,j=1}^{n} \varphi_{h_i^* h_j}(x_i^* x_j) = \sum_{i,j=1}^{n} \bigl(\pi_\varphi(x_i^* x_j) h_i^* h_j \xi_\varphi | \xi_\varphi\bigr)$$
$$= \sum_{i,j=1}^{n} \bigl(\pi_\varphi(x_j) h_j \xi_\varphi | \pi_\varphi(x_i) h_i \xi_\varphi\bigr) \geqq 0.$$

したがって，上の議論により，θ は完全正である．

最後に，θ が連続なことは明らかである．そこで，有向系 $\{\varphi_{h_i}\}_i$ が φ_h へ弱*収束したとする．$\{\varphi_{h_i}\}_i$ は有界であるから，$\{h_i\}_i$ も有界である．したがって，$\{h_i\}_i$ は h へ σ 弱収束する．ゆえに，写像 θ は同相である． ■

次の定理により，完全正写像は準同型写像のある切り口として現れることがわかる．

定理 3.7.3 (Stinespring) C^* 環 A から $\mathscr{L}(\mathscr{H})$ への完全正写像 ϕ は，A のある表現 $\{\pi_\phi, \mathscr{H}_\phi\}$ と $\mathscr{H}$ から $\mathscr{H}_\phi$ への有界線形写像 V を用いて，

3.7 核型 C^* 環　437

$$\phi(a) = V^*\pi_\phi(a)V \quad (a \in A)$$

と表せる．とくに，$\|\phi\|=1$ の場合には，V は等長である．　□

　[証明]　テンソル積の普遍性により，各 $b \in A$ に対して，$A \otimes \mathscr{H}$ から $\mathscr{H}$ への線形写像 $\sum_{i=1}^{m} a_i \otimes \xi_i \mapsto \sum_{i=1}^{m} \phi(b^*a_i)\xi_i$ が存在する．同様に，各 $a \in A$ に対して，線形写像 $\sum_{j=1}^{n} b_j \otimes \eta_j \mapsto \sum_{j=1}^{n} \phi(b_j^*a)^*\eta_j$ が存在する．したがって，

$$f\Big(\sum_{i=1}^{m} a_i \otimes \xi_i, \sum_{j=1}^{n} b_j \otimes \eta_j\Big) = \sum_{i,j=1}^{m,n} \big(\phi(b_j^*a_i)\xi_i \big| \eta_j\big)$$

はベクトル空間 $A \otimes \mathscr{H}$ 上のエルミート的半双線形汎関数である．また，$x_{ij} = a_i^* a_j$ と置いて得られる $m \times m$ 行列 (x_{ij}) は非負であることに注意すると，ϕ は完全正であるから，f は $A \otimes \mathscr{H}$ における，必ずしも非退化ではない正定値内積である．したがって，部分空間 $N = \{y \in A \otimes \mathscr{H} \mid f(y,y)=0\}$ による商空間 $(A \otimes \mathscr{H})/N$ は内積 $(y_1+N \mid y_2+N) = f(y_1,y_2)$ に関して，前 Hilbert 空間になる．これを完備化して得られる Hilbert 空間を $\mathscr{H}_\phi$ で表し，$A \otimes \mathscr{H}$ から $\mathscr{H}_\phi$ へのベクトル写像を $\eta_\phi : y \mapsto y+N$ とする．ここで，各 $a \in A$ に対して，$m \times m$ 行列として，$(a_i^* a^* a a_j) \leq \|a\|^2 (a_i^* a_j)$．写像 ϕ は完全正であるから，

$$\Big\|\eta_\phi\Big(\sum_{i=1}^{m} aa_i \otimes \xi_i\Big)\Big\|^2 = \sum_{i,j=1}^{m} \big(\phi(a_j^* a^* a a_i)\xi_i \big| \xi_j\big)$$
$$\leq \|a\|^2 \sum_{i,j=1}^{m} \big(\phi(a_j^* a_i)\xi_i \big| \xi_j\big) = \|a\|^2 \Big\|\eta_\phi\Big(\sum_{i=1}^{m} a_i \otimes \xi_i\Big)\Big\|^2.$$

したがって，

$$\pi_\phi(a)\eta_\phi\Big(\sum_{i=1}^{m} a_i \otimes \xi_i\Big) = \eta_\phi\Big(\sum_{i=1}^{m} aa_i \otimes \xi_i\Big)$$

を満たす C^* 環 A の表現 $\{\pi_\phi, \mathscr{H}_\phi\}$ が得られる．

　A, ϕ がともに単位的な場合には，$\mathscr{H}$ から $\mathscr{H}_\phi$ への線形写像 V を $V\xi = \eta_\phi(1 \otimes \xi)$ とすれば，$\|V\xi\| = \|\xi\|$ となるので，V は等長であり，求める式が得られる．

　A が単位的でない場合には，${}^{tt}\phi = {}^t({}^t\phi)$ を考える．この ${}^{tt}\phi$ は W^* 環 A^{**} から $\mathscr{L}(\mathscr{H})^{**}$ への弱*連続で，$\|{}^{tt}\phi\| = \|\phi\|$ を満たす線形写像である．このとき，A は A^{**} に等長に埋蔵され，そこで弱*稠密であるから，${}^{tt}\phi$ も完全正

である．この写像と $\mathscr{L}(\mathscr{H})^{**}$ から $\mathscr{L}(\mathscr{H})$ の上へのノルム 1 の射影 $\mathscr{E}={}^t({}^t(\mathrm{id}_A)|_{\mathscr{L}(\mathscr{H})_*})$ との合成写像 $\mathscr{E}\circ{}^{tt}\phi$ は A^{**} から $\mathscr{L}(\mathscr{H})$ への完全正写像であり，これを A へ制限したものはもとの ϕ と一致している．そこで，${}^{tt}\phi$ に対して，上の結果を適用すると，表現 $\{\pi_{({}^{tt}\phi)}, \mathscr{H}_{({}^{tt}\phi)}\}$ と有界線形写像 V が存在して，

$${}^{tt}\phi(a) = V^*\pi_{({}^{tt}\phi)}(a)V \quad (a\in A^{**})$$

となる．a として，A の元を選べば，${}^{tt}\phi(a)=\phi(a)$ かつ $\pi_{({}^{tt}\phi)}(a)=\pi_\phi(a)$ であるから，求める式が得られる．とくに，$\|\phi\|=1$ の場合には，$\|{}^{tt}\phi\|=1$ でもあるから，V は等長である． ∎

ベクトル空間 E,F に対して，写像 $g: E\to F$ が

$$\forall \xi,\eta\in E \ \forall \lambda\in[0,1]: g(\lambda\xi+(1-\lambda)\eta) = \lambda g(\xi) + (1-\lambda)g(\eta)$$

を満たすとき，**アフィン写像**という．

例 2.5.7 に，γ ノルムと極大ノルムが一致しない例が与えられている．

命題 3.7.4 (i) Banach 空間 E,F に対して，関係式

$$f(\xi\otimes\eta) = (\phi(\xi))(\eta) \quad (\xi\in E,\ \eta\in F)$$

により定まる $(E\otimes_\gamma F)^*$ から $\mathscr{L}(E,F^*)$ への写像 $f\mapsto\phi$ は全射等長線形である．

(ii) (i) において E,F がそれぞれ C^* 環 A,B ならば，上の関係式を満たす $S(A\otimes_{\max} B)$ から $\{\phi\in\mathscr{L}_{cp}(A,B^*)\,|\,\|\phi\|=1\}$ への全射等長アフィン写像 $f\mapsto\phi$ が得られる． ∎

[証明] (i) 有界線形汎関数 $f\in(E\otimes_\gamma F)^*$ に対して，写像 ϕ を $(\phi(\xi))(\eta)=f(\xi\otimes\eta)$ で定義すれば，対応 $f\mapsto\phi$ は単射かつ線形である．また，$\|\phi(\xi)\|\leqq\|f\|_\gamma^*\|\xi\|$ となるから，不等式 $\|\phi\|\leqq\|f\|_\gamma^*$ が得られ $\phi\in\mathscr{L}(E,F^*)$ となる．

逆に，$\phi\in\mathscr{L}(E,F^*)$ とする．写像 $(\xi,\eta)\in E\times F\mapsto(\phi(\xi))(\eta)\in\mathbb{C}$ は双線形であるから，テンソル積の普遍性により，$f(\xi\otimes\eta)=(\phi(\xi))(\eta)$ を満たす $E\otimes F$ 上の線形汎関数 f が存在する．このとき，$\zeta\in E\otimes F$ に対して，不等式 $|f(\zeta)|\leqq\|\phi\|\|\zeta\|_\gamma$ が成り立つので，f は $E\otimes_\gamma F$ 上の有界線形汎関数と見なすことが

できる．よって，写像 $f \mapsto \phi$ は全射である．上の2つの不等式を合わせると，対応が等長であることもわかる．

(ii) 代数的テンソル積 $A \otimes B$ 上の恒等写像を Banach*環 $A \otimes_\gamma B$ から C^*環 $A \otimes_{\max} B$ への写像として連続に拡張したものを π とする．π は自然な準同型写像である．このとき，C^*環 A, B それぞれの近似単位元を $\{e_i\}_i, \{f_j\}_j$ とすれば，$\{e_i \otimes f_j\}_{(i,j) \in I \times J}$ は Banach*環 $A \otimes_\gamma B$ の近似単位元である．したがって，命題 1.14.15 により，

$$\mathrm{Rep}(A \otimes_\gamma B) = \{\rho' \circ \pi \mid \rho' \in \mathrm{Rep}(A \otimes_{\max} B)\}.$$

ゆえに，$A \otimes_\gamma B$ の包絡 C^*環は $A \otimes_{\max} B$ と一致する．再び，命題 1.14.15 により，準同型写像 π を経由して，$S(A \otimes_{\max} B)$ から $S(A \otimes_\gamma B)$ への全射アフィン写像が得られる．

(i) により C^*環 $A \otimes_{\max} B$ 上の状態 f に対応する写像を ϕ とする．任意の $(a_{ij}) \in M(n, A)_+$ と $(b_{ij}) \in M(n, B)_+$ に対して，

$$(3.19) \qquad \sum_{i,j=1}^n (\phi(a_{ij}))(b_{ij}) = f\Big(\sum_{i,j=1}^n a_{ij} \otimes b_{ij}\Big).$$

ここで，$a = (a_{ij})$，$b = (b_{ij})$ とすれば，$a \otimes b \geqq 0$．また，$M(n, \tilde{A})$ または $M(n, \tilde{B})$ の自然な行列単位を w_{ij} とすれば，

$$\Big(\sum_{i=1}^n w_{1i} \otimes w_{1i}\Big)(a \otimes b)\Big(\sum_{j=1}^n w_{j1} \otimes w_{j1}\Big) \geq 0.$$

よって，作用素 $\sum_{i,j=1}^n a_{ij} \otimes b_{ij}$ も非負である．したがって，(3.18)式と (3.19)式により，写像 ϕ は完全正である．逆に，ϕ が完全正ならば，$x = \sum_{i=1}^n a_i \otimes b_i$ に対して，

$$f(x^*x) = \sum_{i,j=1}^n (\phi(a_j^* a_i))(b_j^* b_i) \geqq 0$$

となるので，f は $A \otimes B$ において正である．したがって，$A \otimes_{\max} B$ においても正である．アフィン写像 $f \mapsto \phi$ が等長であることは (i) と命題 1.14.15 による．∎

Haagerup は後の定理 3.7.21 を用いて，自然な写像 $A \otimes_\gamma B \to A \otimes_{\min} B$ が単射であることを示している．しかし，以後この事実を使うことはない．

C^*環 $A\otimes_{\min}B$ 上のベクトル状態 $f=\omega_\zeta$ ($\zeta=\sum\limits_{i=1}^{n}\xi_i\otimes\eta_i$) は

$$f(a\otimes b)=\omega_\zeta(a\otimes b)=\sum_{i,j=1}^{n}\omega_{\xi_i,\xi_j}(a)\omega_{\eta_i,\eta_j}(b)$$

と表せる．自然な写像 $\rho\colon A\otimes_{\max}B\to A\otimes_{\min}B$ を用いると，$f\circ\rho$ には命題 3.7.4 により完全正写像 $\phi_{f\circ\rho}\colon A\to B^*$ が対応し，

$$\phi_{f\circ\rho}(a)=\sum_{i,j=1}^{n}\omega_{\xi_i,\xi_j}(a)\omega_{\eta_i,\eta_j} \quad (a\in A)$$

となる．そこで，写像 $\iota\colon a\in A\mapsto (\omega_{\xi_i,\xi_j}(a))\in M(n,\mathbb{C})$ と写像 $\pi\colon (\lambda_{ij})\in M(n,\mathbb{C})$ $\mapsto\sum\limits_{i,j=1}^{n}\lambda_{ij}\omega_{\eta_i,\eta_j}\in B^*$ を用いて，$\phi_{f\circ\rho}=\pi\circ\iota$ と表すことができる．

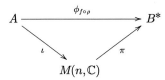

補題 3.7.5 (i) 各 $(b_{ij})\in M(n,B)$ に対して $M(n,\mathbb{C})$ から B への線形写像 π を $\pi((\lambda_{ij}))=\sum\limits_{i,j=1}^{n}\lambda_{ij}b_{ij}$ で定める．このとき，対応 $(b_{ij})\in M(n,B)\mapsto\pi\in\mathscr{L}(M(n,\mathbb{C}),B)$ は線形かつ全単射である．また (b_{ij}) が非負であることと，π が完全正であることは必要十分である．

(ii) 各 $(\omega_{ij})\in M(n,B^*)$ に対して $M(n,\mathbb{C})$ から B^* への線形写像 π を $\pi((\lambda_{ij}))=\sum\limits_{i,j=1}^{n}\lambda_{ij}\omega_{ij}$ で定める．このとき，対応 $(\omega_{ij})\in M(n,B^*)\mapsto\pi\in\mathscr{L}(M(n,\mathbb{C}),B^*)$ は線形かつ全単射である．また (ω_{ij}) が非負であることと，π が完全正であることは必要十分である． □

［証明］ (i) 対応 $(b_{ij})\mapsto\pi$ が線形かつ全単射であることは容易にわかる．そこで，π が完全正であるとする．

$$\pi_n((\Lambda_{k\ell}))=(\pi(\Lambda_{k\ell})) \quad (\Lambda_{k\ell}\in M(n,\mathbb{C}))$$

とすれば，π_n は $M(n,M(n,\mathbb{C}))$ から $M(n,B)$ への正写像である．ここで，行列 $\Lambda_{k\ell}$ として $M(n,\mathbb{C})$ の行列単位 $w_{k\ell}$ を選べば，$\pi(w_{k\ell})=b_{k\ell}$ となる．ゆえに，$(b_{k\ell})=(\pi(w_{k\ell}))=\pi_n((\Lambda_{k\ell}))\geqq 0$．

逆に，$(b_{ij})\geqq 0$ とする．任意の $m\in\mathbb{N}$ と $\Lambda=(\Lambda_{k\ell})\in M(m,M(n,\mathbb{C}))$ に対して，$\pi_m(\Lambda)=(\pi(\Lambda_{k\ell}))$ とする．$\Lambda\geqq 0$ ならば，$\Lambda^{1/2}=(\mu_{ij})$ の行列要素を用い

て、$\Lambda = \sum_{\nu=1}^{mn}(\overline{\mu_{\nu i}}\mu_{\nu j})$ と表せる。したがって、Λ の (i,j) 要素は $\sum_{\nu=1}^{mn}\overline{\mu_{\nu i}}\mu_{\nu j}$ である。そこで、$\Lambda_{k\ell}$ を $(\lambda_{ij}^{(k,\ell)})$ とすれば、$\lambda_{ij}^{(k,\ell)} = \sum_{\nu=1}^{mn}\overline{\mu_{\nu,n(k-1)+i}}\mu_{\nu,n(\ell-1)+j}$ となる。ゆえに、

$$\pi_m(\Lambda) = \big(\pi(\Lambda_{k\ell})\big) = \Big(\sum_{i,j=1}^{n}\sum_{\nu=1}^{mn}\overline{\mu_{\nu,n(k-1)+i}}\mu_{\nu,n(\ell-1)+j}b_{ij}\Big)$$

$$= \sum_{\nu=1}^{mn}(\overline{\mu_{\nu,1}},\cdots,\overline{\mu_{\nu,mn}})\begin{pmatrix}(b_{ij}) & \cdots & (b_{ij}) \\ \vdots & & \vdots \\ (b_{ij}) & \cdots & (b_{ij})\end{pmatrix}\begin{pmatrix}\mu_{\nu,1} \\ \vdots \\ \mu_{\nu,mn}\end{pmatrix} \geqq 0.$$

ただし、1行目の右辺は $m \times m$ 行列で、その要素は (k,ℓ) 成分である。よって、π は完全正である。

(ii) (i)の証明と同様に考えればよい。∎

命題 3.7.4 で与えた $A \otimes_{\max} B$ の元 f から $\mathscr{L}_{cp}(A, B^*)$ の元 ϕ への対応を代数的テンソル積 $A \otimes B$ 上で議論する際に次の分解は有用である。

定義 3.7.6 C^* 環 A から C^* 環 B またはその双対空間 B^* への完全正写像が適当な $n \in \mathbb{N}$ と 2 つの完全正写像

$$\iota : A \to M(n, \mathbb{C}), \quad \pi : M(n, \mathbb{C}) \to B \text{ または } B^*$$

を用いて $\pi \circ \iota$ と表せるとき、この合成写像への分解を **Choi-Effros 分解** といい、このような分解が可能な完全正写像の全体を $\mathcal{D}(A, B)$ または $\mathcal{D}(A, B^*)$ で表す。 □

$\mathcal{D}(A, B^*)$ の元の場合、写像 ι は $M(n, A^*)$ の元 (φ_{ij}) を用いて、$\iota(a) = (\varphi_{ij}(a))$ と表され、写像 π は $M(n, B^*)$ の元 (ω_{ij}) を用いて、$\pi((\lambda_{ij})) = \sum_{i,j=1}^{n}\lambda_{ij}\omega_{ij}$ と表せるので、$\pi \circ \iota(a) = \sum_{i,j=1}^{n}\varphi_{ij}(a)\omega_{ij}$ となる。したがって、対応する $A \otimes_{\max} B$ 上の有界線形汎関数 $f_{\pi \circ \iota}$ は $\sum_{i,j=1}^{n}\varphi_{ij} \otimes \omega_{ij}$ となる。

また、これら $\mathcal{D}(A, B)$ と $\mathcal{D}(A, B^*)$ はそれぞれ $\mathscr{L}(A, B), \mathscr{L}(A, B^*)$ において凸集合である。実際、2 組の Choi-Effros 分解 $\pi_i \circ \iota_i$ ($i=1,2$) と $\lambda \in [0,1]$ が与えられたとする。このとき、ι_i を表す $M(n_i, A^*)$ の元 $(\varphi_{k\ell}^{(i)})$、π_i を表す $M(n_i, B^*)$ の元 $(\omega_{k\ell}^{(i)})$ に対して、

$$\iota(a) = \left(\lambda \varphi_{k\ell}^{(1)}(a)\right) \oplus \left((1-\lambda)\varphi_{k'\ell'}^{(2)}(a)\right) \in M(n_1+n_2, \mathbb{C})$$

$$\pi\big((\lambda_{k\ell}) \oplus (\mu_{k'\ell'})\big) = \sum_{k,\ell} \lambda_{k\ell}\omega_{k\ell}^{(1)} + \sum_{k',\ell'} \mu_{k'\ell'}\omega_{k'\ell'}^{(2)} \in B^*$$

とすれば, $\pi \circ \iota(a) = \lambda(\pi_1 \circ \iota_1)(a) + (1-\lambda)(\pi_2 \circ \iota_2)(a)$.

3.7.2 核型 C^* 環の定義

C^* 環の中にはどんな C^* 環をテンソル積しても,そのテンソル積上の C^* ノルムが一意的に定まるものがある(例えば,第Ⅰ巻の定理 2.5.17 により可換 C^* 環はこの性質をもつ).このような C^* 環を竹崎は性質 T(鶴丸の頭文字)をもつと呼んだ.後に Lance はこれに核型という名称を与え,今ではそれが広く使われている.ここでは定義にそれと同値なものを使うことにする.

Banach 空間 E の場合にも,Hilbert 空間の場合と同じ記号を用いて,$\mathscr{L}(E)$ に含まれる有限階の作用素の全体を $\mathscr{K}_0(E)$ で表す.

定義 3.7.7 C^* 環 A を両側 A 加群と見たとき,A 上の恒等写像が $\mathscr{K}_0(A) \cap \mathscr{L}_{cp}(A)$ の単位球の強閉包(各点ごとのノルム位相に関する閉包)に属するとき,A を**核型**という. □

つまり,C^* 環 A が核型とは,A の任意有限部分集合 F と任意の $\varepsilon > 0$ に対して,$\mathscr{L}(A)$ にノルムが 1 以下の有限階完全正写像 ϕ が存在して,$\|x - \phi(x)\| < \varepsilon$ $(x \in F)$ となることである.あるいは,$\mathscr{L}(A)$ にノルムが 1 以下の有限階完全正写像の有向系 $\{\phi_i | i \in I\}$ が存在して,各 $x \in A$ ごとに $\|x - \phi_i(x)\| \to 0$ となることである.

$\mathscr{L}(\mathscr{H})$ 上の正規状態 ψ と有限次元射影の増加有向系 $\{e_i\}_{i \in I}$ で 1 へ強収束しているものを用いて,$\phi_i(x) = e_i x e_i + \psi(x)(1 - e_i)$ とすれば,ϕ_i は単位的な完全正写像であり,$\phi_i(x)$ は x へ σ 弱収束するから,$\mathscr{L}(\mathscr{H})$ は定義 2.7.21 の意味で半離散的である.しかし,S. Wassermann はこれが C^* 環としては核型ではないことを示している.

次の定理により,核型 C^* 環 A と一般の C^* 環との C^* テンソル積は一意的に定まるので,代数的テンソル積と区別するために,以後ノルムを使わずに $A \hat{\otimes} B$ で表すことにするが,論文などでは $A \otimes B$ のままのことが多い.

定理 3.7.8(Lance, Choi-Effros, Kirchberg) C^* 環 A に対して,次の 3 条

件は同値である．
 (i)　A は核型である．
 (ii)（性質T）　任意の C^* 環 B に対して，$A \otimes_{\max} B = A \otimes_{\min} B$ となる．
 (iii)　$\mathscr{L}(A)$ における恒等写像は集合

$$\{\pi \circ \iota \in \mathcal{D}(A, A) \mid \|\pi \circ \iota\| \leqq 1\}$$

の各点ごとのノルム位相に関する閉包に属する．　　□

　［証明］　(i)⇒(ii)　$f \in S(A \otimes_{\max} B)$ とする．C^* 環 A が核型ならば，A 上の恒等写像は各点ごとに，有限階でノルムが 1 以下の完全正写像 $\psi \in \mathscr{L}_{cp}(A)$ により各点ごとにノルム近似される．ここで $(\phi_f(a))(b) = f(a \otimes b)$ とする．命題 3.7.4 を用いて，$\phi_f \circ \psi \in \mathscr{L}_{cp}(A, B^*)$ に対応する $(A \otimes_{\max} B)^*_+ \cap (A^* \otimes B^*)$ の元を f_ψ とすれば，

$$\left|(f - f_\psi)\left(\sum_{i=1}^m a_i \otimes b_i\right)\right| = \left|\sum_{i=1}^m \phi_f(a_i - \psi(a_i))(b_i)\right|$$

$$\leqq \|\phi_f\| \sum_{i=1}^m \|a_i - \psi(a_i)\| \|b_i\|$$

となる．右辺は ψ の選び方により，いくらでも小さくできる．したがって，任意の $c \in A \otimes B$ に対して，

$$\|c\|_{\max}^2 = \sup\{f(c^*c) \mid f \in S(A \otimes_{\max} B)\}$$
$$= \sup\{f(c^*c) \mid f \in S(A \otimes_{\max} B) \cap (A^* \otimes B^*)\}.$$

ただし，右辺は $S(A \otimes_{\max} B)$ の元 f を $A \otimes B$ へ制限したものが $A^* \otimes B^*$ に属すという意味である．他方，任意の状態 $\varphi \in S(A)$ と $\psi \in S(B)$ に対して，作用素ノルム $\|(\pi_\varphi \otimes \pi_\psi)(c)\|$ は

$$\sup\left\{\frac{(\varphi \otimes \psi)(x^* c^* cx)^{1/2}}{(\varphi \otimes \psi)(x^* x)^{1/2}} \,\bigg|\, x \in A \otimes B,\, (\varphi \otimes \psi)(x^* x) \neq 0\right\}$$

で与えられるから，

$$\|c\|_{\min} = \sup\{\|(\pi_\varphi \otimes \pi_\psi)(c)\| \mid \varphi \in S(A),\, \psi \in S(B)\}$$
$$= \sup\left\{\frac{(\varphi \otimes \psi)(x^* c^* cx)^{1/2}}{(\varphi \otimes \psi)(x^* x)^{1/2}} \,\bigg|\, x \in A \otimes B,\, \varphi \in S(A),\, \psi \in S(B)\right\}$$
$$= \sup\{f(c^*c)^{1/2} \mid f \in S(A \otimes_{\max} B) \cap (A^* \otimes B^*)\}.$$

ただし，2番目の式では分母が $(\varphi\otimes\psi)(x^*x)\neq 0$ という条件が必要であるが，式が長くなるので省いている．ゆえに，$\|c\|_{\max}=\|c\|_{\min}$．$A\otimes B$ 上で極大ノルムと極小ノルムが一致するから，$A\otimes_{\max}B = A\otimes_{\min}B$．

(ii)$\Rightarrow$(iii) 証明には準備を要するので，この部分は下で改めて論じることにする．

(iii)$\Rightarrow$(i) 明らかである．

上の(ii)$\Rightarrow$(iii)の部分の証明をいくつかの補題に分けておこなう．

補題 3.7.9 A, B は C^* 環で，A は単位的であるとする．$\mathscr{L}(A, B^*)$ において，ノルムが1の完全正写像 ϕ が集合
$$\{\pi\circ\iota\in\mathcal{D}(A,B^*)\mid \|\pi\circ\iota\|\leqq 1\}$$
の元により各点ごとの弱*位相に関して近似できるための必要十分条件は $f_\phi\in S(A\otimes_{\min}B)$ である．ただし，$f_\phi(a\otimes b)=(\phi(a))(b)$． □

[証明] 必要性から示す．$\phi\in\mathscr{L}_{cp}(A,B^*)$，$\|\phi\|=1$ を各点ごとの弱*位相で近似する $\{\pi\circ\iota\in\mathcal{D}(A,B^*)\mid \|\pi\circ\iota\|\leqq 1\}$ の有向系を $\{\phi_i\}_{i\in I}$ とすれば，$A\otimes B$ 上で各点ごとに $f_{\phi_i}\to f_\phi$．また，命題 3.7.4 により，$\|f_{\phi_i}\|_{\max}^*=\|\phi_i\|\leqq 1$．各 ϕ_i は A^* の元 $\varphi_{k\ell}$ と B^* の元 $\omega_{k\ell}$ を用いて $\sum_{k,\ell=1}^n \varphi_{k\ell}\otimes\omega_{k\ell}$ と表せるので，$f_{\phi_i}|_{A\otimes B}\in A^*\otimes B^*$．したがって，$f_{\phi_i}$ は $A\otimes_{\min}B$ 上の有界正線形汎関数とも同一視することができ，命題 2.5.22 により，$\|f_{\phi_i}\|_{\min}^*=\|f_{\phi_i}\|_{\max}^*$ となる．ゆえに，有向系 $\{f_{\phi_i}\}_{i\in I}$ は $A\otimes_{\min}B$ 上で有界である．よって，有向系 $\{f_{\phi_i}\}_{i\in I}$ は $A\otimes_{\min}B$ 上で f_ϕ へ弱*収束し，$f_\phi\in(A\otimes_{\min}B)_+^*$ となる．$\|\phi\|=1$ であるから，$f_\phi\in S(A\otimes_{\min}B)$ である．

つぎに，十分性を示す．C^* 環 A, B はともに Hilbert 空間に作用しているものとする．このとき，$(A'')_{\sim}\otimes(B'')_{\sim}$ は $(A\otimes_{\min}B)^*$ において弱*稠密であるから，$A\otimes_{\min}B$ 上の状態 $f=f_\phi$ を弱*位相で近似する $(A'')_{\sim}\otimes(B'')_{\sim}$ の正線形汎関数の有向系 $\{f_i\}_{i\in I}$ で $\|f_i\|_{\min}^*\leqq 1$ を満たすものが存在する．ただし，$\mathscr{M}_{\sim}$ は von Neumann 環 $\mathscr{M}$ において弱連続な線形汎関数全体のなす集合である．あとは，ϕ_{f_i} が集合 $\{\pi\circ\iota\in\mathcal{D}(A,B^*)\mid \|\pi\circ\iota\|\leqq 1\}$ の元であることを示せばよい．以後 f_i は状態の場合だけを考えてもよい．

$(A'')_{\sim}\otimes(B'')_{\sim}$ の元は A, B が作用する Hilbert 空間の代数的テンソル積の元

を用いたベクトル状態の1次結合で表せる．そこで，最初は正線形汎関数 f_i が C^* 環 $A\otimes_{\min}B$ 上のベクトル状態 ω_ζ ($\zeta=\sum_{\ell=1}^n \xi_\ell\otimes\eta_\ell$) の場合を考える．このときには，

$$\iota(a) = (\omega_{\xi_\ell,\xi_{\ell'}}(a)), \quad \pi((\lambda_{\ell,\ell'})) = \sum_{\ell,\ell'=1}^n \lambda_{\ell,\ell'}\omega_{\eta_\ell,\eta_{\ell'}}$$

とすれば，$\iota\in\mathscr{L}_{cp}(A,M(n,\mathbb{C}))$ かつ $\pi\in\mathscr{L}_{cp}(M(n,\mathbb{C}),B^*)$ であって，

$$\pi\circ\iota(a) = \sum_{\ell,\ell'=1}^n \omega_{\xi_\ell,\xi_{\ell'}}(a)\omega_{\eta_\ell,\eta_{\ell'}} = \omega_\zeta(a\otimes\cdot) \quad (a\in A)$$

が成り立つ．このとき，$(\pi\circ\iota(a))(b)=\omega_\zeta(a\otimes b)$ となるので，$\|\pi\circ\iota\|\leq 1$.

つぎに，上のようなベクトル状態の凸1次結合として表される状態 $f_i=\sum_{k=1}^m \lambda_k\omega_{\zeta_k}$ ($\zeta_k=\sum_{\ell=1}^{n_k}\xi_{k,\ell}\otimes\eta_{k,\ell}$) を考える．上の ζ に対応する完全正写像 ι,π と同様に，ζ_k に対応する写像をそれぞれ ι_k,π_k とする．$\iota_k\in\mathscr{L}_{cp}(A,M(n_k,\mathbb{C}))$ かつ $\pi_k\in\mathscr{L}_{cp}(M(n_k,\mathbb{C}),B^*)$ であって，$(\pi_k\circ\iota_k(a))(b)=\omega_{\zeta_k}(a\otimes b)$ を満たしている．そこで，写像 $\iota\colon A\to M(n_1+\cdots+n_m,\mathbb{C})$ を

$$\iota(a) = \sum_{k=1}^m{}^\oplus \lambda_k\iota_k(a)$$

とすれば，$\iota\in\mathscr{L}_{cp}(A,M(n_1+\cdots+n_m,\mathbb{C}))$．写像 $\pi\colon M(n_1+\cdots+n_m,\mathbb{C})\to B^*$ を

$$\pi\begin{pmatrix} \Lambda_{11} & \cdots & \Lambda_{1m} \\ \vdots & & \vdots \\ \Lambda_{m1} & \cdots & \Lambda_{mm} \end{pmatrix} = \sum_{k=1}^m \pi_k(\Lambda_{kk}) \quad (\Lambda_{ij}\text{ は }n_i\times n_j\text{ 行列})$$

とすれば，$\pi\in\mathscr{L}_{cp}(M(n_1+\cdots+n_m,\mathbb{C}),B^*)$ となり，しかも $(\pi\circ\iota(a))(b)=\sum_{k=1}^m \lambda_k\omega_{\zeta_k}(a\otimes b)=f_i(a\otimes b)$ を満たしている．ゆえに，$\|\pi\circ\iota\|\leq 1$. ∎

補題 3.7.10 単位的 C^* 環 A と von Neumann 環 $\mathscr{M}$ に対して，完全正写像 $\phi\in\mathscr{L}_{cp}(A,\mathscr{M}_*)$ の値 $\phi(1)$ は $\mathscr{M}$ における状態であるとする．$a_1=1$ と任意の $a_2,\cdots,a_n\in A$ と任意の $\varepsilon>0$ ($\varepsilon<1/2$) に対して，

$$\|\phi'(a_i)-\phi(a_i)\| < \frac{\varepsilon^2}{16M^2} \quad (i=1,\cdots,n;\ M=\sup_i\|a_i\|)$$

を満たす $\phi'\in\mathcal{D}(A,\mathscr{M}_*)$ が存在するならば，

$$\|\Phi(a_i)-\phi(a_i)\|<3\varepsilon, \quad \Phi(1)=\phi(1)$$

を満たす $\Phi\in\mathcal{D}(A,\mathcal{M}_*)$ も存在する $\square$

[証明] 以下の証明では n 個の元 $a_i(i=1,\cdots,n)$ を 2 個の元 1 と a の場合に制限するが，n 個の場合も同様におこなうことができる．前提条件を満たす $\phi'\in\mathcal{D}(A,\mathcal{M}_*)$ を 1 つ選んでから，$\omega_\phi=\phi(1), \omega_{\phi'}=\phi'(1)$ と置く．これらはともに $\mathcal{M}$ 上の正規正線形汎関数である．このとき，$\omega_{\phi'}-\omega_\phi$ の Jordan 分解(定理 2.3.6)を $\omega_+-\omega_-$ とする．このとき，ω_+,ω_- は正規であり，$\|\omega_{\phi'}-\omega_\phi\|=\|\omega_+\|+\|\omega_-\|$ を満たしている．A における状態 f を用いて，$\psi\in\mathcal{L}(A,\mathcal{M}_*)$ を

$$(\psi(b))(x)=(f\otimes\omega_-)(b\otimes x) \quad (b\in A, x\in\mathcal{M})$$

で定義すれば，ψ は A から $\mathcal{M}_*$ への階数 1 の完全正写像である．ここで，$\phi''=\phi'+\psi$ とする．他方，ϕ' は $\mathcal{D}(A,\mathcal{M}_*)$ の元であるから，$\pi\circ\iota$ と Choi-Effros 分解される．ただし，$\pi((\mu_{ij}))=\sum_{i,j=1}^n\mu_{ij}\omega_{ij}((\mu_{ij})\in M(n,\mathbb{C}))$ とする．そこで，$b\in A$ と $(\lambda_{ij})\in M(n+1,\mathbb{C})$ に対して

$$\iota'(b)=\iota(b)\oplus f(b), \quad \pi'((\lambda_{ij}))=\sum_{i,j=1}^n\lambda_{ij}\omega_{ij}+\lambda_{n+1,n+1}\omega_-$$

と置けば，補題 3.7.5 により，写像 ι' と π' はともに完全正である．したがって，ϕ'' も $\pi'\circ\iota'$ と Choi-Effros 分解され $\mathcal{D}(A,\mathcal{M}_*)$ の元である．そこで $\omega=\phi''(1)$ とする．これは

$$\omega=\phi'(1)+\psi(1)=\omega_{\phi'}+\omega_-=\omega_\phi+\omega_+$$

と表せるから，$\mathcal{M}_*^+$ の元である．したがって，Radon-Nikodým の定理 2.3.8 により，$\omega_\phi(x)=\omega(hxh)(x\in\mathcal{M})$ を満たす $h\in\mathcal{M}, 0\leq h\leq 1$ が存在する．そこで，新たな線形写像 $\Phi\in\mathcal{L}(A,\mathcal{M}_*)$ を

$$(\Phi(b))(x)=(\phi''(b))(hxh) \quad (b\in A, x\in\mathcal{M})$$

で定義すれば，Φ も $\mathcal{D}(A,\mathcal{M}_*)$ の元で，$(\Phi(1))(x)=\omega(hxh)=\omega_\phi(x)=(\phi(1))(x)$ を満たしている．

最後に，$\|\Phi(a)-\phi(a)\|$ の評価に入る．ω による GNS 構成法を用いる．$0\leq$

$h \leqq 1$ であるから，$(\pi_\omega(h)\xi_\omega|\xi_\omega) \geqq \|\pi_\omega(h)\xi_\omega\|^2 = \omega_\phi(1) = 1$. したがって

$$\|\pi_\omega(h)\xi_\omega - \xi_\omega\|^2 = \|\pi_\omega(h)\xi_\omega\|^2 - 2(\pi_\omega(h)\xi_\omega|\xi_\omega) + \|\xi_\omega\|^2$$
$$\leqq \|\xi_\omega\|^2 - 1 = \omega(1) - 1 = \|\omega_+\| < \frac{\varepsilon^2}{16M^2}.$$

補題 3.7.2 により，線形写像 $\theta\colon b' \in \pi_\omega(\mathscr{M})' \mapsto \omega_{b'} \in C_\omega (\subset \mathscr{M}_*)$ は全単射である．各 $a \in A$ は A の正元 a_i を用いて $a_1 - a_2 + ia_3 - ia_4$ と表せ，しかも $0 \leqq \phi''(a_i) \leqq \|a_i\|\phi''(1) = \|a_i\|\omega$ を満たすので，$\phi''(a) \in C_\omega$ である．よって，$\omega_{b'} = \phi''(a)$ を満たす $\pi_\omega(\mathscr{M})'$ の元 b' が一意的に存在する．このとき，$\omega_{b'_i} = \phi''(a_i)$ となる $b'_i \in \pi_\omega(\mathscr{M})'_+$ は $0 \leqq b'_i \leqq \|a_i\|1$ かつ $b' = b_1 - b_2 + ib_3 - ib_4$ を満たしているので，$\|b'\| \leqq \sum_{i=1}^{4} \|a_i\| \leqq 4\|a\|$ が成り立つ．また，

$$\bigl|(\psi(a))(x)\bigr| = |f(a)|\,|\omega_-(x)| \leqq \|a\|\,\|\omega_-\|\,\|x\| \leqq \frac{\varepsilon^2}{16M^2}\|a\|\,\|x\|$$

が成り立つので，

$$\bigl|(\Phi(a) - \phi''(a))(x)\bigr|$$
$$= \bigl|(\phi''(a))(hxh - x)\bigr| = \bigl|\omega_{b'}(hxh - x)\bigr|$$
$$= \bigl|(b'\pi_\omega(hxh)\xi_\omega|\xi_\omega) - (b'\pi_\omega(x)\xi_\omega|\xi_\omega)\bigr|$$
$$\leqq \bigl|(b'\pi_\omega(x)\pi_\omega(h)\xi_\omega|\pi_\omega(h)\xi_\omega - \xi_\omega)\bigr| + \bigl|(b'\pi_\omega(x)(\pi_\omega(h)\xi_\omega - \xi_\omega)|\xi_\omega)\bigr|$$
$$\leqq \|b'\|\,\|x\|(1 + \|\xi_\omega\|)\|\pi_\omega(h)\xi_\omega - \xi_\omega\|$$
$$\leqq 4M\Bigl(2 + \frac{\varepsilon}{4M}\Bigr)\frac{\varepsilon}{4M}\|x\| = \Bigl(2\varepsilon + \frac{\varepsilon^2}{4M}\Bigr)\|x\|.$$

また，

$$\bigl|(\phi''(a) - \phi(a))(x)\bigr| \leqq \bigl|(\phi'(a) - \phi(a))(x)\bigr| + \bigl|(\psi(a))(x)\bigr| \leqq \frac{\varepsilon^2}{8M}\|x\|.$$

これら 2 つの不等式から，求める評価式が得られる． ∎

補題 3.7.11 単位的 C^* 環 A から von Neumann 環 $\mathscr{M}$ への完全正写像を ι とする．$c = \iota(1)$ ならば，A から $\mathscr{M}$ への完全正写像 ι' で $\iota(a) = c^{1/2}\iota'(a)c^{1/2}$ $(a \in A)$ かつ $\iota'(1) = 1$ を満たすものがある． □

[証明] C^* 環 A は Hilbert 空間 $\mathscr{H}$ に作用しているものとし，ω を A 上の状態とする．c の台射影（始空間への射影）を $e \in \mathscr{M}$ とする．各 $k \in \mathbb{N}$ に対して，

$$\iota_k(a) = \bigl(c+(1/k)\bigr)^{-1/2}\iota(a)\bigl(c+(1/k)\bigr)^{-1/2} + \omega(a)(1-e)$$

とすれば, $\iota_k \in \mathscr{L}(A, \mathscr{M})$ は完全正である. 増加列 $\bigl\{c^{1/2}\bigl(c+(1/k)\bigr)^{-1/2}\bigr\}_{k \in \mathbb{N}}$ は e へ強収束する. A の元 a が不等式 $0 \leqq a \leqq 1$ を満たせば, $0 \leqq \iota(a) \leqq c$ となる. ゆえに, $\iota(a)^{1/2} = xc^{1/2}$ を満たす $x \in \mathscr{L}(\mathscr{H})$ が存在する. このとき, 有界な列 $\bigl\{\iota(a)^{1/2}\bigl(c+(1/k)\bigr)^{-1/2}\bigr\}_{k \in \mathbb{N}}$ は xe へ強収束する. 同様に, その随伴である有界列 $\bigl\{\bigl(c+(1/k)\bigr)^{-1/2}\iota(a)^{1/2}\bigr\}_{k \in \mathbb{N}}$ も ex^* へ強収束する. ゆえに, それらの積として得られる列 $\bigl\{\bigl(c+(1/k)\bigr)^{-1/2}\iota(a)\bigl(c+(1/k)\bigr)^{-1/2}\bigr\}_{k \in \mathbb{N}}$ は ex^*xe へ強収束する. つまり, 列 $\{\iota_k(a)\}_{k \in \mathbb{N}}$ はある $\iota'(a) \in \mathscr{M}$ へ強収束している. ι' は ι_k の極限であるから, 完全正である. このとき, $\iota'(1) = e + (1-e) = 1$ である. また,

$$\iota(a) = \bigl(c+(1/k)\bigr)^{1/2}\iota_k(a)\bigl(c+(1/k)\bigr)^{1/2} - \omega(a)(1-e)\bigl(c+(1/k)\bigr)$$

の右辺は $c^{1/2}\iota'(a)c^{1/2}$ へ強収束する. ∎

補題 3.7.12 単位的 C^* 環 A が性質 T をもてば, 埋蔵写像 $A \to A^{**}$ は集合

$$\{\pi \circ \iota \in \mathcal{D}(A, A^{**}) \mid \|\pi \circ \iota\| \leqq 1,\ \iota(1) = 1\}$$

の各点ごとの σ 弱位相に関する閉包の元である. ∎

[証明] W^* 環 A^{**} は $\sum_{\varphi \in S(A)}^{\oplus} \pi_\varphi(A)''$ と同型であるから, これらを同一視して, A^{**} は Hilbert 空間 $\mathscr{H} = \sum_{\varphi \in S(A)}^{\oplus} \mathscr{H}_\varphi$ に作用しているものとする. さらに, 埋蔵 $A \to A^{**}$ を通じて A を A^{**} の部分 C^* 環と見なすことにする. ω を A 上の任意の状態とする. ω は A^{**} 上のベクトル状態 ω_ξ へ一意的に拡張することができる.

Hilbert 空間 $\mathscr{H}$ から $\overline{A'\xi}(\|\xi\|=1)$ への射影 $e \in A''$ を用いて, $\mathscr{M} = A'_e$ とし, $\mathscr{M}$ 上の状態 ω_ξ を φ とする. このとき, 関係式

$$\varphi_h(x) = (hx\xi | \xi) \quad (h \in \mathscr{M}',\ x \in \mathscr{M})$$

により定まる $\mathscr{M}'$ から $\mathscr{M}_*$ の部分空間 C_φ への線形写像 $\theta : h \mapsto \varphi_h$ は, 補題 3.7.2 により全単射かつ完全正である. ただし, C_φ は集合 $\{\psi \in \mathscr{M}^+_* \mid \exists \lambda > 0 : \psi \leqq \lambda \varphi\}$ の線形拡大である. この写像と写像 $\psi : a \in A \mapsto a_e \in \mathscr{M}'$ を合成して得られる A から $\mathscr{M}_*(\subset \mathscr{M}^*)$ への完全正写像 $\theta \circ \psi$ を ϕ とする. $\phi(1) = \theta(e) = \varphi$ であ

るから，$\|\phi\|=1$．ゆえに，命題 3.7.4 により ϕ に対応する f_ϕ は $A \otimes_{\max} \mathscr{M}$ 上の状態である．仮定により A は性質 T をもつので，f_ϕ は $A \otimes_{\min} \mathscr{M}$ 上の状態でもある．よって，補題 3.7.9 により，写像 ϕ は集合

$$\{\pi \circ \iota \in \mathcal{D}(A, \mathscr{M}^*) \bigm| \|\pi \circ \iota\| \leqq 1\}$$

の各点ごとの弱*位相に関する閉包の元である．また，ϕ の像は $\mathscr{M}_*$ に含まれ，$\mathscr{M}_*$ は $\mathscr{M}^*$ において弱*稠密であるから，ϕ は集合

$$\mathcal{D}_* = \{\pi \circ \iota \in \mathcal{D}(A, \mathscr{M}_*) \bigm| \|\pi \circ \iota\| \leqq 1\}$$

の各点ごとの弱位相に関する閉包の元でもある．したがって，A の任意の $a_1, \cdots, a_n$ に対して，$\mathscr{M}$ の n 個のコピーの直和である von Naumann 環 $\mathscr{M}^n$ の前双対空間 $(\mathscr{M}^n)_* = (\mathscr{M}_*)^n$ において，元 $\phi(a_1) \oplus \cdots \oplus \phi(a_n)$ は部分集合

$$\{\psi(a_1) \oplus \cdots \oplus \psi(a_n) \bigm| \psi \in \mathcal{D}_*\}$$

の弱閉包に属する．この部分集合は凸集合であるから，命題 1.4.1 により，ノルム閉包と一致する．ゆえに，任意の $\varepsilon > 0$ に対して，$\|\pi \circ \iota(a_i) - \phi(a_i)\| < \varepsilon$ $(i = 1, \cdots, n)$ かつ $\|\pi \circ \iota\| \leqq 1$ を満たす元 $\pi \circ \iota \in \mathcal{D}(A, \mathscr{M}_*)$ が存在する．

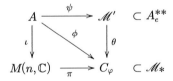

ところで，$\phi(1) = \varphi$ は $\mathscr{M}$ における正規状態である．したがって，補題 3.7.10 により，$\pi \circ \iota$ は $\pi \circ \iota(1) = \phi(1)$ も満たすことを仮定することができる．$\iota(1)$ を c とすれば，$c \in M(n, \mathbb{C})_+$ である．補題 3.7.11 により，$\iota' \in \mathscr{L}_{cp}(A, M(n, \mathbb{C}))$ で $\iota(a) = c^{1/2} \iota'(a) c^{1/2}$ $(a \in A)$ かつ $\iota'(1) = 1$ を満たすものがある．そこで，$\pi'(d) = \pi(c^{1/2} d c^{1/2})$ $(d \in M(n, \mathbb{C}))$ とすれば，$\pi' \circ \iota' = \pi \circ \iota$．ゆえに，$\pi'(1) = \pi' \circ \iota'(1) = \pi \circ \iota(1) = \phi(1) = \varphi$．よって，$\phi: A \to C_\varphi$ は集合

$$\{\pi \circ \iota \in \mathcal{D}(A, \mathscr{M}_*) \bigm| \pi(1) = \varphi,\ \iota(1) = 1\}$$

の各点ごとのノルム位相に関する閉包の元である．$\pi(1)=\varphi$ であるから，$\theta^{-1}\circ\pi$ は $M(n,\mathbb{C})$ から $A''_e(\subset A^{**})$ への写像になる．

他方，θ は σ 弱位相と弱*位相に関して同相であったから，$\theta^{-1}\circ\pi\circ\iota$ は A から A^{**} への写像であり，$\psi=\theta^{-1}\circ\phi$ は集合

$$\{(\theta^{-1}\circ\pi)\circ\iota\in\mathcal{D}(A,A^{**})\,|\,\theta^{-1}\circ\pi(1)=e,\ \iota(1)=1\}$$

の各点ごとの σ 弱位相に関する閉包の元である．以上により，各元 $a\in A$ ごとに，任意の $\varepsilon>0$ と $\omega\in A^*$ に対して，

$$|\omega(a-(\theta^{-1}\circ\pi\circ\iota)(a))|<\varepsilon$$

となる $\mathcal{D}(A,A^{**})$ の元 $(\theta^{-1}\circ\pi)\circ\iota$ が存在することがわかった． ∎

[定理 3.7.8 の (ii)⇒(iii) の証明]　C^*環 A が単位的な場合から考える．(ii) により A は性質 T をもつので，補題 3.7.12 により，A から A^{**} への埋蔵写像を各点ごとの σ 弱位相に関して近似する元 $\pi\circ\iota\in\mathcal{D}(A,A^{**})$ で $\|\pi\circ\iota\|\leqq 1$ と $\iota(1)=1$ を満たすものが存在する．π は完全正であるから，$M(n,A^{**})_+$ の元 $(x_{k\ell})$ を用いて

$$\pi((\lambda_{k\ell})) = \sum_{k,\ell=1}^{n} \lambda_{k\ell}x_{k\ell} \quad ((\lambda_{k\ell})\in M(n,\mathbb{C}))$$

と表せる．C^*環 $M(n,A)$ は von Neumann 環 $M(n,A^{**})$ において強稠密であるから，Kaplansky の稠密性定理により，$M(n,A)_+$ の $\|(x_{k\ell}(j))\|\leqq\|(x_{k\ell})\|$ を満たす有向系 $\{(x_{k\ell}(j))\}_{j\in J}$ で $(x_{k\ell})$ へ強収束するものがある．ここで，$M(n,\mathbb{C})$ から A への完全正写像 π_j を

$$\pi_j((\lambda_{k\ell})) = \sum_{k,\ell=1}^{n} \lambda_{k\ell}x_{k\ell}(j)$$

で定義すれば，A^{**} における強位相（したがって弱位相）に関して，

$$\pi_j((\lambda_{k\ell})) \to \pi((\lambda_{k\ell})) \quad ((\lambda_{k\ell})\in M(n,\mathbb{C})).$$

有界集合上では弱位相と σ 弱位相は一致するから，この収束は σ 弱位相に関する収束でもある．よって，A の任意な有限部分集合 F に対して，σ 弱位相に関して，$\pi_j\circ\iota(a)\to\pi\circ\iota(a)\,(a\in F)$．このとき，$\pi_j\circ\iota\in\mathcal{D}(A,A)$ であるから，A

上の恒等写像 id を A から A^{**} への埋蔵写像と同一視することにより，id は集合

$$\{\pi \circ \iota \in \mathcal{D}(A, A) \mid \iota(1)=1\} \quad (\subset \mathcal{D}(A, A^{**}))$$

の各点ごとの $\sigma(A, A^*)$ 位相に関する閉包の元である．この集合は Banach 空間 $\mathscr{L}(A)$ の凸部分集合であるから，id はその各点ごとのノルム位相に関する閉包の元でもある．したがって，この凸集合には，有向系 $\{\pi_i \circ \iota_i\}_{i \in I}$ で $\|(\pi_i \circ \iota_i)(a) - a\| \to 0$ となるものがある．$\|\pi_i\| = \|\pi_i(1)\| = \|\pi_i \circ \iota_i(1)\| \to \|1\| = 1$ であるから，$\|\pi_i\|^{-1} \pi_i$ を改めて π_i とすれば，新たな $\pi_i \circ \iota_i(a)$ も a へノルム収束し，$\|\pi_i \circ \iota_i\| \leqq 1$ を満たしている．よって単位的な A に対して (iii) が示された．

A が単位的でない場合．命題 2.5.23 のノルムの対応により，A が性質 T をもてば，単位元を付加した C^* 環 $\widetilde{A}$ も性質 T をもつ．上の議論により，$\widetilde{A}$ 上には各点ごとに恒等写像をノルム近似する有向系 $\{\pi_i \circ \iota_i\}_{i \in I} \subset \mathcal{D}(\widetilde{A}, \widetilde{A})$ で $\|\pi_i \circ \iota_i\| \leqq 1$ を満たすものが存在する．A の近似単位元 $\{e_j\}_{j \in J}$ を用いて，

$$\iota_i' = \iota_i|_A, \quad \pi_{ij}(\ ) = e_j \pi_i(\ ) e_j$$

とする．明らかに $\pi_{ij} \circ \iota_i' \in \mathcal{D}(A, A)$ かつ $\|\pi_{ij} \circ \iota_i'\| \leqq 1$ が成り立つ．各 $a \in A$ と任意の $\varepsilon > 0$ に対して，$\|\pi_i \circ \iota_i(a) - a\| < \varepsilon$ を満たす $i \in I$ が存在する．このとき，

$$\|\pi_{ij} \circ \iota_i'(a) - a\| \leqq \|e_j(\pi_i \circ \iota_i(a) - a) e_j\| + \|e_j a e_j - a\|$$
$$\leqq \varepsilon + \|e_j a e_j - a\|.$$

ゆえに，A 上の恒等写像は各点ごとのノルム位相で集合 $\{\pi \circ \iota \in \mathcal{D}(A, A) \mid \|\pi \circ \iota\| \leqq 1\}$ の閉包に属する．よって (iii) が示された． ■

命題 3.7.13 核型 C^* 環の遺伝的部分 C^* 環は核型である． □

［証明］ A を核型 C^* 環，B をその遺伝的部分 C^* 環とする．A は核型であるから，任意の $b_1, \cdots, b_n \in B$ と任意の $\varepsilon > 0$ に対して，$\mathcal{D}(A, A)$ の元 $\pi \circ \iota$ が存在し $\|b_i - \pi(\iota(b_i))\| < \varepsilon/2 \, (i=1, \cdots, n)$ となる．B の近似単位元を使えば，$\|e b_i e - b_i\| < \varepsilon/2 \, (i=1, \cdots, n)$ を満たす $e \in B$ で $0 \leqq e \leqq 1$ を満たすものが存在する．そこで，$\iota' = \iota|_B$ かつ $\pi'(c) = e \pi(c) e$ とすれば，これらはともに完全正である．また，B は遺伝的であるから，$\pi' \circ \iota' \in \mathcal{D}(B, B)$ となる．このとき，

$$\|b_i - \pi'(\iota'(b_i))\| \leq \|b_i - eb_i e\| + \|eb_i e - e\pi(\iota(b_i))e\| < \frac{\varepsilon}{2} + \frac{\varepsilon}{2}$$

が成り立つので，B も核型である． ■

系 3.7.14 核型 C^*環の増大列の帰納極限として得られる C^*環は核型である． □

[証明] 核型 C^*環の増大列 $\{A_n\}_n$ の帰納極限として得られる C^*環を A とする．任意の C^*環 B に対して，$x \in A \otimes_\beta B$ とすれば，$\bigcup_{n \in \mathbb{N}} (A_n \otimes B)$ において，$\|x_k - x\|_\beta \to 0$ を満たす列 $\{x_k\}_k$ が存在する．このとき，列 $\{\|x_k\|_\beta\}_k$ は $\|x\|_\beta$ へ収束する．同様な収束が極小ノルムについても成り立つ．各 x_n に対しては β ノルムは極小ノルムと一致しているから，$\|x\|_\beta = \|x\|_{\min}$．よって A は核型である． ■

注 (i) 先の命題 3.7.13 の証明の最後の部分では，C^*環が核型であることとそれに単位元を付加した C^*環が核型であることは必要十分であることを示している．

(ii) Banach 空間 E 上の恒等作用素が $\mathscr{K}(E)$ の強作用素位相(各点ごとのノルム位相)に関する閉包に属するとき，E は**近似特性**をもつという．A. Grothendieck は E がこの性質をもつための必要十分条件は，任意の Banach 空間 F に対して，自然な写像 $E \otimes_\gamma F \to E \otimes_\lambda F$ が単射であることを示した． □

命題 3.7.15 可換 C^*環，AF 環，I 型 C^*環は核型である． □

[証明] 定理 2.5.17 により，可換 C^*環は核型である．上の系 3.7.14 により，AF 環も核型である．最後に，C^*環 A が I 型の場合を考える．C^*テンソル積 $A \otimes_\beta B$ の既約表現を $\{\pi, \mathscr{H}\}$ とする．π の A, B への制限(補題 2.5.9 参照)をそれぞれ π_A, π_B とすれば，$\pi_B(B) \subset \pi_A(A)'$ となるから，

$$\pi_A(A)'' \cap \pi_A(A)' \subset \pi_B(B)' \cap \pi_A(A)' = \pi(A \otimes_\beta B)' = \mathbb{C}1.$$

ゆえに，$\pi_A(A)''$ は因子環である．もし A が I 型ならば，$\pi_A(A)''$ は

$$\pi_A(A)'' = \mathscr{L}(\mathscr{H}_1) \otimes \mathbb{C}1_{\mathscr{H}_2}, \quad \mathscr{H} = \mathscr{H}_1 \otimes \mathscr{H}_2$$

と表せる．よって，π_A, π_B は新たな表現 $\{\pi_1, \mathscr{H}_1\}, \{\pi_2, \mathscr{H}_2\}$ を用いて，

$$\pi_A(a) = \pi_1(a) \otimes 1_{\mathcal{H}_2}, \quad \pi_B(b) = 1_{\mathcal{H}_1} \otimes \pi_2(b)$$

と表せる．このとき，$\pi(a \otimes b)$ は $\pi_1(a) \otimes \pi_2(b)$ となるので，任意の $c \in A \otimes B$ に対して

$$\|c\|_\beta = \sup\{\|\pi(c)\| \,|\, \pi \in \mathrm{Irr}(A \otimes_\beta B)\}$$
$$\leqq \sup\{\|(\pi_1 \otimes \pi_2)(c)\| \,|\, \pi_1 \in \mathrm{Rep}(A), \pi_2 \in \mathrm{Rep}(B)\} = \|c\|_{\min}.$$

ただし，$\mathrm{Irr}(C)$ は*多元環 C の既約表現すべての集まりである．よって，$\|c\|_\beta = \|c\|_{\min}$．これで C^* クロスノルムの一意性が示された．ゆえに，A は核型である． ∎

この命題により，$\mathcal{H}$ が有限次元でない場合には，$\mathcal{L}(\mathcal{H})$ は von Neumann 環としては I 型であっても C^* 環としては I 型ではないことになる．

3.7.3 核型 C^* 環の解析的特徴づけ

C^* 環が核型であることは有限次元 C^* 環の帰納極限と密接に関連していて，Connes が AFD 因子環の一意性を示す中で用いた議論が，この項でも重要な役割を果たす．

次の定義は定義 2.7.20 で述べた羽毛田-富山による性質 E を言い換えたものになっている[19]．

定義 3.7.16 C^* 環 A が**単射的**であるとは，任意の C^* 環 B とそれを含む C^* 環 C および任意の完全正写像 $\pi\colon B \to A$ に対して，C から A への完全正写像で，π の拡張になっているものが存在することである． ∎

定義から直ちに，単射的 C^* 環の商 C^* 環，直和などは再び単射的である．von Neumann 環が標準表現されている場合には，可換子環も単射的である．

第 3.7 節第 2 項で述べたように非核型 C^* 環 $\mathcal{L}(\mathcal{H})$ は半離散的であったが，次の命題により，単射的なこともわかる．Connes は単射的可分 von Neumann 環は AFD であることを示しているので，単射的であることと核型であることの違いが現れたことになる．

---

[19] W. Arveson: Subalgebras of C^*-algebras, *Acta Math.* **123** (1969), 141-224.

次の命題では $\mathscr{M}$ が単射的という条件(i)から半離散性(ii)または条件(iii)を導く部分が一番の難所である．この部分に関しては，まずConnesが可分因子環に対して証明をした．その結果は先人たちのさまざまな成果の積み重ねの上に成立し，単射的因子環の分類理論の根幹をなしている．ついで，Choi-Effrosがその結果を用いて一般の C^* 環の場合へ拡張した．ここでは，この部分の証明は入門書の程度を越えるので省くことにする．例えば，竹崎の著書[6]を読んでほしい．

命題 3.7.17 (Effros-Lance, Connes, Choi-Effros)　von Neumann環 $\mathscr{M}$ に対して次の3条件は同値である．

(i)　$\mathscr{M}$ は単射的である．
(ii)　$\mathscr{M}$ は半離散的である．
(iii)　標準表現 $\mathscr{M}$ の任意の元 $x_j \in \mathscr{M}$, $y_j \in \mathscr{M}'$ に対して，
$$\Big\| \sum_{j=1}^n x_j y_j \Big\| \leq \Big\| \sum_{j=1}^n x_j \otimes y_j \Big\|_{\min}.$$
□

[証明]　(ii)⇒(i)　複数の単射的 von Neumann 環の直和は単射的であるから，von Neumann 環 $\mathscr{M}$ 上の任意の正規状態 φ に対して，その GNS 表現 $\pi_\varphi(\mathscr{M})$ が単射的であることを示せばよい．

C^* 環 C とその部分 C^* 環 B が共通の単位元をもたない場合には，単位元を付加して共通の単位元をもつ場合に帰着させることができる．さて，ψ を単位的 C^* 環 B から $\pi_\varphi(\mathscr{M})'$ への完全正写像とする．補題3.7.11と同様にして，$\psi(1)=1$ と仮定することができる．補題3.7.2により，$\pi_\varphi(\mathscr{M})'$ から $\mathscr{M}_*$ の部分空間 C_φ への全単射完全正写像 $\theta: h \mapsto \varphi_h$ が存在する．そこで，$\phi = \theta \circ \psi$ とすれば，ϕ は B から $\mathscr{M}_*$ への完全正写像で $\phi(1)=\varphi$ を満たしている．以下では写像 ψ が C から $\pi_\varphi(\mathscr{M})'$ への完全正写像に拡張できることを示す．

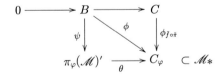

ϕ に対して，$B \otimes \mathscr{M}$ 上の状態 f_ϕ が $f_\phi(b \otimes x)=(\phi(b))(x)$ により一意的に定まる．そこで，$B \otimes \mathscr{M}$ の状態 f で，各 $b \in B$ に対して，写像 $x \in \mathscr{M} \mapsto f(b \otimes x) \in$

3.7 核型 C^* 環   455

$\mathbb{C}$ が σ 弱連続であるようなもの全体からなる集合を S とすれば, $f_\phi \in S$. この S を用いて, $B \otimes \mathscr{M}$ の半ノルムを

$$\|z\|_\beta = \sup\{\|\pi_f(z)\| \mid f \in S\} \quad (z \in B \otimes \mathscr{M})$$

で定義する. S は集合 $\{g \otimes h \mid g \in S(B), h \in (S(\mathscr{M}) \cap \mathscr{M}_*)\}$ を含むので, この半ノルムは実は C^* ノルムである. そこで, その完備化を $B \otimes_\beta \mathscr{M}$ とし, f_ϕ の $B \otimes_\beta \mathscr{M}$ 上への一意的な拡張も同じ記号で表す.

仮定により, $\mathscr{M}$ は半離散的であるから, $\mathscr{M}$ から自分自身への有限階の正規単位的完全正写像の有向系 $\{\phi_i\}_{i \in I}$ が存在し, σ 弱位相に関して $\phi_i(x) \to x$ $(x \in \mathscr{M})$ となる. このとき, 各 ϕ_i は正規であるから, 合成写像 ${}^t\phi_i \circ \phi$ は B から $\mathscr{M}_*$ への有限階の完全正写像になり, 有向系 $\{{}^t\phi_i \circ \phi\}_{i \in I}$ は

$$\lim_i \langle ({}^t\phi_i \circ \phi - \phi)(b), x \rangle = \langle \phi(b), \phi_i(x) - x \rangle = 0 \quad (b \in B, x \in \mathscr{M})$$

を満たす. このとき, 有限階の写像 ${}^t\phi_i \circ \phi$ に対し, $({}^t\phi_i \circ \phi(1))(x) = \varphi \circ \phi_i(x)$ と表せるので, 対応する線形汎関数 $f_{{}^t\phi_i \circ \phi}$ は S の元である. したがって, その $B \otimes_\beta \mathscr{M}$ への拡張 (同じ記号で表す) は集合 $S(B \otimes_\beta \mathscr{M}) \cap (B^* \otimes \mathscr{M}^*)$ に属する.

いま, $x \in B \otimes_\beta \mathscr{M}$ をノルム近似する $B \otimes \mathscr{M}$ における列 $\{x_n\}_n$ は $B \otimes_{\min} \mathscr{M}$ における Cauchy 列でもあり, その極限を $\pi_\beta(x)$ とすれば, π_β は $B \otimes_\beta \mathscr{M}$ から $B \otimes_{\min} \mathscr{M}$ への自然な準同型である. このとき, $f_{{}^t\phi_i \circ \phi}$ の $B \otimes_{\min} \mathscr{M}$ への拡張も同じ記号で表すと

$$|f_{{}^t\phi_i \circ \phi}(\pi_\beta(x)) - f_\phi(x)|$$
$$\leqq |f_{{}^t\phi_i \circ \phi}(\pi_\beta(x)) - f_{{}^t\phi_i \circ \phi}(x_n)| + |f_{{}^t\phi_i \circ \phi}(x_n) - f_\phi(x_n)| + |f_\phi(x_n) - f_\phi(x)|$$
$$\leqq \|f_{{}^t\phi_i \circ \phi}\|^*_{\min} \|\pi_\beta(x) - x_n\|_{\min} + |f_{{}^t\phi_i \circ \phi}(x_n) - f_\phi(x_n)| + \|f_\phi\|^*_\beta \|x_n - x\|_\beta.$$

ゆえに, $B \otimes_\beta \mathscr{M}$ 上の状態 f_ϕ はその集合 $S(B \otimes_\beta \mathscr{M}) \cap (B^* \otimes \mathscr{M}^*)$ の $\sigma((B \otimes_\beta \mathscr{M})^*, B \otimes \mathscr{M})$ 位相に関する閉包に属する. したがって, 状態 f_ϕ は $B \otimes_{\min} \mathscr{M}$ 上の状態 f'_ϕ を用いて $f'_\phi \circ \pi_\beta = f_\phi$ と表せる.

他方, $B \otimes_{\min} \mathscr{M} \subset C \otimes_{\min} \mathscr{M}$ であるから, $C \otimes_{\min} \mathscr{M}$ の状態 g の制限 $g \mapsto g|_{B \otimes_{\min} \mathscr{M}}$ により, $S(C \otimes_{\min} \mathscr{M})$ から $S(B \otimes_{\min} \mathscr{M})$ への全射が得られる. したがって, $\widetilde{f}|_{B \otimes_{\min} \mathscr{M}} = f'_\phi$ を満たす状態 $\widetilde{f} \in S(C \otimes_{\min} \mathscr{M})$ が存在する.

$$\widetilde{f}\in S(C\otimes_{\min}\mathscr{M}) \xrightarrow{\text{制限}} f'_\phi\in S(B\otimes_{\min}\mathscr{M})$$
$$\Big\downarrow {}^t\pi \qquad\qquad\qquad\qquad \Big\downarrow {}^t\pi_\beta$$
$$\widetilde{f}\circ\pi\in S(C\otimes_{\max}\mathscr{M}) \qquad\qquad f_\phi\in S(B\otimes_\beta\mathscr{M})$$

ここで，$C\otimes_{\max}\mathscr{M}$ から $C\otimes_{\min}\mathscr{M}$ への自然な準同型写像を π とする．命題 3.7.4 で得られた，状態 $\widetilde{f}\circ\pi\in S(C\otimes_{\max}\mathscr{M})$ に対応する，C から $\mathscr{M}^*$ への完全正写像を $\phi_{\widetilde{f}\circ\pi}$ とすれば，$\phi_{\widetilde{f}\circ\pi}(1)=\phi(1)=\varphi$ かつ $\phi_{\widetilde{f}\circ\pi}|_B=\phi$ となる．C の元 c が $0\leqq c\leqq 1$ を満たせば，$0\leqq\phi_{\widetilde{f}\circ\pi}(c)\leqq\varphi$ であるから，任意の $c\in C$ に対して，$\phi_{\widetilde{f}\circ\pi}(c)\in C_\varphi$．よって，写像 $\theta^{-1}\circ\phi_{\widetilde{f}\circ\pi}\colon C\to\pi_\varphi(\mathscr{M})'$ は完全正で $\psi=\theta^{-1}\circ\phi$ の拡張である．よって，$\pi_\varphi(\mathscr{M})'$ は単射的である．ゆえに，その可換子環 $\pi_\varphi(\mathscr{M})$ も単射的である．

(iii)$\Rightarrow$(ii) Hilbert 空間 $\mathscr{H}$ の単位ベクトル ζ により定まる閉部分空間 $\overline{\mathscr{M}'\zeta}$ への射影を e とする．$e\in\mathscr{M}$ である．$\mathscr{M}\otimes\mathscr{M}'$ における状態 f を，任意の $x_j\in\mathscr{M}$ と $y_j\in\mathscr{M}'$ に対して，

$$f\Big(\sum_{j=1}^n x_j\otimes y_j\Big) = \omega_\zeta\Big(\sum_{j=1}^n x_j y_j\Big)$$

で定め，$(\phi_f(x))(y)=f(x\otimes y)$ と置けば，ϕ_f は $\mathscr{M}$ から $\mathscr{M}'_*$ への完全正写像で，$\phi_f(1)=\omega_\zeta$ を満たしている．補題 3.7.2 と同様にして，$\mathscr{M}_e$ から $C_{\omega_\zeta}(\subset\mathscr{M}'_*)$ への σ 弱位相と弱*位相に関して連続な完全正の全単射 $\theta\colon h\to\varphi_h$ が $\varphi_h(y)=(yh\zeta|\zeta)$ $(y\in\mathscr{M}')$ により定まる．このとき，

$$(\phi_f(x))(y) = f(x\otimes y) = \omega_\zeta(xy) = \omega_\zeta(exey) \quad (y\in\mathscr{M}')$$

となるので，$\theta^{-1}\circ\phi_f(x)=x_e$．したがって，この写像は $\mathscr{M}_e$ 上では恒等写像と見なすことができる．

条件(iii)により，$\big\|\sum_j x_j y_j\big\|\leqq\big\|\sum_j x_j\otimes y_j\big\|_{\min}$ であるから，f は C^*環 $\mathscr{M}\otimes_{\min}\mathscr{M}'$ 上の状態と同一視することができる．さらに，f を von Neumann 環 $\mathscr{M}\overline{\otimes}\mathscr{M}'$ 上の状態に拡張したものを $\widetilde{f}$ とする．$\mathscr{M}\overline{\otimes}\mathscr{M}'$ の双対空間において前双対空間は弱*稠密であるから，$\widetilde{f}$ は

$$g = \sum_{k=1}^m \omega_{\zeta_k} \quad \Big(\zeta_k=\sum_{\ell=1}^{n_k}\xi_\ell\otimes\eta_\ell\in\mathscr{H}\otimes\mathscr{H}\Big)$$

なる形をした前双対空間の元により弱*近似される．補題 3.7.9 の証明と同様にして，$n_k \times n_k$ 行列 $\Lambda_{kk} = (\lambda_{\ell\ell'})$ と $n_k \times n_{k'}$ 行列 $\Lambda_{kk'} = 0 (k \neq k')$ を用いて $\Lambda = (\Lambda_{kk'})$ と置き，さらに

$$\iota_k(x) = (\omega_{\xi_\ell, \xi_{\ell'}}(x)), \quad \pi_k(\Lambda_{kk}) = \sum_{\ell, \ell'=1}^{n_k} \lambda_{\ell\ell'} \omega_{\eta_\ell, \eta_{\ell'}}$$

を用いて，

$$\iota(x) = \iota_1(x) \oplus \cdots \oplus \iota_m(x), \quad \pi(\Lambda) = \sum_{k=1}^m \pi_k(\Lambda_{kk})$$

と置く．$n = n_1 + \cdots + n_m$ とすれば，ここで得られた写像 $\iota: \mathscr{M} \to M(n, \mathbb{C})$ および $\pi: M(n, \mathbb{C}) \to \mathscr{M}_*$ はともに正規かつ完全正であり，$\phi_g = \pi \circ \iota \in \mathcal{D}(\mathscr{M}, \mathscr{M}_*)$ を満たす．ゆえに，$\mathscr{L}_{cp}(\mathscr{M}, \mathscr{M}_*)$ の元 ϕ_f は $\mathcal{D}(\mathscr{M}, \mathscr{M}_*)$ の正規な元により各点ごとの弱位相により近似される．集合 $\mathcal{D}(\mathscr{M}, \mathscr{M}_*)$ は $\mathscr{L}(\mathscr{M}, \mathscr{M}_*)$ における凸集合であるから，命題 1.4.1 により，ϕ_f は新たな Choi-Effros 分解 $\pi \circ \iota \in \mathcal{D}(\mathscr{M}, \mathscr{M}_*)$ により各点ごとのノルム位相により近似される．その際，補題 3.7.10 により，$\pi \circ \iota(1) = \phi_f(1) (= \omega_\zeta)$ と仮定することができる．したがって，$\pi \circ \iota(x) \in C_{\omega_\zeta} (x \in \mathscr{M})$ となり，$\pi(M(n, \mathbb{C})) \subset C_{\omega_\zeta}$ であることがわかる．そこで，$\pi' = \theta^{-1} \circ \pi$ とすれば，$\pi': M(n, \mathbb{C}) \to \mathscr{M}_e$ は正規かつ完全正である．また，$\mathscr{M}_e$ 上の正規状態 ω を用いて $\iota'(x_e) = \iota(ex_e + \omega(x_e)(1-e))$ とすれば，$\iota': \mathscr{M}_e \to M(n, \mathbb{C})$ も正規かつ完全正である．このとき，任意の $\varphi \in (\mathscr{M}_e)_*$ に対して，$\varphi((\pi' \circ \iota')(x_e) - x_e)$ は

$$\varphi \circ \theta^{-1}\bigl((\pi \circ \iota)(ex_e + \omega(x_e)(1-e)) - \phi_f(ex_e + \omega(x_e)(1-e))\bigr)$$

と表せ

$$(\pi' \circ \iota')(x_e) = \theta^{-1} \circ \pi \circ \iota(ex_e + \omega(x_e)(1-e))$$

となるので，$\mathscr{M}_e$ 上の恒等写像 $\theta^{-1} \circ \phi_f$ は $\mathcal{D}(\mathscr{M}_e, \mathscr{M}_e)$ の正規な元 $\pi' \circ \iota'$ により各点ごとの σ 弱位相により近似される．よって，$\mathscr{M}_e$ は半離散的である．

上では e は分離ベクトルをもつ射影に選ばれていた．そこで，$\mathscr{M}$ における分離ベクトルをもつ射影で，互いに直交し和が 1 であるものを $\{e_i | i \in I\}$ とする．I の有限部分集合 J を用いて，$\phi_J(x) = (\sum_{i \in J} e_i) x (\sum_{i \in J} e_i)$ とすれば，有向集

合 $\{\phi_J(x)\}_J$ は x へ σ 弱収束する．このとき，各 ϕ_J は完全正写像であり，有限階の完全正写像により σ 弱近似される．ゆえに $\mathscr{M}$ は半離散的である．

(i)⇒(iii) 難しいので省く．文献[6]参照．■

C^* 環が核型であることを von Neumann 環の議論に帰着させる次の結果は，W^* 環という大きな対象を用いて記述されているために，その意義が捉えにくいが，次項でその役割が明確になる．

定理 3.7.18(Effros-Lance, Choi-Effros, Lance) C^* 環 A に対して，次の 2 条件は同値である．

(i) A は核型である．
(ii) W^* 環 A^{**} は単射的である． □

［証明］ (i)⇒(ii)(Effros-Lance[20]) 単射性を示すときに使われる C^* 環 C とその部分 C^* 環 B に対しては，単位的でしかも単位元を共有しているものと仮定することができる．命題 3.7.17 の (ii)⇒(i) の証明のときのように，$\varphi \in S(A)$, $\mathscr{M}=A^{**}$ かつ $\phi=\theta \circ \psi$ と置いて考える．φ は $\mathscr{M}$ 上の正規状態であり，$\phi \in \mathscr{L}_{cp}(B, A^*)$ である．ただし，ψ は B から $\pi_\varphi(\mathscr{M})'$ への完全正な写像で $\psi(1)=1$ を満たすものであり，θ は $h \in \pi_\varphi(\mathscr{M})' \mapsto \varphi_h \in C_\varphi (\subset A^*)$ で与えられる完全正で同相な全単射である．したがって，$\phi(1)=\varphi$. この場合には，半離散的であることの代わりに A が核型であることを仮定する．

A が核型ならば，$A \widehat{\otimes} B$ は $A \widehat{\otimes} C$ の部分 C^* 環である．$(A \widehat{\otimes} C)^*_+$ の元を $A \widehat{\otimes} B$ へ制限することにより，$(A \widehat{\otimes} C)^*_+$ から $(A \widehat{\otimes} B)^*_+$ への全射が得られる．命題 3.7.4 の同一視 $(A \widehat{\otimes} B)^*_+ = \mathscr{L}_{cp}(B, A^*)$ かつ $(A \widehat{\otimes} C)^*_+ = \mathscr{L}_{cp}(C, A^*)$ により，$\widetilde{\phi}|_B = \phi$ を満たす $\widetilde{\phi} \in \mathscr{L}_{cp}(C, A^*)$ が存在する．このとき，$\widetilde{\phi}(1)=\varphi$ であるから，$\widetilde{\phi}(C) \subset C_\varphi$. したがって，合成写像 $\theta^{-1} \circ \widetilde{\phi}$ は C から $\pi_\varphi(A^{**})'$ への完全正写像であって，$\psi=\theta^{-1} \circ \phi$ の拡張になっている．したがって，$\pi_\varphi(A^{**})'$ は単射的であり，その可換子環 $\pi_\varphi(A^{**})$ も単射的である．ゆえに，$A^{**}=\sum_{\psi \in S(A)}^{\oplus} \pi_\psi(A^{**})$ も単射的である．

(ii)⇒(i) 命題 3.7.17 により，von Neumann 環は，単射的ならば半離散的である[6]．そこで，W^* 環 A^{**} が半離散的であると仮定して，任意の C^* 環

---

20) Tensor products of operator algebras, *Advances in Math.* **25**(1977), 1-34.

3.7 核型 C^* 環   459

B に対して自然な準同型写像 $\pi\colon A\otimes_{\max}B\to A\otimes_{\min}B$ が単射であることを示す．$\mathscr{M}=A^{**}$ が半離散的ならば，$\mathscr{M}$ の各点ごとの σ 弱位相に関して $\mathscr{M}$ 上の恒等写像を近似する有限階の正規な単位的完全正写像の有向系 $\{\phi_i\}_{i\in I}$ が存在する．各 ϕ_i は正規であるから，その転置写像 ${}^t\phi_i$ は $\mathscr{M}_*=A^*$ を不変にしている．$\psi\in\mathscr{L}_{cp}(B,A^*)$ を任意の単位的完全正写像とする．ここで $\psi_i={}^t\phi_i\circ\psi$ とすれば，$\{\psi_i\}_{i\in I}$ は B の各点ごとに A^* の弱位相で ψ を近似する有限階の単位的完全正写像の有向系である．また，$\mathscr{L}_{cp}(B,A^*)=(A\otimes_{\max}B)^*_+$ であるから，ψ_i に対応する $A\otimes_{\max}B$ 上の状態 f_{ψ_i} は ψ に対応する状態 f_ψ へ弱*収束する．このとき，各 ψ_i は有限階であるから，$f_{\psi_i}\in A^*\otimes B^*$ となる．一般に，$A^*\otimes B^*$ の元は $A\otimes_{\min}B$ 上の有界線形汎関数に拡張できる．f_{ψ_i} の拡張 $\widetilde{f_{\psi_i}}$ は $f_{\psi_i}=\widetilde{f_{\psi_i}}\circ\pi$ と表せるので，f_{ψ_i} は $\operatorname{Ker}\pi$ 上で 0 となる．したがって，それらの弱*極限 f_ψ も $\operatorname{Ker}\pi$ 上で 0 となる．よって，$A\otimes_{\max}B$ のすべての状態が $\operatorname{Ker}\pi$ 上で 0 になり，π は単射である．ゆえに，π は同型写像であり，したがって全射等長写像である．よって，定理 3.7.8 により A は核型である．■

系 3.7.19 (i) 核型 C^* 環の商 C^* 環は核型である．

(ii) C^* 環 A の閉両側イデアル J とその商 C^* 環がともに核型ならば，A も核型である．　□

[証明] (i) C^* 環 A の閉両側イデアルを J とすれば，$(A/J)^{**}\cong A^{**}/J^{\circ\circ}$ である．A が核型であれば，A^{**} は単射的であるから，$A^{**}/J^{\circ\circ}\cong(A^{**})_{1-p}$ $(J^{\circ\circ}=pA^{**})$ も単射的である．ゆえに，商 C^* 環 A/J は核型である．

(ii) $A^{**}\cong J^{\circ\circ}\oplus(A^{**}/J^{\circ\circ})$ であるから，A^{**} が単射的であるための必要十分条件は $J^{**}\cong J^{\circ\circ}$ および $(A/J)^{**}$ が単射的なことである．■

この系により，いろいろな非核型 C^* 環の例を見つけることもできる．

系 3.7.20 Toeplitz 環は核型である．　□

[証明] 第 3.5 節第 1 項の短完全系列 (3.9) に系 3.7.19 の (ii) を適用することにより，Toeplitz 環は核型であることがわかる．■

後に本節の第 6 項で示すように，Choi は核型 C^* 環の部分 C^* 環で核型でない例を与えている．したがって，核型という性質は商 C^* 環では保存されるが，部分 C^* 環では必ずしも保存されず，C^* 環の自然な概念とは言い難い面を備えている．その後，Elliott は CAR 環を用いて 2^∞ 型の UHF 環の部分

C^*環で核型でないものの例を与えているので,AFD 因子環の部分因子環が再び AFD になるという Connes の結果との類似性も成り立たないことになる.

3.7.4 核型 C^*環の幾何学的特徴づけ

位相群の従順性と似た観点から,C^*環が核型であることの特徴づけが示される.その際,群上の不変平均の存在が,Haagerup により導入された C^*環上の不変平均に置き換わっている点と,それが Johnson, Kadison, Ringrose らにより研究されてきた Banach 環の従順性,つまり 1 次 Hochschild コホモロジーの消滅としてとらえられている点が興味深い.

Haagerup による次の 2 つの定理は以下の議論において重要であるが,入門書の範囲を超えるので証明は省く.詳細は原論文を見ていただきたい[21].

定理 3.7.21 (i) C^*環の直積 $A \times B$ 上の有界双線形汎関数 f に対して,A 上の状態 φ_1, φ_2 と B 上の状態 ψ_1, ψ_2 が存在して,**Grothendieck の不等式**

$$|f(a,b)| \leq \|f\|\left(\varphi_1(a^*a)+\varphi_2(aa^*)\right)^{1/2}\left(\psi_1(b^*b)+\psi_2(bb^*)\right)^{1/2}$$

が任意の $a \in A$ と $b \in B$ に対して成り立つ.

(ii) von Neumann 環の直積 $\mathscr{M} \times \mathscr{N}$ 上の個別 σ 弱連続な双線形汎関数 f に対して,$\mathscr{M}$ 上の正規状態 φ_1, φ_2 と $\mathscr{N}$ 上の正規状態 ψ_1, ψ_2 が存在して,$\mathscr{M}$ と $\mathscr{N}$ の元に対して Grothendieck の不等式が成り立つ.とくに,f は両側 σ 強*連続である. □

群の場合のように,離散半群 G 上の有界関数環 $l^\infty(G)$ 上の状態 m を平均といい,各 $g \in l^\infty(G)$ に対して定まる値 $m(g)$ をここでは形式的に

$$\int_G g(t)dm(t)$$

で表すことにする.

有限次元の von Neumann 環 $\mathscr{M}$ のユニタリ部分 $U(\mathscr{M})$ 上の規格 Haar 測度

---

[21] The Grothendieck inequality for bilinear forms on C^*-algebras, *Adv. Math.* **56**-2(1985), 93–116.

m_0 は連続関数環 $C(U(\mathscr{M}))$ 上の状態でもある．これを，Hahn-Banach の拡張定理を用いて，$l^\infty(U(\mathscr{M}))$ 上へ拡張したものを m とする．m は $C(U(\mathscr{M}))$ 上右不変であるから，任意の $f \in \mathscr{B}(\mathscr{M}, \mathscr{M})$ に対して，

$$\int_{U(\mathscr{M})} f(u^*, uv) dm(u) = \int_{U(\mathscr{M})} f(vu^*, u) dm(u) \quad (v \in U(\mathscr{M}))$$

が成り立つ．ただし，$\mathscr{B}(\mathscr{M}, \mathscr{M})$ は有界双線形汎関数の全体である．f の双線形性により，v を任意の $x \in \mathscr{M}$ に置き換えることができる．

この結果を一般の単射的 von Neumann 環の場合に拡張する．

定理 3.7.22 von Neumann 環 $\mathscr{M}$ が単射的ならば，$\mathscr{M}$ の等長元全体のなす離散半群 $I(\mathscr{M})$ 上に平均 m が存在し，**Haagerup の不変性**，つまり任意の $f \in \mathscr{B}_\sigma(\mathscr{M}, \mathscr{M})$ に対して，

$$\int_{I(\mathscr{M})} f(u^*, ux) dm(u) = \int_{I(\mathscr{M})} f(xu^*, u) dm(u) \quad (x \in \mathscr{M})$$

が成り立つ．ただし，$\mathscr{B}_\sigma(\mathscr{M}, \mathscr{M})$ は個別 σ 弱連続な双線形汎関数の全体である． □

まず，C^* 環 A に対して，その上の有界な双線形汎関数全体のなす集合 $\mathscr{B}(A, A)$ は $\mathscr{L}(A, A^*)$ と同一視することができるので，命題 3.7.4(i) により，$(A \otimes_\gamma A)^*$ とも同一視することができる．つまり，$f \in (A \otimes_\gamma A)^*$ に対しては，有界双線形汎関数 $(a, b) \mapsto f(a \otimes b)$ が対応する．ここで，Banach 空間 $A \otimes_\gamma A$ 上への，A の左右からの作用を

$$L_a(b \otimes c) = ab \otimes c, \quad R_a(b \otimes c) = b \otimes ca \quad (a \in A)$$

で定義することにより，$A \otimes_\gamma A$ は Banach 両側 A 加群になる．第 2.3 節第 3 項で述べたように，E がある Banach 空間の双対空間であって，各 $a \in A$ かつ $b \in B$ に対して，写像 $\xi \mapsto a\xi$ および $\xi \mapsto \xi b$ が弱*連続のとき，E を双対 Banach 両側 A-B 加群といった．したがって，$(A \otimes_\gamma A)^{**}$ は，補題 2.3.9 により，左作用 $^{tt}L_a$ と，右作用 $^{tt}R_a$ により，双対 Banach 両側 A 加群である．

von Neumann 環 $\mathscr{M}$ に対する双対 Banach 両側 $\mathscr{M}$ 加群 E の場合には，$\mathscr{M}$ から E への写像 $x \mapsto x\xi$ および $x \mapsto \xi x$ が $\mathscr{M}$ の σ 弱位相と E の弱*位相に関して連続のとき，E は**正規**であるという．

定義 3.7.23(Johnson) (i) Banach 環 A から任意の双対 Banach 両側 A 加群 E への任意の有界微分子 δ(つまり $\delta(ab)=\delta(a)b+a\delta(b)$ を満たし，両側 A 加群の構造を保存する有界線形写像)がいつでも余境界輪体(内部的)

$$\exists \xi \in E : \delta(a) = a\xi - \xi a \quad (a \in A)$$

になるとき，A を**従順**という．

(ii) von Neumann 環 $\mathscr{M}$ から任意の正規な双対 Banach 両側 $\mathscr{M}$ 加群への任意の有界微分子がいつでも余境界輪体であるとき，$\mathscr{M}$ を**従順**という． □

例 3.7.24 $A=M(n,\mathbb{C})$ から A への微分子 δ が与えられた場合には，行列単位 $w_{ij}(i,j=1,\cdots,n)$ と $\sum_{j=1}^{n} \lambda_j = 1$ を満たす数 λ_j を用いて得られる A の元 $\sum_{i,j=1}^{n} \lambda_j w_{ij} \delta(w_{ji})$ を ξ とすれば，$\delta(a)=a\xi-\xi a$． □

後の定理 3.7.36 での，離散群の C^* 群環に関する議論から，次の命題に現れる x は，この場合には，群の自明表現が対応し，主張はそれが正則表現に弱包含されることを意味していると考えられる．さらに，従順性の定義で，余境界輪体を与えるベクトルはこの自明表現の姿を変えた形であると解釈される．

命題 3.7.25(Johnson) C^* 環 A が従順であるための必要十分条件は

(3.20) $\qquad {}^{tt}L_a x = {}^{tt}R_a x \quad (a \in A), \quad {}^{tt}p(x) = 1_{A^{**}}$

を満たす双対 Banach 両側 A 加群 $(A \otimes_\gamma A)^{**}$ の元 x が存在することである．ただし，p は $p(a \otimes b)=ab$ を満たす Banach 空間 $A \otimes_\gamma A$ から A への有界線形写像である． □

[証明] 次の定理の証明に必要性は使わないので，ここでは十分性だけを示す．任意の双対 Banach 両側 A 加群を E とする．δ を C^* 環 A から E への有界微分子とする．前双対空間 E_* の任意の元 η に対して，$f_\eta(a \otimes b)=(a\delta(b))(\eta)$ とすれば，$f_\eta \in (A \otimes_\gamma A)^*$．ここで，(3.20)を満たす元 x を用いて，E_* 上の線形汎関数 ξ を

$$\xi(\eta) = x(f_\eta) \quad (\eta \in E_*)$$

とすれば，$|\xi(\eta)|=|x(f_\eta)| \leq \|x\| \|\eta\| \|\delta\|$ となるので，$\xi \in E$．任意の $a,b,c \in A$ に対して，$\delta(ca)=\delta(c)a+c\delta(a)$ となるから，

$$f_{\eta a-a\eta}(b\otimes c) = (b\delta(c))(\eta a-a\eta) = (ab\delta(c))(\eta) - (b\delta(c)a)(\eta)$$
$$= f_\eta(ab\otimes c) - f_\eta(b\otimes ca) + f_\eta(bc\otimes a)$$
$$= ({}^tL_a f_\eta - {}^tR_a f_\eta)(b\otimes c) + f_\eta(p(b\otimes c)\otimes a)$$
$$= (b\otimes c)({}^tL_a f_\eta - {}^tR_a f_\eta) + (p(b\otimes c)\delta(a))(\eta) .$$

双対 Banach 両側 A 加群 E は命題 2.3.10 により,双対 Banach 両側 A^{**} 加群へ一意的に拡張され,左右の作用は弱*連続である.また,写像 ${}^{tt}p: (A\otimes_\gamma A)^{**} \to A^{**}$ は弱*連続であるから,x を弱*位相で近似する $A\otimes A$ における有向系を使えば,

$$(a\xi - \xi a)(\eta) = x(f_{\eta a - a\eta}) = x({}^tL_a f_\eta - {}^tR_a f_\eta) + ({}^{tt}p(x)\delta(a))(\eta) .$$

ここで,x の満たす条件を用いると,右辺の第 1 項は 0 になるので,$a\xi - \xi a = \delta(a)$ を得る.したがって,A は従順である.　　　　　　　　　　　■

次の定理は Connes と Haagerup という 2 人の俊才によるもので,考え方は自然であっても,これまでの作用素環における既成の考え方を越えている点が非凡である.これにより,以下に示すように,C^*環が核型であることの幾何学的解釈が得られることになる.第 3.7 節第 3 項末では,部分因子環に関する結果と比較して,核型という概念に若干の疑問を呈したが,次の結果はこれが自然な概念であることを示している.

定理 3.7.26　C^*環 A に対して,次の 2 条件は同値である.
(i)　A は核型である.
(ii)　A は従順である.　　　　　　　　　　　　　　　　　　　　　□

[証明]　(i)⇒(ii)(Haagerup[22])　定理 3.7.18 により,A が核型ならば,W^*環 A^{**} は単射的である.議論を Johnson の命題 3.7.25 に帰着させるために,双対空間 $(A\otimes_\gamma A)^*$ を有界双線形汎関数の集合 $\mathscr{B}(A,A)$ と同一視する.

さらに,この汎関数 f は,Haagerup の定理 3.7.21(i)の Grothendieck の不等式により,W^*環 A^{**} の稠密な部分集合 A 上で個別 σ 強*連続であるから,A^{**} 上で個別 σ 弱連続な双線形汎関数 $\tilde{f}$ へ一意的に拡張される.さらに,W^*

---

22)　All nuclear C^*-algebras are amenable, *Invent. Math.* **74**(1983), 305-319.

環 A^{**} が単射的な場合には，もうひとつの Haagerup の定理 3.7.22 により，離散半群 $I(A^{**})$ 上の平均 m で，Haagerup の不変性

$$\int_{I(A^{**})} \widetilde{f}(au^*, u) dm(u) = \int_{I(A^{**})} \widetilde{f}(u^*, ua) dm(u) \quad (a \in A, f \in \mathscr{B}(A, A))$$

を満たすものがある．これを用いて，$x \in \mathscr{B}(A, A)^* = (A \otimes_\gamma A)^{**}$ を

$$x(f) = \int_{I(A^{**})} \widetilde{f}(u^*, u) dm(u)$$

で定義する．Banach 空間 $A \otimes_\gamma A$ は，左作用 L_a と右作用 R_a により，両側 A 加群になる．このとき，$({}^t L_a f)(b, c) = f(ab, c), ({}^t R_a f)(b, c) = f(b, ca)$ となる．ここで，$\widetilde{{}^t L_a f}, \widetilde{f}$ が個別に σ 弱連続な一意的拡張であることを用いると，任意の $y, z \in A^{**}$ に対して，$\widetilde{{}^t L_a f}(y, z) = \widetilde{f}(ay, z)$. 同様に，$\widetilde{{}^t R_a f}(y, z) = \widetilde{f}(y, za)$. ゆえに，

$$({}^{tt} L_a x)(f) = x({}^t L_a f) = \int_{I(A^{**})} \widetilde{{}^t L_a f}(u^*, u) dm(u)$$
$$= \int_{I(A^{**})} \widetilde{f}(au^*, u) dm(u) = \int_{I(A^{**})} \widetilde{f}(u^*, ua) dm(u)$$
$$= \int_{I(A^{**})} \widetilde{{}^t R_a f}(u^*, u) dm(u) = x({}^t R_a f) = ({}^{tt} R_a x)(f) .$$

任意の $\varphi \in A^*$ に対して，$f_\varphi(a, b) = \varphi(ab)$ とする．p を $p(a \otimes b) = ab$ を満たす $A \otimes_\gamma A$ から A への有界線形写像とすれば，$f_\varphi = {}^t p(\varphi)$. φ の A^{**} への一意的な拡張を $\widetilde{\varphi}$ とすれば，任意の $y, z \in A^{**}$ に対して，$\widetilde{f_\varphi}(y, z) = \widetilde{\varphi}(yz)$. ゆえに，

$$({}^{tt} p(x))(\varphi) = x({}^t p(\varphi)) = x(f_\varphi) = \int_{I(A^{**})} \widetilde{f_\varphi}(u^*, u) dm(u)$$
$$= \int_{I(A^{**})} \widetilde{\varphi}(u^*u) dm(u) = \widetilde{\varphi}(1_{A^{**}}) .$$

よって，${}^{tt} p(x) = 1_{A^{**}}$. ゆえに命題 3.7.25 により，$A$ は従順である．

(ii)$\Rightarrow$(i) 次の定理 3.7.27 による．

Connes は次の定理の主張(i)において，可分 von Neumann 環の場合には，逆も成り立つことを示しているが，ここでは触れない．

定理 3.7.27(Connes) (i) von Neumann 環が従順ならば単射的である．
(ii) C^* 環が従順ならば核型である．

定理の証明は Hilbert 空間 $\mathscr{H}$ 上の von Neumann 環 $\mathscr{M}$ に対する議論を

$\mathscr{L}(\mathscr{H})$ の議論に書き換えて進められる．次の補題ではその準備をする．

補題 3.7.28 $\mathscr{M}$ を Hilbert 空間 $\mathscr{H}$ 上の von Neumann 環とする．$\mathscr{L}(\mathscr{H})$ 上の状態 φ が $\varphi=\varphi\circ\mathrm{Ad}_u$ $(u\in U(\mathscr{M}))$ を満たせば，

$$\Big|\varphi\Big(\sum_{j=1}^n x_j y_j^*\Big)\Big| \leqq \Big\|\sum_{j=1}^n x_j \otimes y_j^c\Big\|_{\mathscr{H}\otimes\mathscr{H}^c} \quad (x_j, y_j \in \mathscr{M}) .$$

ただし，$\mathscr{H}^c$ は $\mathscr{H}$ の共役空間であり，共役線形写像 $\xi\in\mathscr{H}\mapsto\xi^c\in\mathscr{H}^c$ により $y^c\xi^c=(y\xi)^c$ である． □

[証明] $\mathscr{L}(\mathscr{H})_*$ が $\mathscr{L}(\mathscr{H})^*$ において弱*稠密であることを使うと，状態 φ を弱*近似する $\mathscr{L}(\mathscr{H})$ 上の正規状態からなる有向系 $\{\varphi_i\}_{i\in I}$ が存在する．したがって，任意の $\varepsilon>0$ に対して，ある $i_0\in I$ が存在し，

$$i \geqq i_0 \Rightarrow \Big|\varphi_i\Big(\sum_{j=1}^n x_j y_j^*\Big) - \varphi\Big(\sum_{j=1}^n x_j y_j^*\Big)\Big| < \frac{\varepsilon}{2} .$$

集合 $\{\varphi_i | i\geqq i_0\}$ の $\mathscr{L}(\mathscr{H})_*$ における凸包を W_ε とすれば，その元は同じ不等式を満たす．$\mathscr{M}$ の元 $y_1,\cdots,y_n$ は $\mathscr{M}$ のユニタリ $u_1,\cdots,u_m$ の1次結合により表される．$\mathscr{L}(\mathscr{H})_*$ または $\mathscr{L}(\mathscr{H})^*$ の m 個の直和をそれぞれ $\mathscr{L}(\mathscr{H})_*^m$ または $\mathscr{L}(\mathscr{H})^{*m}$ で表す．$\varphi=\varphi\circ\mathrm{Ad}_{u_k}$ $(k=1,\cdots,m)$ であるから，集合 $\{(\varphi'-\varphi'\circ\mathrm{Ad}_{u_k})\in\mathscr{L}(\mathscr{H})^{*m} | \varphi'\in W_\varepsilon\}$ の弱*閉包は $\mathscr{L}(\mathscr{H})^{*m}$ の凸集合で 0 を含む．これは $\mathscr{L}(\mathscr{H})_*^m$ の部分集合でもあるから，0 は弱閉包の元でもある．凸集合に対しては弱閉包はノルム閉包と一致するから，任意の $\varepsilon'>0$ に対して，$\|\varphi''-\varphi''\circ\mathrm{Ad}_{u_k}\|<\varepsilon'$ $(k=1,\cdots,m)$ を満たす正規状態 $\varphi''\in W_\varepsilon$ が存在する．φ'' の Tr に関する Radon-Nikodým 導関数を ρ とすれば，$\|\rho-u_k^*\rho u_k\|_1<\varepsilon'$．したがって，Powers-Størmer の不等式により $\|u_k\rho^{1/2}-\rho^{1/2}u_k\|_2<\sqrt{\varepsilon'}$．$\varepsilon'$ を十分小さく選べば，$\lambda=\sum_{j=1}^n\|x_j\|$ を用いて，

$$\|y_j\rho^{1/2}-\rho^{1/2}y_j\|_2 < \frac{\varepsilon}{2\lambda} \quad (j=1,\cdots,n)$$

と表せる．ゆえに

$$\Big\|\sum_{j=1}^n x_j\rho^{1/2}y_j^* - \sum_{j=1}^n x_j y_j^*\rho^{1/2}\Big\|_2 \leqq \sum_{j=1}^n \|x_j\|\|\rho^{1/2}y_j^*-y_j^*\rho^{1/2}\|_2 < \frac{\varepsilon}{2} .$$

Schwarz の不等式と同様に，不等式 $\big|\varphi''\big(\sum_{j=1}^n x_j y_j^*\big)\big| \leqq \big\|\sum_{j=1}^n x_j y_j^*\rho^{1/2}\big\|_2$ が成り立つ．ゆえに，次の式を得る．

$$\left|\varphi\Big(\sum_{j=1}^n x_j y_j^*\Big)\right| \leq \left|\varphi''\Big(\sum_{j=1}^n x_j y_j^*\Big)\right| + \frac{\varepsilon}{2} \leq \Big\|\sum_{j=1}^n x_j \rho^{1/2} y_j^*\Big\|_2 + \varepsilon$$

他方,Schmidt 類作用素の全体 (σc) と $\mathscr{H}\otimes\mathscr{H}^c$ との自然な対応 $\theta_{\xi,\eta}\mapsto \xi\otimes\eta^c$ により,$x\theta_{\xi,\eta}y^*$ には $(x\otimes y^c)(\xi\otimes\eta^c)$ が対応する.したがって,作用素 $a\in(\sigma c)\mapsto xay^*\in(\sigma c)$ には作用素 $x\otimes y^c$ が対応している.そこで,これらを同一視することにより,$\rho^{1/2}=\sum_i \theta_{\xi_i,\eta_i}$ の場合には,$\|\sum_i \xi_i\otimes\eta_i^c\|=\|\rho^{1/2}\|_2=1$ となるから,

$$\Big\|\sum_{j=1}^n x_j \rho^{1/2} y_j^*\Big\|_2 = \Big\|\sum_{j=1}^n \sum_i x_j \xi_i\otimes y_j^c \eta_i^c\Big\| \leq \Big\|\sum_{j=1}^n x_j\otimes y_j^c\Big\|_{\mathscr{H}\otimes\mathscr{H}^c}.$$

上の不等式と組み合わせると求める不等式が得られる. ∎

補題 3.7.29 von Neumann 環 $\mathscr{M}$ が従順ならば,その上の半有限忠実正規荷重 φ のモジュラー自己同型 $\{\sigma_t^\varphi\}_{t\in\mathbb{R}}$ に関する接合積は半有限かつ従順である. □

[証明] $\mathscr{M}$ とその上の半有限忠実正規荷重 φ に関するモジュラー自己同型 $\{\sigma_t^\varphi\}_{t\in\mathbb{R}}$ に関する接合積 $\mathscr{M}\rtimes_{\sigma^\varphi}\mathbb{R}$ を $\mathscr{N}$ とする.竹崎の結果により,$\mathscr{N}$ は半有限である(文献[6]参照).$\mathscr{N}$ から正規双対 Banach 両側 $\mathscr{N}$ 加群 X への有界微分子を δ とする.$\mathscr{M}$ を自然に $\mathscr{N}$ へ埋蔵した像を $\mathscr{P}$ とすれば,X は正規双対 Banach 両側 $\mathscr{P}$ 加群でもある.$\mathscr{M}$ が従順な場合には,$\mathscr{P}$ も従順であるから,$\delta(x)=x\xi_\mathscr{M}-\xi_\mathscr{M} x (x\in\mathscr{P})$ を満たす元 $\xi_\mathscr{M}\in X$ が存在する.そこで,

$$\delta'(y) = \delta(y) - (y\xi_\mathscr{M}-\xi_\mathscr{M} y) \quad (y\in\mathscr{N})$$

とすれば,$\delta'(x)=0 (x\in\mathscr{P})$.さて,接合積の生成元の 1 つ $\lambda(t)(t\in\mathbb{R})$ を用いて得られる X の元 $\lambda(s)\delta'(\lambda(s)^*)$ を ξ_s とする.$x\in\mathscr{P}$ と $s,t\in\mathbb{R}$ に対して,

$$x\xi_s = x\lambda(s)\delta'(\lambda(s)^*) = \lambda(s)(\lambda(s)^* x\lambda(s))\delta'(\lambda(s)^*)$$
$$= \lambda(s)\delta'(\lambda(s)^* x) = \lambda(s)\delta'(\lambda(s)^*)x = \xi_s x$$

$$\lambda(t)\xi_s = \lambda(t+s)\delta'(\lambda(s)^*) = \lambda(t+s)\delta'(\lambda(t+s)^*\lambda(t))$$
$$= \lambda(t+s)\{\delta'(\lambda(t+s)^*)\lambda(t) + \lambda(t+s)^*\delta'(\lambda(t))\}$$
(3.21) $$= \xi_{t+s}\lambda(t) + \delta'(\lambda(t))$$

各 $\eta\in X_*$ に対して，$s\mapsto \xi_s(\eta)$ は $\mathbb{R}$ 上の複素数値関数である．ここで $\mathbb{R}$ を離散群と見なしたときの $l^\infty(\mathbb{R})$ の不変平均 m を用いて得られる，X_* 上の線形汎関数を $\xi_\mathcal{N}(\eta)=m(\xi.(\eta))$ $(\eta\in X_*)$ とすれば，$\xi_\mathcal{N}\in X$．そこで，不変平均 m と (3.21) 式とのペアリングを考えれば，

$$\lambda(t)\xi_\mathcal{N} = \xi_\mathcal{N}\lambda(t) + \delta'\bigl(\lambda(t)\bigr)$$

が得られる．ゆえに，δ' の有界性により，

$$\delta'(y) = y\xi_\mathcal{N} - \xi_\mathcal{N} y \quad (y\in\mathcal{N})$$

となる．ここで，$\xi=\xi_\mathcal{N}+\xi_\mathcal{M}$ とすれば，$\delta(y)=y\xi-\xi y$ となり，$\mathcal{N}$ も従順である． ∎

[定理 3.7.27 の証明]　(i) von Neumann 環 $\mathcal{M}$ が半有限な場合と，固有無限の場合に分けて証明をする．

半有限な場合．$\mathcal{M}$ が作用する Hilbert 空間を $\mathcal{H}$，$\mathcal{M}$ 上の半有限忠実正規トレイスを τ とする．また，$\mathcal{H}$ 上の有界線形作用素 T で

$$\exists e, f\in\mathrm{Proj}(\mathcal{M}): T=eTf,\ \tau(e)<\infty,\ \tau(f)<\infty$$

を満たすもの全体のなす集合を $\mathcal{F}$ とすれば，系 2.6.43 により，$\mathcal{F}$ はベクトル空間である．$x\in\mathcal{M}$ の場合に，xe' $(e'\in\mathrm{Proj}(\mathcal{M}))$ の左台射影 (値域の閉包への射影) を f' とすれば，xe' の極分解を考えることにより，$\mathcal{M}$ において $f'\precsim e'$ となるから，$\tau(e')<\infty$ ならば，$\tau(f')<\infty$．したがって，$\mathcal{F}$ は両側 $\mathcal{M}$ 加群である．ここで $\mathcal{F}$ 上の線形汎関数 φ で

$$\exists K>0\ \forall a,b\in\mathcal{M}\cap\mathcal{F}: |\varphi(aTb)|\leq K\|a\|_{2,\tau}\|T\|\|b\|_{2,\tau}$$

を満たすもの全体を Y とすれば，Y はベクトル空間になる．ただし，$\mathcal{M}\cap\mathcal{F}$ の元 c に対しては $\|c\|_{2,\tau}=\tau(c^*c)^{1/2}$ である．また，この上で，φ のノルム $\|\varphi\|_Y$ をこのような K の下限として定義すれば，Y は Banach 空間になる．このとき，単位球 $\{\varphi\in Y\,|\,\|\varphi\|_Y\leq 1\}$ は $\sigma(Y,\mathcal{F})$ コンパクトであるから，Y は前双対空間 Y_* をもつ Banach 空間であり，$\mathcal{F}$ は Y_* において弱稠密である．

つぎに，$\varphi\in Y$ と $x,y\in\mathcal{M}$ に対して

$$(x\varphi y)(T) = \varphi(yTx) \quad (T \in \mathcal{F})$$

とする. $a, b \in \mathcal{M} \cap \mathcal{F}$ に対して,

$$|(x\varphi y)(aTb)| = |\varphi(yaTbx)| \leqq \|\varphi\|_Y \|ya\|_{2,\tau} \|T\| \|bx\|_{2,\tau}$$
$$\leqq \|\varphi\|_Y \|y\| \|a\|_{2,\tau} \|T\| \|b\|_{2,\tau} \|x\|$$

となるから, $\|x\varphi y\|_Y \leqq \|\varphi\|_Y \|x\| \|y\|$. したがって, Y は Banach 両側 $\mathcal{M}$ 加群である. また, 各 $x \in \mathcal{M}$ に対して, $(x\varphi)(T) = \varphi(Tx)$ かつ $(\varphi x)(T) = \varphi(xT)$ であるから, 写像 $\varphi \in Y \mapsto x\varphi \in Y$ および $\varphi \in Y \mapsto \varphi x \in Y$ は $\sigma(Y, \mathcal{F})$ 連続である. したがって, Y は双対 Banach 両側 $\mathcal{M}$ 加群である.

また, 任意の $\varphi \in Y$ に対して, 写像 $x \in \mathcal{M} \mapsto \varphi x \in Y$ は $\mathcal{M}$ の σ 弱位相と Y の弱*位相に関して連続である. 実際, 任意の $T \in \mathcal{F}$ に対して, $eTe = T$, $\tau(e) < \infty$ を満たす $e \in \mathrm{Proj}(\mathcal{M})$ が存在するから,

$$|\varphi(xT)| = |\varphi(xeTe)| \leqq \|\varphi\|_Y \|xe\|_{2,\tau} \|T\| \|e\|_{2,\tau}.$$

同様に, 写像 $x \mapsto x\varphi$ も連続である. ゆえに, Y は正規である.

さて,

$$X = \{\varphi \in Y \mid {}^\forall y \in \mathcal{M} \cap \mathcal{F} : \varphi(y) = 0\}$$

とすれば, X は Y の $\sigma(Y, \mathcal{F})$ 閉部分空間である. したがって, X は正規な双対 Banach 両側 $\mathcal{M}$ 加群である. これで従順性の仮定を適用する加群の準備ができたので, $\mathcal{M}$ から X への微分子の構成に入る. トレイス τ は $\mathcal{M}$ において正規であるから, $\tau = \sum_{i \in I} \omega_{\xi_i}$, $\|\xi_i\| = 1$ と表せる. $\mathcal{F}$ の元 T の実部と虚部への分解を $T_1 + iT_2$ とすれば, $eT_je = T_j (j=1,2)$ を満たす $\mathcal{M}$ の射影 $e \in \mathrm{Proj}(\mathcal{M})$, $\tau(e) < \infty$ が存在する. ゆえに, $-\|T_j\|e \leqq T_j \leqq \|T_j\|e$ となり, 級数 $\sum_{i \in I}(T\xi_i|\xi_i)$ は絶対収束する. そこで,

$$\tilde{\tau}(T) = \sum_{i \in I}(T\xi_i|\xi_i) \quad (T \in \mathcal{F})$$

と置く. $\tilde{\tau}$ は $\mathcal{F}$ 上の正線形汎関数であり, $\mathcal{M} \cap \mathcal{F}$ 上では τ と一致している. ゆえに, $a, b \in \mathcal{M} \cap \mathcal{F}$ と $T \in \mathcal{F}$ に対して,

$$|\tilde{\tau}(aTb)|^2 \leqq \tilde{\tau}(aTT^*a^*)\tilde{\tau}(b^*b) \leqq \|a\|_{2,\tau}^2 \|T\|^2 \|b\|_{2,\tau}^2.$$

ゆえに, $\tilde{\tau}\in Y$ かつ $\|\tilde{\tau}\|_Y \leqq 1$. ここで,

$$\delta(x) = x\tilde{\tau} - \tilde{\tau}x \quad (x\in\mathscr{M})$$

と置く. 任意の $y\in\mathscr{M}\cap\mathcal{F}$ に対して, $\tilde{\tau}(xy-yx)=\tau(xy-yx)=0$ となるから, δ は $\mathscr{M}$ から X への有界微分子である.

以上で準備ができた. 仮定により $\mathscr{M}$ は従順であるから, $\delta(x)=x\varphi-\varphi x$ を満たす $\varphi\in X$ が存在する. そこで, $\psi=\tilde{\tau}-\varphi$ とする. ψ は Y の元であり, $\mathscr{M}\cap\mathcal{F}$ 上では τ と一致し, $\mathscr{M}$ の元 x に対しては, $x\psi=\psi x$ となる. 以下しばらくは, $\tau(e)<\infty$ なる $e\in\mathrm{Proj}(\mathscr{M})$ を任意に固定して, 議論を有限 von Neumann 環 $\mathscr{M}_e$ の場合に制限する.

$$\tau_1 = \tau|_{\mathscr{M}_e}, \quad \psi_1 = \psi|_{\{T\in\mathscr{L}(\mathscr{H})|T=eTe\}}$$

とすれば, τ_1 は有限忠実正規なトレイスであり, ψ_1 は $\mathscr{L}(e\mathscr{H})$ 上の線形汎関数と見なすことができる. このとき, $x\in\mathscr{M}_e$ に対して $x\psi_1=\psi_1 x$ となる. ここで, $2^{-1}(\psi_1+\psi_1^*)$ を改めて ψ_1 とすれば, $x\in\mathscr{M}_e$ に対して, $\psi_1(x)=\tau_1(x)$ かつ $x\psi_1=\psi_1 x$ となるので, ψ_1 は $\mathscr{M}_e$ 上のトレイス τ_1 の $\mathscr{L}(e\mathscr{H})$ への拡張である. $\psi_1^*=\psi_1$ であるから, $\mathscr{L}(e\mathscr{H})$ における Jordan 分解を $\psi_1^+-\psi_1^-$, $\|\psi_1\|=\|\psi_1^+\|+\|\psi_1^-\|$ とすれば, $x\in\mathscr{M}_e^+$ に対して, $\tau_1(x)\leqq\psi_1^+(x)$ となる. また, $\mathscr{M}_e$ のユニタリ u に対して $u\psi_1 u^*=\psi_1$ であるから, Jordan 分解の一意性により $u\psi_1^+ u^*=\psi_1^+$ となる. ゆえに, $x\in\mathscr{M}_e$ と $T\in\mathscr{L}(e\mathscr{H})$ に対して, $\psi_1^+(xT)=\psi_1^+(Tx)$ となる.

いま $\varphi_1=\|\psi_1^+\|^{-1}\psi_1^+$ とすれば, φ_1 は $\mathscr{L}(e\mathscr{H})$ 上の状態である. φ_1 と $\mathscr{M}_e$ を補題 3.7.28 の φ と $\mathscr{M}$ とすれば, 任意の $x_1,\cdots,x_n,y_1,\cdots,y_n\in\mathscr{M}_e$ に対して, 不等式

$$\left|\varphi_1\left(\sum_{j=1}^n x_j y_j^*\right)\right| \leqq \left\|\sum_{j=1}^n x_j\otimes y_j^c\right\|_{e\mathscr{H}\otimes(e\mathscr{H})^c}$$

が成り立つ. 他方, $\mathscr{M}_e$ 上で $\tau_1\leqq\|\psi_1^+\|\varphi_1$ であるから, 不等式

$$\left|\tau_1\Big(\sum_{j=1}^n x_j y_j^*\Big)\right| \leq \|\psi_1^+\| \Big\|\sum_{j=1}^n x_j \otimes y_j^c\Big\|_{e\mathscr{H}\otimes(e\mathscr{H})^c} \quad (x_j, y_j \in \mathscr{M}_e)$$

が成り立つ．したがって，$\mathscr{M}_e \otimes \mathscr{M}_e^c$ 上の線形汎関数 $\sum_{j=1}^n x_j \otimes y_j^c \mapsto \tau_1\big(\sum_{j=1}^n x_j y_j^*\big)$ は極小ノルムに関して連続である．ここで，トレイス τ_1 による GNS 表現を $\{\pi_{\tau_1}, \mathscr{H}_{\tau_1}, \xi_{\tau_1}\}$ とする．$\pi_{\tau_1}(\mathscr{M}_e)$ は $\mathscr{M}_e$ と同型であるから，これらを同一視して考えれば，

$$\tau_1(xy^*) = (xy^*\xi_{\tau_1}|\xi_{\tau_1}) = (xJyJ\xi_{\tau_1}|\xi_{\tau_1})$$

と表せる．ただし，J は $x\xi_{\tau_1} \mapsto x^*\xi_{\tau_1}$ なる共役作用素である．したがって，

$$\left|\Big(\sum_{j=1}^n x_j J y_j J \xi_{\tau_1}\Big|\xi_{\tau_1}\Big)\right| \leq \|\psi_1^+\| \Big\|\sum_{j=1}^n x_j \otimes J y_j J\Big\|_{\min}.$$

そこで，$\mathscr{M}_e \otimes \mathscr{M}_e'$ から $\mathscr{L}(\mathscr{H}_{\tau_1})$ への準同型写像 π が

$$\pi\Big(\sum_{j=1}^n x_j \otimes y_j'\Big) = \sum_{j=1}^n x_j y_j' \quad (x_j \in \mathscr{M}_e, y_j' \in \mathscr{M}_e')$$

により与えられる．いま $\mathscr{M}_e \otimes \mathscr{M}_e'$ 上の正線形汎関数 ω を $\omega(z) = (\pi(z)\xi_{\tau_1}|\xi_{\tau_1})$ で定義すれば，$|\omega(z)| \leq \|z\|_{\min}\|\tau_1\|$ となるので，これを $\mathscr{M}_e \otimes_{\min} \mathscr{M}_e'$ 上の正線形汎関数と同一視する．また，任意の $z, w \in \mathscr{M}_e \otimes \mathscr{M}_e'$ に対して

$$\|\pi(z)\pi(w)\xi_{\tau_1}\|^2 = \omega(w^*z^*zw) \leq \|z\|_{\min}^2 \|\pi(w)\xi_{\tau_1}\|^2$$

となる．$\{\pi(w)\xi_{\tau_1} | w \in \mathscr{M}_e \otimes \mathscr{M}_e'\}$ は $\mathscr{H}_{\tau_1}$ において稠密であるから，$\|\pi(z)\| \leq \|z\|_{\min}$．ここでは，標準表現 $\pi_{\tau_1}(\mathscr{M}_e)$ を $\mathscr{M}_e$ と同一視しているから，命題 3.7.17 により，$\mathscr{M}_e$ は単射的である．したがってその可換子環 $\mathscr{M}_e'$ も単射的である．

さて，$\mathscr{M}$ は半有限であるから，$\mathscr{M}$ の有限射影の集合 $\{e_i | i \in I\}$ で，$\sum_{i \in I} e_i = 1$ を満たすものが存在する．e は $\mathscr{M}$ の任意の有限射影に選べたから，単射的 von Neumann 環の直和 $\mathscr{M}' = \sum_{i \in I}^{\oplus} \mathscr{M}_{e_i}'$ も単射的である．あらかじめ $\mathscr{M}$ を標準表現に選んでおくことができるので，その可換子環 $\mathscr{M}$ も単射的である．

$\mathscr{M}$ が固有無限の場合．補題 3.7.29 により，$\mathscr{M}$ が従順ならば，接合積 $\mathscr{N} = \mathscr{M} \rtimes_\sigma \mathbb{R}$ も従順である．この接合積は半有限であるから，前半の結果により，

3.7 核型 C^*環 471

$\mathscr{N}$ は単射的である．したがって，Connes の結果[23]により，その部分 von Neumann 環 $\mathscr{P}(\cong\mathscr{M})$ も単射的である．

(ii) C^*環 A の表現 $\{\pi,\mathscr{H}_\pi\}$ に対して，$\mathscr{M}=\pi(A)''$ とする．δ を $\mathscr{M}$ から正規双対 Banach 両側 $\mathscr{M}$ 加群 E への有界微分子とする．C^*環 A の元 a,b に対して

$$a\cdot\xi\cdot b = \pi(a)\xi\pi(b) \quad (\xi\in E)$$

とすれば，E は双対 Banach 両側 A 加群でもある．ここで，$\delta_\pi=\delta\circ\pi$ とすれば，

$$\delta_\pi(ab) = \delta_\pi(a)\cdot b + a\cdot\delta_\pi(b)$$

となるので，δ_π は A から E への有界微分子である．仮定により A は従順であるから，$\delta_\pi(a)=a\cdot\xi-\xi\cdot a$ を満たす $\xi\in E$ が存在する．ゆえに，任意の $\eta\in E_*$ に対して，$\eta\circ\delta(\pi(a))=\eta(\pi(a)\xi)-\eta(\xi\pi(a))$．ここでは，双対 Banach 両側 $\mathscr{M}$ 加群 E は正規であったから，$\eta\circ\delta$ は σ 弱連続である．したがって，任意の $x\in\mathscr{M}$ に対して，$\eta(\delta(x))=\eta\circ\delta(x)=\eta(x\xi)-\eta(\xi x)$．よって，$\delta(x)=x\xi-\xi x$ となり，(i)により $\mathscr{M}$ は単射的である．したがって，$A^{**}=\sum_{\varphi\in S(A)}^{\oplus}\pi_\varphi(A)''$ も単射的である．ゆえに定理 3.7.18 により A は核型である． ∎

命題 3.7.30 核型 C^*環と離散従順群の C^*接合積は核型である． □

［証明］核型 C^*環 A と離散従順群 G の C^*接合積 $A\rtimes_\alpha G$ を B とし，B から双対 Banach 両側 A 加群 E への有界微分子を δ とする．C^*環 A は核型であるから，定理 3.7.26 により従順である．ゆえに，A を B の部分 C^*環と同一視すれば，$\delta(a)=a\xi-\xi a(a\in A)$ を満たす $\xi\in E$ が存在する．ここで，補題 3.7.29 の証明と同様にして，$\delta'(x)=\delta(x)-(x\xi-\xi x)(x\in B)$ かつ $\xi_t=\lambda(t)\delta'(\lambda(t)^*)$ とし，G 上の不変平均 m を用いて $\xi'(\eta)=m(\xi.(\eta))(\eta\in E_*)$ とすれば，ξ' は E の元であり，$\delta'(x)=x\xi'-\xi'x(x\in B)$ を満たしている．ここで，$\xi''=\xi+\xi'$ とすれば，$\delta(x)=x\xi''-\xi''x$ となるので，B は従順であり，したがって核型である． ∎

---

23) 例えば，竹崎[6]参照．

系 3.7.31 Cuntz 環も無理数回転環も核型である.　□

[証明]　無理数回転環は C^* 接合積 $C(\mathbb{T})\rtimes_\alpha\mathbb{Z}$ として表せるので,上の命題により,核型であることがわかる.

つぎに,Cuntz 環の場合を考える.$M(n,\mathbb{C})$ のコピー $A_k(k=0,1,2,\cdots)$ の無限テンソル積 $F=\bigotimes_{k=0}^\infty A_k$ を用いて,$F_\ell=M(n,\mathbb{C})^{\otimes\ell}\otimes F$ とする.有向系 $\{F_\ell\}_{\ell\in\mathbb{Z}_+}$ に対し埋蔵

$$\pi_{\ell+1,\ell}:a\in F_\ell\mapsto w_{11}\otimes a\in F_{\ell+1}\quad(\ell\in\mathbb{Z}_+)$$

を考え,得られる C^* 環の帰納極限を B とする.ただし w_{ij} は $M(n,\mathbb{C})$ の行列単位である(B は例 3.1.2 の(ii)と同様にして,$\mathscr{K}(\mathscr{H}')\widehat{\otimes}F$ と同型になる.ただし,$\mathscr{H}'$ は可分 Hilbert 空間である).B 上には

$$\sigma:a\in F_\ell\mapsto w_{11}\otimes a\in F_\ell\quad(\ell\in\mathbb{Z}_+)$$

を満たす自己同型写像が存在する.

つぎに,$\{\varepsilon_1,\cdots,\varepsilon_n\}$ を $\mathbb{C}^n$ の自然な規格直交基底とし,Hilbert 空間 $\mathscr{H}=\bigotimes_{k=-\infty}^\infty\{\mathbb{C}^n,\varepsilon_1\}_k$ 上で推移作用素 $u:\otimes_k\xi_k\mapsto\otimes_k\xi_{k-1}$ を考え,n^∞ 型 UHF 環 F を

$$\cdots\otimes\mathbb{C}w_{11}\otimes\mathbb{C}w_{11}\otimes A_0\otimes A_1\otimes\cdots$$

として忠実に表現すれば,$\sigma(b)=ubu^*(b\in B)$ と表せる.したがって,$\mathscr{H}$ 上で B と u の生成する C^* 環は C^* 接合積 $B\rtimes_\sigma\mathbb{Z}$ と同一視することができる.ゆえに,$B\rtimes_\sigma\mathbb{Z}$ は核型である.UHF 環 F の単位元

$$p=\cdots w_{11}\otimes w_{11}\otimes 1\otimes 1\otimes\cdots$$

と F の半等長元

$$v_i=\cdots w_{11}\otimes w_{11}\otimes w_{i1}\otimes 1\otimes\cdots$$

は $v_iu=up$ を満たしている.そこで,$S_i=v_iu$ とすれば,$S_i^*S_i=p$ かつ $\sum_{i=1}^n S_iS_i^*=p$ となるので,遺伝的部分 C^* 環 $p(B\rtimes_\sigma\mathbb{Z})p$ は Cuntz 環 $\mathcal{O}_n$ になる ($B\rtimes_\sigma\mathbb{Z}$ は $\mathscr{K}(\mathscr{H}')\widehat{\otimes}\mathcal{O}_n$ と同型になる).よって,命題 3.7.13 により,Cuntz

環 $\mathcal{O}_n$ は核型である．Cuntz 環 $\mathcal{O}_\infty$ も同様に核型である． ∎

3.7.5 核型 C^* 群環

非核型 C^* 環の最初の例が竹崎により被約群 C^* 環 $C_r^*(F_2)$ を用いて与えられた．この議論を手なおしすることにより，一般に，離散群に対しては，被約群 C^* 環が核型であることと群が従順であることは必要十分であることがわかる．それを示すための準備をしよう．

補題 3.7.32 A を C^* 環，π をその表現，S をその表現のなすある集合とする．次の 3 条件は同値である．

(i) π の核は S の元の核の共通部分を含む．

(ii) π に関する正線形汎関数 $\omega_\xi \circ \pi$ ($\xi \in \mathscr{H}_\pi$) は S に関する正線形汎関数 $\omega_\eta \circ \rho$ ($\rho \in S, \eta \in \mathscr{H}_\rho$) の有限和の弱*極限である．

(iii) π に関する状態は S に関する正線形汎関数の有限和で表される状態の弱*極限である． ∎

[証明] (i)⇒(iii) $\bigcap_{\rho \in S} \mathrm{Ker}(\rho) \subset \mathrm{Ker}(\pi)$ ならば，π に関する A の状態 $\omega_\xi \circ \pi$ ($\xi \in \mathscr{H}_\pi, \|\xi\|=1$) は $\bigcap_{\rho \in S} \mathrm{Ker}(\rho)$ 上で 0 になる．ゆえに，その状態は $\sum_{i=1}^n \omega_{\xi_i} \circ \rho_i$ ($\{\rho_i, \mathscr{H}_i\} \in S, \xi_i \in \mathscr{H}_i$) と表される状態の弱*極限である．

(iii)⇒(ii) は自明である．

(ii)⇒(i) 条件 (ii) を仮定する．$a \in \bigcap_{\rho \in S} \mathrm{Ker}(\rho)$ ならば，S に関する正線形汎関数はどれも a^*a において 0 となる．したがって，π に関する A 上の正線形汎関数 $\omega_\xi \circ \pi$ ($\xi \in \mathscr{H}_\pi$) に対しても 0 となる．ゆえに，$\pi(a)=0$. ∎

定義 3.7.33 (Fell) 上の補題の 3 条件のいずれか 1 つが成り立つとき，π は S に**弱包含される**という． ∎

局所コンパクト群 G の連続ユニタリ表現，対合 Banach 環 $L^1(G)$ の表現，群 C^* 環 $C^*(G)$ の表現の間には自然な全単射

$$\mathrm{Rep}(G) \longleftrightarrow \mathrm{Rep}(L^1(G)) \longleftrightarrow \mathrm{Rep}(C^*(G))$$

が存在することが知られている．このとき，互いに対応する表現に対しては同じ記号をそのまま用いて

$$\pi(f) = \int_G f(t)\pi(t)dt \quad (f \in L^1(G))$$

のような記号の使い方をする．この用法に従い，局所コンパクト群 G の表現に対しても弱包含されるという用語を用いる．

系 3.7.34 G を局所コンパクト群，π をその連続ユニタリ表現，S をその連続ユニタリ表現のなすある集合とする．次の 2 条件は同値である．

(i) π は S に弱包含される．

(ii) π に関する正定値関数は S に関する正定値関数の有限和により広義一様近似される． □

注 G を局所コンパクト群，$\{\pi_i, \mathcal{H}_i\}$ $(i=1,2)$ をその連続ユニタリ表現とする．集合 $\{\pi_i(t)|t \in G\}$ の生成する C^*環 $C^*(\pi_i)$ に対して，$C^*(\pi_1)$ から $C^*(\pi_2)$ への全射準同型写像 ρ で $\pi_2 = \rho \circ \pi_1$ を満たすものが存在するための必要十分条件は表現 π_2 が表現 π_1 に弱包含されることである． □

定理 3.7.35 局所コンパクト群 G に対して次の 4 条件は同値である．

(i) G は従順である．

(ii) 任意の $\varepsilon > 0$ と G のコンパクト部分集合 K に対して，

$$\|\lambda_t h - h\|_1 < \varepsilon \quad (t \in K)$$

を満たす関数 $h \in L^1(G)$, $h \geq 0$, $\|h\|_1 = 1$ が存在する．

(iii) $L^2(G)$ における単位ベクトルの有向系 $\{\xi_i\}_{i \in I}$ で $\xi_i * \tilde{\xi}_i$ が定数値関数 1 へ広義一様収束するものが存在する．つまり，自明な表現が左正則表現に弱包含される．ただし，$\tilde{f}(t) = \overline{f(t^{-1})}$．

(iv) G の既約な連続ユニタリ表現はどれもその左正則表現に弱包含される． □

証明は省く[24]．

定理 3.7.36(Guichardet-Lance) 離散群 G に対して次の 3 条件は同値である．

---

24) 例えば，F. P. Greenleaf: *Invariant Means on Topological Groups*, Van Nostrand (1969) pp. 113. を参照．

(i) G は従順である．
(ii) 群 C^* 環 $C^*(G)$ は核型である．
(iii) 被約群 C^* 環 $C_r^*(G)$ は核型である． □

［証明］ (i)⇒(ii) 離散群 G が従順ならば，定理 3.7.35 の条件 (iii) により，有限な台をもち，e において値 1 をもつ正定値関数のなす有向系 $\{\varphi_i\}_{i\in I}$ で，各点 $t\in G$ ごとに $\varphi_i(t)\to 1$ となるものが存在する．このとき，φ_i は写像

$$f\in l^1(G) \mapsto \sum_{t\in G} f(t)\varphi_i(t)\in \mathbb{C}$$

により群 C^* 環 $C^*(G)$ 上の正線形汎関数と同一視することができる．ここで，$f\in l^1(G)$ の $C^*(G)$ における表現を $\pi(f)$ で表すことにすれば，π は $l^1(G)$ の表現であるだけでなく，G のユニタリ表現でもある．このとき，$\delta\bigl(\pi(t)\bigr)=\pi(t)\otimes\pi(t)$ を満たす $C^*(G)$ から $C^*(G)\otimes_{\min}C^*(G)$ への準同型 δ が存在する．これを用いて

$$\phi_{\varphi_i}(a) = \bigl(\mathrm{id}\otimes\varphi_i\bigr)\bigl(\delta(a)\bigr) \quad (a\in C^*(G))$$

とすれば，ϕ_{φ_i} は準同型写像とノルムが 1 の射影の合成写像であるから，C^* 環 $C^*(G)$ 上の完全正写像である．このとき，

$$\bigl\|\phi_{\varphi_i}\bigl(\pi(f)\bigr)-\pi(f)\bigr\| \leqq \sum_{t\in G} |f(t)\varphi_i(t)-f(t)| \to 0$$

となるので，任意の $a\in C^*(G)$ に対して，有向系 $\{\phi_{\varphi_i}(a)\}_i$ は a へノルム収束している．

(ii)⇒(iii) $L^1(G)$ の左正則表現は $C^*(G)$ から $C_r(G)$ への全射準同型を導く．系 3.7.19 により，核型 C^* 環の商 C^* 環は核型であるから，$C_r(G)$ は核型である．

(iii)⇒(i) まず，直積群 $G\times G$ の表現 $\{u,l^2(G)\}$ を左，右の正則表現を用いて，$u(t,s)=\lambda(t)\rho(s)$ で定義し，$C^*(u)$ を $u(h)=\sum_{t,s\in G} h(t,s)u(t,s)$ ($h\in l^1(G\times G)$) の生成する C^* 環とする．つぎに，$C_r^*(G)\otimes C_r^*(G)$ から $\mathscr{L}(l^2(G))$ への準同型写像 π を $f_j, g_j\in l^1(G)$ に対して，

$$\pi\Bigl(\sum_{j=1}^n \lambda(f_j)\otimes\lambda(g_j)\Bigr) = \sum_{j=1}^n \lambda(f_j)\rho(g_j) = \sum_{j=1}^n u(f_j\otimes g_j)$$

により定義する．π は $C_r^*(G) \otimes_{\max} C_r^*(G)$ から $C^*(u)$ への準同型写像に拡張することができる．π の像は $C^*(u)$ において稠密であり，準同型の像は閉であるから，π は全射である．$C_r^*(G)$ が核型の場合には，π は $C_r^*(G \times G) = C_r^*(G) \otimes_{\min} C_r^*(G)$ から $C^*(u)$ への準同型写像である．したがって，u は $G \times G$ の正則表現 $\lambda_{G \times G}$ に弱包含され，u に関する正定値関数は $\lambda_{G \times G}$ に関する正定値関数の 1 次結合により広義一様近似される．ここで，$G \times G$ の対角部分よりなる部分群へ制限して，

$$u_H(t) = u(t,t), \quad \lambda_H(t) = \lambda_{G \times G}(t,t)$$

としても，u_H に関する正定値関数は λ_H に関する正定値関数の 1 次結合により広義一様近似されるので，u_H は λ_H に弱包含される．$\{\lambda_H, l^2(G \times G)\}$ は $\{\lambda(t) \otimes 1, l^2(G) \otimes l^2(G)\}$ とユニタリ同値であるから，u_H の部分表現である自明な表現 $\{u_H, \mathbb{C}\chi_{\{e\}}\}$ は $\{\lambda, l^2(G)\}$ に弱包含される．ゆえに，定理 3.7.35 により，G は従順である． ∎

注 連結半単純 Lie 群に対しては，従順であることとコンパクトなことは同値であることが知られている． □

3.7.6 $\mathcal{O}_2$ の部分 C^* 環

Cuntz 環 $\mathcal{O}_2$ の生成元 S_1, S_2 を用いて，$M(2, \mathcal{O}_2)$ の元 e, u, v を

$$e = \begin{pmatrix} 1 & 0 \\ 0 & 0 \end{pmatrix}, \quad u = \begin{pmatrix} 0 & 1 \\ 1 & 0 \end{pmatrix}, \quad v = \begin{pmatrix} 0 & S_1^* \\ S_2 & S_1 S_2^* \end{pmatrix}$$

とすれば，u, v はユニタリで，関係式 $u^2 = 1$, $v^3 = 1$ および

$$e + ueu^* = 1, \quad e + vev^* + v^*ev = 1$$

を満たしている．これら 3 つの元が生成する C^* 環は $M(2, \mathcal{O}_2)$ であるから，Cuntz 環 $\mathcal{O}_2$ と同型である．ここで，元 u, v の生成する部分 C^* 環を $C^*(u, v)$ で表すことにすれば，次の定理が成り立つ．

定理 3.7.37 (Choi) C^* 環 $C^*(u, v)$ は忠実なトレイス的状態をただ 1 つもつ，単位的単純 C^* 環である． □

3.7 核型 C^* 環 477

[証明] ユニタリな生成元 u,v,v^{-1} に上の基本関係式を仮定して得られる *多元環を A とする．A は $C^*(u,v)$ の稠密な単位的部分*多元環である．A の単位元と u,v,v^{-1} 以外の単項式は

$$c_1 = uv^{k_1}uv^{k_2}\cdots uv^{k_n}, \quad c_2 = uc_1, \quad c_3 = c_1u$$

のいずれかの形をしている．ただし，$k_j=\pm 1$ である．これらの元のなす集合はベクトル空間としての基底であるから，A の元 a はこれらの有限1次結合 $\lambda 1+\sum \lambda_j a_j$ で表される．ここで，A 上の線形汎関数 τ を定数項を用いて $\tau(a)=\lambda$ で定義する．長さ2以上の2つの単項式の積は，掛ける前の個々のものより1つ以上短くなることはない．したがって，単位元の定数倍にはならない．ゆえに，τ はトレイスの条件 $\tau(ab)=\tau(ba)$ を満たしている．

$v^{-1}=v^*$ であるから，作用素の 2×2 行列 $uv^{\pm 1}$ は上半三角である．したがって，c_1 も上半三角であり，c_2,c_3 はそれぞれ $(1,1), (2,2)$ 要素が0になる．c_3 に同じ形をした c_3' を適当に選んで掛けると，$c_3'c_3$（または c_3c_3'）は再び c_3 と同じ形にすることができる．ゆえに，c_3 の形をした十分に長い単項式 x を用いれば，$xax^*=\lambda 1+\sum \lambda_j xa_jx^*$ となり，右辺の各単項式 xa_jx^* はどれも c_3 と同じ形になる．したがって，xax^* の $(2,2)$ 要素は $\mathcal{O}_2$ の単位元の λ 倍になる．よって，

$$|\tau(a)| = |\lambda| \leqq \|xax^*\| = \|a\| \quad (a\in A).$$

この有界性を用いて，τ を $C^*(u,v)$ 全体へ拡張したものが求めるトレイスである．

また，前半と同じ理由により，a^*a の定数項は $|\lambda|^2+\sum|\lambda_j|^2$ となるので，τ は A 上で忠実である． ∎

このように，C^* 環 $C^*(u,v)$ は忠実なトレイス的状態をもつ．

つぎに，Cuntz 環 $\mathcal{O}_2$ の生成元 S_1,S_2 を用いて，

$$u' = \begin{pmatrix} 0 & S_1 & S_2 \\ S_1^* & 0 & 0 \\ S_2^* & 0 & 0 \end{pmatrix}, \quad v' = \begin{pmatrix} 0 & 1 & 0 \\ 0 & 0 & 1 \\ 1 & 0 & 0 \end{pmatrix}, \quad e' = \begin{pmatrix} 1 & 0 & 0 \\ 0 & 0 & 0 \\ 0 & 0 & 0 \end{pmatrix}$$

とする．ここで $S_1'=(v')^*(e'u'+(v')^*e')$, $S_2'=e'u'S_1'$ とすれば，u',v',e' の生成

する C^*環と等長作用素 S_1', S_2' の生成する C^*環は一致する．$S_1'(S_1')^* + S_2'(S_2')^*$ $=1$ であるから，この C^*環は Cuntz 環 $\mathcal{O}_2$ と同型になり核型である．また，u' は自己随伴なユニタリであるから，2 元 u', v' の生成する部分 C^*環は自由積 $\mathbb{Z}_2 * \mathbb{Z}_3$ の被約群 C^*環と同型になることが示せる（説明は省く）ので非核型である．これは核型 C^*環の非核型部分 C^*環の例を与えている．

3.7.7 完全 C^*環

核型 C^*環より広いクラスに完全 C^*環がある．多元環 A, B に対して，系列

$$\{0\} \longrightarrow A \otimes J \xrightarrow{\iota_0} A \otimes B \xrightarrow{\pi_0} A \otimes (B/J) \longrightarrow \{0\}$$

は完全である．実際，商写像 $\pi_B: B \to B/J$ から導かれる準同型 $\pi_0 = \mathrm{id} \otimes \pi_B$: $A \otimes B \to A \otimes (B/J)$ の核は $A \otimes J$ を含む．核の元 x が 1 次独立な A の元 $\{a_i\}_i$ を用いて，$\sum_i a_i \otimes b_i$ と表されているときには，$\pi_B(b_i) = 0$ となるので，$b_i \in J$ となり，$x \in A \otimes J$ となる．よって，商多元環 $(A \otimes B)/(A \otimes J)$ から $A \otimes (B/J)$ への同型対応が得られる．

定義 3.7.38 C^*環 A が**完全**であるとは，任意の C^*環 B とその任意の閉両側イデアル J に対して，系列

$$\{0\} \longrightarrow A \otimes_{\min} J \xrightarrow{\iota} A \otimes_{\min} B \xrightarrow{\pi} A \otimes_{\min} (B/J) \longrightarrow \{0\}$$

が完全なことである． □

補題 3.7.39 (i) A を C^*環とする．任意の C^*環 B とその任意の閉イデアル J に対して，系列

$$\{0\} \longrightarrow A \otimes_{\max} J \xrightarrow{\iota} A \otimes_{\max} B \xrightarrow{\pi} A \otimes_{\max} (B/J) \longrightarrow \{0\}$$

は完全である．

(ii) 核型 C^*環は完全である． □

[証明] (i) $A \otimes B$ の表現を $A \otimes J$ へ制限することにより，$A \otimes J$ の表現が得られるので，$A \otimes B$ における極大ノルムが $A \otimes J$ における極大ノルムを超えることはない．したがって，自然な埋蔵 $A \otimes J \to A \otimes B$ は準同型写像 $\iota: A \otimes_{\max} J$ $\to A \otimes_{\max} B$ に拡張することができ，$\|\iota(x)\|_{\max} \leqq \|x\|_{\max}$ となる．また，$A \otimes J$

の表現は $A \otimes B$ の表現に拡張することができるので,逆向きの不等式も成り立ち, ι は単射である.

商写像 $A \otimes B \to A \otimes (B/J)$ と $A \otimes (B/J)$ の表現との合成は $A \otimes B$ の表現であるから,$A \otimes (B/J)$ における極大ノルムは $A \otimes B$ における極大ノルムに押さえられる.したがって,商写像は $A \otimes_{\max} B$ から $A \otimes_{\max} (B/J)$ への準同型 π に拡張される.一般に,系 1.14.18 により準同型写像の像は C^* 環であるから稠密な像は全体になる.よって,π は全射である.

π_0 を $A \otimes B$ から $A \otimes (B/J)$ への準同型とする.$A \otimes (B/J)$ の元 $\pi_0(x)$ ($x \in A \otimes B$) に対して,商写像 $\pi': A \otimes_{\max} B \to (A \otimes_{\max} B)/(A \otimes_{\max} J)$ による像 $\pi'(x)$ を対応させる写像は,代表元 x の選び方によらず定まる,*多元環としての同型写像である.したがって,$\|\pi'(x)\| \leq \|\pi_0(x)\|_{\max}$.他方,少し上の議論より,$\|\pi_0(x)\|_{\max} \leq \|x\|_{\max}$.また商写像 π' に対しては $\|\pi'(x)\| = \inf_{y \in A \otimes_{\max} J} \|x+y\|_{\max}$ が成り立つので,$\|\pi_0(x)\|_{\max} \leq \|\pi'(x)\|$.前の不等式と合わせると,$\|\pi_0(x)\|_{\max} = \|\pi'(x)\|$.よって,$A \otimes_{\max} (B/J)$ と $(A \otimes_{\max} B)/(A \otimes_{\max} J)$ は同型である.

(ii) A が核型ならば,(i) の短完全系列のテンソル積 $\otimes_{\max}$ を $\otimes_{\min}$ に代えることができる.ゆえに,A は完全である. ∎

核型 C^* 環の部分 C^* 環は必ずしも核型ではないが,完全 C^* 環の部分 C^* 環はいつも完全であることがわかっている.

$C_r^*(F_n)$ $(n \geq 2)$ は Cuntz 環 $\mathcal{O}_2$ の部分 C^* 環と同型である.したがって,$C_r^*(F_2)$ は核型でない完全 C^* 環の例になっている.

一般に,次のことが知られている.

定理 3.7.40(Kirchberg) A を可分 C^* 環とする.A が完全であるための必要十分条件は A がある Cuntz 環 $\mathcal{O}_n$ の部分 C^* 環と同型なことである. ∎

3.8 C^*環の K 理論

コンパクト Hausdorff 空間 Ω 上の複素ベクトル束を分類するため，Atiyah により導入された位相的 K 理論は，有限生成の射影的 $C(\Omega)$ 加群の同型類の生成する可換群として定義される．この議論は可換な C^*環 $C(\Omega)$ を非可換な C^*環に代えても同じように成り立ち，C^*環の分類にも役立つことがわかっている．そこで，この議論を **C^*環の K 理論**という．このとき，（可換な場合には各ファイバーのベクトル空間を記述する）行列環 $M(n,\mathbb{C})$ の自然な帰納極限は，可分 Hilbert 空間 $\mathscr{H}$ 上のコンパクト作用素環 $\mathscr{K}(\mathscr{H})$ の中で稠密である．したがって，有限生成の射影的右加群は $A \hat{\otimes} \mathscr{K}(\mathscr{H})$ の射影元 e を用いて $e(A \hat{\otimes} \mathscr{K}(\mathscr{H}))$ と表すことができる．そこで，以後加群の役割を射影元に代えて話を進めることにする．

入門書の域を超えるのでここでは触れないが，G. G. Kasparov は第 3.5 節で述べた C^*環の K_1 ホモロジー（拡大の同値類のなす（半）群）とここでの K 理論とを一括して論じる KK 理論を提唱し，その成果は C^*環の分類理論や非可換幾何において広く使われている．他方，数理物理のモデルに現れる C^*環は Cuntz 環のように，可分，純無限，単純かつ核型であることが多いが，E. Kirchberg[25] と N. C. Phillips[26] はこの種の C^*環で普遍係数定理を満たすものの同型類が K 群を用いて完全に分類されることを示している．

この節ではとくに断らないかぎり，Hilbert 空間は**可分**であることを仮定する．また，ベクトルを並べた列に対しては転置の記号を省くことがある．

3.8.1 K 群の定義

K_0 群の定義

自然数 $\mathbb{N}$ から整数 $\mathbb{Z}$ を構成する方法を一般化してみよう．

---

[25] The classification of purely infinite C^*-algebras using Kasparov's theory, preprint, third draft (1994).
[26] A classification theorem for nuclear purely infinite simple C^*-algebras, Doc. Math. **5**(2000), 49-114.

補題 3.8.1 H を可換半群とする．可換群 G と H から G への半群準同型 j で，次の普遍条件を満たすものが同型を除き一意的に存在する．

可換群 G' と H から G' への準同型 j' に対して，$\pi \circ j = j'$ を満たす群準同型 $\pi: G \to G'$ がある． □

[証明] 直積 $H^2 = H \times H$ において次のような同値関係 $\sim$ を考える．
$$(s,t) \sim (s',t') \Leftrightarrow s+t' = s'+t$$

このとき，(s,t) の同値類を $[s,t]$ で表すことにする．同値類全体の集合 $G = H^2/\sim$ は加法
$$[s,t] + [s',t'] = [s+s', t+t']$$

により可換群になる．零元は $[s,s]$ であり，$[s,t]$ の逆元は $[t,s]$ である．このとき，写像 $j: t \in H \to [t+s, s] \in G$ は可換半群の準同型である．

いま，可換群 G' に対して H から G' への半群準同型 j' があったとする．$(s,t) \sim (s',t')$ ならば，$j'(s+t') = j'(s'+t)$ であるから，$j'(s) - j'(t) = j'(s') - j'(t')$．ゆえに，写像
$$\pi : [s,t] \in G \to j'(s) - j'(t) \in G'$$

を矛盾なく定義することができる．この写像が群準同型で $\pi \circ j = j'$ を満たすことは容易にわかる． ■

このように，可換半群 H に対して，可換群 G が同型の違いを除き一意的に決まる．これを H の **Grothendieck 群**という．この証明に現れる半群準同型 j は必ずしも単射ではなく，$j(t) = j(t')$ であることと，$t+r = t'+r$ を満たす $r \in H$ が存在することが同値である．

例 3.8.2 加法に関する可換半群 $\mathbb{N}$ の Grothendieck 群は加法群 $\mathbb{Z}$ と同型である． □

補題 3.8.3 可換半群 $H_i (i=1,2)$ の Grothendieck 群を G_i とする．半群準同型写像 $\rho: H_1 \to H_2$ に対して，
$$\rho_*([s,t]) = [\rho(s), \rho(t)] \quad (s,t \in H_1)$$

を満たす群準同型写像 $\rho_*: G_1 \to G_2$ が存在する. □

　まず, C^*環 A が単位元をもつ場合を考える. 無限次元可分 Hilbert 空間 $\mathscr{H}$ を1つ定め, $\mathscr{K}(\mathscr{H})\hat{\otimes}A$ において Murray-von Neumann の意味での同値関係($\mathscr{K}(\mathscr{H})\hat{\otimes}A$ の射影元 e_1, e_2 に対し, $\mathscr{K}(\mathscr{H})\hat{\otimes}A$ の元 u で $u^*u=e_1$, $uu^*=e_2$ を満たすものが存在するとき, $e_1 \sim e_2$)を考える. 射影元 $e \in \mathscr{K}(\mathscr{H})\hat{\otimes}A$ の同値類を $[e]$ で表す. $\mathscr{K}(\mathscr{H})\hat{\otimes}A$ の射影元 e_1, e_2 に対し,

$$e_1 f = 0, \quad e_2 \sim f$$

を満たす射影元 $f \in \mathscr{K}(\mathscr{H})\hat{\otimes}A$ が存在するとき, 同値類の和を

$$[e_1] + [e_2] = [e_1 + f]$$

で定義すれば, 同値類の集合 $\mathrm{Proj}(\mathscr{K}(\mathscr{H})\hat{\otimes}A)/\sim$ は可換半群になる. そこで, その Grothendieck 群を考えることができる. これを C^*環 A の **K_0 群**といい, $K_0(A)$ で表す. このとき, $[e]$ に対応する Grothendieck 群の元 $[[e], 0]$ を $[e]_A$ で表し, $[0, [e]]$ を $-[e]_A$ で表すことにすれば, $[[e],[f]]=[e]_A-[f]_A$ となる. また, 定義から直ちに, 単位的 C^*環 A, B の直和に対しては $K_0(A\oplus B)=K_0(A)\oplus K_0(B)$ が成り立つ.

　つぎに, C^*環の増大列 $\{M(n,A) | n\in\mathbb{N}\}$ と自然な埋蔵写像

$$\pi_n: a \in M(n,A) \mapsto \begin{pmatrix} a & 0_{n\times 1} \\ 0_{1\times n} & 0 \end{pmatrix} \in M(n+1, A)$$

を考え, その**帰納極限**を $M(\infty, A)$ で表す. このとき, 例 3.1.2 の(ii)と同様にして, **C^*環の帰納極限**は $\mathscr{K}(\mathscr{H})\hat{\otimes}A$ と同型で, $M(\infty, A)$ をその稠密部分*多元環と見なすことができる. 以後, n が ∞ の場合も含めて, $M(n, A)$ における射影元の全体を $\mathrm{Proj}(n, A)$ と表すことにする. $e, f \in \mathrm{Proj}(n, A)$ が $M(n, A)$ において $e \sim f$ を満たせば, $M(n+1, A)$ においても $\pi_n(e) \sim \pi_n(f)$ となるから, $(\pi_n)_*([e])=[\pi_n(e)]$ と置くことにより, 同値類の集合の帰納系

$$\left(\{\mathrm{Proj}(n,A)/\sim\}_{n\in\mathbb{N}}, \{(\pi_n)_* | n\in\mathbb{N}\}\right)$$

の帰納極限が存在する. AF 環の場合の定理 3.2.4 の証明と同様にして, それ

は可換半群 $\mathrm{Proj}(\mathscr{K}(\mathscr{H})\hat{\otimes}A)/\sim$ と同型であることがわかる．次の補題 3.8.4 により，射影元の集合の代わりに冪等元の集合を用いても，同様な帰納極限が考えられ，それは上の可換半群と同型になる．したがって，Banach 環の場合にも，冪等元を用いて K_0 群を考えることができる．

注 A が C^* 環の場合，$e,f\in\mathrm{Proj}(n,A)$ が $M(n,A)$ において $e\sim f$，つまり $e=u^*u$, $f=uu^*$ を満たす $u\in M(n,A)$ が存在する場合には，$M(2n,A)$ において

$$U = \begin{pmatrix} 0 & u^* \\ u & 0 \end{pmatrix}$$

とすれば，$U(e\oplus 0)U^*=0\oplus f$. U は自己随伴ユニタリであるから，そのスペクトル分解 $p-q$ $(p+q=(e\oplus 0)+(0\oplus f))$ を用いて，$w(t)=p+e^{\pi it}q$ $(t\in[0,1])$ とすれば，$w(t)(e\oplus 0)w(t)^*$ は $e\oplus 0$ と $0\oplus f$ を結ぶホモトピーである．したがって，e と f は $\mathrm{Proj}(\infty,A)$ の同じ連結成分に入っている．逆に，射影 e,f が $\mathrm{Proj}(\mathscr{K}(\mathscr{H})\hat{\otimes}A)$ の同じ連結成分に入っているならば，$e=p_0$, $f=p_t$ を満たすホモトピー $\{p_t|t\in[0,1]\}$ が $\mathrm{Proj}(\mathscr{K}(\mathscr{H})\hat{\otimes}A)$ に存在するから，補題 3.2.5 の (i) により，$e\sim f$ となる．したがって，同値類の集合 $\mathrm{Proj}(\mathscr{K}(\mathscr{H})\hat{\otimes}A)/\sim$ は $\mathrm{Proj}(\mathscr{K}(\mathscr{H})\hat{\otimes}A)$ の連結成分のなす集合でもある． □

補題 3.8.4 Banach 環 A の 2 つの冪等元 e,f に対して，次の 3 条件は同値である．

(i) $e=yx$, $f=xy$ を満たす A の元 x,y が存在する．

(ii) $z(e\oplus 0)z^{-1}=f\oplus 0$ を満たす $M(2,\widetilde{A})$ の元 z が存在する．

(iii) $GL(4,\widetilde{A})$ の連続曲線 $\{w(t)|t\in[0,1]\}$ で $w(0)=1$ かつ

$$w(1)(e\oplus 0\oplus 0\oplus 0)w(1)^{-1} = f\oplus 0\oplus 0\oplus 0$$

を満たすものが存在する． □

[証明] (i)⇒(ii) $M(2,\widetilde{A})$ において，

$$z = \begin{pmatrix} x & 1-f \\ 1-e & y \end{pmatrix}$$

とすればよい.

(ii)⇒(iii) 一般に, $a \in GL(\widetilde{A})$ に対して, $a \oplus a^{-1}$ は $GL(2, \widetilde{A})$ の単位元の連結成分 $GL(2, \widetilde{A})_0$ の元である. 実際,

$$v(t) = \begin{pmatrix} \cos(\pi t/2) & \sin(\pi t/2) \\ -\sin(\pi t/2) & \cos(\pi t/2) \end{pmatrix} \quad (t \in [0,1])$$

を用いて $v(t)(a \oplus b)v(t)^*$ とすれば, 補題 3.2.5 により $a \oplus b \sim b \oplus a$ となるから,

$$a \oplus a^{-1} = (a \oplus 1)(1 \oplus a^{-1}) \sim (a \oplus 1)(a^{-1} \oplus 1) = 1 \oplus 1 .$$

ところで, $z \oplus 1 \oplus z^{-1} \oplus 1$ は単位元の連結成分 $GL(4, \widetilde{A})_0$ に属する元であるから, $GL(4, \widetilde{A})$ の連続曲線 $\{w(t) | t \in [0,1]\}$ で $w(0)=1$ かつ $w(1)=z \oplus 1 \oplus z^{-1} \oplus 1$ となるものがある.

(iii)⇒(i) A の元 x, y を

$$x \oplus 0 \oplus 0 \oplus 0 = (f \oplus 0 \oplus 0 \oplus 0)w(1)(e \oplus 0 \oplus 0 \oplus 0)$$
$$y \oplus 0 \oplus 0 \oplus 0 = (e \oplus 0 \oplus 0 \oplus 0)w(1)^{-1}(f \oplus 0 \oplus 0 \oplus 0)$$

で定義すればよい. ∎

コンパクト空間 Ω に対し, $A = C(\Omega)$ の $K_0(A)$ は Ω 上の複素ベクトル束の同値類より定まる位相的 K^0 群 $K^0(\Omega)$ と一致する. つまり, $K_0(C(\Omega)) \cong K^0(\Omega)$ となる.

2つの単位的 C^* 環 A, B の間の準同型写像 $\pi: A \to B$ に対して $\pi_*([e]_A) = [(\mathrm{id} \otimes \pi)(e)]_B$ $(e \in \mathrm{Proj}(\infty, A))$ と置くことにより, 自然に K_0 群の間の準同型写像 $\pi_*: K_0(A) \to K_0(B)$ が導かれる. ただし, $\mathrm{id} \otimes \pi$ は π から導かれる準同型 $M(\infty, \mathbb{C}) \otimes A = M(\infty, A) \to M(\infty, \mathbb{C}) \otimes B = M(\infty, B)$ である.

単位的ではない C^* 環 A に対しては, 単位元を付加した C^* 環 $\widetilde{A}$ の短完全系列

$$0 \longrightarrow A \xrightarrow{\iota} \widetilde{A} \xrightarrow{\pi} \mathbb{C} \longrightarrow 0$$

を考え, ここに現れる商写像 π から導かれる群準同型写像 $\pi_*: K_0(\widetilde{A}) \to K_0(\mathbb{C})$ の核を C^* 環 A の $\boldsymbol{K_0}$ 群といい, $K_0(A)$ で表す. 上の短完全系列において写

像 $\pi\colon \widetilde{A} \to \mathbb{C}$ は分裂している (つまり写像 $\rho\colon \lambda \in \mathbb{C} \mapsto 0 \oplus \lambda 1 \in \widetilde{A}$ は $\pi \circ \rho = \mathrm{id}_\mathbb{C}$ を満たす) ので, $K_0(\widetilde{A}) = \mathrm{Ker}(\pi_*) \oplus K_0(\mathbb{C})$ となる. したがって, この定義は単位元をもつ場合の定義とも矛盾しない.

上の短完全系列から次の短完全系列が得られる.

$$0 \longrightarrow M(n, A) \xrightarrow{\mathrm{id}\otimes\iota} M(n, \widetilde{A}) \xrightarrow{\mathrm{id}\otimes\pi} M(n, \mathbb{C}) \longrightarrow 0$$

これを用いると次の補題が得られる.

補題 3.8.5 C^* 環 A の K_0 群は次のように表せる.

$$K_0(A) = \{[e]_{\widetilde{A}} - [f]_{\widetilde{A}} \mid e, f \in \mathrm{Proj}(\infty, \widetilde{A}),\ e - f \in M(\infty, A)\} \qquad \square$$

[証明] $e, f \in \mathrm{Proj}(n, \widetilde{A})$ が $e - f \in M(n, A)$ を満たせば,

$$\pi_*([e]_{\widetilde{A}} - [f]_{\widetilde{A}}) = \pi_*([[e], [f]]) = [[(\mathrm{id}\otimes\pi)(e)], [(\mathrm{id}\otimes\pi)(f)]] = 0$$

となるから, $[e]_{\widetilde{A}} - [f]_{\widetilde{A}} \in K_0(A)$. つぎに, 左辺の $K_0(A)$ が右辺の集合に含まれることを示す. もし $[[e],[f]] \in \mathrm{Ker}(\pi_*)$ ($e, f \in \mathrm{Proj}(n, \widetilde{A})$) ならば, $M(n, \mathbb{C})$ において $[(\mathrm{id}_n \otimes \pi)(e)] = [(\mathrm{id}_n \otimes \pi)(f)]$ となる $n \in \mathbb{Z}_+$ が存在する. したがって, $(\mathrm{id}_{n+m}\otimes\pi)(f) = U(\mathrm{id}_{n+m}\otimes\pi)(e)U^*$ を満たすユニタリ作用素 $U \in M(n+m, \mathbb{C})$ と $m \in \mathbb{Z}_+$ が存在する. そこで, e と U を $M(n+m, \widetilde{A})$ の元と同一視し, $e' = UeU^*$ とすれば, $e' \in \mathrm{Proj}(n+m, \widetilde{A})$, $[e]_{\widetilde{A}} = [e']_{\widetilde{A}}$ かつ $(\mathrm{id}_{n+m}\otimes\pi)(f) = (\mathrm{id}_{n+m}\otimes\pi)(e')$. したがって, $e' - f \in M(n+m, A)$. ゆえに, $[[e],[f]]$ は $[e']_{\widetilde{A}} - [f]_{\widetilde{A}}$ かつ $e' - f \in M(\infty, A)$ と表せ, 右辺に属する. ∎

次に簡単な C^* 環の K_0 群を求めてみるが, これらの結果は後に 6 項完全系列を用いるときに必要になる.

例 3.8.6 (i) $K_0(\mathbb{C}) \cong K_0(M(n, \mathbb{C})) \cong K_0(\mathscr{K}(\mathscr{H})) \cong \mathbb{Z}$.

(ii) $A = \mathscr{L}(\mathscr{H})$ ならば, $K_0(A) = \{0\}$. 実際, $\mathscr{K}(\mathscr{H}) \widehat{\otimes} \mathscr{L}(\mathscr{H})$ の任意の射影 e に対して, $pe = 0$ を満たす無限次元射影 p が存在するので, $[e]_A + [p]_A = [e+p]_A = [p]_A$ となり, 対応する K_0 群の元に対しても, 同じ式が成り立つ. よって, 群の性質により, $[e]_A = 0$.

(iii) A が AF 環ならば, $K_0(A)$ は次元群と一致する.

(iv) $\mathbb{T} = \mathbb{R}/\mathbb{Z}$ に対して, $K_0(C(\mathbb{T})) = \mathbb{Z}[1]_{C(\mathbb{T})} \cong \mathbb{Z}$.

Ω が局所コンパクト空間の場合には, $\widetilde{C_\infty(\Omega)} = C(\Omega \cup \{\infty\})$ であるから, $K_0(C_\infty(\Omega)) \cong K^0(\Omega)$. ただし, $K^0(\Omega)$ は位相的 K_0 群である. □

これらの事実を用いると, 補題 3.2.7 と同様にして, 次の補題が得られる.

補題 3.8.7 A を単位的 C^* 環とする.

(i) $[e]_A \in K_0(A)$ ならば, ある $n \in \mathbb{N}$ と $f \in \mathrm{Proj}(n, A)$ が存在し, $[e]_A = [f]_A$.

(ii) $e, f \in \mathrm{Proj}(n, A)$ が $[e]_A = [f]_A$ ならば, e と f は, 代数的帰納極限 $M(\infty, A)$ において同値である. □

単位的 C^* 環 A の K_0 群の任意の元 $[e]_A - [f]_A$ を考えるときには, $e, f \in \mathrm{Proj}(n, A)$ と仮定することができる. このとき, $m \in \mathbb{N}$ を n より大きく選べば, $e' \in \mathrm{Proj}(m, A)$ を $e' \sim e$ かつ $e' \perp 1_n$ を満たすように選ぶことができる. ただし, 1_n は $M(n, A)$ の単位元である. そこで, $K_0(A)$ の元 $[e]_A - [f]_A$ を射影 $p = e' + (1_n - f)$ を用いて, $[p]_A - [1_n]_A$ と表すことがある.

K_1 群の定義

単位的 Banach 環 A に対し, Banach 環の増大列 $\{M(n, A)\}_{n \in \mathbb{N}}$ と自然な埋蔵写像

$$(3.22) \qquad \pi_n : a \in M(n, A) \mapsto \begin{pmatrix} a & 0_{n \times 1} \\ 0_{1 \times n} & 1 \end{pmatrix} \in M(n+1, A)$$

を考え, その**帰納極限**を $\widetilde{M(\infty, A)}$ とする. この帰納極限は K_0 群の場合と違い, 極限は単位的である (とくに, A が C^* 環の場合には, 上の列の **C^* 環の帰納極限**は $(\mathscr{K}(\mathscr{H}) \hat{\otimes} A)^\sim$ と同型である). さて, $M(n, A)$ の可逆元全体 $GL(n, A)$ はノルム位相に関して位相群になり, 単位元の連結成分 $GL(n, A)_0$ は $GL(n, A)$ の閉正規部分群になっている. いま, 商群 $GL(n, A)/GL(n, A)_0$ において, $x \in GL(n, A)$ の剰余類を $[x]$ で表す. 任意の $n \in \mathbb{N}$ に対して,

$$\pi_n(GL(n, A)) \subset GL(n+1, A), \quad \pi_n(GL(n, A)_0) \subset GL(n+1, A)_0$$

が成り立つので, $(\pi_n)_*([x]) = [\pi_n(x)]$ を満たす商群の間の写像 $(\pi_n)_*$ が存在する. このとき, 帰納系

$$(\{GL(n,A)/GL(n,A)_0\}_{n\in\mathbb{N}}, \{(\pi_n)_*|n\in\mathbb{N}\})$$

の帰納極限を A の $\boldsymbol{K_1}$ **群**といい, $K_1(A)$ で表す. $x,y\in GL(n,A)$ に対して,

$$[x\oplus 1][y\oplus 1] = [x\oplus 1][1\oplus y] = [x\oplus y]$$
$$= [1\oplus y][x\oplus 1] = [y\oplus 1][x\oplus 1]$$

が $GL(2n,A)$ において成り立つ. したがって, K_1 群は可換群である. そこで, 今後 $x\in GL(n,A)$ に対応する $K_1(A)$ の元を $[x]_A$ で表し, 群演算も $[x]_A+[y]_A$ と書くことにする.

つぎに, A が C^* 環の場合には, $M(n,A)$ のユニタリ元の全体のなすユニタリ群を $U(n,A)$ とする. $x\in GL(n,A)$ の極分解 $u|x|=ue^{\log|x|}$ を用いて得られるホモトピー $\{ue^{t\log|x|}|t\in[0,1]\}$ を考えることにより, 商群 $GL(n,A)/GL(n,A)_0$ は商群 $U(n,A)/U(n,A)_0$ と同型になるから, K_1 群は帰納系

$$(\{U(n,A)/U(n,A)_0\}_{n\in\mathbb{N}}, \{(\pi_n)_*|n\in\mathbb{N}\})$$

の帰納極限とも一致している. ただし, $U(n,A)_0$ は $U(n,A)$ における単位元の連結成分である. また, 帰納極限 $\widetilde{M(\infty,A)}$ は $(\mathscr{K}(\mathscr{H})\hat{\otimes}A)^\sim$ の稠密部分 $*$ 多元環と同型になる. $(\mathscr{K}(\mathscr{H})\hat{\otimes}A)^\sim$ のユニタリ群において単位元の連結成分は閉正規部分群であるから, K_1 群はその商群とも同型になっている.

C^* 環 A が単位的でない場合には $GL(n,A)$ の代わりに $GL(n,\tilde{A})$ の部分群

$$\widetilde{GL(n,A)} = \{x\in GL(n,\tilde{A})|x-1\in M(n,A)\}$$

を用いて上と同じように K_1 群を定義する. この場合に可換群 $K_1(A)$ は $(\mathscr{K}(\mathscr{H})\hat{\otimes}\tilde{A})^\sim$ のユニタリ群の単位元の連結成分による商群と同型になる. したがって, $K_1(A)=K_1(\tilde{A})$.

$A=C(\Omega)$ の場合には, $K_1(A)=K^1(\Omega)=K^0(S\Omega)$ である. ただし, $K^1(\Omega)$ は Ω の位相的 K^1 群であり, $K^0(S\Omega)$ は Ω の懸垂 $S\Omega$ の位相的 K^0 群である (直積空間 $\Omega\times S^1$ において Ω の点 ω_0 と S^1 の点 0 を等化した空間 $\Omega\wedge S^1=(\Omega\times\{0\})\cup(\{\omega_0\}\times S^1)$ を1点に縮めて得られる空間を Ω の懸垂といい, $S\Omega$ で表す. Ω がコンパクトな場合には $C(S\Omega)=(C_\infty((\Omega\times S^1)\backslash(\Omega\wedge S^1)))^\sim$ である.

例えば n 次元球面の懸垂は $n+1$ 次元球面になる）．

これらの事実を用いると，

補題 3.8.8 (i) $[u]_A \in K_1(A)$ ならば，ある $n \in \mathbb{N}$ と $v \in U(n, \widetilde{A})$ が存在し，$[u]_A = [v]_A$．

(ii) $u, v \in U(n, \widetilde{A})$ が $[u]_A = [v]_A$ ならば，$u^{-1}v$ は帰納極限 $M(\infty, \widetilde{A})$ の単位元の連結成分に属する． □

次の K_1 群の例も 6 項完全系列の計算で使われる．

例 3.8.9 (i) A が行列環 $M(n, \mathbb{C})$ または AF 環ならば，$K_1(A) = \{0\}$．とくに，$K_1(\mathbb{C}) \cong K_1(\mathscr{K}(\mathscr{H})) \cong \{0\}$．

(ii) (Kuiper) $K_1(\mathscr{L}(\mathscr{H})) = \{0\}$．

(iii) $A = C(\mathbb{T})$ ならば，$K_1(A) = \mathbb{Z}[u]_A \cong \mathbb{Z}$．ただし，$u(t) = e^{2\pi i t}$ $(t \in \mathbb{T})$． □

上の K_0 群，K_1 群を一括して **K 群**という．定義から直ちに

$$K_*(A \oplus B) \cong K_*(A) \oplus K_*(B) \quad (* = 0, 1)$$

が成り立つ．

3.8.2 K 群の基本性質

K 群を具体的に計算するときに用いる性質のうちで代表的なものをいくつかあげる．中でも，ホモトピー不変性，6 項完全系列，Bott の周期性が成り立つことは，K 理論が一般コホモロジー理論であることを示している．とくに，後の 2 つの性質は Fourier 変換の位相幾何学的な記述と考えられ，C^* 環における竹崎-高井博司の双対性と相性が良いのであるがここでは立ち入らない．連続性はホモトピー不変性と関連した性質である．具体的な例の議論で最も使われるのは 6 項完全系列と Bott の周期性を一般化した Thom 同型である．この同型は $\mathbb{Z}$ による離散 C^* 接合積に関する 6 項完全系列と同値であることが知られている．次の性質のうち，C^* 接合積と関係した Thom 同型以外は一般の Banach 環でも成立している[27]．

---

27) J. Taylor: Banach algebras and topology, *Algebras and Analysis*, Ed. J. H. Williamson, Academic Press (1975).

連続性

C^*環 A が C^*環の帰納系 $(\{A_i\}_{i\in I}, \{\pi_{ij}|i,j\in I\})$ の帰納極限ならば，$K_*(A)$ は可換群の帰納系 $(\{K_*(A_i)\}_{i\in I}, \{(\pi_{ij})_*|i,j\in I\})$ の帰納極限である．ただし，K の添字 $*$ は $*=0,1$．

ホモトピー不変性

C^*環 A,B に対して，$\mathrm{Hom}(A,B)(\subset \mathscr{L}(A,B))$ 上では各点ごとのノルム位相を考える．π が $\mathrm{Hom}(A,B)$ のホモトピー，つまり $\pi=\{\pi_t|t\in[0,1]\}$ を区間 $[0,1]$ から $\mathrm{Hom}(A,B)$ への連続関数とすれば，K 群の準同型写像として，$(\pi_0)_*=(\pi_1)_*$ が成り立つ．

半完全系列

補題 3.8.10 C^*環の短完全系列

$$0 \longrightarrow J \xrightarrow{\iota} E \xrightarrow{\pi} A \longrightarrow 0$$

に対して，系列

$$K_*(J) \xrightarrow{\iota_*} K_*(E) \xrightarrow{\pi_*} K_*(A) \quad (*=0,1)$$

は完全である． □

[証明] 定理 3.8.18 において K_1 群の場合が必要になるのでそれを示す．K_0 群の場合は Bott の周期性(命題 3.8.16)が示された時点で明らかになる．商写像 $\widetilde{E}\to\widetilde{A}$ は π の自然な拡張になるので，これを改めて π とすれば，C^*環の系列

$$0 \longrightarrow J \xrightarrow{\iota} \widetilde{E} \xrightarrow{\pi} \widetilde{A} \longrightarrow 0$$

が得られ，完全になる．$K_1(E)=K_1(\widetilde{E})$ かつ $K_1(A)=K_1(\widetilde{A})$ であるから，C^*環 E,A はともに単位的であることを仮定することができる．

$[v]_J\in K_1(J)$ とすれば，補題 3.8.8 により，ある $n\in\mathbb{N}$ が存在し，$v\in U(n,\widetilde{J})$ と仮定できるので，v は $w+\lambda 1, w\in J$ と表せる．ゆえに，$\pi_*(\iota_*([v]_J))=[\lambda]_{\mathbb{C}}=0$．

逆に, $[u]_E \in \mathrm{Ker}(\pi_*)$ とする. $\pi_*([u]_E)=0$ であるから, $(\mathrm{id}\otimes\pi)(u) \in U\big(\big(\mathcal{K}(\mathcal{H})\widehat{\otimes}A\big)^\sim\big)_0$. (次の補題 3.8.12 の証明で詳しく示されているように) 単位元の連結成分に含まれる元の持ち上げは単位元の連結成分に選べるから, $(\mathrm{id}\otimes\pi)(u')=(\mathrm{id}\otimes\pi)(u)$ を満たす $u' \in U\big(\big(\mathcal{K}(\mathcal{H})\widehat{\otimes}E\big)^\sim\big)_0$ が存在し, $[u]_E = [u'^*u]_E$ となる. このとき, ある $n\in\mathbb{N}$ が存在し, $u,u' \in M(n,E)$ と仮定することができる. また, $(\mathrm{id}\otimes\pi)(u'^*u)=1$ であるから, $u'^*u-1 \in M(n,J)$. ゆえに, $v=u'^*u$ とすれば, $v\in M(n,\widetilde{J})$. よって,

$$\iota_*([v]_J) = [u'^*u]_E = [u]_E\ .$$

∎

指数写像

定義 3.5.12 の直後に述べたように, 作用素の指数写像 Ind は Fredholm 作用素のなす半群 $\mathcal{F}(\mathcal{H})$ から加法群 $\mathbb{Z}$ への半群準同型であった. 任意の $[u] \in K_1\big(Q(\mathcal{H})\big)$ に対して, $\pi(x)=u$ を満たす Fredholm 作用素 x が存在するので, 写像 $[u]\in K_1\big(Q(\mathcal{H})\big)\mapsto \mathrm{Ind}(x)\in\mathbb{Z}$ が定まる. $\mathbb{Z}$ は $K_0\big(\mathcal{K}(\mathcal{H})\big)$ と同型であるから, これを K_1 群から K_0 群への写像と考え, その一般化がどのように記述されるかを, 次の典型的な例で見ておこう.

例 3.8.11 Hilbert 空間 $\mathcal{H}=l^2(\mathbb{Z}_+)$ 上の片側推移作用素 S に, 余次元 1 の閉部分空間 $l^2(\mathbb{N})$ への射影 P を掛けて得られる部分片側推移作用素 SP を T とする. このとき, $\dim\mathrm{Ker}\,T=1$ かつ $\dim\mathrm{Ker}\,T^*=2$ である. いま, S の生成する Toeplitz 環 A から $C(\mathbb{T})$ への自然な準同型写像 π による T の像を u とすれば, u はユニタリである. このとき, $u\oplus u^* \in U(2,C(\mathbb{T}))$ の持ち上げとして

$$v = \begin{pmatrix} T & 1-TT^* \\ 1-T^*T & T^* \end{pmatrix} \in U(2,A)$$

を選べば,

$$v\begin{pmatrix} 1 & 0 \\ 0 & 0 \end{pmatrix}v^* - \begin{pmatrix} 1 & 0 \\ 0 & 0 \end{pmatrix} = \begin{pmatrix} TT^*-1 & 0 \\ 0 & 1-T^*T \end{pmatrix} \in M(2,\mathcal{K}(\mathcal{H}))$$

と表せるので, u により定まる指数 $\mathrm{Ind}(T) = \dim(1-T^*T) - \dim(1-TT^*) =$

-1 の K_0 群としての読み替え $[1-T^*T]_{\widetilde{\mathscr{K}(\mathscr{H})}} - [1-TT^*]_{\widetilde{\mathscr{K}(\mathscr{H})}}$ が

$$\left[v\begin{pmatrix}1 & 0\\ 0 & 0\end{pmatrix}v^*\right]_{\widetilde{\mathscr{K}(\mathscr{H})}} - \left[\begin{pmatrix}1 & 0\\ 0 & 0\end{pmatrix}\right]_{\widetilde{\mathscr{K}(\mathscr{H})}} \in K_0(\mathscr{K}(\mathscr{H}))$$

により与えられる. □

以後, 次の補題で定まる写像 δ を**指数**(index)**写像**または**連結写像**という.

補題 3.8.12 C^* 環の短完全系列

$$0 \longrightarrow J \xrightarrow{\iota} E \xrightarrow{\pi} A \longrightarrow 0$$

に対して, 系列

$$K_1(E) \xrightarrow{\pi_*} K_1(A) \xrightarrow{\delta} K_0(J) \xrightarrow{\iota_*} K_0(E)$$

が完全になるような群準同型写像 $\delta\colon K_1(A) \to K_0(J)$ が存在する. □

[証明] C^* 環 E が単位的な場合. C^* 環 $\mathscr{K}(\mathscr{H})$ は完全であるから, 系列

$$0 \longrightarrow \mathscr{K}(\mathscr{H})\otimes_{\min}J \xrightarrow{\mathrm{id}\otimes\iota} \mathscr{K}(\mathscr{H})\otimes_{\min}E \xrightarrow{\mathrm{id}\otimes\pi} \mathscr{K}(\mathscr{H})\otimes_{\min}A \longrightarrow 0$$

も完全である. まず, 群準同型写像 δ の構成から始める. $[u]_A \in K_1(A)$ とする. 補題 3.8.8 により, ある n が存在して $u \in U(n,A)$ と仮定することができる. 以下では, $M(n,A) \oplus M(m,A) \subset M(n+m,A)$ のような埋蔵を用いることにする. 補題 3.8.4 の証明で説明したように,

$$u \oplus u^{-1} \in U(2n,A)_0 \,.$$

単位元の連結成分では $u \oplus u^{-1}$ は自己随伴作用素 h を用いて e^{ih} と表せるので, h の $M(2n,E)$ への自己随伴な持ち上げ k を考え, $v = e^{ik}$ とすれば $v \in U(2n,E)_0$ となる. つまり, $(\mathrm{id}\otimes\pi)(v) = u \oplus u^{-1}$ を満たすユニタリ $v \in U(2n,E)_0$ が存在する.

$$p = 1_n \oplus 0_n$$

とする. p は $M(2n,\widetilde{J})$ の元である. ただし, $\widetilde{J}$ は J と単位元の生成する部分 C^* 環である. また, $(\mathrm{id}\otimes\pi)(vpv^* - p) = 0$ であるから, $vpv^* - p \in M(2n,J)$. ゆ

えに, $vpv^* \in M(2n, \widetilde{J})$. よって, 補題 3.8.5 により, $[vpv^*]_{\widetilde{J}} - [p]_{\widetilde{J}} \in K_0(J)$. そこで, $K_1(A)$ から $K_0(J)$ への指数写像 δ を

$$(3.23) \qquad \delta([u]_A) = [vpv^*]_{\widetilde{J}} - [p]_{\widetilde{J}}$$

で定義する.

これは $u \oplus u^{-1}$ の持ち上げ $v \in U(2n, E)$ の選び方にはよらないことを示す. 実際, $(\mathrm{id} \otimes \pi)(v') = u \oplus u^{-1} \in U(2n, A)_0$ を満たす $v' \in U(2n, E)_0$ が存在したとする. このとき, $w = v'v^{-1}$ は $(\mathrm{id} \otimes \pi)(w) = 1_{2n}$ を満たすので, $w \in U(2n, \widetilde{J})$. ゆえに, $[v'p(v')^*]_{\widetilde{J}} = [wvpv^*w^*]_{\widetilde{J}} = [vpv^*]_{\widetilde{J}}$.

これはさらに代表元 $u \in U(n, A)$ の選び方にもよらない. 実際, $[u]_A = [u']_A$ ならば, ユニタリ群 $U(n, A)$ の中に $\widetilde{u}(0) = u$, $\widetilde{u}(1) = u'$ を満たすホモトピー $\{\widetilde{u}(t) \,|\, t \in [0, 1]\}$ が存在する. この $\widetilde{u}$ は C^* 環 $C([0,1]) \widehat{\otimes} M(n, A)$ の元でもある. このとき, ユニタリ行列

$$\begin{pmatrix} \widetilde{u} & 0 \\ 0 & \widetilde{u}^{-1} \end{pmatrix}$$

は C^* 環 $C([0,1]) \widehat{\otimes} M(2n, A)$ のユニタリ群の単位元の連結成分に入るので, 自己随伴な元 h を用いて e^{ih} と表せる. さらに $(\mathrm{id} \otimes \mathrm{id} \otimes \pi)(k) = h$ を満たす自己随伴な持ち上げ $k \in C([0,1]) \widehat{\otimes} M(2n, E)$ を用いて,

$$\widetilde{v} = e^{ik} \in U\big(C([0,1]) \widehat{\otimes} M(2n, E)\big)$$

と置く. 各 $t \in [0, 1]$ に対して

$$(\mathrm{id} \otimes \pi)(\widetilde{v}(t)) = \begin{pmatrix} \widetilde{u}(t) & 0 \\ 0 & \widetilde{u}(t)^* \end{pmatrix} \in M(2n, A)$$

となる. したがって, $p = 1 \oplus 0$ に対して

$$(\mathrm{id} \otimes \pi)(\widetilde{v}(t) p \widetilde{v}(t)^*) = (\mathrm{id} \otimes \pi)(p)$$

となるので, $\widetilde{v}(t) p \widetilde{v}(t)^* - p \in M(2n, J)$. ゆえに, $\widetilde{v}(t) p \widetilde{v}(t)^* \in M(2n, \widetilde{J})$. このとき, $t \mapsto \widetilde{v}(t)$ は $M(2n, E)$ において連続であるから, $\widetilde{v}(t) p \widetilde{v}(t)^*$ は $M(2n, \widetilde{J})$

においても連続である．ゆえに，

$$[\tilde{v}(0)p\tilde{v}(0)^*]_{\tilde{J}}-[p]_{\tilde{J}} = [\tilde{v}(1)p\tilde{v}(1)^*]_{\tilde{J}}-[p]_{\tilde{J}}$$

となる．よって，$\delta([u]_A)=\delta([u']_A)$．

この写像 δ が準同型であることは，$u_1,u_2\in U(n,A)$ に対して，

$$u_1u_2\oplus 1_n = (u_1\oplus 1_n)(u_2\oplus 1_n) \sim (u_1\oplus 1_n)(1_n\oplus u_2) = u_1\oplus u_2$$

を用いて示すことができる．

つぎに，$K_1(A)$ における完全性を示す．$[w]_E\in K_1(E)$ とする．$w\in U(n,E)$ と仮定することができる．$u=(\mathrm{id}\otimes\pi)(w)$ とすれば，$u\in U(n,A)$ かつ $\pi_*([w]_E)=[u]_A$．上の $v\in U(2n,E)_0$ として $w\oplus w^*$ を使えば，

$$\delta\bigl(\pi_*([w]_E)\bigr) = \delta([u]_A) = [v(1_n\oplus 0_n)v^*]_{\tilde{J}}-[1_n\oplus 0_n]_{\tilde{J}} = 0 .$$

逆に，(3.23)式において $\delta([u]_A)=0$，$[u]_A\in K_1(A)$ とする．$u\in U(n,A)$ と仮定することができる．δ の定義により，$(\mathrm{id}\otimes\pi)(v)=u\oplus u^{-1}$ を満たす $v\in U(2n,E)_0$ を用いると，$[vpv^*]_{\tilde{J}}-[p]_{\tilde{J}}=\delta([u]_A)=0$ と表せる．ただし $p=1_n\oplus 0_n$．ゆえに，補題 3.8.8 により，

$$v'(v\oplus 1_k)(p\oplus 0_k)(v\oplus 1_k)^*(v')^* = p\oplus 0_k$$

を満たす $v'\in U(2n+k,\tilde{J})$ が存在する．よって，$v'(v\oplus 1_k)\in U(2n+k,E)$ は $p\oplus 0_k$ と可換である．また，$(\mathrm{id}\otimes\pi)(v\oplus 1_k)$ は $p\oplus 0_k$ と可換であるから，$(\mathrm{id}\otimes\pi)(v')\in U(2n+k,A)$ は $p\oplus 0_k$ と可換なスカラー行列である．これを $U(2n+k,E)$ の元と見なして，$(\mathrm{id}\otimes\pi)(v')^{-1}v'(v\oplus 1_k)$ を考えれば，これは $p\oplus 0_k$ と可換になるから，

$$v_1\oplus v_2 \quad (v_1\in U(n,E),\ v_2\in U(n+k,E))$$

と直和分解される．このとき，

$$(\mathrm{id}\otimes\pi)\bigl((p\oplus 0_k)(\mathrm{id}\otimes\pi)(v')^{-1}v'(p\oplus 0_k)\bigr) = p\oplus 0_k$$

となるから，$(\mathrm{id}\otimes\pi)(v_1)=u$．したがって $\pi_*([v_1]_E)=[u]_A$ を満たす $[v_1]_E\in$

$K_1(E)$ が存在する.

つぎに,$K_0(J)$ における完全性を示す.$\delta([u]_A)$ が(3.23)式で与えられたとする.

$$\iota_*\bigl([vpv^*]_{\widetilde{J}}-[p]_{\widetilde{J}}\bigr) = [vpv^*]_E-[p]_E = 0$$

であるから,$\iota_*\circ\delta=0$.逆に,$K_0(J)$ の元は補題 3.8.5 および補題 3.8.7 直後の説明のように,$[e]_{\widetilde{J}}-[1_n]_{\widetilde{J}}(e\in\mathrm{Proj}(n+m,\widetilde{J}))$ と表せる(ただし 1_n は $1_n\oplus 0_m$ と同一視している)ので,$\iota_*([e]_{\widetilde{J}}-[1_n]_{\widetilde{J}})=0$ とすれば,$[(\mathrm{id}\otimes\iota)(e)]_E=[1_n\oplus 0_m]_E$.したがって,$v^*((\mathrm{id}\otimes\iota)(e)\oplus 0_k)v=1_n\oplus 0_{m+k}$ を満たす $v\in U(n+m+k,E)_0$ が存在する.そこで,$u=(\mathrm{id}\otimes\pi)(v)$ とすれば,$\delta([u]_A)=[e]_{\widetilde{J}}-[1_n\oplus 0_m]_{\widetilde{J}}=[e]_{\widetilde{J}}-[1_n]_{\widetilde{J}}$.

最後に E が単位元をもたない場合を考えよう.この場合には,

$$0 \longrightarrow J \xrightarrow{\iota} \widetilde{E} \xrightarrow{\pi} \widetilde{A} \longrightarrow 0$$

も完全である.よって,上の議論により系列

$$K_1(E) \xrightarrow{\pi_*} K_1(A) \xrightarrow{\delta} K_0(J) \xrightarrow{\iota_*} K_0(\widetilde{E})$$

は完全である.$K_0(\widetilde{E})=K_0(E)\oplus\mathbb{Z}$ であるが,写像 $\iota: J\to\widetilde{E}$ は E に値をもつ単射であるから,写像 ι_* の像は $K_0(E)$ に値をとっている.∎

例 3.8.13 Calkin 環の短完全系列

$$0 \longrightarrow \mathscr{K}(\mathscr{H}) \xrightarrow{\iota} \mathscr{L}(\mathscr{H}) \xrightarrow{\pi} Q(\mathscr{H}) \longrightarrow 0$$

を考える.例 3.8.6,例 3.8.9 で述べたように,$K_0(\mathscr{L}(\mathscr{H}))=K_1(\mathscr{L}(\mathscr{H}))=\{0\}$ となるから,補題 3.8.12 の指数写像により,Calkin 環の K_1 群 $K_1(Q(\mathscr{H}))$ は $K_0(\mathscr{K}(\mathscr{H}))\cong\mathbb{Z}$ と同型である.□

単位区間 $[0,1]$ において $C_{0,1}([0,1])=\{f\in C([0,1])|f(0)=f(1)=0\}$ とすれば,$A\widehat{\otimes}C_\infty(\mathbb{R})\cong A\widehat{\otimes}C_{0,1}([0,1])$.これを A の**懸垂**といい,SA で表す.また,$A\widehat{\otimes}\{f\in C([0,1])|f(0)=0\}$ を A の**錐**といい,CA で表す.$A=C(\Omega)$ の場合に必ずしも $SA=C(S\Omega)$ が成り立つわけではなく,微妙なずれがあるが,K 理論の範囲では問題にならない.

3.8 C^*環の K 理論   495

K 群の双対性

これから位相幾何学的 Fourier 変換と考えられる Bott の周期性について述べる.

補題 3.8.14 C^*環 A に対して次の同型対応が存在する.
$$K_1(A) \cong K_0(SA) \qquad \square$$

[証明] まず,懸垂 SA は錐 CA の閉両側イデアルである.準同型写像 $\pi\colon a\in CA\mapsto a(1)\in A$ を考えることにより,C^*環の短完全系列
$$0 \longrightarrow SA \overset{\iota}{\longrightarrow} CA \overset{\pi}{\longrightarrow} A \longrightarrow 0$$
が得られる.補題 3.8.12 により系列
$$K_1(CA) \overset{\pi_*}{\longrightarrow} K_1(A) \overset{\delta}{\longrightarrow} K_0(SA) \overset{\iota_*}{\longrightarrow} K_0(CA)$$
は完全である.一般に CA の元 a に対して $\bigl(\pi_t(a)\bigr)(s)=a(ts)$ と置くことにより CA におけるホモトピー $\{\pi_t|t\in[0,1]\}$ が得られる.よって,CA は可縮である.したがって,$K_0(CA)=0$, $K_1(CA)=0$ となり,補題がわかる. ∎

命題 3.8.15(Bott の周期性) $S^2A=S(SA)$ とすれば,
$$K_*(S^2A)\cong K_*(A) \quad (*=0,1). \qquad \square$$

これを示すには上の補題 3.8.14 と似た形をした次の命題 3.8.16 を示せばよい.上の証明とくらべ,こちらの方の証明にはちょっとした技巧が要求される.ここでは Atiyah の方法を用いることにする[28].まず,複素平面の単位円 $\{z\in\mathbb{C}||z|=1\}$ を S^1 で表す.つぎに $C_1(S^1)=\{f\in C(S^1)|f(1)=0\}$ と $C_\infty(\mathbb{R})$ を同一視して,$K_0(A)\cong K_1(A\hat{\otimes}C_1(S^1))$ を示すことにする.

なお,補題 3.8.14 と次の命題 3.8.16 により定まる同型対応 $K_*(A)\to K_{1-*}(SA)(*=0,1)$ を **Bott 写像**という.

命題 3.8.16 C^*環 A に対して次の同型対応が存在する.

---

28) *K-Theory*, W. A. Benjamin(1967).

$$K_0(A) \cong K_1(SA)$$ □

[証明] A が単位的な場合．各 $n\in\mathbb{N}$ に対して集合 $\{a\in M(n,A)_h|\mathrm{Sp}(a)\in\mathbb{Z}\}$ を $Q_n(A)$ とし，埋蔵 $a\in Q_n(A)\mapsto a\oplus 0\in Q_{n+1}(A)$ を考える．各 $a\in\bigcup_{n=1}^{\infty}Q_n(A)$ に対して $K_0(A)$ の元 $[a]_A$ を a のスペクトル分解 $\sum_{k\in\mathbb{Z},|k|\leq\|a\|}ke(k)$ を用いて，$\sum_{k\in\mathbb{Z},|k|\leq\|a\|}k[e(k)]_A$ で定義すれば，

$$K_0(A) \cong \left\{[a]_A \,\middle|\, a\in \bigcup_{n=1}^{\infty}Q_n(A)\right\}$$

となる．ここで，Bott 写像の定義を準備するため，各 $a\in\bigcup_{n=1}^{\infty}Q_n(A)$ に対し

$$(\beta(a))(t) = \exp\{2\pi ita\} \quad (t\in[0,1])$$

と置く．$\widetilde{SA}$ は $\{f\in A\widehat{\otimes}C([0,1])|f(0)=f(1)\in\mathbb{C}1\}$ と表せるので，ある n に対して，$\beta(a)\in M(n,\widetilde{SA})$ となる．いま，$a,b\in Q_n(A)$ に対し $[a]_A=[b]_A$ とする．n を十分に大きく選べば，$vav^{-1}=b$ を満たす $v\in GL(n,A)$ が存在する．したがって，$v(\beta(a))(t)v^{-1}=(\beta(b))(t)$．$t$ が 0 の近くでは，$\beta(a)$ と $\beta(b)$ の値が $1\in M(n,A)$ に近い．

そこで，任意の $\varepsilon>0$ に対して，ある $\alpha>0\,(\alpha<1/2)$ が存在して，$[0,1]\setminus(\alpha,1-\alpha)$ の任意の元 t に対して

$$\|\beta(a)(t)-1\| < \varepsilon, \quad \|\beta(b)(t)-1\| < \varepsilon$$

が成り立つ．v は n を大きく選びなおすことにより，連結成分 $GL(n,A)_0$ の元であると仮定することができる．そこで，$GL(n,A)$ においてパラメータ $t\in[\alpha/2,\alpha]$ にもつホモトピー f で $f(\alpha/2)=1$ かつ $f(\alpha)=v$ を満たすものと，パラメータ $t\in[1-\alpha,1-\alpha/2]$ にもつ（同じ記号で表す）ホモトピー f で $f(1-\alpha)=v$ かつ $f(1-\alpha/2)=1$ を満たすものを選ぶ．この関数 f を 2 つの区間の和集合 $[0,1]\setminus(\alpha/2,1-\alpha/2)$ では $f=1$ かつ区間 $[\alpha,1-\alpha]$ では $f=v$ と置いて拡張することにより，$M(n,\widetilde{SA})$ の元 f が得られる．このとき f は

$$\|f\beta(a)f^{-1}-\beta(b)\| < \varepsilon$$

を満たしている．このとき，ε の任意性により，$[\beta(a)]_{SA}=[\beta(b)]_{SA}$．よって，

$K_0(A)$ から $K_1(SA)$ への Bott 写像

$$\delta([a]_A) = [\beta(a)]_{SA}$$

が代表元 $a \in Q_n(A)$ の選び方によらず定まる．このとき，

$$(\beta(a))(t) = \prod_{k \in \mathbb{Z}, |k| \leq \|a\|} \exp\{2\pi i t k e(k)\} = \prod_{k \in \mathbb{Z}, |k| \leq \|a\|} (\beta(e(k)))(t)^k$$

と表せるから，Bott 写像 δ による $K_0(A)$ の像 $\{[\beta(a)]_{SA} | a \in \bigcup_{n=1}^{\infty} Q_n(A)\}$ は $K_1(SA)$ の部分群になる．

また，$[a]_A \neq [b]_A$ のときは，a, b のスペクトル射影 $e(k)$ でそのスペクトルの値が違うものがある．この場合には $\beta(a)$ と $\beta(b)$ のスペクトルも違うので，$[\beta(a)]_{SA} \neq [\beta(b)]_{SA}$ となる．したがって，δ は単射である．

最後に，この δ が全射であることを示す．最初に述べたように，$C_{0,1}([0,1])$ を自然に $C_1(S^1)$ と同一視し，以後 $(\beta(a))(t)$ を $(\beta(a))(e^{2\pi i t})$ で表す．各 $p \in \text{Proj}(n, A)$ により定まる $(\beta(p))(z)$ は $z \in S^1$ の 1 次式 $(1-p)+zp \in GL(n, A)$ により表される閉曲線である．一般の $a \in Q_n(A)$ に対し $(\beta(a))(z)$ は $M(n, A)$ に値をもつ z の多項式または有理式で表される閉曲線である．

さて，$K_1(SA)$ の元 $[g]_{SA}$ の代表元 g はある n に対する $M(n, SA) = M(n, A) \hat{\otimes} C_1(S^1)$ の元と考えられるので，Weierstrass の近似定理により，有理式 $z \mapsto \sum_{k \in \mathbb{Z}, |k| \leq M} b_k z^k$ $(b_k \in M(n, A))$ で与えられているものと仮定することができる．$f(z) = z^M g(z)$ とすれば，f は多項式で表される閉曲線である．したがって，次の補題 3.8.17 を用いると，$K_1(SA)$ において，$[f]_{SA} = [\beta(p)]_{SA}$ を満たす $n \in \mathbb{N}$ と $p \in \text{Proj}(n, A)$ が存在する．ここで，$a = -M(1-p) - (M-1)p$ とすれば，$a \in Q_n(A)$ かつ $\beta(a)(z) = z^{-M} \beta(p)(z)$. ゆえに，$[g]_{SA} = [\beta(a)]_{SA} = \delta([a]_A)$ となり，Bott 写像 δ は全射である．

A が単位元をもたない場合には，2 つの短完全系列

$$\begin{array}{ccccccccc}
0 & \longrightarrow & K_0(A) & \stackrel{\iota_*}{\longrightarrow} & K_0(\widetilde{A}) & \stackrel{\pi_*}{\longrightarrow} & K_0(\mathbb{C}) & \longrightarrow & 0 \\
& & \downarrow & & \downarrow \delta & & \downarrow \delta & & \\
0 & \longrightarrow & K_1(SA) & \stackrel{\iota_*}{\longrightarrow} & K_1(S\widetilde{A}) & \stackrel{\pi_*}{\longrightarrow} & K_1(S\mathbb{C}) & \longrightarrow & 0
\end{array}$$

において，上の結果を用いると，右側の対応する 2 項は Bott 写像により同型

で，その同型対応は可換図式をなす．ゆえに，それらの核 $K_1(SA)$ と $K_0(A)$ は同型である． ∎

補題 3.8.17 A を単位的 C^* 環とする．このとき，

(i) S^1 上の多項式の閉曲線 f により与えられる $K_1(SA)$ の元 $[f]_{SA}$ に対して，$[f]_{SA}=[g]_{SA}$ を満たす S^1 上の 1 次式の閉曲線 g が存在する．

(ii) S^1 上の 1 次式の閉曲線 g により与えられる $K_1(SA)$ の元 $[g]_{SA}$ に対して，$[g]_{SA}=[\beta(p)]_{SA}$ を満たす $p\in \bigcup_{n\in \mathbb{N}} \mathrm{Proj}(n,A)$ が存在する． ∎

[証明] (i) $K_1(SA)$ の元を与える多項式の閉曲線を $f(z)=\sum_{k=0}^{m} a_k z^k$ ($a_k \in B_n$) とする．ただし，$B_n=M(n,A)$ とする．$b_\ell=\sum_{k=\ell}^{m} a_k z^{k-\ell}$ ($\ell=0,\cdots,m$) とすれば，$b_0=f(z)$ かつ $b_m=a_m$ である．$M(m+1,B_n)$ の行列単位 w_{ij} ($i,j=0,1,\cdots,m$) を用いて，$T_{ij}(z)=1+zw_{ij}$ ($z\in S^1$) かつ $S_j=1-b_j w_{0j}$ とすれば，$T_{ij}(z), S_j$ はともに $GL(m+1,B_n)_0$ の元である．いま，

$$g(z) = \begin{pmatrix} a_0 & a_1 & \cdots & a_{m-1} & a_m \\ -z & 1 & \cdots & 0 & 0 \\ 0 & -z & \ddots & \vdots & 0 \\ \vdots & \vdots & \ddots & 1 & \vdots \\ 0 & 0 & \cdots & -z & 1 \end{pmatrix}$$

とすれば，閉曲線 $g(z)$ は $M(m+1,B_n)=M(n(m+1),A)$ に値をとる z の 1 次式である．このとき，

$$S_1 \cdots S_{m-1} S_m g(z) T_{m,m-1}(z) T_{m-1,m-2}(z) \cdots T_{10}(z)$$

は

$$\begin{pmatrix} b_0 & 0 & 0 & \cdots & 0 \\ 0 & 1 & 0 & \cdots & 0 \\ 0 & 0 & 1 & \ddots & \vdots \\ \vdots & \vdots & \vdots & \ddots & 0 \\ 0 & 0 & 0 & \cdots & 1 \end{pmatrix}$$

と表せる．$b_0=f(z)$ であるから，$K_1(SA)$ において，$[f]_{SA}=[g]_{SA}$．

(ii) $K_1(SA)$ の元 $[g]_{SA}$ を与える 1 次閉曲線を $g(z)=a+zb\in M(n,\widetilde{SA})$ とする．g は $GL(n,\widetilde{SA})$ の元であるから，$g(1)$ は可逆な n 次定数行列であり，$GL(n,A)_0$ に属するので，$[g]_{SA}=[g(1)^{-1}g]_{SA}$ となる．したがって，g は $1+(z-1)c\,(c\in M(n,A))$ と表せている場合を考えればよい．$z\neq 1$ とする．$g(z)\in GL(n,A)$ であるから，$(1-z)^{-1}\notin \mathrm{Sp}(c)$．また，$\{(1-z)^{-1}\,|\,z\in S^1,\,z\neq 1\}=\{z\in\mathbb{C}\,|\,\mathrm{Re}\,z=1/2\}$ であるから，$\mathrm{Sp}(c)$ はこの集合と共通部分をもたない．ここで，
$$c_t=\frac{1}{2\pi i}\int_\Gamma \zeta^t(\zeta-c)^{-1}d\zeta \quad (t\in[0,1])$$
とする．Γ は直線 $\mathrm{Re}\,z=1/2$ と交わらずに $\mathrm{Sp}(c)$ を囲む長さ有限な閉曲線であるが，$\mathrm{Sp}(c)$ が直線 $\mathrm{Re}\,z=1/2$ の両側にある場合には，Γ は 2 つの閉曲線からなっている．このホモトピー $\{c_t\,|\,t\in[0,1]\}$ を用いると，c を射影 p に変えることができる．ゆえに，$K_1(SA)$ において，$[g]_{SA}=[\beta(p)]_{SA}$ となる．∎

6 項完全系列

少し後で具体的な C^* 環の K 群を求めるときわかるように，K 理論で最もよく利用されるのが次の定理である．

定理 3.8.18(6 項完全系列) 系列
$$0\longrightarrow J\stackrel{\iota}{\longrightarrow} E\stackrel{\pi}{\longrightarrow} A\longrightarrow 0$$
を C^* 環の短完全系列とする．このとき，

(i) 図式
$$\begin{array}{ccccc} K_0(J) & \stackrel{\iota_*}{\longrightarrow} & K_0(E) & \stackrel{\pi_*}{\longrightarrow} & K_0(A) \\ \delta\uparrow & & & & \downarrow\delta' \\ K_1(A) & \stackrel{}{\underset{\pi_*}{\longleftarrow}} & K_1(E) & \stackrel{}{\underset{\iota_*}{\longleftarrow}} & K_1(J) \end{array}$$
は完全である．ただし，δ' は指数写像 $K_1(SA)\to K_0(SJ)$ に Bott 写像(補題 3.8.14，命題 3.8.16)により定まる同一視 $K_0(A)\cong K_1(SA)$，$K_0(SJ)\cong K_1(J)$ を組み合わせて得られる写像である．

(ii) $p \in \mathrm{Proj}(n, \widetilde{A})$ に対して，$(\mathrm{id} \otimes \pi)(x) = p\, (x \in M(n, \widetilde{E})_h)$ とすれば，$\exp(2\pi i x) \in M(n, \widetilde{J})$. ただし，$\pi$ は自然に $\widetilde{E} \to \widetilde{A}$ へ拡張した準同型でもある．

(iii) δ' は $\delta'([p]_{\widetilde{A}} - [1_m]_{\widetilde{A}}) = [\exp(2\pi i x)]_J\, (n \geqq m)$ で与えられる． □

[証明] (i) 6 項完全系列のうち左半分は補題 3.8.12 で示した．短完全系列

$$(3.24) \qquad 0 \longrightarrow SJ \xrightarrow{\iota'} SE \xrightarrow{\pi'} SA \longrightarrow 0$$

に補題 3.8.12 を適用し Bott の周期性を示すときに用意した補題 3.8.14 と命題 3.8.16 を用いると，右半分の完全系列が得られる．また，$K_*(E)$ における完全性は補題 3.8.10 より明らかである．

(ii) 短完全系列

$$0 \longrightarrow J \xrightarrow{\iota} \widetilde{E} \xrightarrow{\pi} \widetilde{A} \longrightarrow 0$$

において，

$$(\mathrm{id}_n \otimes \pi)\bigl(\exp(2\pi i x) - 1_n\bigr) = \exp(2\pi i p) - 1_n = 0$$

となるから，$\exp(2\pi i x) \in \widetilde{J}$.

(iii) $K_0(A)$ の一般の元は，小項「K_0 群の定義」の最後で述べたように，$p - 1_m \in M(n, A)$ を満たす $p \in \mathrm{Proj}(n, \widetilde{A})$ を用いて $[p]_{\widetilde{A}} - [1_m]_{\widetilde{A}}$ と表せる．2 つの指数関数の積 $t \in [0, 1] \mapsto \exp(2\pi i t p) \exp(-2\pi i t 1_m) \in U(n, \widetilde{A})$ を u とすれば，$u - 1_n \in M(n, S\widetilde{A})$. この u により定まる $K_1(S\widetilde{A})$ の元を $[u]_{S\widetilde{A}}$ とすれば，同型対応 $[p]_{\widetilde{A}} - [1_m]_{\widetilde{A}} \in K_0(A) \to [u]_{S\widetilde{A}} \in K_1(S\widetilde{A})$ が得られる．この対応が $K_0(A)$ の代表元の選び方によらないことの確認は省く．

短完全系列

$$0 \longrightarrow SJ \xrightarrow{\iota'} S\widetilde{E} \xrightarrow{\pi'} S\widetilde{A} \longrightarrow 0$$

において，$u \oplus u^*$ の $M(2n, (S\widetilde{E})\tilde{\ })$ への持ち上げを v とすれば，$v - 1_{2n} \in M(2n, S\widetilde{E})$. したがって，指数写像 $K_1(S\widetilde{A}) \to K_0(SJ)$ による $[u]_{S\widetilde{A}}$ の像は (3.23) 式により，

$$[v(1_n\oplus 0_n)v^{-1}]_{\widetilde{SJ}} - [1_n\oplus 0_n]_{\widetilde{SJ}} \in K_0(SJ)$$

で与えられる．

最後に，短完全系列

$$0 \longrightarrow S\widetilde{J} \xrightarrow{\iota''} C\widetilde{J} \xrightarrow{\pi''} \widetilde{J} \longrightarrow 0$$

から導かれる指数写像 $K_1(\widetilde{J}) \to K_0(S\widetilde{J})$ は補題 3.8.14 により同型であるから，同型対応 $K_0(SJ) \to K_1(J)$ をその逆写像として求める．つまり，$[\exp(2\pi ix)]_J \in K_1(J)$ に対する $K_0(SJ)$ の元を求める．主張(ii)における射影 $p=(\mathrm{id}_n\otimes\pi)(x)$ ($x\in M(n,\widetilde{E})_h$) に対して，$w(t)=\exp(2\pi itx)\exp(-2\pi it1_m)$ ($t\in[0,1]$) と置けば，$w(t)\in U(n,\widetilde{E})$ かつ $[w(1)]_J=[\exp(2\pi ix)]_J$．このとき，$v$ は $u\oplus u^*$ の持ち上げであり，$(\mathrm{id}_n\otimes\pi)(w(t))=u(t)$ であるから，$(\mathrm{id}_{2n}\otimes\pi)(v(t)-(w(t)\oplus w(t)^{-1}))=0$ となるので，$v(t)-(w(t)\oplus w(t)^{-1})\in M(2n,J)$．ここで，$J$ は $\widetilde{E}$ の閉両側イデアルであるから，$v(t)(w(t)^{-1}\oplus w(t))-1_{2n}\in M(2n,J)$．よって，$v(t)(w(t)^{-1}\oplus w(t))\in M(2n,\widetilde{J})$ かつ $v(w^{-1}\oplus w)\in M(2n,C\widetilde{J})$ が成り立つ．したがって指数写像による $[w(1)]_J$ の像は (3.23) により，

$$[v(w^{-1}\oplus w)(1_n\oplus 0_n)(w\oplus w^{-1})v^{-1}]_{\widetilde{SJ}} - [1_n\oplus 0_n]_{\widetilde{SJ}}$$

で与えられる．これは上で求めた $K_0(SJ)$ の元と一致している．

以上の対応を合成すると，$K_0(A)$ から $K_1(J)$ への同型対応 $[p]_{\widetilde{A}}-[1_m]_{\widetilde{A}} \mapsto [\exp(2\pi itx)]_J$ が得られる．これを δ' で表す．次の図式において，垂直方向は Bott 写像で，ここでは真ん中のボックスが可換になるように δ' を定義したことになる．

$$\begin{array}{ccccccc}
K_0(E) & \xrightarrow{\pi_*} & K_0(A) & \xrightarrow{\delta'} & K_1(J) & \xrightarrow{\iota_*} & K_1(E) \\
\downarrow & & \downarrow & & \downarrow & & \downarrow \\
K_1(SE) & \xrightarrow{\pi_*} & K_1(SA) & \xrightarrow{\delta} & K_0(SJ) & \xrightarrow{\iota_*} & K_0(SE)
\end{array}$$

左右のボックスも Bott 写像の定義から可換なことがわかるので，図式全体が可換である．したがって，δ' を用いた 6 項完全系列の $K_0(A)$ と $K_1(J)$ におけ

る完全性も，下の列の完全性から自動的にわかる．

上で指数 (index) 写像 δ を読み替えて得られた写像 $\delta': K_0(A) \to K_1(J)$ も**指数 (exponential) 写像**または**連結写像**と呼ばれている．

この定理を使って Toeplitz 環の K 群を計算してみる．

例 3.8.19 Hilbert 空間 $\mathscr{H} = l^2(\mathbb{Z}_+)$ 上の片側推移作用素 S が生成する Toeplitz 環 A の短完全系列

$$0 \longrightarrow \mathscr{K}(\mathscr{H}) \xrightarrow{\iota} A \xrightarrow{\pi} C(\mathbb{T}) \longrightarrow 0$$

は $\mathscr{K}(\mathscr{H})$ の行列単位 w_{ij} $(i,j \in \mathbb{Z}_+)$ を用いて得られる埋蔵写像 $\iota: w_{ij} \in \mathscr{K}(\mathscr{H}) \mapsto S^i(1-SS^*)(S^*)^j \in A$ と $\pi(S) = u$ で与えられる商写像 π により与えられる．ただし，$u(t) = e^{2\pi i t}$ $(t \in \mathbb{T})$．この完全系列に対する 6 項完全系列を考える．例 3.8.11 の議論を精査すれば，指数写像 δ は $K_1(C(\mathbb{T})) = \mathbb{Z}[u]_{C(\mathbb{T})}$ から $K_0(\mathscr{K}(\mathscr{H})) = \mathbb{Z}$ への全単射であるから，$\iota_*(K_0(\mathscr{K}(\mathscr{H}))) = \{0\}$ かつ $\pi_*(K_1(A)) = \{0\}$．また $K_1(\mathscr{K}(\mathscr{H})) = \{0\}$ であるから，$K_0(A) \cong K_0(C(\mathbb{T})) = \mathbb{Z}[1]_{C(\mathbb{T})}$ かつ $K_1(A) = \{0\}$ となる．ゆえに

$$K_0(A) \cong \mathbb{Z}, \quad K_1(A) = \{0\}$$

となり，コンパクト作用素環の K 群と同じ K 群をもつことがわかる． □

Thom 同型

K_0 群と K_1 群の間には，Bott の周期性よりも強い Thom 同型が成り立つ．

定理 3.8.20 (Connes) C^* 環 A に $\mathbb{R}$ の作用 $\{\alpha_t\}$ が存在するときには，

$$K_{1-i}(A \rtimes_\alpha \mathbb{R}) \cong K_i(A) \quad (i = 0, 1). \qquad \square$$

作用 α が自明なときは，C^* 接合積 $A \rtimes_\alpha \mathbb{R}$ はテンソル積 $A \widehat{\otimes} C_\infty(\mathbb{R})$ と同型であるから，補題 3.8.14 および命題 3.8.16 と同内容である．

[証明] （概略）まず，$i = 0$ かつ $A = \mathbb{C}1$ の場合を考察し，$K_1(C^*(\mathbb{R}))$ の生成元を求める．命題 3.8.16 により，S^1 と $\mathbb{T}$ を同一視することにより

$$K_0(\mathbb{C}) \cong K_1(C(\mathbb{T})).$$

$K_0(\mathbb{C})$ の生成元は $\mathscr{K}(\mathscr{H})$ の 1 次元の射影 p を用いて，$[p]_\mathbb{C}$ と表せる．指数関数写像によるその像は $(\mathscr{K}(\mathscr{H})\hat{\otimes} C(\mathbb{T}))^\sim$ のユニタリ

$$u(t)=\exp\{2\pi itp\}=(1-p)+e^{2\pi it}p$$

の同値類 $[u]_{C(\mathbb{T})} \in K_1(C(\mathbb{T}))$ により与えられる．各 $t\in(0,1)$ に対して，$\gamma(t)=\tan(\pi(t-(1/2)))$ とすれば，γ は $(0,1)$ から $\mathbb{R}$ への同相写像である．したがって，$C_1(\mathbb{T}) \cong C_\infty((0,1)) \cong C_\infty(\mathbb{R})$ である．ここで，$\mathbb{R}$ から S^1 への Cayley 変換を $c(\gamma)=(\gamma-i)/(\gamma+i)$ $(\gamma\in\mathbb{R})$ とすれば，$\exp\{2\pi it\}=c(\gamma(t))$ となる．ゆえに，

$$u(t)=(1-p)+e^{2\pi it}p=(1-p)+c(\gamma(t))p\ .$$

したがって，同型対応

$$[u]_{C(\mathbb{T})}\in K_1\bigl(C(\mathbb{T})\bigr) \mapsto [(1-p)+cp]_{C_\infty(\mathbb{R})}\in K_1\bigl(C_\infty(\mathbb{R})\bigr)$$

が得られる．ここで $[cp]_{C_\infty(\mathbb{R})}=[(1-p)+cp]_{C_\infty(\mathbb{R})}$ に留意する．つぎに Fourier 変換による同型対応 $g\in C_\infty(\mathbb{R})\mapsto \lambda(g)\in C^*(\mathbb{R})$ を考える．そこで，$\mathbb{R}$ の正則表現 $(\lambda(t)\xi)(s)=\xi(s-t)$ の無限小生成元を $iH(=-d/dt)$ とすれば，任意の $g\in L^1(\mathbb{R})$ に対して，

$$\lambda(g)=\int_\mathbb{R} g(t)\lambda(t)dt=\int_\mathbb{R} g(t)e^{itH}dt=\widehat{g}(-H)\ .$$

他方，$c-1\in C_\infty(\mathbb{R})$ であるから，g をその Fourier 変換が $\widehat{g}=c-1$ となるように選べる．ゆえに，$c(-H)=\lambda(g)+1\in C^*(\mathbb{R})^\sim$ と表せる．ゆえに，同型対応

$$[(1-p)+cp]_{C_\infty(\mathbb{R})}\in K_1\bigl(C_\infty(\mathbb{R})\bigr) \mapsto [c(-H)]_{C^*(\mathbb{R})}\in K_1\bigl(C^*(\mathbb{R})\bigr)$$

が得られる．よって，$[c(-H)]_{C^*(\mathbb{R})}$ が $K_1\bigl(C^*(\mathbb{R})\bigr)$ の生成元である．

つぎに，C^* 環 A が一般の場合を考える．C^* 接合積 $A\rtimes_\alpha \mathbb{R}$ は Banach*環 $L^1_\alpha(\mathbb{R},A)$ の包絡 C^* 環であった．この Banach*環は各 $f\in L^1_\alpha(\mathbb{R},A)$ に対して

$$(af)(t)=af(t)\ ,\quad (fa)(t)=f(t)\alpha_t(a)$$

と置くことにより両側 A 加群になる．$[e]_A\in K_0(A)$ に対して，作用 $\{\alpha_t\}$ の 1 コサイクル・ユニタリ $\{u_t\}$ (コサイクル条件 $u_t\alpha_t(u_s)=u_{t+s}$ を満たす 1 係数

ユニタリ)による摂動 $\alpha'_t=\mathrm{Ad}_{u_t}\circ\alpha_t$ を用いて，$\alpha'_t(e)=e$ とすることができる．しかも，$A\rtimes_\alpha\mathbb{R}\cong A\rtimes_{\alpha'}\mathbb{R}$ となるので，あらかじめ $\alpha_t(e)=e$ と仮定することができる．

つぎに，$B=A\rtimes_\alpha\mathbb{R}$ とし，α を導くユニタリ表現 v で乗法子環 $M(B)$ に値をとるものを選ぶ．その無限小生成元を ih とすれば，$\{\alpha_t\}$ は $\alpha_t(b)=e^{ith}be^{-ith}$ ($b\in B$) と B 上の作用に拡張できる．このとき，e と h は可換である．$A=\mathbb{C}1$ の場合と同様に，$c(he)$ は $M(B)$ の元であり，そこにおいて可逆である．したがって，$K_1(B)$ の元 $[c(he)]_B$ が定まる．そこで，$\delta([e]_A)=[c(he)]_B$ と置けば，δ は $K_0(A)$ から $K_1(B)$ への同型写像であることを示すことができる．

懸垂を考えれば，$K_1(A)$ から $K_0(B)$ への同型写像も得られる． ■

注 上の証明では，射影元 e が $\mathbb{R}$ の作用 $\{\alpha_t\}$ に対して不変でなくても，$[e]_A=[f]_A$ を満たす射影 f と $u_t\alpha_t(f)u_t^*=f$ を満たす 1 コサイクル・ユニタリ $\{u_t\}$ が存在するということを用いた．実際，$\{\alpha_t\}$ の無限小生成元 $\delta=(d\alpha_t/dt)|_{t=0}$ は非有界な微分子であり，$\alpha_t=\exp(t\delta)$ と表せる．δ の定義域に属する e と同値な射影 f に対して，$h=[f,\delta(f)]$ とすれば，$f\delta(f)f=0$ であるから，

$$[h,f]=[f,\delta(f)]f-f[f,\delta(f)]=-\delta(f)f-f\delta(f)=-\delta(f)$$

となるので，δ' を $\delta'(a)=\delta(a)+[h,a]$ とすれば，$\delta'(f)=0$ となる．したがって，$\alpha'_t=\exp(t\delta')$ とすれば，$\alpha'_t(f)=f$. このとき，1 コサイクル・ユニタリ $\{u_t\}$ は

$$u_t=\sum_{n=0}^\infty \int_0^t dt_1\cdots\int_0^{t_{n-1}} dt_n \alpha_{t_n}(h)\cdots\alpha_{t_1}(h)$$

で与えられる[29]．ところが，$\mathbb{R}^2$ の作用に関しては，このようなことは保証できないことが，この節の第8項末で説明する Chern 類を用いて判明する． □

---

29) H. Araki: Expansional in Banach algebras, *Ann. Sci. Ecole Norm. Sup.*, **4**(1973), 67-84.

3.8.3 離散 C^* 接合積の 6 項完全系列

具体的な C^* 環の K 群を求めるときには，離散 C^* 接合積に対して知られている次の定理 3.8.21 が有効に利用される．まず，それを証明するための道具立てから始めよう．例 3.8.19 で与えた $l^2(\mathbb{Z}_+)$ 上の片側推移作用素 S と C^* 接合積 $A \rtimes_\alpha \mathbb{Z}$ の生成元 $\pi_\alpha(a)$ と $\lambda(n)$ を用いて得られる元

$$\pi_\alpha(a) \otimes 1 \quad (a \in A), \quad \lambda(n) \otimes S^n \quad (n \in \mathbb{N})$$

の生成する C^* 環 $(A \rtimes_\alpha \mathbb{Z}) \widehat{\otimes} C^*(S)$ を E とする．このとき，$A \widehat{\otimes} \mathscr{K}(l^2(\mathbb{Z}_+))$ から E の中への埋蔵準同型 ι で

$$\iota : a \otimes w_{ij} \mapsto \lambda(i) \pi_\alpha(a) \lambda(j)^* \otimes S^i (1 - SS^*)(S^*)^j$$

を満たすものを考えると，C^* 環の完全系列

$$(3.25) \qquad 0 \longrightarrow A \widehat{\otimes} \mathscr{K}(l^2(\mathbb{Z}_+)) \stackrel{\iota}{\longrightarrow} E \stackrel{\pi}{\longrightarrow} A \rtimes_\alpha \mathbb{Z} \longrightarrow 0$$

が得られる．これを用いると次の歴史的な Pimsner-Voiculescu の定理が得られる．ここでは立ち入らないが，これを用いて Thom 同型を証明することもできる強力な定理である．

定理 3.8.21 C^* 接合積 $A \rtimes_\alpha \mathbb{Z}$ に対して，6 項完全系列

$$\begin{array}{ccccc}
K_0(A) & \xrightarrow{\mathrm{id} - \alpha_*^{-1}} & K_0(A) & \xrightarrow{\iota_*} & K_0(A \rtimes_\alpha \mathbb{Z}) \\
{\scriptstyle \delta} \uparrow & & & & \downarrow {\scriptstyle \delta'} \\
K_1(A \rtimes_\alpha \mathbb{Z}) & \xleftarrow[\iota_*]{} & K_1(A) & \xleftarrow[\mathrm{id} - \alpha_*^{-1}]{} & K_1(A)
\end{array}$$

が成り立つ．ただし，ι は A の $A \rtimes_\alpha \mathbb{Z}$ への埋蔵写像である． □

[証明] （概略）C^* 環の完全系列 (3.25) に定理 3.8.18 を適用すれば，可換図式

$$\begin{array}{ccccc}
K_0(A) & \xrightarrow{\iota_*} & K_0(E) & \xrightarrow{\pi_*} & K_0(A \rtimes_\alpha \mathbb{Z}) \\
{\scriptstyle \delta} \uparrow & & & & \downarrow {\scriptstyle \delta'} \\
K_1(A \rtimes_\alpha \mathbb{Z}) & \xleftarrow[\pi_*]{} & K_1(E) & \xleftarrow[\iota_*]{} & K_1(A)
\end{array}$$

が得られる．以下，A は単位的な場合だけを考える．ここで $v=\lambda(1)\otimes S$ とすれば，v は等長作用素である．これを使うと，任意の $e\in\mathrm{Proj}(A)$ に対して，

$$\iota(e\otimes w_{ii}) = v^i\bigl(\pi_\alpha(e)\otimes(1-SS^*)\bigr)(v^*)^i$$
$$= v^i\bigl(\pi_\alpha(e)\otimes 1\bigr)(v^*)^i - v^{i+1}\bigl(\pi_\alpha(\alpha^{-1}(e))\otimes 1\bigr)(v^*)^{i+1}$$

となるから，

$$\iota_*([e\otimes w_{ii}]_A) = [\iota(e\otimes w_{ii})]_E = [\pi_\alpha(e)\otimes 1]_E - [\pi_\alpha(\alpha^{-1}(e))\otimes 1]_E \ .$$

同様に，任意の $u\in U(A)$ に対して，

$$\iota_*([u\otimes w_{ii}]_A) = [\iota(u\otimes w_{ii})]_E = [\pi_\alpha(u)\otimes 1]_E - [\pi_\alpha(\alpha^{-1}(u))\otimes 1]_E \ .$$

他方，単射準同型 $\rho\colon a\in A\mapsto \pi_\alpha(a)\otimes 1\in E$ を考える．$[vv^*]_E=[1\otimes 1]_E$ であるから，写像 $\rho_*\colon [e]_A\in K_0(A)\mapsto [\pi_\alpha(e)\otimes 1]_E\in K_0(E)$ と $\rho_*\colon [u]_A\in K_1(A)\mapsto [\pi_\alpha(u)\otimes 1]_E\in K_1(E)$ が得られ，ともに全単射である．ゆえに，ρ_* を用いて $K_*(E)$ を $K_*(A)$ に読み替えることにより，$\iota_*=\mathrm{id}-\alpha_*^{-1}$ となり，求める可換図式が得られる． ∎

3.8.4 無理数回転環の K 理論

Pimsner と Voiculescu は 1980 年に，次の定理で示すように，非可換トーラスの K 群を計算して見せた[30]．これは自明でない非可換 C^* 環に対する初めての K 群の計算であった．この結果は C^* 環の K 理論の研究の端緒を開いただけでなく，Connes に非可換指数理論の存在を確信させ，非可換幾何学を研究する大きな動機づけを与えた．

定理 3.8.22 θ は $0<\theta<1$ を満たす無理数とし，$A=A_\theta$ とする．

(i) $K_0(A_\theta)=\mathbb{Z}[1]_A\oplus\mathbb{Z}[e_0]_A$ かつ $K_1(A_\theta)=\mathbb{Z}[U]_A\oplus\mathbb{Z}[V]_A$ であり，ともに加法群 $\mathbb{Z}^2$ と同型である．ただし，e_0 は Powers-Rieffel 射影で，U,V は例 3.6.3 の (i) で与えた A_θ の生成元である．

---

30) Imbedding the irrational rotation algebra into an AF algebra, *J. Operator Theory* **4**(1980), 201-210.

(ii) A_θ のトレイス的状態 τ と Powers-Rieffel 射影 e_0 に対して，$\tau(e_0)=\theta$ である．

(iii) 写像 $[e]_A \in K_0(A_\theta) \mapsto \tau(e) \in \mathbb{R}_+$ は同型写像で，その値域は $\{m+n\theta \,|\, m,n \in \mathbb{Z}\}$ である． □

[証明] （概略）(i) 離散 C^* 接合積 $A_\theta = C(\mathbb{T}) \rtimes_\alpha \mathbb{Z}$ に対する 6 項完全系列は

$$\begin{array}{ccccc} K_0\bigl(C(\mathbb{T})\bigr) & \xrightarrow{\mathrm{id}-\alpha_*^{-1}} & K_0\bigl(C(\mathbb{T})\bigr) & \xrightarrow{\iota_*} & K_0(A_\theta) \\ \delta \uparrow & & & & \downarrow \delta' \\ K_1(A_\theta) & \xleftarrow{\iota_*} & K_1\bigl(C(\mathbb{T})\bigr) & \xleftarrow{\mathrm{id}-\alpha_*^{-1}} & K_1\bigl(C(\mathbb{T})\bigr) \end{array}$$

となる．A_θ において例 3.6.3 の(i)の生成元 U, V を選ぶと，$\alpha(U)=VUV^* = e^{2\pi i\theta}U$ となる．また $\mathbb{T}=\mathbb{R}/\mathbb{Z}$ における定数値関数 $1(t)=1$ を用いると $K_0\bigl(C(\mathbb{T})\bigr)=\mathbb{Z}[1]_{C(\mathbb{T})}$ と表せた．また

$$\begin{aligned} (\alpha_*^{-1}-\mathrm{id})([1_n]_{C(\mathbb{T})}) &= \alpha_*^{-1}([1_n]_{C(\mathbb{T})}) - [1_n]_{C(\mathbb{T})} \\ &= [(\mathrm{id}\otimes\alpha^{-1})(1_n)]_{C(\mathbb{T})} - [1_n]_{C(\mathbb{T})} = 0 \, . \end{aligned}$$

$\mathbb{T}$ におけるユニタリ $U(t)=e^{2\pi it}$ により $K_1\bigl(C(\mathbb{T})\bigr)=\mathbb{Z}[U]_{C(\mathbb{T})}$ と表せた．$U^*\alpha(U)=e^{2\pi i\theta}$ となるので，$\alpha_*^{-1}([U]_{C(\mathbb{T})})-[U]_{C(\mathbb{T})}=0$．

$$\begin{array}{ccccc} \mathbb{Z}[1]_{C(\mathbb{T})} & \xrightarrow{\mathrm{id}-\alpha_*^{-1}} & \mathbb{Z}[e_0]_A & \xrightarrow{\iota_*} & K_0(A_\theta) \\ \delta \uparrow & & & & \downarrow \delta' \\ K_1(A_\theta) & \xleftarrow{\iota_*} & \mathbb{Z}[V]_A & \xleftarrow{\mathrm{id}-\alpha_*^{-1}} & \mathbb{Z}[U]_{C(\mathbb{T})} \end{array}$$

完全系列(3.25)において商写像 $\pi: E \to A_\theta$ は $\pi(V\otimes S)=U$ を満たす．ゆえに，指数写像は(3.23)で与えたように，

$$\delta([U]_A) = [(V\otimes S)^* 1_n (V\otimes S)]_{C(\mathbb{T})} - [1_n]_{C(\mathbb{T})} = -[1]_{C(\mathbb{T})}$$

により与えられる．また指数関数写像は，定理 3.8.18 の(iii)のように，

$$\delta'([1]_A) = [t \mapsto \exp\{2\pi it\}1(t)]_{C(\mathbb{T})} = [U]_{C(\mathbb{T})}$$

により与えられる．よって，$K_0(A_\theta)=\mathbb{Z}[1]_A+\mathbb{Z}[e_0]_A$ かつ $K_1(A_\theta)=\mathbb{Z}[U]_A+\mathbb{Z}[V]_A$ となる．

(ii) Powers-Rieffel 射影は (3.17) により，$e_0 = gV + f + V^*\bar{g}$ と表せるから，

$$\tau(e_0) = \int_0^1 f(t)dt = \int_a^b \{f(t) + f(t+\theta)\}dt + \int_b^{a+\theta} f(t)dt$$
$$= (b-a) + (a+\theta-b) = \theta .$$

(iii) (ii) により，A_θ 上のトレイス τ は Murray-von Neumann の意味での同値な射影に対しては同じ値を与えるので，K_0 群上の関数と見なすことができる．したがって，

$$\tau(m[1]_A + n[e_0]_A) = m + n\theta .$$ ■

この結果を用いると，無理数回転環 A_θ の K_1 群は自明ではないが AF 環の K_1 群は $\{0\}$ であったから，A_θ は AF 環ではないことがわかる．また，第 3.6 節第 5 項で述べた同型問題や安定同型問題にも決着がつく．

[定理 3.6.30 の証明] A_θ と $A_{\theta'}$ が同型ならば，それらの K_0 群にトレイスを作用させて考えると，$\mathbb{Z} + \mathbb{Z}\theta = \mathbb{Z} + \mathbb{Z}\theta'$．よって，$\theta' = m + n\theta$ を満たす $m, n \in \mathbb{Z}$ が存在する．このとき，$\mathbb{Z} + \mathbb{Z}\theta' = \mathbb{Z} + \mathbb{Z}(m+n\theta) = \mathbb{Z} + n\mathbb{Z}\theta$ となるので，n は 1 または -1 でなければならない．$n=1$ のときは，$\theta' = m + \theta$ となるので，条件 $0 < \theta < 1$, $0 < \theta' < 1$ により，$m = 0$．よって，$\theta' = \theta$．$n = -1$ のときは，$\theta' = m - \theta$ となるので，条件 $0 < \theta < 1$, $0 < \theta' < 1$ により，$m = 1$．よって，$\theta' = 1 - \theta$．

逆に，$\theta = \theta'$ または $\theta + \theta' = 1$ であると仮定して，A_θ と $A_{\theta'}$ が同型であることを示す．前者の場合は明らかであるが，後者の場合も生成元を入れ換えて考えれば明らかである． ■

[定理 3.6.31 の必要性の証明] A_θ と $A_{\theta'}$ が安定同型ならば，それらの K_0 群は同型である．したがって，定理 3.8.22 により，可換群 $\mathbb{Z}[e_\theta] + \mathbb{Z}[1]$ から可換群 $\mathbb{Z}[e_{\theta'}] + \mathbb{Z}[1]$ への同型写像 ρ が存在する．ただし，$e_\theta, e_{\theta'}$ はそれぞれ A_θ, $A_{\theta'}$ の Powers-Rieffel 射影である．これは加法群 $\mathbb{Z}^2$ 上の自己同型 $(m,n) \mapsto (m',n')$ とも同一視でき，$GL(2,\mathbb{Z})$ の元 g を用いて $(m',n') = (m,n)g$ と表せる．この同型写像 ρ を $A_\theta, A_{\theta'}$ 上で一意的に定まるトレイス $\tau_\theta, \tau_{\theta'}$ を用いて $\mathbb{R}$ 上に書き換えると，再び定理 3.8.22 により，同型対応

$$\hat{\rho} : m\theta + n \in \mathbb{Z}\theta + \mathbb{Z} \mapsto m'\theta' + n' \in \mathbb{Z}\theta' + \mathbb{Z}$$

が得られる．この対応は

$$(m,n)\begin{pmatrix}\theta\\1\end{pmatrix}\mapsto(m',n')\begin{pmatrix}\theta'\\1\end{pmatrix}=(m,n)g\begin{pmatrix}\theta'\\1\end{pmatrix}$$

と表せるので，

$$g=\begin{pmatrix}a&b\\c&d\end{pmatrix}\in GL(2,\mathbb{Z})$$

の場合に，これを $\mathbb{R}$ 上に書きなおすと，θ' を θ で表す1次分数変換が得られる． ■

例 3.8.23 2次元トーラス $\mathbb{T}^2=\mathbb{R}^2/\mathbb{Z}^2$ 上の Hilbert 空間 $L^2(\mathbb{T}^2)$ において，無理数的な流れから導かれる，可換 C^* 環 $C(\mathbb{T}^2)$ 上の1径数自己同型群 $\{\alpha_t\}$

$$(\alpha_t(f))(t_1,t_2)=f(t_1+\theta t,t_2+t)$$

による C^* 環の接合積 $C(\mathbb{T}^2)\rtimes_\alpha\mathbb{R}$ は C^* 環 $A_\theta\widehat{\otimes}\mathcal{K}(\mathcal{H})$ と同型である．これは流れの軌道を葉にもつ Kronecker 葉層多様体 $(\mathbb{T}^2,\mathcal{F})$ から作られる C^* 環 $C^*(\mathbb{T}^2,\mathcal{F})$ と同型である． □

したがって，$C(\mathbb{T}^2)\rtimes_\alpha\mathbb{R}$, $C^*(\mathbb{T}^2,\mathcal{F})$ はともに A_θ と同じ K 群をもつ．

3.8.5 Cuntz 環の K 理論

ここでは，系 3.7.31 の証明の中で構成した，n^∞ 型 UHF 環 B とその上への作用 σ による C^* 接合積 $B\rtimes_\sigma\mathbb{Z}$ が $\mathcal{K}(\mathcal{H})\widehat{\otimes}\mathcal{O}_n$ と同型になるという事実を用いる．ただし，$\mathcal{H}$ は無限次元可分 Hilbert 空間である．

定理 3.8.24 (i) $K_0(\mathcal{O}_n)=\mathbb{Z}/(n-1)\mathbb{Z}$ かつ $K_1(\mathcal{O}_n)=\{0\}$．
(ii) $K_0(\mathcal{O}_\infty)\cong\mathbb{Z}$ かつ $K_1(\mathcal{O}_\infty)=\{0\}$．
(iii) Cuntz-Krieger 環の $n\times n$ の遷移行列 Λ に対して，

$$K_0(\mathcal{O}_\Lambda)\cong\mathbb{Z}^n/(1-{}^t\Lambda)\mathbb{Z}^n,\quad K_1(\mathcal{O}_\Lambda)\cong\mathrm{Ker}(1-{}^t\Lambda)\,.\qquad\square$$

[証明] (i) 上の C^* 環 B に離散 C^* 接合積の6項完全系列の結果を適用すると，

$$
\begin{CD}
K_0(B) @>{\mathrm{id}-\sigma_*^{-1}}>> K_0(B) @>{\iota_*}>> K_0(\mathcal{O}_n) \\
@A{\delta}AA @. @VV{\delta'}V \\
K_1(\mathcal{O}_n) @<<{\iota_*}< K_1(B) @<<{\mathrm{id}-\sigma_*^{-1}}< K_1(B)
\end{CD}
$$

となる．ここで，n^∞ 型 UHF 環 B の K_1 群は $K_1(B)=\{0\}$ であったから，完全系列

$$ 0 \longrightarrow K_1(\mathcal{O}_n) \xrightarrow{\delta} K_0(B) \xrightarrow{\mathrm{id}-\sigma_*^{-1}} K_0(B) \xrightarrow{\iota_*} K_0(\mathcal{O}_n) \longrightarrow 0 $$

を得る．$K_0(B)$ は n 進有理数の加法群 G であり，その上で $\sigma_*([e]_B)=n[e]_B$ となるから，$K_0(\mathcal{O}_n)=G/(1-n)G\cong\mathbb{Z}/(1-n)\mathbb{Z}$ となる．また，写像 $\mathrm{id}-\sigma_*$: $[e]_B\in G\mapsto(1-n)[e]_B\in G$ は単射であるから，$K_1(\mathcal{O}_n)=\{0\}$ である．

(ii), (iii) の証明は省く． ∎

3.8.6 K ホモロジー

C^* 環 A の拡大の同値類のなす (半) 群 $\mathrm{Ext}(A)$ と K_1 群 $K_1(A)$ の間にはペアリング

$$ \langle[\rho],[u]_A\rangle = \mathrm{Ind}\big((\mathrm{id}\otimes\rho)(u)\big)\in\mathbb{Z} $$

が存在する．ただし，$u\in U(n,\widetilde{A})$, $\mathrm{id}\otimes\rho: M(n,\widetilde{A})\to M\big(n,Q(\mathscr{H})\big)$ かつ右辺は第 3.5 節第 2 項で述べたように，$(\mathrm{id}\otimes\rho)(u)\in M\big(n,Q(\mathscr{H})\big)$ を導く Fredholm 作用素の指数である．このとき，(半) 群準同型写像

$$ \gamma_\infty : \mathrm{Ext}(A) \to \mathrm{Hom}\big(K_1(A),\mathbb{Z}\big) $$

が存在する．いま，拡大 ρ に対応する短完全系列

$$ 0 \longrightarrow \mathscr{K}(\mathscr{H}) \xrightarrow{\iota} E \xrightarrow{\pi} A \longrightarrow 0 $$

の K_1 群は $K_1(E)\cong K_1(A)$ を満たすことが知られている．また，この場合の 6 項完全系列は

$$ 0 \xrightarrow{\iota_*} K_1(E) \xrightarrow{\pi_*} K_1(A) \xrightarrow{\delta} K_0\big(\mathscr{K}(\mathscr{H})\big) \xrightarrow{\iota_*} K_0(E) \xrightarrow{\pi_*} K_0(A) \longrightarrow 0 $$

となるが，上の K_1 群の結果から，指数写像 δ は零写像になり，可換群 $K_0(A)$ の加法群 $\mathbb{Z}$ による拡大

$$0 \longrightarrow K_0(\mathcal{K}(\mathcal{H})) \xrightarrow{\iota_*} K_0(E) \xrightarrow{\pi_*} K_0(A) \longrightarrow 0$$

が得られる．このような $K_0(A)$ の $\mathbb{Z}$ による拡大の同値類の全体は $\mathrm{Ext}^1_\mathbb{Z}(K_0(A), \mathbb{Z})$ で表される可換群になることが知られている．これを用いると次の普遍係数定理と呼ばれる短完全系列が得られる．

$$0 \longrightarrow \mathrm{Ext}^1_\mathbb{Z}(K_0(A), \mathbb{Z}) \longrightarrow \mathrm{Ext}(A) \xrightarrow{\gamma_\infty} \mathrm{Hom}(K_1(A), \mathbb{Z}) \longrightarrow 0$$

以上のことから，$\mathrm{Ext}(A)$ は K_1 ホモロジーとも呼ばれている．懸垂を用いた K_0 群に対する K_0 ホモロジーの理論も知られており，これらの概念は Kasparov の KK 理論の中で統一的に論じられている．この節の冒頭に述べた C^* 環の分類に仮定されている普遍係数定理は，この短完全系列を KK 理論の中で一般化した系列が成り立つようなクラスに属する C^* 環を指している．

3.8.7 非可換微分構造

導関数の概念を一般化し，C^* 環 A 上の線形作用素 δ が

$$\delta(ab) = \delta(a)b + a\delta(b), \quad \delta(a^*) = \delta(a)^*$$

を満たすとき，δ を***微分子**という．この*微分子が A の元 h を用いて $\delta(a) = [h, a]$ と表せるときには，内部的であるという．

非可換トーラス上の微分子は内部的なものを除くと，

$$\delta_1(U^m V^n) = 2\pi i m U^m V^n, \quad \delta_2(U^m V^n) = 2\pi i n U^m V^n$$

で定まる 2 つの微分子 δ_1, δ_2 の 1 次結合で表されることが，高井により示されている．これは非可換 C^* 環上の微分子が完全に決定された最初の例であるが，一般の C^* 環に対して，このように強い結果を望むことは難しい．そこで，通常は，C^* 環に作用する微分環の存在を仮定して話を進めることが多い．したがって，微分構造は非可換空間全体に入っているというよりも，微分環

の作用に関係する方向にだけ入っていることになる．具体例として，Lie群 G が C^*環 A に作用している場合を考えてみよう．この場合の微分構造は

$$\delta_X(a) = \lim_{t\to 0} t^{-1}\bigl(\alpha_{\exp tX}(a)-a\bigr)$$

で定義される微分子 δ_X ($X\in\mathrm{Lie}\,G$) により与えられる．ただし，$\mathrm{Lie}\,G$ は G の Lie 環である．

この場合には Lie 群 G の de Rham 複体 $\bigwedge \mathrm{Lie}\,G$ が A に微分構造を導くことがわかる．実際，G の A への作用

$$\alpha : t\in G \mapsto \alpha_t(a)\in A$$

が無限回微分可能であるような元 $a\in A$ の全体を A^∞ とする．上で述べた等質空間的な議論から推測されるように，これは非可換 C^∞ 多様体と想定できるので，通常の微分幾何の場合と同じように，A^∞ に値をとる左不変な微分形式のなす複体

$$\Omega = A_\theta^\infty \otimes \bigl(\bigwedge \mathrm{Lie}\,G\bigr)_{\mathbb{C}}^*$$

を考えることができる．つまり，非可換多様体上の微分形式の代替物として，Lie 群の微分形式を用いたことになる．このお陰で，de Rham 複体 $(\bigwedge \mathrm{Lie}\,G)_{\mathbb{C}}^*$ の外微分は自然に複体 Ω の外微分にまで拡張することができ，

(i) $\langle da, X\rangle = \delta_X(a)$　　$(X\in\mathrm{Lie}\,G)$

(ii) $d(\omega_1\wedge\omega_2)=d\omega_1\wedge\omega_2+(-1)^p\omega_1\wedge d\omega_2$　　$(\omega_1\in\Omega^p, \omega_2\in\Omega)$

(iii) $d^2\omega=0$

を満たしている．

有限生成の射影的右 A^∞ 加群 E^∞ は非可換 C^∞ 多様体 A^∞ 上のベクトル束と解釈できる．この E^∞ から $E^\infty\otimes(\mathrm{Lie}\,G)^*$ への写像 ∇ で

$$\nabla_X(\xi a) = (\nabla_X\xi)a + \xi\delta_X(a) \quad (X\in\mathrm{Lie}\,G,\ \xi\in E^\infty,\ a\in A_\theta^\infty)$$

を満たすものを E^∞ の**接続**という．この定義から，2 つの接続の差 $\nabla-\nabla_0$ は $\mathrm{End}_{A^\infty}(E^\infty)\otimes(\mathrm{Lie}\,G)^*$ の元である．したがって，例えば，加群 E^∞ が eA^∞ ($e\in A^\infty$) で与えられている場合には，$\nabla_X^0(\xi)=e\delta_X(\xi)$ と置いて得られる写像

∇^0 は Grassmann 接続と呼ばれる接続であり,どの接続もこの接続と 1 形式の違いしかない.さらに,

$$\Theta(X,Y) = \nabla_X \nabla_Y - \nabla_Y \nabla_X - \nabla_{[X,Y]}$$

で定義される $\mathrm{End}_{A^\infty}(E^\infty) \otimes \bigwedge^2 (\mathrm{Lie}\, G)^*$ の元 Θ を接続 ∇ の**曲率**という.

複体 Ω から $\bigwedge(\mathrm{Lie}\, G)^*_\mathbb{C}$ への k 重線形写像 $\tau^{(k)}$ が

$$\tau^{(k)}(a_1 \otimes \omega_1, \cdots, a_k \otimes \omega_k) = \tau(a_1 \cdots a_k)\omega_1 \wedge \cdots \wedge \omega_k$$

により得られる.G 上の左不変な微分形式のなすコホモロジー環を $H^*_\mathbb{R}(G)$ とすれば,$K_0(A)$ から $H^*_\mathbb{R}(G)$ への準同型写像 ch_τ が

$$\mathrm{ch}_\tau([e]) = \sum_{k=0}^\infty \frac{1}{k!}\left(\frac{1}{2\pi i}\right)^k \tau^{(k)}(\Theta, \cdots, \Theta)$$

により定まる.これはベクトル束のねじれ量を測る Chern 指標の代用物と考えてよいだろう.

3.8.8 非可環トーラスの微分構造

2 次元トーラス $\mathbb{T}^2 = \mathbb{R}^2/\mathbb{Z}^2$ は連続加法群 $\mathbb{R}^2$ の商群と考えられる.前項で Lie 群 G の微分形式を用いたことを思い起こしてほしい.そこで,この商群 $G=\mathbb{T}^2$ の非可環トーラス A_θ 上への連続作用を

$$\alpha_{(s,t)}(U^m V^n) = e^{2\pi i(sm+tn)} U^m V^n$$

で定義する.この作用に関して無限回微分可能な元の全体 A_θ^∞ は

$$\bigcap_{m,n \in \mathbb{N}} D(\delta_1^m \delta_2^n)$$

と一致し,A_θ の稠密部分*多元環になる.A_θ の自己同型写像が A_θ^∞ を保存するときには**微分同相写像**という.

定理 3.8.25(Elliott-小高一則) 無理数 θ が Generic であるための必要十分条件は,A_θ の微分同相写像がどれも

$$\mathrm{Ad}_w \circ \beta_g \circ \alpha_{(s,t)} \quad (w \in A_\theta^\infty,\, g \in SL(2,\mathbb{Z}))$$

の形に表されることである．ただし，$\mathrm{Ad}_w(a)=waw^*$ かつ

$$g = \begin{pmatrix} a & b \\ c & d \end{pmatrix}$$

に対して $\beta_g(U)=U^aV^c$, $\beta_g(V)=U^bV^d$ である． □

この他にも小高は無理数 θ が 2 次的であることを非可換トーラスの言葉を用いて記述している．

Lie 環 $\mathrm{Lie}\,G$ は $\mathbb{R}^2$ と同型である．その標準基底を $\varepsilon_1,\varepsilon_2$ とすれば，$\delta_{\varepsilon_1}=\delta_1$, $\delta_{\varepsilon_2}=\delta_2$ となる．さらに，有限生成の右 A_θ^∞ 加群 E^∞ が eA_θ^∞ で与えられている場合には，$\mathrm{End}_{A_\theta^\infty}(E^\infty)=eA_\theta^\infty e$ かつ

$$\Theta(\varepsilon_1,\varepsilon_2) = \nabla^0_{\varepsilon_1}\nabla^0_{\varepsilon_2} - \nabla^0_{\varepsilon_2}\nabla^0_{\varepsilon_1} = e[\delta_1(e),\delta_2(e)]e$$

となる．また，Chern 指標の右辺は，次数 k が 2 以上の項は 0 となるので，$(\mathrm{Lie}\,G)^*$ の標準双対基底 $\varepsilon^1,\varepsilon^2$ を用いると，

$$\mathrm{ch}_\tau([e]) = \tau(e) + c_1(e)\varepsilon^1\wedge\varepsilon^2$$
$$c_1(e) = \frac{1}{2\pi i}\tau(e[\delta_1(e),\delta_2(e)]e)$$

と表せる．

定理 3.8.26 (Connes)
(i) Powers-Rieffel 射影 e_0 に対して，$c_1(e_0)=1$ となる．
(ii) c_1 は $K_0(A_\theta)$ から $\mathbb{Z}$ への同型写像である． □

ここで，第 1 Chern 類の意味を述べておこう．K_0 群 $K_0(A_\theta)$ の元 $[e]$ が A_θ の元として実現され，$\alpha_{(s,t)}(e)=e$ がすべての $(s,t)\in\mathbb{T}^2$ で成り立つ場合には，非可換トーラス A_θ 上のベクトル束 eA_θ は自明束と考えられる．しかし，Powers-Rieffel 射影 e_0 に対応するベクトル束 e_0A_θ は，第 1 Chern 類の値が 0 ではないから自明束ではなく，e_0 と同値な射影元 e をどんなに選びなおしても，決して e を不動にすることはできないことがわかる．

付録A

A.2 Weyl-von Neumann の定理

A.2.1 作用素の場合

スペクトルが点スペクトルだけからなる作用素を**対角**作用素または**純点スペクトル**をもつ作用素という．

定理 A.2.1(Weyl-von Neumann)　a を可分 Hilbert 空間上の自己随伴作用素とする．任意の $\varepsilon>0$ に対して，純点スペクトルをもつ自己随伴作用素 a' で $\|a-a'\|_2<\varepsilon$ を満たすものが存在する．　□

まず補題を用意する．

補題 A.2.2　任意の $\xi\in\mathscr{H}$ と任意の $\varepsilon>0$ に対して，

$$\|(1-p)\xi\| < \varepsilon, \quad \|b\|_2 < \varepsilon, \quad [a+b, p] = 0$$

を満たす有限次元の射影 p と Schmidt 類の自己随伴作用素 b が存在する．　□

[証明]　a の単位の分解 $\{e(\lambda)|\lambda\in\mathbb{R}\}$ に対して，区間 $(\lambda,\mu]$ $(\lambda\leqq\mu)$ に対応するスペクトル射影を $e((\lambda,\mu])=e(\mu)-e(\lambda)$ とする．任意の $\varepsilon>0$ に対して，$\|(1-e((-\lambda,\lambda]))\xi\|<\varepsilon$ を満たす $\lambda>0$ が存在する．この λ により定まる区間 $(-\lambda,\lambda]$ を n 等分した区間 $(((2k-n-2)/n)\lambda, ((2k-n)/n)\lambda]$ $(k=1,\cdots,n)$ に対応するスペクトル射影 e_k を用いて，

$$\varepsilon_k = \begin{cases} \|e_k\xi\|^{-1} e_k\xi & (e_k\xi\neq 0) \\ 0 & (e_k\xi=0) \end{cases}$$

とすれば, 集合 $\{\varepsilon_1,\cdots,\varepsilon_n\}$ は零ベクトルを除き規格直交系である. この系の張るたかだか n 次元部分空間への射影を p とすれば, $p\xi = \sum_{k=1}^{n}(\xi|\varepsilon_k)\varepsilon_k = \sum_{k=1}^{n} e_k\xi = e((-\lambda,\lambda])\xi$ となるので, $\|(1-p)\xi\|<\varepsilon$. 各区間の中点を λ_k とすれば, $\|(1-p)a\varepsilon_k\| = \|(1-p)(a-\lambda_k)\varepsilon_k\| \leq \lambda/n$ が成り立つので, 任意の $\eta\in\mathscr{H}$ に対して,

$$\|(1-p)ap\eta\|^2 = \sum_{k=1}^{n}|(\eta|\varepsilon_k)|^2\|(1-p)a\varepsilon_k\|^2 \leq \|\eta\|^2\left(\frac{\lambda}{n}\right)^2.$$

よって,

$$\|(1-p)ap\|_2 \leq \|(1-p)ap\|\|p\|_2 \leq \frac{\lambda}{\sqrt{n}}.$$

ここで, $b=-(1-p)ap-pa(1-p)$ とすれば, p は有限次元であるから, b は Schmidt 類の作用素で, $a+b$ は p と可換である. また, n を充分に大きく選べば, b の Schmidt ノルム $\|b\|_2$ も ε より小さくなる. ∎

つぎに, この補題を用いて Weyl-von Neumann の定理の証明に入る.

[証明] $\mathscr{H}$ が可分であるから, 稠密部分集合 $\{\xi_k|k\in\mathbb{N}\}$ が存在する. 補題により, 任意の $\varepsilon>0$ に対して,

$$\|(1-p_1)\xi_1\|<\varepsilon/2, \quad \|b_1\|_2<\varepsilon/2, \quad [a+b_1,p_1]=0$$

を満たす有限次元射影 p_1 と Schmidt 類の自己随伴作用素 b_1 が存在する. 以下, 帰納的に, $a+b_1+\cdots+b_{k-1}$ のスペクトル分解を用いて, Hilbert 空間 $(1-(p_1+\cdots+p_{k-1}))\mathscr{H}$ 上の有限次元射影 p_k と Schmidt 類の自己随伴作用素 b_k を

$$\left\|\left(1-\sum_{\ell=1}^{k}p_\ell\right)\xi_k\right\|<\frac{\varepsilon}{2^k}, \quad \|b_k\|_2<\frac{\varepsilon}{2^k}, \quad [a+b_1+\cdots+b_k,p_k]=0$$

を満たすように決め, これら p_k,b_k を $\mathscr{H}$ 上の作用素と同一視する. ここで,

$$b = \sum_{k=1}^{\infty}b_k$$

とすれば, b は Schmidt 類の自己随伴作用素で, $\|b\|_2 \leq \sum_{k=1}^{\infty}\|b_k\|_2 <\varepsilon$ を満たす. このとき,

$$[a+b, p_n] = [a+b_1+\cdots+b_n, p_n] = 0 \quad (n\in\mathbb{N})$$

が成り立つので，各 $(a+b)p_n$ は純点スペクトルをもつ．また，集合 $\{\xi_n|n\in\mathbb{N}\}$ の稠密性により，任意の $\xi\in\mathscr{H}$ に対して，$\|\xi-\xi_m\|<\varepsilon$ を満たす $m\in\mathbb{N}$ がある．$p=\sum_{n=1}^{\infty} p_n$ とすれば，

$$\|(1-p)\xi\| \leq \left\|\left(1-\sum_{\ell=1}^{m} p_\ell\right)\xi\right\|$$
$$\leq \left\|\left(1-\sum_{\ell=1}^{m} p_\ell\right)(\xi-\xi_m)\right\| + \left\|\left(1-\sum_{\ell=1}^{m} p_\ell\right)\xi_m\right\| < 2\varepsilon$$

となる．ゆえに，$p=1$．よって，$a+b=\sum_{n=1}^{\infty}(a+b)p_n$ も純点スペクトルをもつ．したがって，$a+b$ が求める a' である． ∎

Weyl-von Neumann の定理の近似がトレイスノルムでできるかどうかはいまだわかっていない．

A.2.2 C^*環の場合

最後に，Voiculescu による可分 C^* 環における Weyl-von Neumann 型定理を C^* 環が単位的な場合に証明しておこう[31]．

補題 A.2.3 Hilbert 空間 $\mathscr{H}$ 上の単位的 C^* 環 A から $M(n,\mathbb{C})$ への単位的完全正写像 ϕ が $\phi(A\cap\mathscr{K}(\mathscr{H}))=\{0\}$ を満たしているとき，

$$\|\phi(a)-v_i^* a v_i\| \to 0 \quad (a\in A)$$

を満たす $\mathbb{C}^n$ から $\mathscr{H}$ への等長作用素のなす有向系 $\{v_i\}_{i\in I}$ が存在する． □

[証明] テンソル積の普遍性により，$A\otimes M(n,\mathbb{C})$ 上の正線形汎関数 f で $f(a\otimes b)=\mathrm{Tr}(\phi(a)\,{}^t b)$ $(a\in A, b\in M(n,\mathbb{C}))$ を満たすものが存在する．仮定によりこの f は $(A\cap\mathscr{K}(\mathscr{H}))\otimes M(n,\mathbb{C})=(A\otimes M(n,\mathbb{C}))\cap\mathscr{K}(\mathscr{H}\otimes\mathbb{C}^n)$ 上で 0 になる．したがって，Glimm の命題 1.12.5 により，$A\otimes M(n,\mathbb{C})$ 上のベクトル状態のなす有向系 $\{\omega_{\eta_i}\}_{i\in I}$ で状態 $n^{-1}f$ へ弱*収束するものがある．ベクトル空間 $\mathbb{C}^n$ の標準直交基底を $\{\varepsilon_1,\cdots,\varepsilon_n\}$ とすると，各 $\eta_i\in\mathscr{H}\otimes\mathbb{C}^n$ は $\sum_{j=1}^{n}\xi_{ij}\otimes\varepsilon_j$ と一

---

[31] A non-commutative Weyl-von Neumann theorem, *Rev. Roum. Math. Pures et Appl.* **21**(1976), 97-113.

意的に表せるので, $\mathbb{C}^n$ から $\mathscr{H}$ への写像 v_i を $v_i\varepsilon_j=\sqrt{n}\xi_{ij}\,(j=1,\cdots,n)$ で定める. つぎに, $b=\theta_{\varepsilon_k,\varepsilon_\ell}$ とすれば,

$$(\phi(a)\varepsilon_\ell|\varepsilon_k) = \mathrm{Tr}(\phi(a)\,{}^t\theta_{\varepsilon_k,\varepsilon_\ell}) = f(a\otimes\theta_{\varepsilon_k,\varepsilon_\ell}) = \lim_i n\omega_{\eta_i}(a\otimes\theta_{\varepsilon_k,\varepsilon_\ell})$$
$$= \lim_i n(a\xi_{i\ell}|\xi_{ik}) = \lim_i (av_i\varepsilon_\ell|v_i\varepsilon_k)$$

となるので, 有向系 $\{v_i^*av_i\}_{i\in I}$ は $\phi(a)$ へノルム収束する. v_i が等長でない場合には, $v_i^*v_i=\sum_{j,k=1}^n n(\xi_{ik}|\xi_{ij})\theta_{\varepsilon_k,\varepsilon_j}$ と表せるので, 上の収束 $v_i^*v_i\to\phi(1)=1_n$ の事実から, i を十分に大きく選べば, $\{\xi_{ij}\}_{j=1}^n$ は $\mathscr{H}$ における直交系に近い. そこで, $\mathscr{H}$ におけるその Schmidt の直交化 $\{\xi_{ij}'\}_{j=1}^n$ を用いて得られる新たな等長作用素を $v_i'=\sum_{j=1}^n \theta_{\xi_{ij}',\varepsilon_j}$ とする. この v_i' は v_i に近いので, $(v_i')^*av_i'\to\phi(a)$ が成り立つ. ∎

補題 A.2.4 Hilbert 空間 $\mathscr{H}$ 上の単位的 C^* 環 A から $M(n,\mathbb{C})$ への単位的完全正写像 ϕ が $\phi(A\cap\mathscr{K}(\mathscr{H}))=\{0\}$ を満たしているとき, $\mathscr{H}$ の任意な有限次元部分空間 $\mathscr{H}'$ に対して,

$$\|\phi(a)-w_i^*aw_i\| \to 0 \quad (a\in A)$$

を満たす $\mathbb{C}^n$ から $\mathscr{H}\ominus\mathscr{H}'$ への等長作用素の有向系 $\{w_i\}_{i\in I}$ が存在する. ∎

[証明] コンパクト作用素環 $\mathscr{K}(\mathscr{H})$ が A の部分 C^* 環の場合には, 部分空間 $\mathscr{H}'$ への射影を p とすれば, $p\in A$. 仮定より, $\phi((1-p)A(1-p))\cap\mathscr{K}(\mathscr{H})=\{0\}$ となるから, C^* 環 $(1-p)A(1-p)$ に前の補題 A.2.3 を適用すると, $b\in(1-p)A(1-p)$ に対して, $\|w_i^*bw_i-\phi(b)\|\to 0$ を満たす $\mathbb{C}^n$ から $(1-p)\mathscr{H}$ への等長作用素のなす有向系 $\{w_i\}_i$ が存在する. 任意の $a\in A$ に対しては, $b=(1-p)a(1-p)$ とすれば, $\phi(a)=\phi(b)$ かつ $w_i^*aw_i=w_i^*bw_i$ が成り立つので, 補題が示された.

コンパクト作用素環 $\mathscr{K}(\mathscr{H})$ が A の部分 C^* 環でない場合には, 同型対応 $A/(A\cap\mathscr{K}(\mathscr{H}))\cong(A+\mathscr{K}(\mathscr{H}))/\mathscr{K}(\mathscr{H})$ を用いて,

$$\widetilde{\phi}(a+k) = \phi(a) \quad (a\in A,\ k\in\mathscr{K}(\mathscr{H}))$$

とすれば, $\widetilde{\phi}$ は $A+\mathscr{K}(\mathscr{H})$ から $M(n,\mathbb{C})$ への単位的完全正写像になるから, 前半の議論に帰着できる. ∎

A.2 Weyl-von Neumann の定理　519

命題 A.2.5 Hilbert 空間 $\mathscr{H}$ 上で $\mathscr{K}(\mathscr{H})$ を含む可分 C^*環 A の単位球の任意な有限部分集合 $\mathscr{F}$ と任意の $\varepsilon>0$ に対して

$$x-\sum_{n=1}^{\infty}a_n x a_n \in \mathscr{K}(\mathscr{H}) \quad (x\in A)$$

$$\left\|x-\sum_{n=1}^{\infty}a_n x a_n\right\|<\varepsilon \quad (x\in\mathscr{F})$$

を満たす正部分 $A_+\cap\mathscr{K}_0(\mathscr{H})$ に含まれる列 $\{a_n\}_n$ で A の緊密位相に関して $\sum_{n=1}^{\infty}a_n^2=1$ を満たすものが存在する．ただし，$\mathscr{K}_0(\mathscr{H})$ は有限階作用素のなす $*$多元環である． □

［証明］ 区間 $[0,1]$ 上で $f(0)=0$ を満たす連続関数 f に対しては，任意の $\varepsilon>0$ に対し $\|f-p\|<\varepsilon/4$ を満たす多項式 $p(t)=\sum_{j=1}^{k}\lambda_j t^j$ が存在する．一般に A の元 x により定まる微分子 $\delta_x(y)=xy-yx (y\in A)$ に対しては，$\|\delta_x(y^j)\|\leq j\|\delta_x(y)\|\|y\|^{j-1}$ が成り立つので，$\|\delta_x(p(a))\|\leq\sum_{j=1}^{k}|\lambda_j|j\|\delta_x(a)\|$ となる．したがって，A の単位球 A_1 の元 x と正元 a に対しては

$$\|\delta_x(f(a))\|\leq\|\delta_x(p(a))\|+2\|f(a)-p(a)\|\leq\sum_{j=1}^{k}|\lambda_j|j\|\delta_x(a)\|+\frac{\varepsilon}{2}.$$

ここで，$\delta=\varepsilon/(2\sum_{j=1}^{k}|\lambda_j|j)$ とすれば，

$$\forall x\in A_1\,\forall a\in A_1\cap A_+ : \|\delta_x(a)\|<\delta \Rightarrow \|\delta_x(f(a))\|<\varepsilon$$

が成り立つ．ここで，$f(\lambda)=\sqrt{\lambda}$ かつ $\delta_n=\delta/2^{n+1}$ とする．A_1 において $\mathscr{F}$ を含む有限部分集合の増加列 $\{\mathscr{F}_n\}_n$ で，$\bigcup_{n=1}^{\infty}\mathscr{F}_n$ が A_1 において稠密なものを考える．他方，命題 2.2.7 により，$\mathscr{K}(\mathscr{H})_0$ における近似単位元 $\{e_n\}_{n\in\mathbb{N}}$ で，$\|e_n x-x e_n\|<\delta_n/2 (x\in\mathscr{F}_{n+1})$ を満たすものが存在する．ここで，$a_n=(e_n-e_{n-1})^{1/2}$ ($e_0=0$ とおく) とすれば，$a_n\in\mathscr{K}_0(\mathscr{H})_+, \|a_n\|\leq 1$ かつ任意の $x\in\mathscr{F}_n$ に対して

$$\|a_n^2 x-x a_n^2\|\leq\|e_n x-x e_n\|+\|e_{n-1}x-x e_{n-1}\|<\frac{\delta_n}{2}+\frac{\delta_{n-1}}{2}<\delta_{n-1}.$$

ここで，$f(a_n^2)=a_n$ であることを用いると，$\|a_n x-x a_n\|<\varepsilon/2^n (x\in\mathscr{F}_n)$．他方，$e_0=0$ とすると，$\sum_{n=1}^{\infty}a_n^2 x=\lim_n e_n x=x$ となるから，A における緊密位相に関して $\sum_{n=1}^{\infty}a_n^2=1$ となる．したがって，任意の $x\in\mathscr{F}$ に対して

$$\Big\|x-\sum_{n=1}^{\infty}a_nxa_n\Big\|=\Big\|\sum_{n=1}^{\infty}a_n(a_nx-xa_n)\Big\|\leqq\sum_{n=1}^{\infty}\|a_nx-xa_n\|<\varepsilon.$$

さらに,任意の $x\in\bigcup_n\mathscr{F}_n$ に対して,$\sum_{n=1}^{\infty}\|a_nx-xa_n\|<\infty$ となるので,

$$x-\sum_{n=1}^{\infty}a_nxa_n=\sum_{n=1}^{\infty}a_n(a_nx-xa_n)\in\mathscr{K}(\mathscr{H})$$

が成り立ち,同じことが任意の $x\in A$ に対してもいえる. ∎

上の命題で,ε の任意性により,$\mathscr{F}$ は任意の部分集合に選べる.

定理 A.2.6 Hilbert 空間 $\mathscr{H}$ 上の単位的可分 C^* 環 A から $\mathscr{L}(\mathscr{H}_\phi)$ への完全正写像 ϕ が $\phi(A\cap\mathscr{K}(\mathscr{H}))=\{0\}$ を満たせば,

$$\phi(x)-v_n^*xv_n\in\mathscr{K}(\mathscr{H}_\phi),\quad \lim_{n\to\infty}\|\phi(x)-v_n^*xv_n\|=0\quad(x\in A)$$

を満たす $\mathscr{H}_\phi$ から $\mathscr{H}$ への等長作用素の列 $\{v_n\}_{n\in\mathbb{N}}$ が存在する. □

[証明] まず,任意の $\varepsilon>0$ と A の任意有限部分集合 $\mathscr{F}$ に対して,$\phi(x)-v^*xv\in\mathscr{K}(\mathscr{H}_\phi)(x\in A)$ かつ $\|\phi(a)-v^*av\|<\varepsilon(a\in\mathscr{F})$ を満たす $\mathscr{H}_\phi$ から $\mathscr{H}$ への等長作用素 v が存在することを示せば,A の可分性により,定理がわかる.

$\phi(A)$ の可換子環に単位元の有限次元射影への分割 $\{e_n\}_n$ が存在する場合から考える.まず $\mathscr{F}\cup\{1\}$ を含む有限集合の増加列 $\{\mathscr{F}_n\}_n$ で $\bigcup_{n=1}^{\infty}\mathscr{F}_n$ が A において稠密なものを選ぶ.写像 $x\in A\mapsto e_n\phi(x)e_n\in\mathscr{L}(e_n\mathscr{H}_\phi)$ は完全正である.そこで,補題 A.2.3 を用いて,等長作用素 $v_1':e_1\mathscr{H}_\phi\to\mathscr{H}$ で $\|\phi(a)e_1-(v_1')^*av_1'\|<\varepsilon(a\in\mathscr{F}_1)$ を満たすものを選ぶ.さらに,各有限次元空間 $e_n\mathscr{H}_\phi(n\geqq 2)$ に対して,補題 A.2.4 を順次適用して,等長作用素 $v_n':e_n\mathscr{H}_\phi\to\mathscr{H}\cap\{\mathscr{F}_n(v_1'e_1\mathscr{H}_\phi+\cdots+v_{n-1}'e_{n-1}\mathscr{H}_\phi)\}^\perp$ で

$$\|\phi(a)e_n-(v_n')^*av_n'\|<\frac{\varepsilon}{2^n}\quad(a\in\mathscr{F}_n)$$

を満たすものを選ぶ.ここで,$v=\sum_{n=1}^{\infty}v_n'$ とすれば,v は $\mathscr{H}_\phi$ から $\mathscr{H}$ への等長作用素である.また,$a\in\mathscr{F}_n$ の場合には,$n\leqq k<\ell$ または $k<n\leqq\ell$ に対して,$(v_k')^*av_\ell'=0$ および $(v_\ell')^*av_k'=0$ となるので,

$$\phi(a)-v^*av=\sum_{n=1}^{\infty}\big(\phi(a)e_n-(v_n')^*av_n'\big)-\sum_{k<\ell<n}\big((v_k')^*av_\ell'+(v_\ell')^*av_k'\big)$$

となるので,右辺の各項は有限階の作用素の無限和としてノルム収束して

おり，コンパクト作用素であることがわかる．したがって，$x \in A$ のときにも $\phi(x) - v^*xv \in \mathscr{K}(\mathscr{H}_\phi)$. さらに，$a \in \mathscr{F}$ のときは，右辺の第2項が0になるので，$\|\phi(a) - v^*av\| < \varepsilon$ となる．

最後に，ϕ が一般の場合を考える．$\phi(A)$ と $\mathscr{K}(\mathscr{H}_\phi)$ の生成する C^* 環を B とする．C^* 環 B は可分であるから，命題 A.2.5 により，B の有限階正作用素の列 $\{a_n\}_n$ で，$b \in B$ と $\phi(\mathscr{F})$ を含む B の任意有限部分集合 $\mathscr{F}'$ の元 b' に対して

$$\sum_{n=1}^{\infty} a_n^2 = 1, \quad b - \sum_{n=1}^{\infty} a_n b a_n \in \mathscr{K}(\mathscr{H}_\phi), \quad \left\|b' - \sum_{n=1}^{\infty} a_n b' a_n\right\| < \frac{\varepsilon}{2}$$

を満たすものが存在する．ここで，B の Hilbert 空間 $\mathscr{H}_\pi = \sum_{n=1}^{\infty \oplus} a_n \mathscr{H}_\phi$ 上への表現を $\pi(b) = \oplus_n b|_{a_n \mathscr{H}_\phi}$ で定める．このとき，$\sum_{n=1}^{\infty} a_n^2 = 1$ であるから，写像 $w: \xi \in \mathscr{H}_\phi \mapsto \oplus_n a_n \xi \in \mathscr{H}_\pi$ は等長であり，

$$(w^* \pi(b) w \xi | \eta) = (\pi(b) \oplus_n a_n \xi | \oplus_n a_n \eta) = \sum_{n=1}^{\infty} (a_n b a_n \xi | \eta).$$

ここで，$\sum_{n=1}^{\infty} a_n b a_n$ を $\rho(b)$ で表すことにすれば，$\rho(b) = w^* \pi(b) w$. このとき，$\mathscr{H}_\pi$ から閉部分空間 $a_n \mathscr{H}_\phi$ への射影 e_n は有限次元で $\{e_n\}_n$ は単位元の分割であり，$\pi(B)'$ に属している．したがって，完全正写像 $\pi \circ \phi: A \to \mathscr{L}(\mathscr{H}_\pi)$ に対して，前半の結果を用いると，等長作用素 $u: \mathscr{H}_\pi \to \mathscr{H}$ で $\pi \circ \phi(x) - u^* xu \in \mathscr{K}(\mathscr{H}_\pi)$ ($x \in A$) かつ $\|\pi \circ \phi(a) - u^* au\| < \varepsilon/2$ ($a \in \mathscr{F}$) を満たすものが存在する．ここで，$v = uw$ とすれば，v は $\mathscr{H}_\phi$ から $\mathscr{H}$ への等長作用素で

$$\phi(x) - v^* xv = (\phi(x) - \rho(\phi(x))) + w^* (\pi \circ \phi(x) - u^* xu) w \in \mathscr{K}(\mathscr{H}_\phi)$$

となる．さらに，$a \in \mathscr{F}$ に対しては，$\phi(a) \in \mathscr{F}'$ であるから，

$$\|\phi(a) - v^* av\| \leq \|\phi(a) - \rho(\phi(a))\| + \|\pi \circ \phi(a) - u^* au\| < \varepsilon$$

を満たしている． ∎

参考文献

ここでは第I巻に載せなかった作用素環の入門書をいくつか挙げてみたので，今後の勉強の参考にしていただきたい．ただし，作用素環の特別な話題に焦点を絞った専門書は挙げていない．

[21] J. Dixmier: *Les C^*-algèbres et leurs représentations*, cahiers scientifiques **XXIX**, Gauthier-Villars (1964) pp. xi+382. [英訳: C^*-algebras, North-Holland (1977)]

[22] W. B. Arveson: *An Invitation to C^*-algebres*, Graduate Texts in Math. **39**, Springer-Verlag (1977) pp. x+106.

[23] G. K. Pedersen: *C^*-Algebras and their Automorphism Groups*, London Math. Soc. Monographs **14**, Academic Press (1978) pp. ix+416.

[24] O. Bratteli and D. W. Robinson: *Operator Algebras and Statistical Mechanics* I, Springer-Verlag (1979) pp. vii+407; ibid. II (1981) pp. xxii+518.

[25] R. Kadison and J. Ringrose: *Fundamentals of the Theory of Operator Algebras*, Vol. I: *Elementary Theory*, Graduate Studies in Math. **15**, AMS (1997) pp. xv+398; Vol. II: *Advanced Theory*, ibid. **16**(1997) pp. xxii+(399-1074); Vol. III: *Elementary Theory——An Exercise Approach*, ibid. (1991) pp. xiv+273; Vol. IV: *Advanced Theory——An Exercise Approach*, ibid. (1992) pp. xv+(276-859).

[26] B. Blackadar: *K-Theory for Operator Algebras*, Mathematical Science Research Institute Publications **5**, Springer-Verlag (1986) pp. iii+338.

[27] R. Haag: *Local Quantum Physics——Fields, Particle, Algebras*(2nd ed.), Texts and Monographs in Physics, Springer-Verlag (1996) pp. xvi+390.

[28] G. J. Murphy: *C^*-Algebras and Operator Theory*, Academic Press (1990) pp. x+286.

[29] A. Connes: *Noncommutative Geometry*, Academic Press (1994) pp. xiii+661.

[30] E. C. Lance: *Hilbert C^*-Modules——A toolkit for operator algebraists*, London Math. Soc. Lecture Note Series **210**, Cambridge Univ. Press (1995) pp. ix+130.

[31] K. R. Davidson: *C^*-Algebras by Example*, Fields Institute Monographs **6**, AMS (1996) pp. xiv+309.

[32] M. Rørdam, F. Larsen and N. J. Laustsen: *An Introduction to K-Theory for C^*-Algebras*, London Math. Soc. Student Texts **49**, Cambridge Univ. Press (2000) pp. xii+242.

[33] H. Lin: *An Introduction to the Classification of Amenable C^*-Algebras*, World Scietific (2001) pp. xi+320.

[34] D. P. Blecher and C. Le Merdy: *Operator Algebras and Their Modules*, London Math. Soc. Monographs New Series **30**, Oxford Univ. Press (2004) pp. x+387.

[35] B. Blackadar: *Operator Algebras——Theory of C^*-algebras and von Neumann Algebras*, Encyclopaedia of Mathematical Sciences **122**, Operator Algebras and Non-Commutative Geometry III, Springer-Verlag (2006) pp. xx+517.

索　引

A

AF 環（AF-algebra）　274, 280, 285, 393, 403
　　——の次元群（dimension group）　297
Anderson 局在（Anderson localization）　431
A 線形（A-linear）　408

B

Banach 両側加群（Banach bimodule）
　　正規双対（nomal dual）——　461
　　双対（dual）——　461
Banach*環（Banach *-algebra）　vi
BDF 理論（BDF theory）　369
微分同相写像（diffeomorphism）　513
微分構造（differential structure）　513
微分子（derivation）
　　(-)——　511
　　非有界（unbounded）——　504
　　有界（bounded）——　462
Bogoliubov 自己同型（Bogoliubov automorphism）　337
Bogoliubov 変換（Bogoliubov transform）　336
Bose 粒子（Bose particle）　304
Bott の周期性（Bott periodicity）　495
Bott 写像（Bott mapping）　495
Bratteli 図式（Bratteli diagram）　282, 290
Brown 運動（Brownian motion）　327
部分シフト（subshift）　390
分解（decomposition）
　　Choi-Effros——　441
　　Jordan——　ix, 469

C

C^*群環（group C^*-algebra）　277
　　被約（reduced）——　277, 473
　　核型（nuclear）——　473
C^*加群（C^*-module）　409
　　Hilbert——　409
　　充足的（full）——　410
　　両側（C^*-bimodule）——　419
　　前（pre-）——　409
C^*環（C^*-algebra）　vi
　　——の懸垂　494
　　——の無限テンソル積（infinite tensor product）　274
　　——の錐（cone）　494
　　——の定義　vi
　　I 型（of type I）——　301
　　安定（stable）——　297
　　CCR——　299
　　GCR——　299
　　非核型（non-nuclear）——　434
　　包絡（enveloping）——　275
　　純無限（purely infinite）——　384, 386
　　核型（nuclear）——　x, 434, 442
　　完全（exact）——　434, 478
　　固有無限（properly infinite）——　384
　　無限（infinite）——　383
　　NGCR——　299
　　単射的（injective）——　453
　　等質（homogeneous）——　403
　　σ 単位的（σ-unital）——　422
　　葉層（of foliation）——　407
　　有限次元（finite dimensional）——　280
C^*ノルムの条件　vi
C^*力学系（C^*-dynamics）　276
　　——の共変表現（covariant representation）　276

C^*接合積(C^*-crossed product) 277, 403
 被約(reduced)── 277
 離散(discrete)── 507
Calkin 環(Calkin algebra) viii
CAR(正準反交換関係(canonical anti-commutation relation)) 328
CAR 環(CAR algebra) 328, 329
 代数的(algebraic)── 329
 代数的自己双対── 330
 自己双対(self-dual)── 331
Catalan 条件 318
Catalan 数 324
Cayley 変換(Cayley transform) 309
CCR(正準交換関係(canonical commutation relation)) 328
CCR 環(CCR algebra) 299
 代数的(algebraic)── 329
Chern 指標(Chern character) 513
忠実(faithful)
 (表現が)── 414
 (正線形汎関数が)── ix
Clifford 環(Clifford algebra) 321
Cuntz 環(Cuntz algebra) 366, 376, 472, 476, 509
Cuntz-Krieger 環(Cuntz-Krieger algebra) 388

D

第 1 Chern 類(the first Chern class) 514
同値(equivalence)
 物理的(physical)── 328, 356
 (表現の)── viii
 弱(weak)── 370
 (拡大の)── 370
 強森田(strong Morita)── 416
 (射影元の)── 283
 ユニタリ(unitary)── viii, 353
同型(isomorphism)
 安定(stable)── 297, 428
 Thom── 488, 502

F

Fermi 粒子(Fermi particle) 304, 321
Fock 表現(Fock representation) 333
Fock 状態(Fock state) 333
Fock 空間(Fock space) 302, 325, 363
 反対称(anti-symmetric)── 304
 自由(free)── 303
 対称(symmetric)── 304
Fredholm
 ──作用素(operator) 374
 ──指数(index) 375
普遍係数定理(universal coefficient theorem) 511

G

外積(exterior product) 305
 ──代数(exterior algebra) 317
概周期ポテンシャル(almost periodic potential) 431
Gelfand 表現(Gelfand representaion) vii
Generic 431, 513
GNS 構成法(GNS construction) x
Grassmann 代数(Grassmann algebra) 317
Grothendieck 群(Grothendieck group) 481
Grothendieck の不等式(Grothendieck inequality) 460
群(group)
 次元(dimension)── 297
 順序加法(ordered additive)── 297
 可換局所半(commutative local semi-)── 273
 Riesz── 298
 群 C^* 環 → C^* 群環
行列単位(matrix unit) 288

H

Haagerup の不変性 461

半円分布(semi-circular distribution) 323
半離散的(semi-discrete) 442, 453
平均(mean) 460
　不変(invariant)—— 467
　離散半群の(of discrete semi-group)
　　—— 460
変換(transform)
　Bogoliubov—— 336
　Cayley—— 309
非可換2次元球面(non-commutative 2-sphere) 403
非可換3次元球面(non-commutative 3-sphere) 433
非可換トーラス(non-commutative torus) 398, 513
ホモトピー(homotopy) 483, 489
　——不変性(invariance) 489
本質的イデアル(essential ideal) 412
表現(representation)
　Fock—— 333
　Gelfand—— vii
　GNS—— x
　巡回(cyclic)—— x
　誘導—— 416

I

1コサイクル・ユニタリ(1-cocycle unitary) 503
遺伝的(hereditary) 381
位相(topology)
　緊密(strict)—— 411
　強(strong)—— vii

J

弱包含される(weakly contained)
　(表現に)—— 473
　(集合に)—— 473
次元群(dimension group) 297
次元域(dimension range) 283
Jones指数(Jones index) 430
乗法子環(multiplier algebra) 371, 413

状態(state) ix
　Fock—— 333
　KMS—— 340
　真空(vacuum)—— 302, 308
重複度(multiplicity) 281
従順(amenable)
　(Banach環が)—— 462
　(群が)—— 473
　(離散群が)—— 471
　(von Neumann環が)—— 462
準同値(quasi-equivalence)
　(表現が)—— viii
　(状態が)—— 356, 357
準同型写像(homomorphism) 408
準自由(quasi-free)
　——自己同型(automorphism) 337
　——状態(state) 333
巡回表現(cyclic representation) x

K

K_0群(K_0-group) 482, 484, 485
K_0ホモロジー(K_0-homology) 486
K_1群(K_1-group) 486, 487
K_1ホモロジー(K_1-homology) 376, 480, 511
加群(module)
　——写像(mapping) 408
　同値(equivalence)—— 416
　Hilbert C^*—— 409
　自由(free)—— 407
　共役(conjugate)—— 417
　射影的(projective)—— 408
　有限生成(finitely generated)—— 408
　前C^*(pre-C^*-)—— 409
解析的(analytic) 332
　——ベクトル(vector) 340
反(anti-) 332
拡大(extension)
　(C^*環の)—— 367, 370
　(群の)—— 511
　自明な(trivial)—— 370

完全系列(exact sequence) 367, 478
　半(half-exact)―― 489
　短(short)―― 367
経路(path) 324, 390
懸垂(suspension)
　(C^*環の)―― 494
　(位相空間の)―― 487
結合定数(coupling constant) 430
K群(K-group) 480, 488
　――の連続性(continuity) 489
　――の双対性(duality) 495
　C^*環の(C^*-algebra)―― 488
近似単位元(approximate identity) ix
近似特性(approximation property) 452
帰納系(inductive system) 286
　(C^*環の)―― 273
　(次元域の(可換局所半群))―― 286
帰納極限(inductive limit) 286, 482, 486
　(C^*環の)―― 273, 482, 486
　(次元域の(可換局所半群))―― 286
　(可換群の)―― 486
既約(irreducible)
　(表現が)―― 333, 474
　(遷移行列が)―― 397
KK理論(KK-theory) 480, 511
KMS状態(KMS stete) 340
コホモロジー環(cohomology ring) 513
交換関係(commutation relation) 304, 308
　(正準)反(canonical anti-commutation relation)―― 308, 328
　Heisenbergの―― 312, 322
　正準(canonical commutation relation)―― 328
　Weyl-von Neumannの―― 312
コンパクト作用素環(compact operator algebra) viii, 274
K理論(K-theory) 480
Kroneckerの流れ(Kronecker flow) 403
狭義正(strictly positive) 422
曲率(curvature) 513

局所可換群(locally commutative group) 273
局所和(local sum) 283
共役自己同型(conjugate automorphism) 336, 340

L

Lebesgue-Stieltjes積分
　(Lebesgue-Stieltjes integral) 310
Lie群(Lie group)
　ベキ零(nilpotent)―― 301
　半単純(semi-simple)―― 301
　連結半単純(connected semi-simple)―― 476
Lie積(Lie product) 308

M

モジュラー(modular)
　――自己同型(automorphism) 466
　――共役作用素(conjugation) 359
　――作用素(operator) 358, 359
無理数回転環(irrational rotation algebra) 398, 428, 509

N

内積(inner product)
　A値左(A-valued left)―― 409
　A値右(A-valued right)―― 409
二重中心化子(double centralizer) 414
二重化 335

R

6項完全系列(six term exact sequence) 499
離散C^*接合積の(discrete C^*-crossed product)―― 505
隣接行列(adjacent matrix) 282
類(class)
　Schmidt―― 353, 362
　トレイス(trace)―― 353, 362

索 引 529

S

差分方程式(difference equation)　431
作用(action)
　(2次元トーラスへの)——　404
　(群のC^*環への)——　276
作用素(operator)
　Fredholm——　374, 490
　本質的正規(essentially normal)——
　　369
　純点スペクトルをもつ(with pure point spectrum)——　356, 515
　Kac-竹崎——　278
　掛け算(multiplication)——　401
　角(angular)——　343, 344
　片側推移(unilateral shift)——　366, 490
　コンパクト(compact)——　viii
　個数(number)——　315
　共分散(covariance)——　332
　共役(conjugation)——　330
　生成(creation)——　303
　推移(shift)——　366, 401
　消滅(anihilation)——　303
　対角(daigonal)——　515
　Toeplitz——　369
正元(positive element)　viii
正規分布(normal distribution)　322
遷移行列(transition matrix)　388, 389
　非周期的(aperiodic)——　397
　既約(irreducible)——　397
　周期的(periodic)——　397
正線形汎関数(positive linear functional)　ix
性質 T(property T)
　(C^*環のテンソル積の)——　442
　(Kazhdan の)——　434
正錐(positive cone)
　(C^*環の)——　viii
　(順序ベクトル空間の)——　434
　(順序加法群の)——　297
正写像(positive mapping)　434
接続(connection)　512
シフト(shift)　→ 推移作用素

真空期待値(vacuum expectation)　318
シンプレクティック形式(symplectic form)　313
指数(index)
　Fredholm——　375
　解析的(analytic)——　375
　——写像(mapping)　491
指数(exponential)写像　499, 502
スピン(spin)　304
射影(projection)
　基本(basic)——　331
　固有無限(properly infinite)——　384
　無限(infinite)——　383
　Powers-Rieffel——　433, 506, 507, 508
　有限(finite)——　383
写像(mapping)
　——トーラス(torus)　404, 407
　アフィン(affine)——　438
　Bott——　495
　加群(module)——　408
　完全正(completely positive)——　435
　連結(connecting)——　491, 502
　正(positive)——　436
　指数(exponential)——　502
　指数(index)——　491, 499
　単位的(unital)——　435

T

単位的写像(unital)　435
テンソル代数(tensor algebra)　303
　反対称(anti-symmetric)——　317
　対称(symmetric)——　316
テンソル積(tensor product)
　γ ノルムによる C^*——　438
　極大(maximal)——　277
　極小(minimal)——　x, 277
　無限(infinite)——　274
　内部(inner)——　418
Toeplitz 環(Toeplitz algebra)　366, 369, 459, 490

トレイス(trace) 282
——的状態(tracial state) 282
規格(normalized)—— 282

U

UHF 環(UHF algebra) 280, 285, 298, 302
　2^∞ 型(of type 2^∞)—— 315, 329, 331
　n^∞ 型(of type n^∞)—— 378
　p^∞ 型(of type p^∞)—— 299

W

Wigner 分布(Wigner distribution) 323
Wiener 過程(Wiener process) 327
Wiener 測度(Wiener measure) 327

Y

葉層 C^* 環(C^*-algebra of foliation) 407, 509
ユニタリ同値(unitary equivalence) viii
　(表現が)—— viii, 353
　(状態が)—— 356, 357
　近似的(approximately)—— 371

定理

6 項完全系列の定理　499
荒木の定理
　準自由状態が物理的同値であるための完全条件　364
Bratteli-Elliott の定理
　AF 環の同型類の完全不変量　286
Brown の定理
　安定同値と強森田同値の同等性　424
Connes の定理
　従順と単射的なことの同等性　464
　Thom 同型　502
Connes-Haagerup の定理
　従順と核型の同等性　463

Cuntz の定理
　Cuntz 環の一意性　377
Effros-Handelman-Shen の定理
　次元群の特徴づけ　298
Elliott の定理
　AF 環の安定同型類の完全不変量　297
普遍係数定理　511
Glimm の定理
　UHF 環の同型類の完全不変量　299
Guichardet-Lance の定理
　離散群と群 C^* 環の従順性の同等性　474
Haagerup の定理
　Grothendieck の不等式　460
　離散半群上の不変性定理　461
Lance, Choi-Effros, Kirchberg の定理
　核型 C^* 環の特徴づけ　442
Pimsner-Voiculescu の定理
　A_θ の K 群の計算　506
　離散接合積の 6 項完全系列　505
Power の定理
　無理数回転環 A_θ の単純性　399
Rieffel の定理
　A_θ の安定同型類の完全不変量　428, 429
Stinespring の定理
　完全正写像の特徴づけ　436
von Neumann の定理
　閉作用素の Cayley 変換　309
Weyl-von Neumann の定理　515

定義

自己双対 CAR 環の定義(荒木)　330
Cuntz-Krieger 環の定義
　(Cuntz-Krieger)　388
次元群の定義(Elliott)　297
弱包含の定義(Fell)　473
Riesz 群の定義(Fucks)　298
AF 環，UHF 環の定義(Glimm, Bratteli)　285
Banach 環の従順性の定義(Johnson)　462
非可換 3 次元球面の定義(松本)　433

命題

Bott の周期性に関する命題　495
Effros-Lance, Connes, Choi-Effros の命題
　単射的 von Neumann 環の特徴づけ　454

Johnson の命題
　C^*環の従順性の特徴づけ　462
Voiculescu の命題
　半円分布について　324
von Neumann の命題
　交換関係の一意性　312

■岩波オンデマンドブックス■

作用素環入門 II ── C^* 環と K 理論

2007 年 10 月 30 日　第 1 刷発行
2025 年 1 月 10 日　オンデマンド版発行

著　者　　生西明夫　中神祥臣

発行者　　坂本政謙

発行所　　株式会社 岩波書店
　　　　　〒101-8002　東京都千代田区一ツ橋 2-5-5
　　　　　電話案内　03-5210-4000
　　　　　https://www.iwanami.co.jp/

印刷／製本・法令印刷

© Akio Ikunishi, Yoshiomi Nakagami 2025
ISBN 978-4-00-731527-5　　Printed in Japan